"十二五"职业教育国家规划教材
经全国职业教育教材审定委员会审定
全国高等院校规划教材·精品与示范系列

建筑水暖电设备安装技能训练（第2版）

陈思荣　主　编
张瑞雪　毛金玲　副主编
鲁　捷　主　审

電子工業出版社
Publishing House of Electronics Industry
北京·BEIJING

内 容 简 介

本书在全国许多院校使用第1版的经验基础上，充分征求相关专家建议，结合示范专业建设课程改革成果进行修订编写。

本书按学习情境模式安排教学内容，系统地介绍了给水、排水系统的安装，采暖系统的安装，管道附件及设备的安装，通风与空调系统的安装，防腐与保温工程，水暖及通风空调工程施工图，有线电视和计算机网络系统，电话通信系统，建筑电气施工图，实训等内容。全书配有职业导航，且每个学习情境都配有教学导航、知识梳理与总结、实训及习题。本书还首次将工程实训列为教学内容。

本书适合高职高专院校、成人高校及继续教育和民办高校的工程造价专业、工程监理专业、建筑装饰专业、工程管理专业及建筑工程专业等相关专业师生使用，也可作为建设单位工程管理人员、技术人员和科研、施工人员的参考书。

本书配有免费的电子教学课件及习题参考答案等，详见前言。

图书在版编目（CIP）数据

建筑水暖电设备安装技能训练 / 陈思荣主编. —2版. —北京：电子工业出版社，2010.8（2023年9月重印）
全国高等院校规划教材・精品与示范系列
ISBN 978-7-121-11673-5

Ⅰ. ①建… Ⅱ. ①陈… Ⅲ. ①给排水系统－建筑安装工程－高等学校：技术学校－教材②采暖设备－建筑安装工程－高等学校：技术学校－教材③房屋建筑设备：电气设备－建筑安装工程－高等学校：技术学校－教材 Ⅳ. ①TU82②TU832③TU85

中国版本图书馆CIP数据核字（2010）第163382号

策划编辑：陈健德（E-mail：chenjd@phei.com.cn）
责任编辑：谭丽莎
印　　刷：北京虎彩文化传播有限公司
装　　订：北京虎彩文化传播有限公司
出版发行：电子工业出版社
　　　　　北京市海淀区万寿路173信箱　邮编 100036
开　　本：787×1 092　1/16　印张：22.5　字数：576千字
版　　次：2006年1月第1版
　　　　　2010年8月第2版
印　　次：2023年9月第9次
定　　价：42.00元

凡所购买电子工业出版社图书有缺损问题，请向购买书店调换。若书店售缺，请与本社发行部联系，联系及邮购电话：（010）88254888，88258888。

质量投诉请发邮件至 zlts@phei.com.cn，盗版侵权举报请发邮件至 dbqq@phei.com.cn。

本书咨询联系方式：chenjd@phei.com.cn。

职业教育　继往开来（序）

自我国经济在 21 世纪快速发展以来，各行各业都取得了前所未有的进步。随着我国工业生产规模的扩大和经济发展水平的提高，教育行业受到了各方面的重视。尤其对高等职业教育来说，近几年在教育部和财政部实施的国家示范性院校建设政策鼓舞下，高职院校以服务为宗旨、以就业为导向，开展工学结合与校企合作，进行了较大范围的专业建设和课程改革，涌现出一批示范专业和精品课程。高职教育在为区域经济建设服务的前提下，逐步加大校内生产性实训比例，引入企业参与教学过程和质量评价。在这种开放式人才培养模式下，教学以育人为目标，以掌握知识和技能为根本，克服了以学科体系进行教学的缺点和不足，为学生的顶岗实习和顺利就业创造了条件。

中国电子教育学会立足于电子行业企事业单位，为行业教育事业的改革和发展，为实施“科教兴国”战略做了许多工作。电子工业出版社作为职业教育教材出版大社，具有优秀的编辑人才队伍和丰富的职业教育教材出版经验，有义务和能力与广大的高职院校密切合作，参与创新职业教育的新方法，出版反映最新教学改革成果的新教材。中国电子教育学会经常与电子工业出版社开展交流与合作，在职业教育新的教学模式下，将共同为培养符合当今社会需要的、合格的职业技能人才而提供优质服务。

近期由电子工业出版社组织策划和编辑出版的“全国高职高专院校规划教材・精品与示范系列”，具有以下几个突出特点，特向全国的职业教育院校进行推荐。

（1）本系列教材的课程研究专家和作者主要来自于教育部和各省市评审通过的多所示范院校。他们对教育部倡导的职业教育教学改革精神理解得透彻准确，并且具有多年的职业教育教学经验及工学结合、校企合作经验，能够准确地对职业教育相关专业的知识点和技能点进行横向与纵向设计，能够把握创新型教材的出版方向。

（2）本系列教材的编写以多所示范院校的课程改革成果为基础，体现重点突出、实用为主、够用为度的原则，采用项目驱动的教学方式。学习任务主要以本行业工作岗位群中的典型实例提炼后进行设置，项目实例较多，应用范围较广，图片数量较大，还引入了一些经验性的公式、表格等，文字叙述浅显易懂。增强了教学过程的互动性与趣味性，对全国许多职业教育院校具有较大的适用性，同时对企业技术人员具有可参考性。

（3）根据职业教育的特点，本系列教材在全国独创性地提出“职业导航、教学导航、知识分布网络、知识梳理与总结”及“封面重点知识”等内容，有利于老师选择合适的教材并有重点地开展教学过程，也有利于学生了解该教材相关的职业特点和对教材内容进行高效率的学习与总结。

（4）根据每门课程的内容特点，为方便教学过程对教材配备相应的电子教学课件、习题答案与指导、教学素材资源、程序源代码、教学网站支持等立体化教学资源。

职业教育要不断进行改革，创新型教材建设是一项长期而艰巨的任务。为了使职业教育能够更好地为区域经济和企业服务，殷切希望高职高专院校的各位职教专家和老师提出建议和撰写精品教材（联系邮箱:chenjd@phei.com.cn,电话:010-88254585），共同为我国的职业教育发展尽自己的责任与义务！

中国电子教育学会

前　言

本书的第 1 版于 2006 年 1 月出版以来，深受很多土建类高职院校师生的欢迎和喜爱，同时随着高职院校教学改革的不断深入，使用本教材的师生也提出了更高的要求，作者也收到了很多有价值的信息反馈。本书在第 1 版的基础上，充分考虑读者意见，广泛征求相关专家建议，按照最新的职业教育教学改革要求进行了修订。

修订的主要内容如下所示。

1．对原有内容进行了较多的改动，删减了部分理论性过强的内容，新增了建筑电气的内容，使本教材的内容更加适应学校教学。

2．以设备安装、识图和实训为主线，通过课程学习可以使学生掌握并提高建筑设备的安装操作技能，有利于学生顺利就业。

3．在各水、暖、电施工图情境中，对一些陈旧的内容进行了删减，增加了工程实例和能力训练，使内容变得简单明了、容易学懂，对学生能力的提高将有更大的帮助。

4．全书配有职业导航，且每个学习情境都配有教学导航、知识梳理与总结、实训及习题。本书还首次将工程实例和实训列为教学内容。

本书由陈思荣任主编并负责统稿，张瑞雪、毛金玲任副主编。具体编写分工如下：辽宁建筑职业技术学院陈思荣编写了前言、绪论、第 2 章、第 7 章、第 12 章、第 17 章，沈阳铝镁设计研究院张瑞雪编写了第 1 章、第 8 章、第 9 章，辽宁建筑职业技术学院毛金玲编写了第 13 章、第 15 章，大连外国语学院软件学院陈金诺编写了第 10 章、第 16 章，辽宁建筑职业技术学院侯冉编写了第 11 章，张健编写了第 14 章，沈阳师范大学工程学院李哲编写了第 4 章，辽宁建筑职业技术学院刘颖编写了第 6 章，沈国荣编写了第 5 章，赵丽丽编写了第 3 章。全书由沈阳师范大学职业技术学院鲁捷主审。

本书在编写过程中参考了大量的书籍、文献，在此向有关编著者表示由衷的感谢。

由于编者水平有限，书中难免存在疏漏之处，敬请读者批评指正。

为了方便教师教学，本书还配有免费的电子教学课件及习题参考答案等，请有此需要的教师登录华信教育资源网（www.hxedu.com.cn）免费注册后再进行下载，如有问题请在网站留言板留言或与电子工业出版社联系（E-mail:gaozhi@phei.com.cn）。

编者

2010 年 6 月

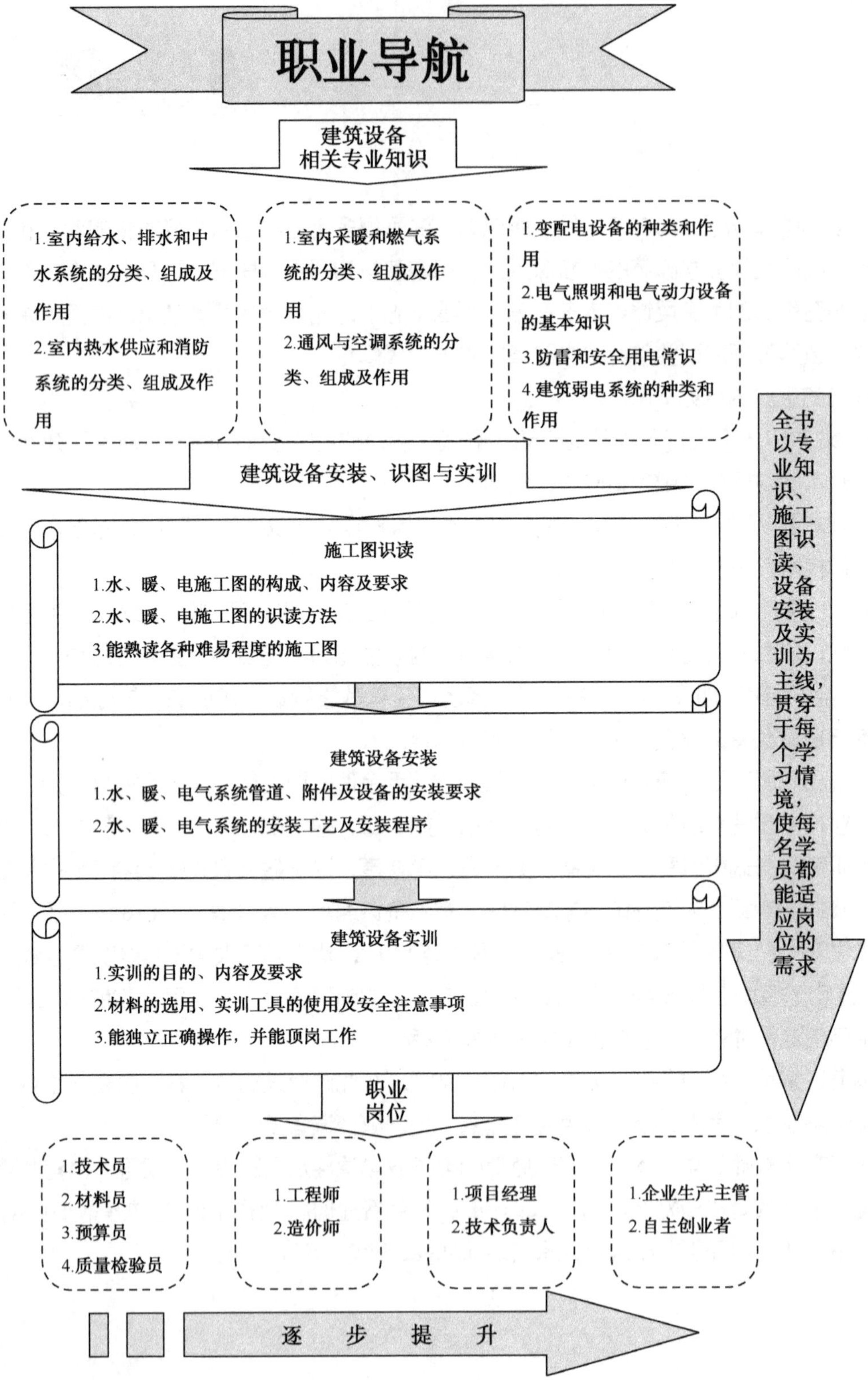

职业导航

建筑设备相关专业知识

1.室内给水、排水和中水系统的分类、组成及作用
2.室内热水供应和消防系统的分类、组成及作用

1.室内采暖和燃气系统的分类、组成及作用
2.通风与空调系统的分类、组成及作用

1.变配电设备的种类和作用
2.电气照明和电气动力设备的基本知识
3.防雷和安全用电常识
4.建筑弱电系统的种类和作用

建筑设备安装、识图与实训

施工图识读

1.水、暖、电施工图的构成、内容及要求
2.水、暖、电施工图的识读方法
3.能熟读各种难易程度的施工图

建筑设备安装

1.水、暖、电气系统管道、附件及设备的安装要求
2.水、暖、电气系统的安装工艺及安装程序

建筑设备实训

1.实训的目的、内容及要求
2.材料的选用、实训工具的使用及安全注意事项
3.能独立正确操作，并能顶岗工作

全书以专业知识、施工图识读、设备安装及实训为主线，贯穿于每个学习情境，使每名学员都能适应岗位的需求

职业岗位

1.技术员
2.材料员
3.预算员
4.质量检验员

1.工程师
2.造价师

1.项目经理
2.技术负责人

1.企业生产主管
2.自主创业者

逐　步　提　升

目 录

学习情境1 水暖与通风工程的常用材料及安装工具

教学导航

教	知识重点	水暖、通风空调工程常用的管材、辅助材料、管件与配水附件的种类
	知识难点	管道和管件的连接方法
	推荐教学方式	结合实物和图片进行讲解
	建议学时	4学时
学	推荐学习方法	结合工程实物对所学知识进行总结
	必须掌握的专业知识	1. 常用管材、管件与配水附件的性能和作用 2. 常用各种类别阀门的特点及用途
	必须掌握的技能	1. 能够识别水暖工程常用的材料、附件、工具的规格和种类 2. 能够正确选用安装工具，并进行管道及附件的安装

任务 1.1　水暖工程常用的管材与配件

水暖工程常用的管材与配件种类繁多，其性能和质量直接影响水暖系统工程的安装质量和系统运行的安全性与稳定性。因此，如何正确选用管材与配件至关重要。

1.1.1　常用管材

1．钢管

钢管有焊接钢管、无缝钢管两种。钢管具有强度高、承受压力大、抗震性能好、内外表面光滑、容易加工和安装等优点，但其耐腐蚀性能差、对水质有影响、价格较高。

（1）焊接钢管。焊接钢管俗称水煤气管，又称黑铁管，通常由卷成管形的钢板、钢带以对缝或螺旋缝焊接而成，故还称有缝钢管。按制造条件的不同，焊接钢管可分为低压流体输送用焊接钢管、有缝卷焊钢管等。

焊接钢管的直径规格用公称直径表示，符号为“*DN*”，单位为 mm。如 *DN* 25 表示公称直径为 25mm 的焊接钢管。

低压流体输送用焊接钢管适用于输送水、煤气、空气、油和蒸气等。它可分为镀锌钢管（白铁管）和非镀锌钢管（黑铁管）；按钢管壁厚不同，又可分为普通焊接钢管、加厚焊接钢管和薄壁焊接钢管三种。

（2）无缝钢管。无缝钢管是用钢坯经穿孔轧制或拉制成的管子，常用普通碳素钢、优质碳素钢或低合金钢制造而成。

同一公称直径的无缝钢管有多种壁厚，可满足不同的压力需要，因此无缝钢管的规格一般不用公称直径表示，而用“*D* 管外径（单位为 mm）×壁厚（单位为 mm）”表示，如“*D*159×4.5”表示外径为 159mm、壁厚为 4.5mm 的无缝钢管。

无缝钢管具有承受高压及高温的能力，用于输送高压蒸气、高温热水、易燃易爆及高压流体等介质。

2．铜管

常用铜管有紫铜管（纯铜管）和黄铜管（铜合金管）。铜管质量轻、经久耐用、卫生，特别是具有良好的杀菌功能，能够对水体进行净化，主要用于高纯水制备，以及输送饮用水、热水和民用天然气、煤气、氧气及对铜无腐蚀作用的介质。但因其造价相对较高，目前只限于高级住宅、豪华别墅使用。

3．铸铁管

铸铁管分为给水铸铁管和排水铸铁管两种，其直径规格均用公称直径表示。

（1）给水铸铁管。我国生产的给水铸铁管，按其材质分为球墨铸铁管和普通灰口铸铁管，但目前市场上的小口径球墨铸铁管较少。给水铸铁管具有耐腐蚀性强、使用期长、价格较低等优点，适宜用做埋地管道，其缺点是性脆、自重大、长度小。

给水铸铁管具有较高的承压能力及耐腐蚀性，可以根据输送介质的压力选择不同压力级别的管材，高压管的工作压力为 1.0MPa；中压管的工作压力为 0.75MPa；低压管的工作压力

为 0.45MPa。高压给水铸铁管用于室外给水管道，中、低压给水铸铁管可用于室外燃气、雨水等管道。给水铸铁管按接口形式分为承插式和法兰式两种。

（2）排水铸铁管。排水铸铁管的管材成分与给水铸铁管不同，其承压能力差、质脆，但能耐腐蚀，适用于室内生活污水、雨水等管道，是目前高层建筑室内排水系统常用的管材，通常其管壁较薄、质量较轻、承口深度较小。

排水铸铁管在出厂时其内外表面均未做防腐处理，因此其外表面的防腐需在施工现场操作完成。排水铸铁管只有承插式的接口形式，其直管长度（有效长度）为 1.5m。其常用直径规格为 *DN* 50，*DN* 75，*DN* 100，*DN* 125，*DN* 150，*DN* 200 等，每根管的长度为 0.5～1.5m，0.9～1.5m，1.0～1.5m 和 1.5m 等几种。

4. 铝塑复合管

铝塑复合管是以焊接铝管为中间层，内外层均为聚乙烯塑料的管材，可分为冷、热水用铝塑管和燃气用复合管。它利用铝合金来提高了管道的机械强度和承压能力，因此除具有塑料管的优点外，还有耐压强度高、耐热、可挠曲、接口少、施工方便、美观等优点。目前其管材规格大都为 *DN* 15～*DN* 40，多用做建筑给水系统的分支管。

5. 塑料管

塑料管的规格用“*de*（公称外径，单位为 mm）×δ（壁厚，单位为 mm）”表示。

（1）塑料给水管。塑料给水管管材有聚氯乙烯管（PVC 管）、聚乙烯管（PE 管）、聚丙烯管（PP 管）和 ABS 管等。

塑料给水管的优点是化学性能稳定、耐腐蚀、力学性能好、不燃烧、无不良气味、质轻且坚、密度小、表面光滑、容易加工安装，使用寿命最少可达 50 年，在工程中被广泛应用；其缺点是强度低、不耐高温，用于在室内外（埋地或架空）输送水温不超过 45℃的热水。

（2）硬聚氯乙烯管。硬聚氯乙烯塑料管适用于输送生活污水和生产污水。硬聚氯乙烯塑料管是目前国内外都在大力发展和应用的新型管材，具有质量轻、耐压强度高、管壁光滑阻力小、耐化学腐蚀性能强、安装方便、投资低、节约金属等特点。其缺点是耐温差（使用温度在－5℃～＋50℃之间）、线性膨胀量大、立管会产生噪声、易老化、防火性能差等。

6. 其他管材

（1）不锈钢管。其特点是表面光滑美观，摩擦阻力小；质量较轻，强度高且有良好的韧性，容易加工；耐腐性能优异，无毒无害，安全可靠，不影响水质。其配件、阀门均已配套。由于人们越来越讲究水质的高标准，所以不锈钢管的使用呈快速上升之势。

（2）钢塑复合管。钢塑复合管有衬塑和涂塑两类，也生产有相应的配件、附件。它兼有钢管强度高和塑料管耐腐蚀、保持水质的优点。

（3）陶土管。陶土管具有良好的耐腐蚀性，多用于排除弱酸性生产污水。

（4）耐酸陶土管。它适用于排除强酸性生产污水。

1.1.2 常用管件

管道配件是指在管道系统中起连接、变径、转向、分支等作用的零件，又称管件。管件种类很多，不同管道应采用与该类管材相应的专用管件。管件的规格用公称直径 *DN* 表示，

如为异径管件，还应注明异径管件的规格。

1．钢管管件

钢管管件分为焊接钢管管件、无缝钢管管件和螺纹管件三类。

钢管丝接时，在转弯、延长、分支、变径等处，都要使用相应管件。而焊接时使用的管件较少，主要以弯头为主。其他管件可现场加工制作出来。

主要管件的用途如下所示。

（1）弯头：常用的有 45° 和 90° 两种。它还可分为等径弯头及异径弯头，起着改变流体方向的作用。

（2）活接头：可便于管道的安装及拆卸，其规格及表示方法与管道相同。

（3）管箍：用于连接管道的管件，其两端均为内螺纹，分同径及异径两种，以公称直径表示。

（4）四通：分等径及异径两种形式，均以公称直径表示。

（5）三通：起着对输送的流体分流或合流的作用，分等径及异径两种形式，均以公称直径表示。

（6）丝堵：用于堵塞管件的端头或堵塞管道上的预留口的管件。

（7）补心：用于管道变径，以公称直径表示。

（8）对丝：用于连接两个相同管径的内螺纹管件或阀门，其规格与表示方法与管子的规格与表示方法相同。

常用的钢管管件为焊接钢管管件和无缝钢管管件。

焊接钢管管件是采用无缝钢管或焊接钢管经下料加工而成的管件。常用的焊接钢管管件有焊接弯头、焊接三通和焊接异径管等，如图 1-1 所示。

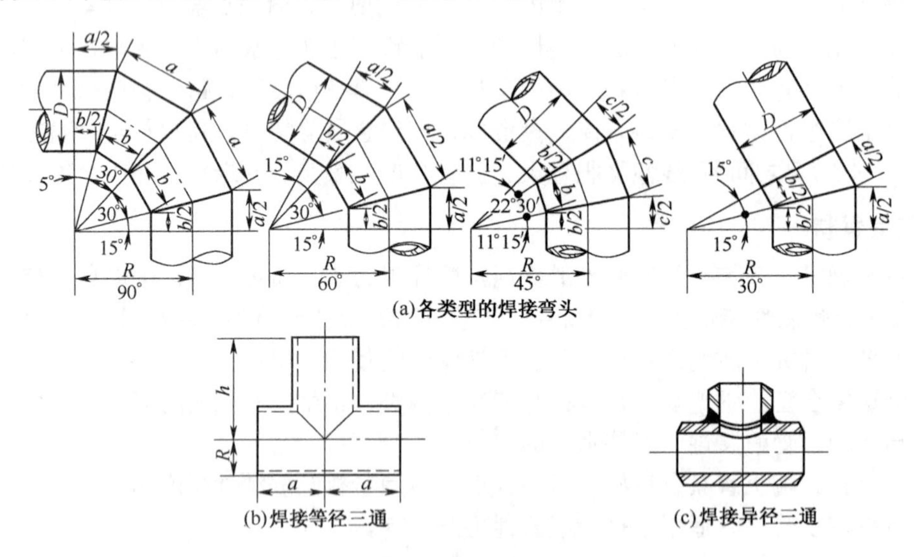

图 1-1　焊接钢管管件

无缝钢管管件是采用压制法、热推弯法及管段弯制法制成的管件，适合在工厂集中预制，其与管道的连接采用的是焊接。常用的无缝钢管管件有弯头、三通、四通、异径管和管帽等，如图 1-2 所示。

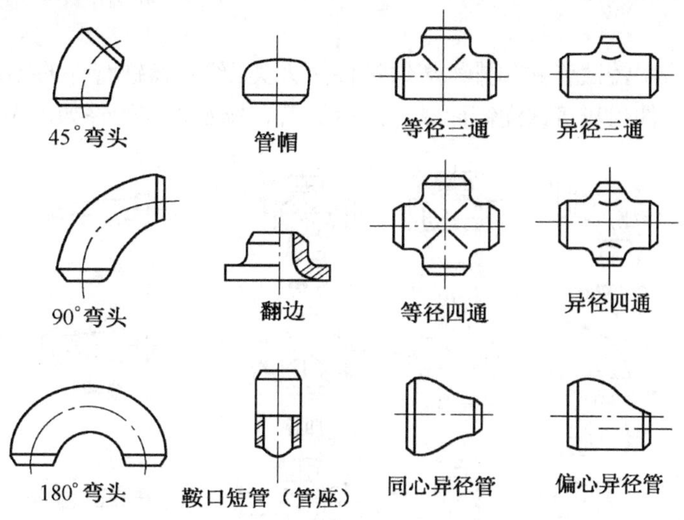

图 1-2　无缝钢管管件

2. 可锻铸铁管件

可锻铸铁管件在室内给水、供暖、燃气等工程中应用广泛，其配件规格为 *DN* 60～*DN* 150。它与管子的连接均采用的是螺纹连接。它分为镀锌管件和非镀锌管件两类，如图 1-3 所示。

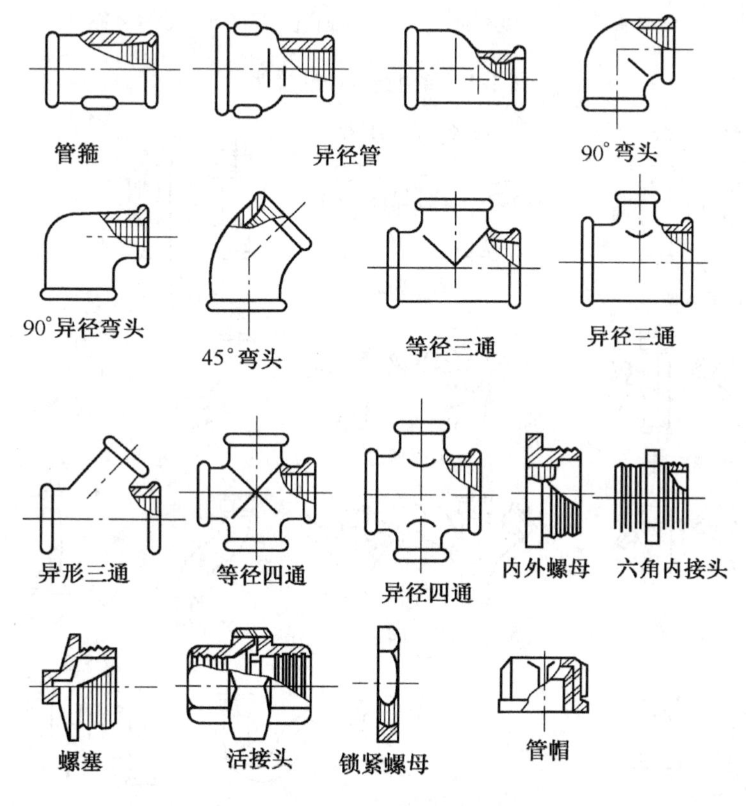

图 1-3　常用可锻铸铁管件

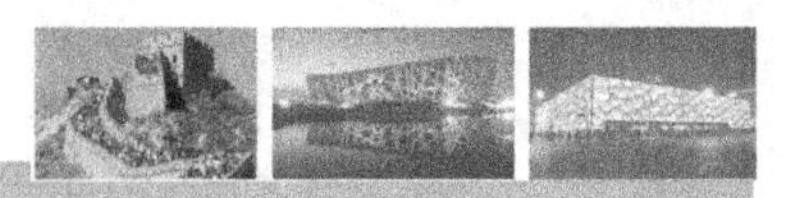

3．铸铁管件

铸铁管件分为给水铸铁管件和排水铸铁管件两大类。给水铸铁管件的接口形式有承插式和法兰式。排水铸铁管件用灰铸铁浇铸而成。常用的给、排水铸铁管件如图 1-4 和图 1-5 所示。

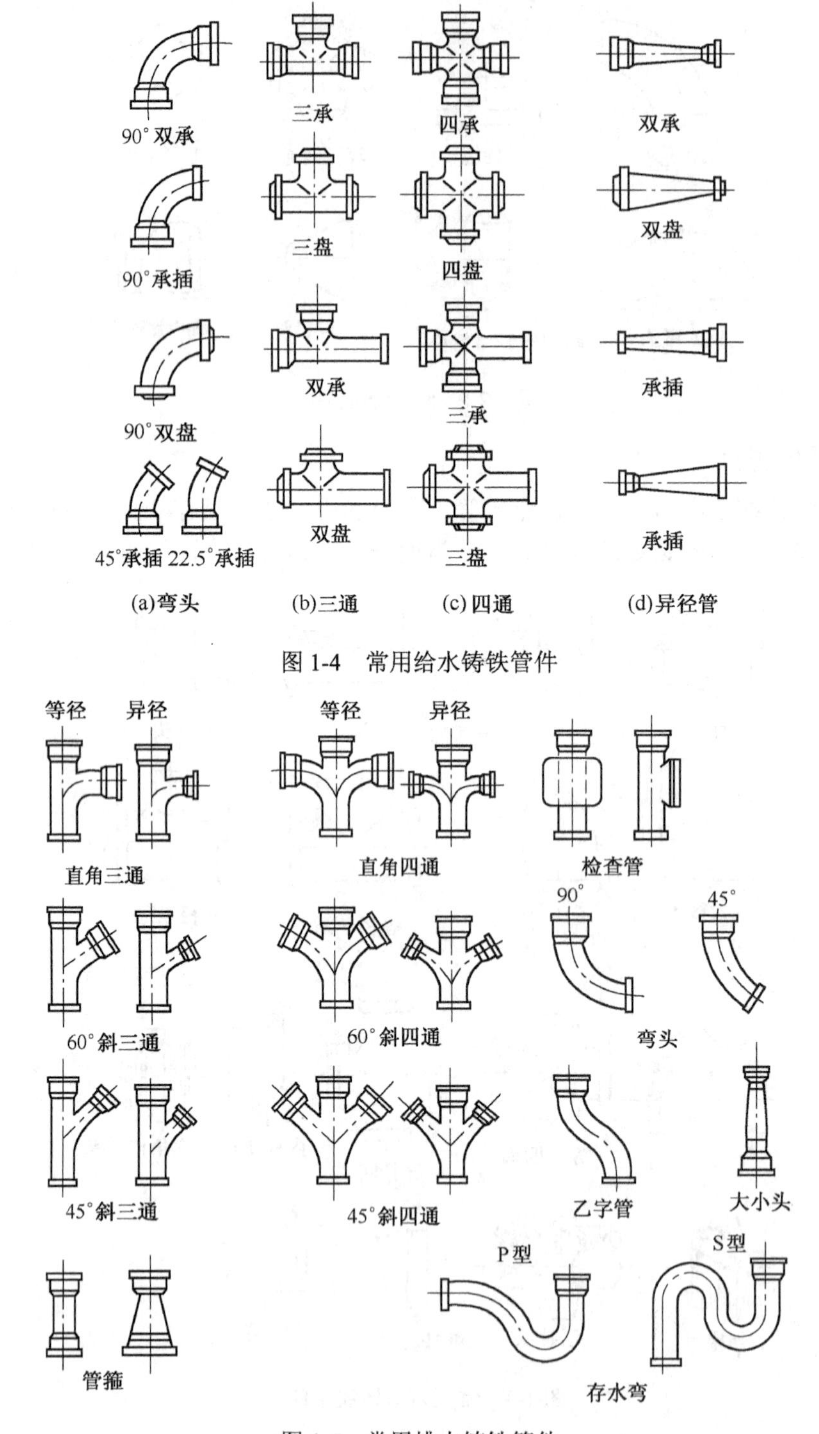

图 1-4　常用给水铸铁管件

图 1-5　常用排水铸铁管件

4．硬聚氯乙烯管件

硬聚氯乙烯管件分为给、排水两大类。给水用硬聚氯乙烯管件的使用水温不超过45℃。常用的给、排水用硬聚氯乙烯管件如图1-6和图1-7所示。

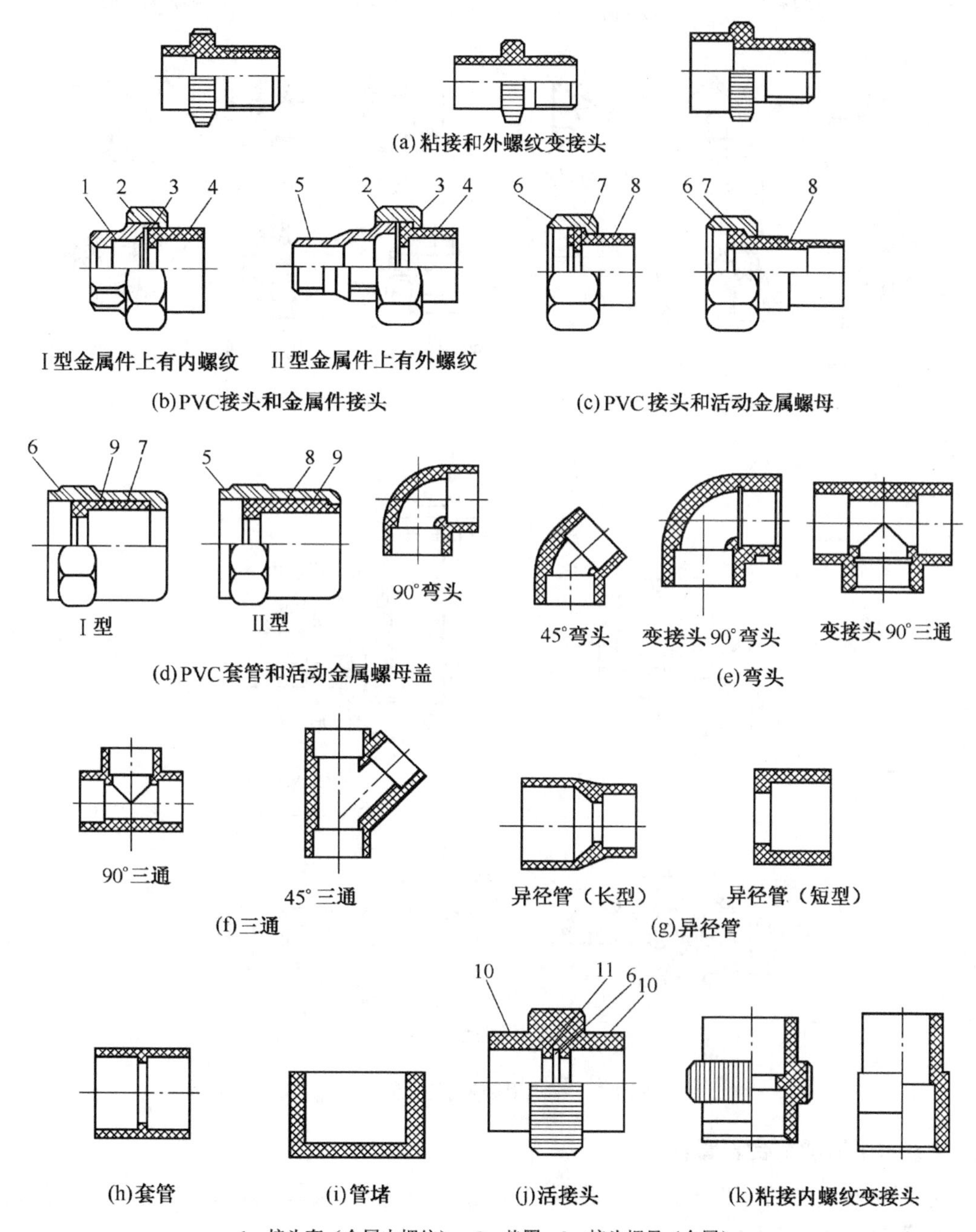

1—接头套（金属内螺纹）；2—垫圈；3—接头螺母（金属）；
4—接头外部（PVC）；5—接头套（金属外螺纹）；6—平密封垫圈；
7—金属螺母；8—接头端（PVC）；9—PVC套管；10—承口端；11—PVC螺母

图1-6 给水用硬聚氯乙烯管件

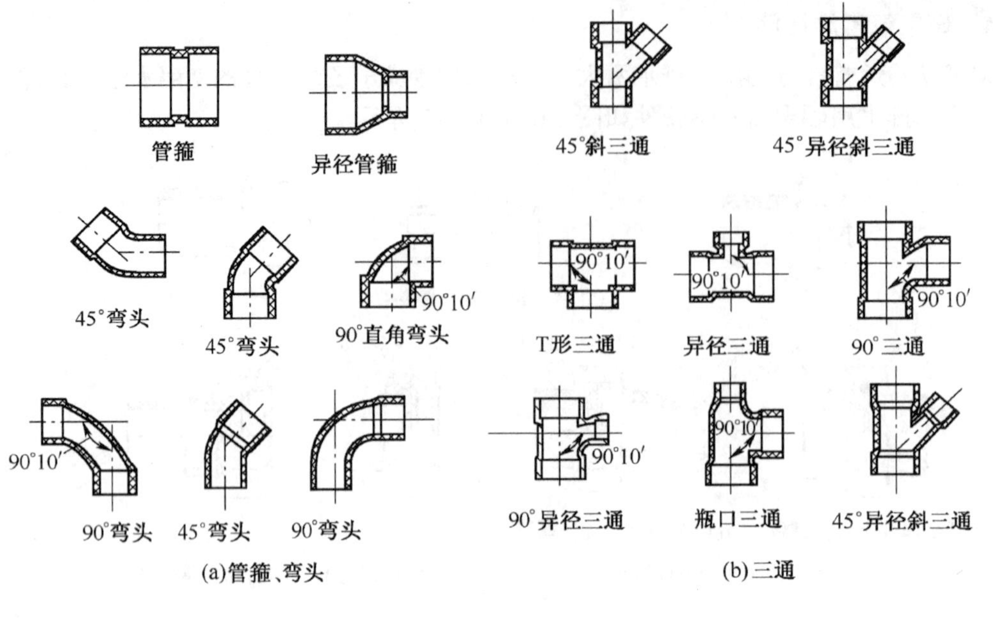

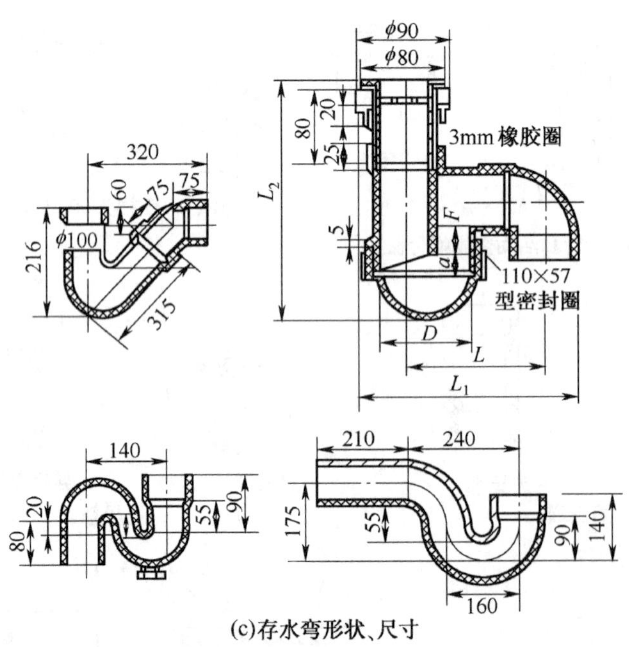

(c)存水弯形状、尺寸

图 1-7　排水用硬聚氯乙烯管件

5．给水用铝塑复合管管件

给水用铝塑复合管管件一般是用黄铜制造而成，是采用卡套式连接的。常用的给水用铝塑复合管管件如图 1-8 所示。

1.1.3　管道的连接方法

管道常用的连接方法有螺纹连接、法兰连接、焊接连接、承插连接和卡套式连接五种。

1．螺纹连接

螺纹连接是指将管子端部按照规定的螺纹标准加工成外螺纹并与带有内螺纹的管件拧接在一起。螺纹连接主要适用于 $DN\leqslant 100$mm 的镀锌钢管的连接，以及较小管径、较低压力的焊接钢管和带螺纹的阀类及设备接管的连接。

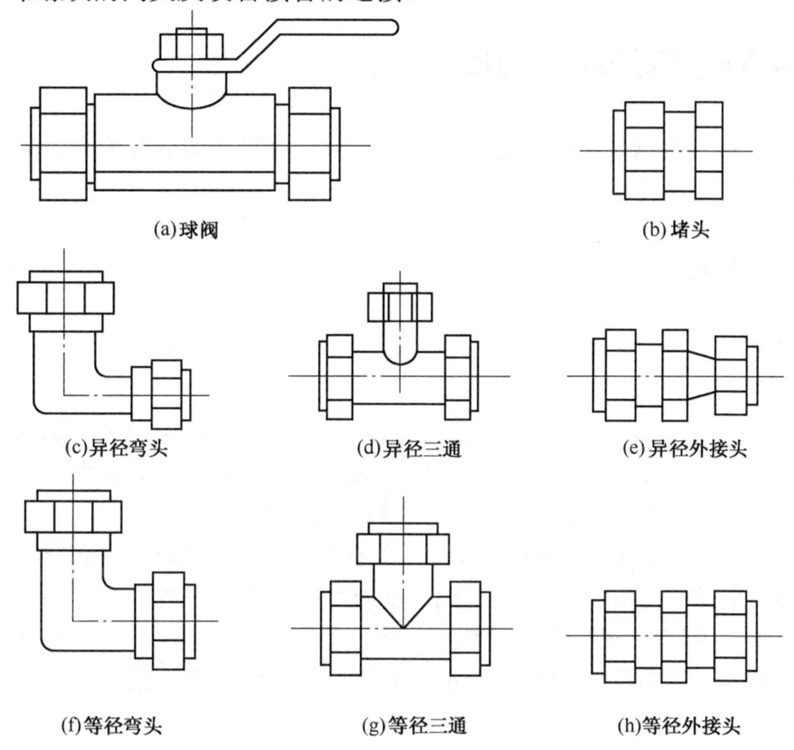

图 1-8　给水用铝塑复合管管件

2．法兰连接

法兰连接是指通过连接件（法兰）及紧固件（螺栓、螺母），压紧中间的法兰垫片而使管道连接起来的一种连接方法。法兰连接包括法兰盘与管道之间的连接、法兰与法兰之间的连接。法兰连接的特点是结合强度高、严密性好、拆卸安装方便；但法兰接口耗用钢材多、工时多、价格贵、成本高。法兰连接是可卸接头，在中、高压管路系统和低压大管径管路中，凡是需要经常检修的阀门等附件与管道之间的连接，一般都采用了法兰连接，如 $DN>100$mm 的镀锌钢管、无缝钢管、给水铸铁管的连接。

3．焊接连接

焊接连接是指用焊机、焊条烧焊将两段管道连接在一起，是在管道安装工程中应用最为广泛的连接方法，其优点是接头紧密、不漏水、不需配件、施工迅速，但无法拆卸。它常用于 $DN>32$mm 的非镀锌钢管、无缝钢管、铜管的连接。

4．承插连接

承插连接是指将管子或管件的插口（小头）插入承口（喇叭口），并在其插接的环形间隙内填以接口材料的连接方法。一般铸铁管、塑料排水管、混凝土管都采用了承插连接。

5．卡套式连接

卡套式连接是用由锁紧螺母和带螺纹管件组成的专用接头进行管道连接的一种连接形式，广泛应用于复合管、塑料管和*DN*＞100mm的镀锌钢管的连接。

任务1.2　水暖工程的常用附件

水暖工程中的附件是指安装在管道及设备上的用以启闭和调节分配介质流量、压力的装置，有配水附件和控制附件两大类。

1.2.1　配水附件

1．配水水嘴

配水水嘴有以下几种。

（1）球形阀式配水水嘴。它一般安装在洗涤盆、污水盆、盥洗槽上。该水嘴阻力较大，当水流经此种水嘴时会改变流向。其橡胶衬垫容易磨损，因此会使其漏水。一些发达城市正逐渐淘汰此种铸铁水嘴，取而代之的是塑料制品和不锈钢制品等。

（2）旋塞式配水水嘴。该水嘴旋转90°即完全开启，可在短时间内获得较大流量，阻力也较小，其缺点是易产生水击，适用于浴池、洗衣房、开水间等处。

（3）瓷片式配水水嘴。该水嘴采用陶瓷片阀芯代替橡胶衬垫，解决了普通水嘴的漏水问题。陶瓷片阀芯能承受高温及高腐蚀，有很高的硬度，光滑平整、耐磨，是现在被广泛推荐的产品，但其价格较贵。

2．盥洗水嘴

这种水嘴设在洗脸盆上供冷、热水用，有莲蓬头式、鸭嘴式、角式、长脖式等多种形式。

3．混合水嘴

这种水嘴是将冷、热水混合调节为温水的水嘴，供盥洗、洗涤、沐浴等使用。该类新型水嘴式样繁多、外观光亮、质地优良，其价格差异也较悬殊。

常用的配水水嘴如图1-9所示。

1.2.2　控制附件

控制附件用以启闭管路、调节水量或水压，关断水流、改变水流方向等，一般指各种阀门。水暖与通风工程中常用的阀门种类有如下几种。

1．闸阀

闸阀在管路中既可以起开启和关闭作用，又可以调节流量，且对水流的阻力小，安装时无方向要求，其缺点是关闭不严密。它适宜用在完全开启或关闭的管路，不易用在要求调节开度大小的管路。闸阀是给水系统使用最为广泛的阀门。

闸阀按连接方式分为螺纹闸阀和法兰闸阀，如图1-10所示。

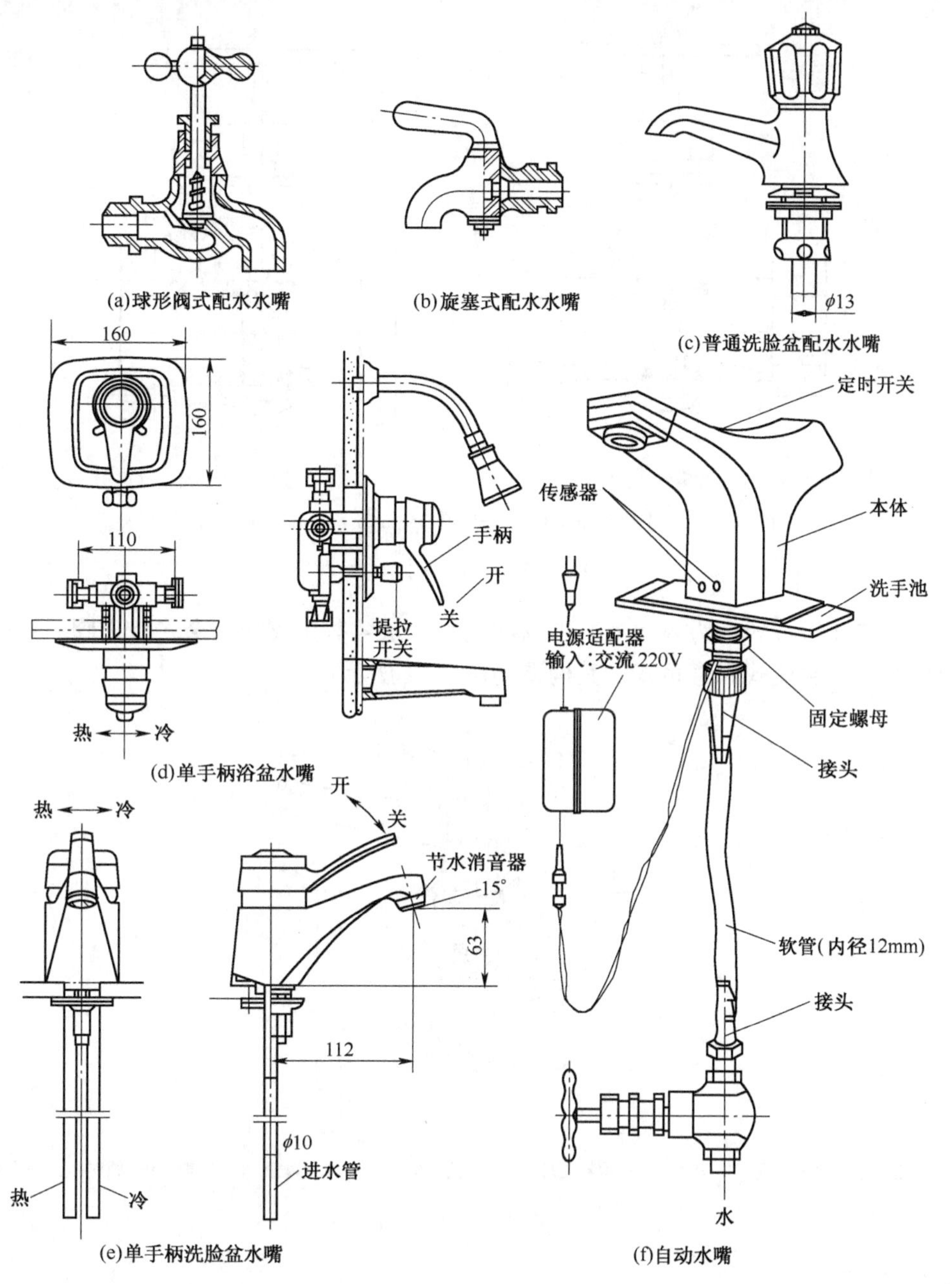

图1-9　各种配水水嘴

2. 截止阀

截止阀是沿阀座轴线做升降运动从而切断或开启管路的。截止阀在管路上起开启和关闭水流作用，但不能调节流量。截止阀关闭严密，但其缺点是水阻力大，安装时需注意安装方向（低进高出）。截止阀适宜用在热水、蒸气等严密性要求较高的管道中，是在给、排水及采暖系统中采用最广泛的一种阀门。

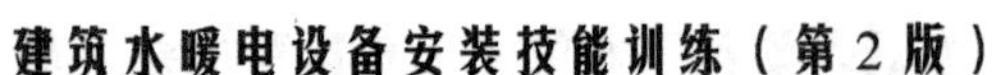

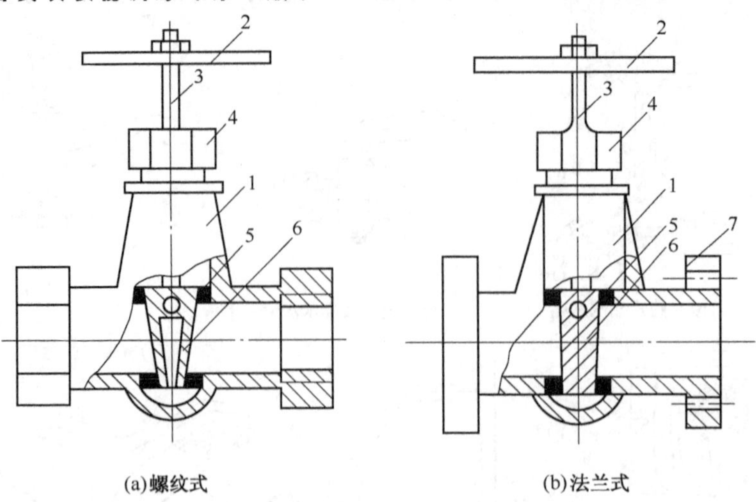

1—阀体；2—手轮；3—阀杆；4—压盖；5—密封圈；6—闸板；7—法兰

图 1-10 闸阀

截止阀按连接方式分为内（外）螺纹截止阀、法兰截止阀和卡套式截止阀；按阀门的结构分为直通式、直流式和直角式，其构造如图 1-11 所示。

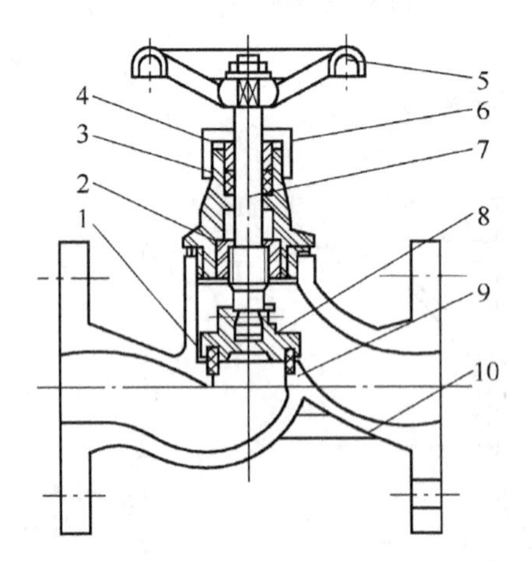

1—密封圈；2—阀盖；3—填料；4—填料压环；5—手轮；6—压盖；7—阀杆；8—阀瓣；9—阀座；10—阀体

图 1-11 截止阀

3. 止回阀

止回阀又称逆止阀、单向阀，常用于水泵出口和防止水倒流的管路。它的启闭件为阀瓣，它会利用阀门两侧介质的压力差值自动启闭水流通路，从而阻止水的倒流。因此，止回阀的安装方向必须与水流方向一致。

止回阀按连接方式分为螺纹止回阀和法兰止回阀。按结构形式分为升降式和启闭式两大类，如图 1-12 和图 1-13 所示。升降式只能用在水平管道上；而启闭式既可用在水平管道上，也可用在垂直管道上。止回阀一般用在水泵出口和其他只允许介质单向流动的管路上。

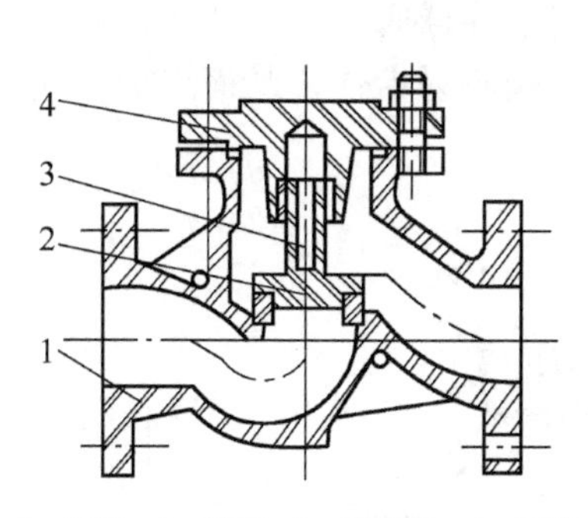

1—阀体；2—阀瓣；3—导向套；4—阀盖

图 1-12　升降式止回阀

1—阀体；2—阀体密封圈；3—阀瓣密封圈；4—阀瓣；5—摇杆；6—垫片；7—阀盖

图 1-13　启闭式止回阀

4．旋塞阀

旋塞阀的启闭件为金属塞状物，塞子中部有一孔道，绕其轴线转动 90° 即为全开或全闭。根据开设孔道的形式不同，旋塞阀分为三通旋塞阀和四通旋塞阀。

旋塞阀具有结构简单、启用迅速、操作方便、阻力小的优点，其缺点是密封面维修困难，在流体参数较高时旋转灵活性和密封性较差，多用于低压、小口径管及介质温度不高的管路中，其构造如图 1-14 所示。

5．球阀

球阀的启用件为金属球状物，球体中部有一圆形孔道，操纵手柄绕垂直于管路的轴线旋转 90° 即可全开或全闭。球阀可使用在小管径管道上，目前其发展较快，有替代截止阀的趋势，主要用在小口径的汽、水管道中。

球阀具有结构简单、体积小、阻力小、密封性好、操作方便、启闭迅速、便于维修等优点，其缺点是高温时启闭较困难、水击严重、易磨损。

球阀按连接方式分为内螺纹球阀和法兰式球阀等。法兰式球阀的结构如图 1-15 所示。

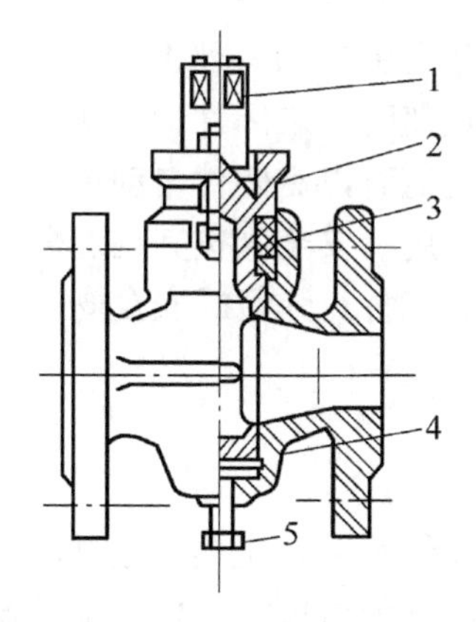

1—旋塞；2—压盖；3—填料；4—阀体；5—退塞螺栓

图 1-14　旋塞阀

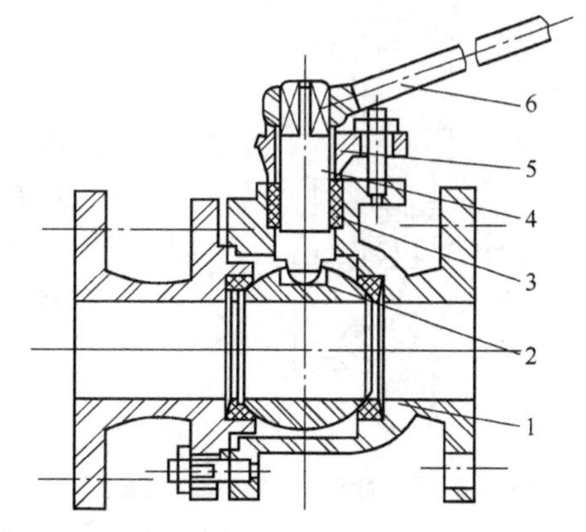

1—阀体；2—球体；3—填料；4—阀杆；5—阀盖；6—手柄

图 1-15　法兰式球阀

6．浮球阀

浮球阀常安装于水箱或水池上用来控制水位，保持液位恒定。浮球阀如口径较大，则可采用法兰连接；如口径较小则可采用丝接。其缺点是体积较大，阀芯易卡住，从而造成关闭不严并溢水。小型浮球阀和中型浮球阀的结构如图 1-16 所示。

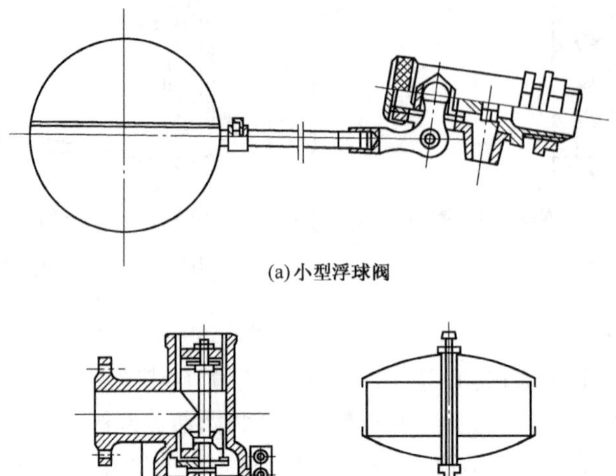

(a) 小型浮球阀

(b) 中型浮球阀

图 1-16　浮球阀

7．减压阀

减压阀按结构不同分为弹簧薄膜式、活塞式、波纹管式等，常用在空气、蒸气设备和管道上调节介质压力以满足用户的要求。弹簧薄膜式减压阀的结构如图 1-17 所示。

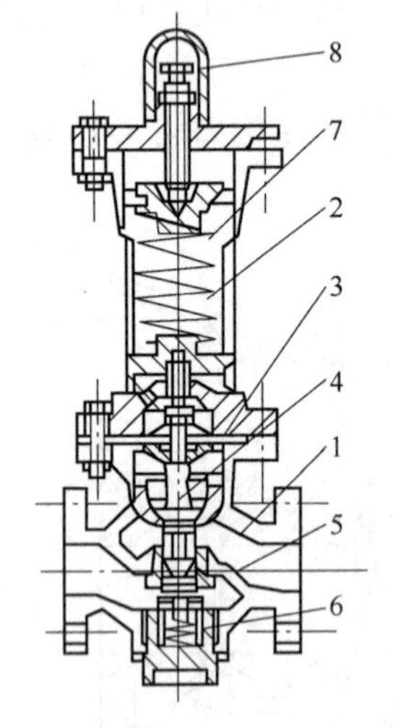

1—阀体；2—阀盖；3—薄膜；4—活塞；5—阀瓣；6—主阀弹簧；7—调节弹簧；8—调整螺栓

图 1-17　弹簧薄膜式减压阀

8．安全阀

安全阀常用于水暖系统的压力容器上。当管道或设备内的介质压力超过规定值时，启闭件（阀瓣）自动排放；当介质压力低于规定值时，启闭件自动关闭，从而对管道和设备起到保护作用。安全阀按其构造分为杠杆重锤式、弹簧式、脉冲式三种。弹簧式安全阀的结构如图 1-18 所示。

9．疏水器

疏水器是自动排放凝结水并阻止蒸气通过的阀门。它常用于蒸气管路系统，分为机械型吊桶式疏水器、热动力型圆盘式疏水器等。常用的脉冲式疏水器的结构如图 1-19 所示。

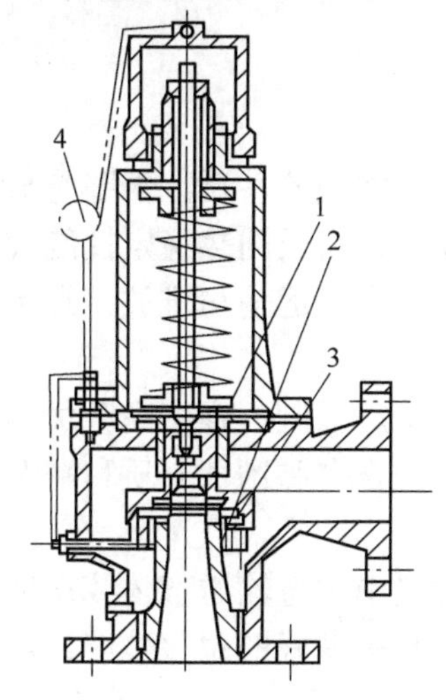

1—阀瓣；2—反冲盘；3—阀座；4—铅封

图 1-18　弹簧式安全阀

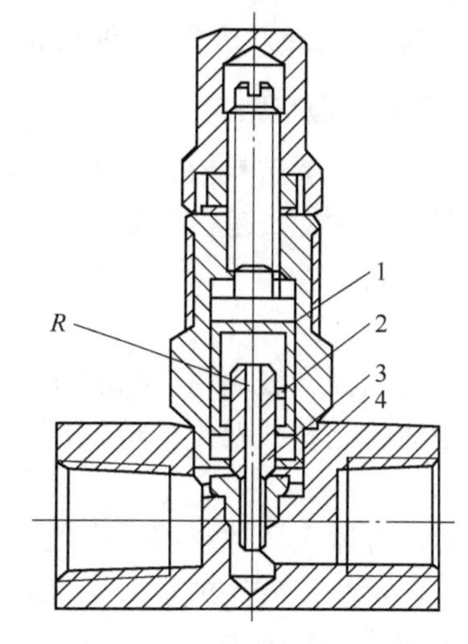

1—倒锥形缸；2—控制盘；3—阀瓣；4—阀座

图 1-19　脉冲式疏水器

10．蝶阀

蝶阀的阀板在 90° 翻转范围内起调节、节流和关闭作用，常用于给水、采暖和消防管道上。它是一种体积小、构造简单的阀门，其优点是操作扭矩小，启闭方便，体积较小。蝶阀有手柄式与蜗轮传动式两种，使用时阀体不易漏水，但其缺点是密闭性较差、不易关闭严密。

任务 1.3　通风工程的常用材料

1.3.1　常用风道材料

通风系统的常用风道材料有金属和非金属两类。

1．金属风道材料

（1）普通薄钢板。普通薄钢板有镀锌钢板（俗称白铁皮）和非镀锌钢板（俗称黑铁皮）两种。

（2）镀锌薄钢板。镀锌薄钢板不易锈蚀，表面光洁，宜用做空调及洁净系统的风道材料。

（3）不锈钢板。不锈钢板在高温下具有耐酸碱腐蚀能力，因而多用在化学工业的输送含有腐蚀性气体的通风系统中。由于不锈钢板的机械强度比普通钢板高，故在选用时可以采用厚度比普通钢板薄的板。

（4）铝合金板。铝合金板以金属铝为主，给其加入铜、镁、锰等金属便可制成铝合金，使其强度得到显著提高，其塑性和耐腐蚀性也很好，且摩擦时不易产生火花。铝合金板常用于通风工程中的防爆系统。通风空调工程中也常使用纯铝板。

（5）塑料复合钢板。塑料复合钢板是在普通钢板表面上喷涂一层 0.2～0.4mm 厚的塑料层而制成的。这种复合钢板强度大，且有耐腐蚀性能，常用于防尘要求较高的空调系统和温度在－10℃～70℃之间的耐腐蚀系统的风道制作。

金属板材规格通常以“短边×长边×厚度”表示，单位是 mm。例如，“800×1 500×0.9”

表示板材宽为800mm，长为1 500mm，厚为0.9mm。

2. 非金属风道材料

（1）硬聚氯乙烯塑料板。硬聚氯乙烯塑料板具有较强的耐酸碱的性质，内壁光滑，易于加工，但其导热性能较差，主要用于输送含有腐蚀性的气体。塑料板的热稳定性能较差，随着温度的升高其强度会下降，在过低温度下又会变脆断裂，不利于运输与堆放，且保管不当易变形。

（2）玻璃钢板。玻璃钢板具有质轻、耐腐蚀性能良好、工厂预制、强度高等优点，可内加阻燃型泡沫保温材料及无机填料制成保温风道，常用于输送含有腐蚀性介质和潮湿空气的通风系统。

（3）砖、混凝土风道材料。在通风工程中，当在多层建筑中垂直输送气体或在地下水平输送气体时，可采用砖砌或混凝土风道材料。该类风道材料具有良好的耐火性能，常用于正压送风或消防排烟系统中。

1.3.2 常用金属材料

（1）角钢。角钢是供热空调工程中应用广泛的型钢，如用于制作通风管道法兰盘、各种箱体容器设备框架、各种管道支架等。其规格以“边宽×边宽×厚度”表示，并在规格前加有符号“∟”，单位为mm，如“∟50×50×6”。角钢按边的宽度不同有等边角钢和不等边角钢。工程中常使用等边角钢，其边宽为20～200mm，共有20种宽度等级。

（2）槽钢。槽钢在供热空调工程中主要用来制作箱体框架、设备机座、管道及设备支架等。槽钢的规格以“号（高度）”表示，单位为mm，每10mm为1号。具体表示时，其前加有符号“[”，并且“号”不写，如“[20”表示槽钢的高度为200mm。槽钢分为普通型和轻型两种，工程中常使用普通型槽钢。

（3）扁钢。扁钢在供热空调中主要用来制作风管法兰、加固圈和管道支架等。扁钢常用普通碳素钢热轧而成，其规格以“宽度×厚度”表示，单位为mm，如“30×3”。其厚度为3～60mm，共有25种厚度等级；宽度为10～200mm，共有37种宽度等级；长度为3～7m。

（4）圆钢。在管道和通风空调工程中，常使用普通碳钢的热轧圆钢（直条）。其直径用“ϕ”表示，单位为mm，如ϕ5.5。圆钢直径为5.5～250mm，共有69种直径等级。当直径$\phi \leqslant$25mm时，长度为4～10m；当直径$\phi >$25mm时，长度为3～9m。圆钢适用于加工制作U形螺栓和抱箍（用于支、吊架）等。

1.3.3 辅助材料

通风与空调工程所用主材料主要指板材和型钢；辅助材料指螺栓、铆钉、垫料等。

（1）垫料。垫料主要用在风管之间、风管与设备之间的连接处，用以保证接口的严密性。常用垫料有橡胶板、石棉橡胶板、石棉绳、软聚氯乙烯板等。

（2）紧固件。紧固件是指螺栓、螺母、铆钉、垫圈等。

螺栓、螺母的规格用“公称直径×螺杆长度”表示，并且在规格前加有符号“*M*”，单位为mm，如“*M*16×80”。其多用于法兰的连接、设备与支座的连接。

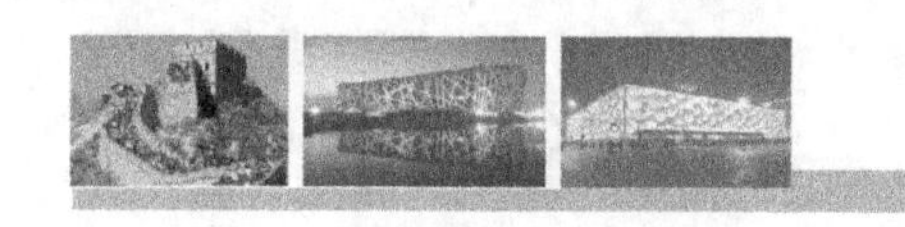

铆钉有半圆头铆钉、平头铆钉和抽心铆钉等，用于金属板材与材料，风管和部件之间的连接。

垫圈有平垫圈和弹簧垫圈，用于保护连接件表面免遭螺母擦伤，防止连接件松动。

任务 1.4　水暖与通风工程的安装工具

1.4.1　常用手工工具

（1）手工钢锯。钢锯是一种手工操作工具，用于锯断小口径的钢管。它由锯弓和锯条组成，如图 1-20 所示。锯条锯齿有粗齿、中齿和细齿三种，锯弓可根据选用的锯条长度调整，常用的是 300mm 的中齿锯条。安装锯条时锯齿的朝向必须为向前方，否则容易打坏齿，操作也会变困难，如图 1-21 所示。

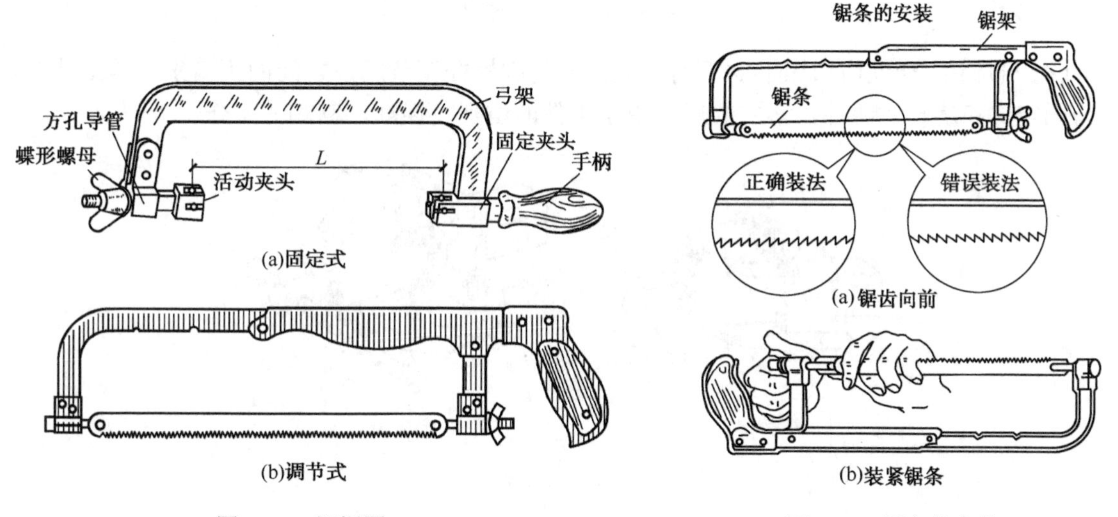

图 1-20　钢锯图

图 1-21　锯条的安装

（2）管子割刀。管子割刀用于切割壁厚不超过 5mm 的小口径金属管材，由可转动圆形滚刀、可调节螺杆和手柄、两个压紧滚轮、滑动支座、滑道等组成，如图 1-22 所示。切割时将滚刀对准切口处，旋转手柄，在压力作用下边进刀边沿管壁旋转，直至管子被切断为止。

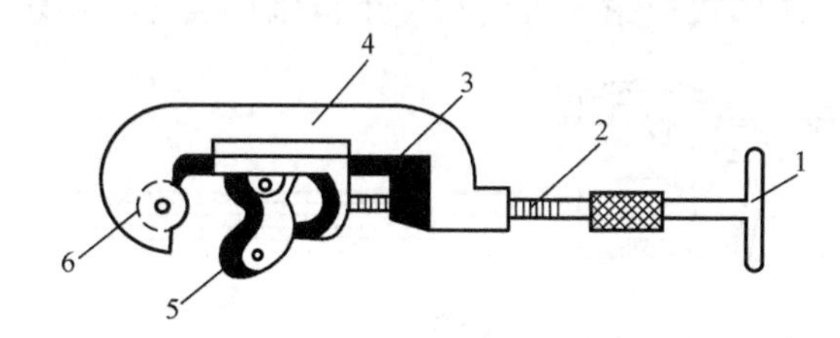

1—手柄；2—螺杆；3—滑道；4—刀架；5—压紧滚轮；6—滚刀

图 1-22　管子割刀

（3）管子台虎钳（龙门钳）。管子台虎钳如图 1-23 所示，主要用来夹紧金属管、切割管子或进行铰制螺纹，一般固定在工作台上。使用时，管子台虎钳一定要牢固地垂直固定在工

作台上，其钳口必须与工作台边缘相平或稍往里一点。

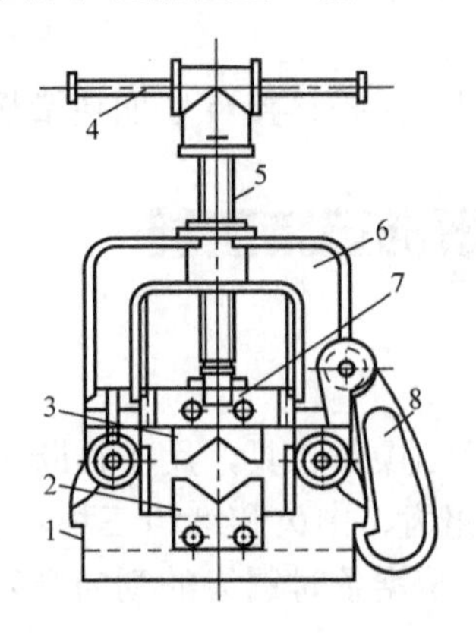

1—底座；2—下虎牙；3—上虎牙；4—手把；5—丝杠；6—龙门架；7—滑动块；8—弯钩

图1-23　管子台虎钳

（4）台虎钳。台虎钳如图1-24所示。它主要是靠螺杆调节虎口之间的距离来夹紧工件的，分为固定式和旋转式两种。它主要用于中小工件的凿削、锉削、锯割等工作。

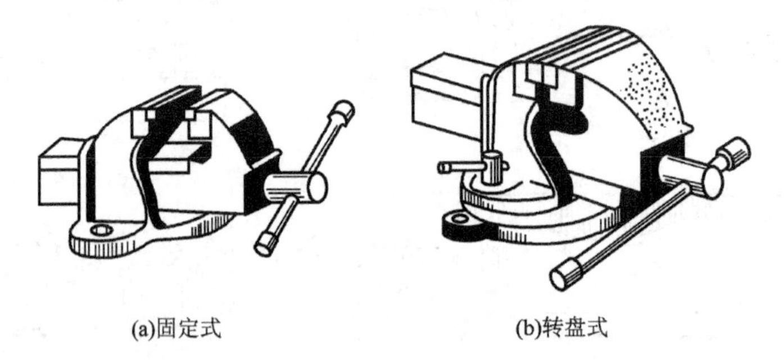

(a)固定式　　(b)转盘式

图1-24　台虎钳

（5）管钳。管钳是用来紧固或拆卸金属管子的，有张开式、链条式两种，如图1-25所示。张开式管钳由钳柄、套夹和活动钳口组成。其活动钳口与钳柄用套夹相连，钳口上有轮齿以便咬住管子使之转动，钳口张开的大小用螺母来调节。链条式虎钳用于紧固和拆卸较大的金属管子。将链条绕在管壁上转动手柄时，主要靠链条与管壁的摩擦力和手柄端的牙齿紧压在管壁上来使管子转动。两种形式管钳的规格与使用范围如表1-1和表1-2所示。

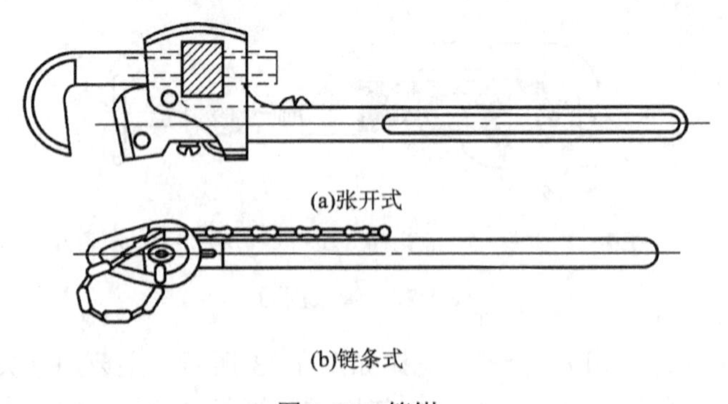

(a)张开式

(b)链条式

图1-25　管钳

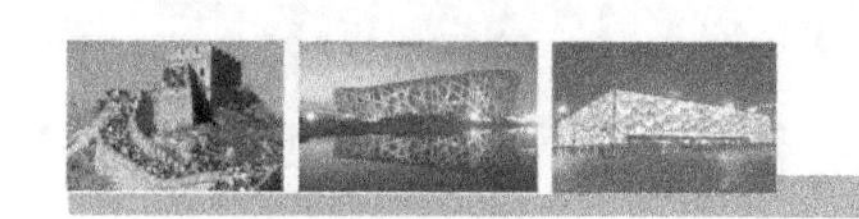

表 1-1　管钳规格（单位：mm）

扳手全长	150	200	250	300	350	450	600	900	1 200
夹持管子最大外径	20	25	30	40	50	60	75	85	110

表 1-2　链条式管钳规格（单位：mm）

扳手全长	900	1 000	1 200
夹持管子公称直径	40～125	40～150	>150

（6）管子铰板。管子铰板又称管螺纹铰板、代丝，是手工铰制外径为 6～100mm 的各种钢管外螺纹的主要工具，如图 1-26 所示。

铰板由铸钢本体、前挡板、压紧螺丝、板牙、三个顶杆、后挡板等部件组成，每种型号的管子铰板都有几套相应的板牙。

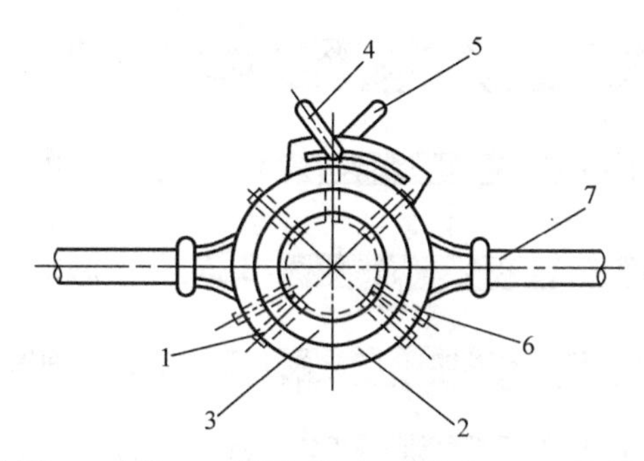

1—板牙；2—前挡板；3—本体；4—紧固螺栓；5—松扣柄；6—后挡板及爪牙；7—扳手

图 1-26　管子铰板

（7）圆头锤。圆头锤多为钢质，主要用于在拆卸管箍、螺栓螺帽时先行振打，将锈蚀振松；当法兰安装在管端时，可用它轻轻击打使其位置正直；或用于打弯或校正型钢、制作支架等。其规格按质量分为 0.68kg，0.91kg，1.13kg，1.36kg 等。

（8）钢丝钳。钢丝钳用于夹持或弯折薄片形、圆柱形金属零件及切断金属丝等。它分为不带塑料管和带塑料管两种，长度规格为 160mm，180mm，200mm。

（9）起子。起子也称改锥、螺丝刀，主要用于旋紧或起松各种材料的螺钉。

（10）扳手。扳手的作用是安装和拆卸四方头和六方头螺钉、螺母、活接头、阀门等零件和管件，主要包括活扳手、呆扳手、梅花扳手和套筒扳手四种类型，如图 1-27 所示。活扳手的开口大小可以进行调节，而呆扳手、梅花扳手和套筒扳手的开口不可以调节。

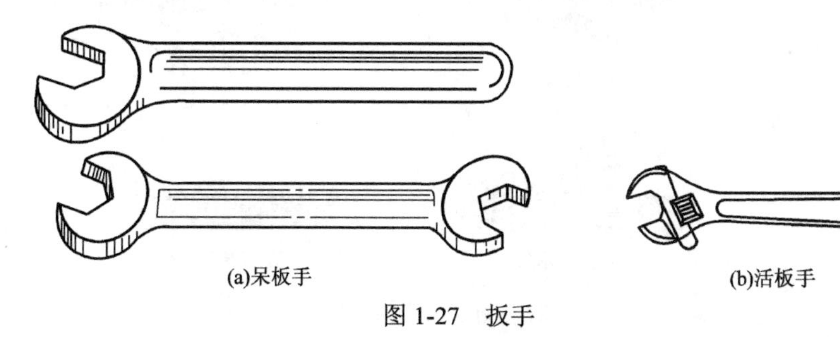

(a)呆板手　　(b)活板手

图 1-27　扳手

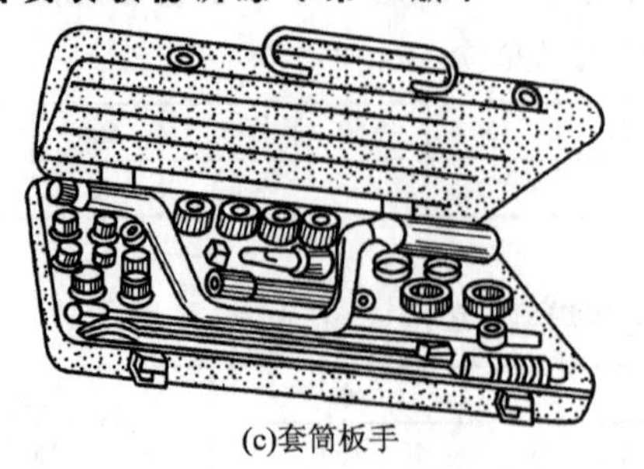

(c)套筒板手

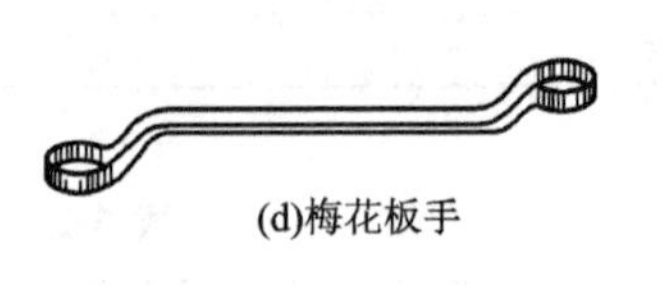

(d)梅花板手

图 1-27　扳手（续）

（11）锉刀。锉刀如图 1-28 所示，是手工对工件表面进行锉削加工，使其表面达到所要求尺寸、形状和粗糙度的工具。它按形状分扁锉、方锉、圆锉和三角锉等；按加工精度分为粗锉、中锉和细锉。

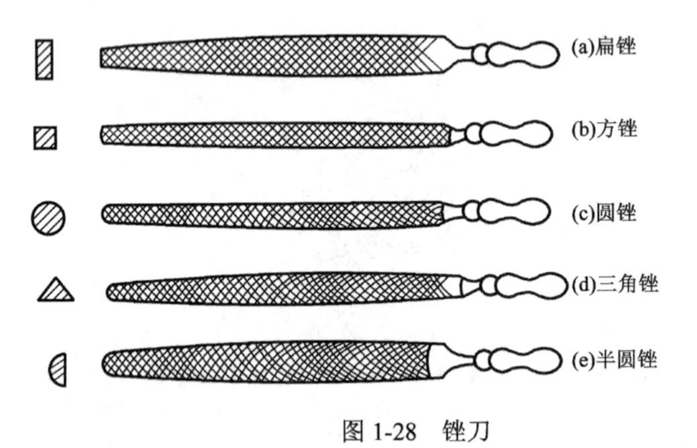

(a)扁锉

(b)方锉

(c)圆锉

(d)三角锉

(e)半圆锉

图 1-28　锉刀

1.4.2　常用测量工具

几种常用测量长度的工具如图 1-29 所示。几种常用测量角度的工具如图 1-30 所示。

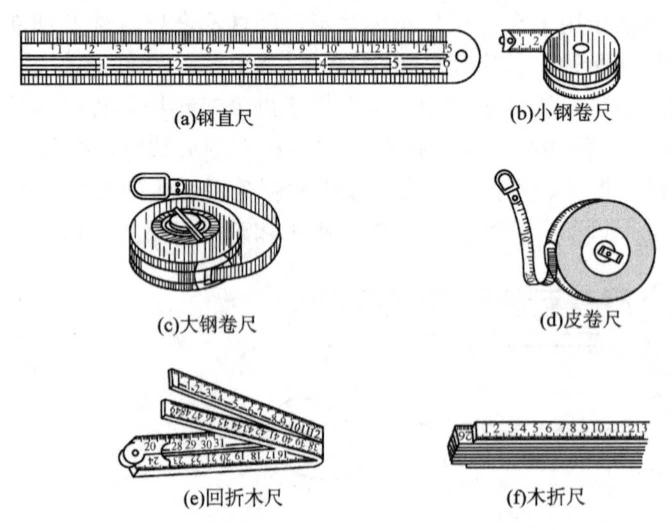

(a)钢直尺　(b)小钢卷尺

(c)大钢卷尺　(d)皮卷尺

(e)回折木尺　(f)木折尺

图 1-29　测量长度的工具

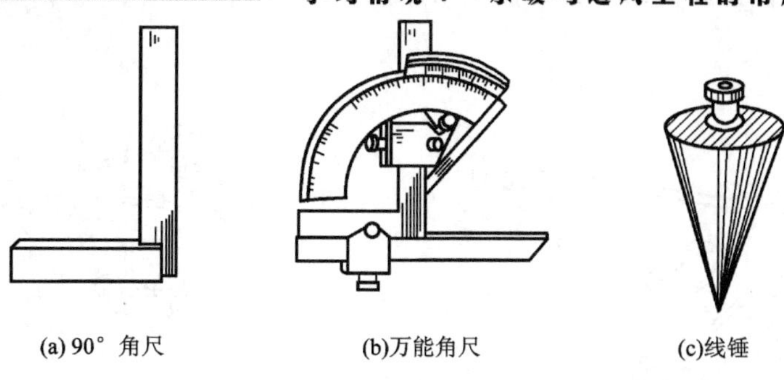

(a) 90° 角尺　　(b)万能角尺　　(c)线锤

图 1-30　测量角度的工具

（1）钢直尺。钢直尺用来测量一般工件尺寸，以毫米为刻度，常用规格按测量上限划分为 150mm，300mm，500mm，1 000mm 多种。

（2）钢卷尺和皮卷尺。钢卷尺和皮卷尺用于测量管线长度。钢卷尺的规格按其测量上限分为小钢卷尺和大钢卷尺两种。

（3）线锤。线锤也称直线锤、线坠，是在安装设备、管道时目测垂直度用的。它有钢质、铜质两种，常用质量为 0.1kg、0.2kg。

（4）铁水平尺。铁水平尺用于检查普通设备安装的水平位置和垂直位置，以及确定管道坡向。水平尺上有一个长圆形弯曲玻璃水管，水管中间有一气泡。气泡居中时说明所测面水平，水泡偏向哪边则说明哪端高。常用规格尺长度为 150mm，200mm，250mm，300mm。

（5）塞尺。塞尺又称厚薄规，用于测量或检验两平行面间的空隙。塞尺分 A 型、B 型，塞尺片的长度有 75mm，100mm，150mm，200mm，300mm 几种，塞尺片厚为 0.02～1.00mm。

1.4.3　常用机械及电动工具

常用机械及电动工具有以下几种。

（1）电动套丝切管机。套螺纹切管机用于各种管子的切断、内倒角，以及给管子套螺纹，给圆钢套螺纹。

（2）弯管器。如图 1-31 所示，一般可在施工现场用手动或小型的油压弯管器弯曲管子。

（3）砂轮切割机。砂轮切割机如图 1-32 所示。其工作原理为：电动机带动砂轮高速旋转，以磨削的方法切断管子。它用于切割各种金属型材和大口径管材。砂轮片直径分为 300mm、400mm 两种，磨损后可更换。

（4）千斤顶。千斤顶用于支撑、起升和下降较重的设备。千斤顶只适宜垂直使用，不能倾斜或倒置使用，也不能用在酸、碱及有腐蚀性气体的场所。常用的千斤顶有液压千斤顶和螺旋千斤顶两种。

（5）手电钻。手电钻是用来对金属、塑料或其他类似材料和工件进行钻孔的电动工具。手电钻在水暖安装工程中有相当广泛的应用。

（6）电锤。电锤主要用于在砖石、混凝土等硬质建筑结构上开孔打洞，兼具冲击和旋转两种功能。

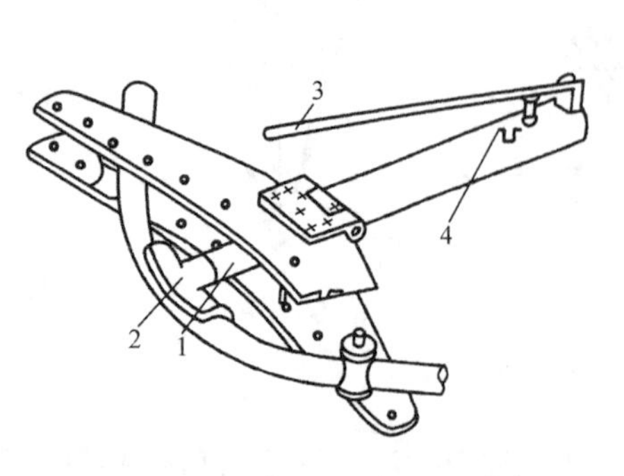

1—顶杆；2—胎模；3—手柄；4—油孔

图 1-31　油压弯管器

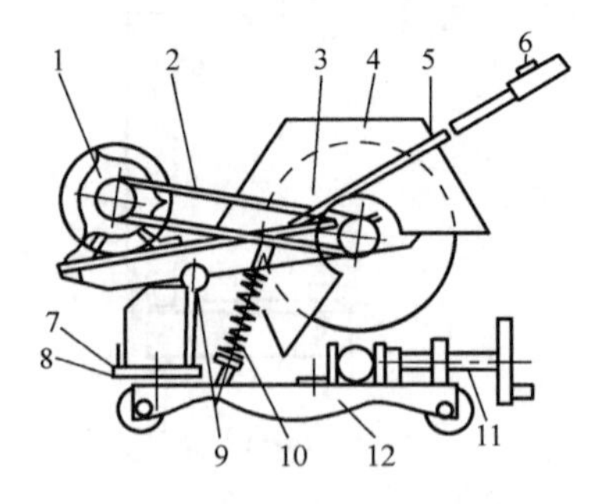

1—电动机；2—V 带；3—砂轮片；4—保护罩；5—手柄杆；6—带开关的手柄；7—接线盒；8—扭转轮；9—中心轴；10—弹簧；11—夹钳；12—四轮底座

图 1-32　砂轮切割机

（7）氧气割炬切割器。如图 1-33 所示的射吸式割炬是利用乙炔与氧的高温火焰加热工件，且在火焰的中心喷射切割氧气流来进行气割操作的，用于切断直径大于 100mm 的普通钢管。

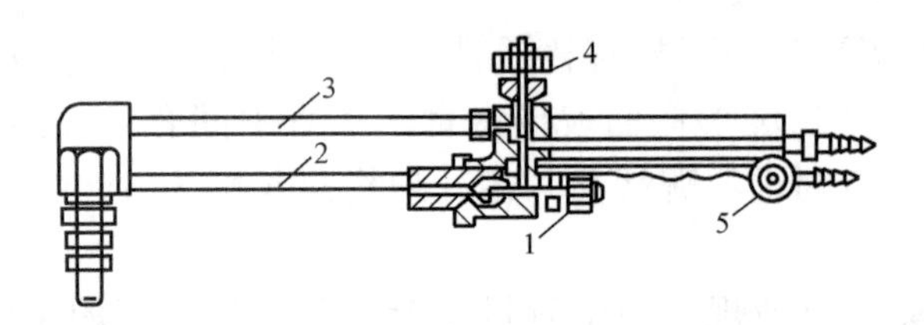

1—氧气调节阀；2—混合气管；3—氧气管；4—高压氧气阀；5—乙炔阀

图 1-33　射吸式割炬

（8）试压泵。试压泵用于水暖管道水压试验，分手动试压泵和电动试压泵两种。手动试压泵一般用于小型系统，电动试压泵常用于大型系统。

实训 1　水暖工程材料及工具的使用

1. 实训目的

能够识别水暖工程常用的材料、附件、工具的规格、种类和型号；掌握它们的性能、选择要求、适用条件，为以后的专业知识学习打下基础。

2. 实训准备

准备各种管材、板材、管件、阀门、水龙头、安装材料、手动工具、机械工具、电动工具及相应出厂合格证、材质单、使用说明书等。

3. 实训要求

（1）掌握各种材料、附件、工具的名称、规格和使用要求。

（2）能看懂设备的标牌和使用说明书及材料的合格证、材质单。

（3）参观水暖通风空调系统的典型工程。

（4）到本地建材市场进行调研。

4．实训安排

（1）本项目实训的时间安排可根据具体情况确定。

（2）指导教师示范、讲解安全注意事项及要求。

（3）观看、记录。

（4）考试、写调研报告。

5．实训成绩考评

口试	20分
基本要求	30分
实训报告	20分
调研报告	30分

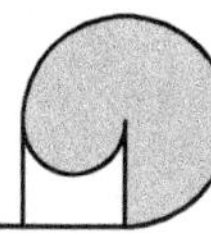

知识梳理与总结

（1）水暖工程常用的管材及其规格、型号、特点与适用条件；水暖管道的五种连接方式，包括螺纹连接、法兰连接、焊接连接、承插连接和卡套式连接。

（2）常用的管道安装材料及其性能、规格和适用条件；常见配水附件（即各种水龙头）及其种类、性能和适用条件；各种控制附件（指各种阀门）及其规格、型号、性能和安装注意事项；通风系统常用的金属风道材料、非金属风道材料、金属材料和辅助材料。

（3）管道工程安装常用的手工工具、机械工具及电动工具的规格、性能、使用方法和适用条件。

要求通过实训和市场调研掌握各种材料、附件及工具的识别、用途和使用要求，为以后学习管道和设备的安装知识、提高动手操作能力打下良好的基础。

习题1

1．水暖工程中的常用管材有哪些？

2．常用的管件有哪些？

3．管道的连接方法包括（　　）、（　　）、（　　）、（　　）和（　　）。

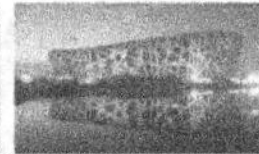

4．配水附件分哪两类？在系统中起什么作用？

5．控制附件的作用是什么？有哪些控制附件？

6．空调系统常用的风道材料有哪些？

7．水暖工程常用的钢材有哪几种？

8．管道安装常用工具的类型有（　　）、（　　）、（　　）和（　　）。

学习情境2 给水、排水系统的安装

教学导航

教	知识重点	1. 室内给水、排水系统的组成 2. 给水方式的选择 3. 室内给水、排水管道的安装方法
	知识难点	室内给水方式的选用
	推荐教学方式	通过参观典型工程进行现场教学
	建议学时	10学时
学	推荐学习方法	通过管道安装实训及参观典型工程来掌握所学专业知识
	必须掌握的专业知识	1. 室内给水系统、中水系统和排水系统的分类及组成 2. 给、排水管道的安装要求及与土建施工的协作配合 3. 给、排水附件及设备的安装和施工质量验收的要求和方法
	必须掌握的技能	1. 熟悉管道加工、连接的常用工具及其使用方法 2. 掌握管道的加工和连接的基本技能，达到能独立操作、产品质量合格的目的

任务2.1 室内给水系统的组成与给水方式

2.1.1 室内给水系统的分类

室内给水系统按水的用途分成生活给水系统、生产给水系统和消防给水系统。

1．生活给水系统

生活给水系统主要满足住宅、公共建筑和工业企业建筑内的饮用、盥洗、淋浴、餐饮等用水要求，其水质必须符合国家卫生部颁布的《生活饮用水卫生标准》。

2．生产给水系统

生产产品和生产工艺不同，对水质、水量和水压的要求也不相同，如生产用水可分为冷却用水、洗涤用水、锅炉用水等。

3．消防给水系统

对于消火栓灭火系统、自动喷洒灭火系统、雨淋系统及水幕消防系统而言，水都是一种重要的灭火介质。

以上三类给水系统可独立设置，也可根据需要将其中的两种或三种给水系统综合起来，以构成生活和生产共用的给水系统，生产和消防共用的给水系统，生活和消防共用的给水系统，生活、生产和消防共用的给水系统。

2.1.2 室内给水系统的组成

室内给水系统主要由以下几部分构成，如图2-1所示。

（1）引入管。引入管是室内给水管网和室外给水管网相连接的管段，也称进户管。引入管可随供暖地沟进入室内，或通过在建筑物的基础上预留孔洞来单独引入。

（2）水表节点。水表及其一同安装的阀门、管件、泄水装置等统称水表节点。对于必须对用水量进行计量的建筑物，应在其引入管上装设水表。水表宜设置在水表井内，并且水表前后应安装阀门，以便检修时关闭进、出水管。

在住宅建筑物内，应每户装一只水表，分户计量。水表在户外按单元集中设置，并在水表前安装阀门。

（3）给水管道系统。该系统用于向各用水点输水和配水，包括干管、支管、立管和横管等。

（4）给水附件，如给水管道上的各种阀门、水表、水龙头等。

（5）加压和储水设备。当室外水压不足或室内对稳定水压和供水安全性有要求时，需要用加压设备来提高供水压力，如水泵、水箱（池）及气压供水设备等。

2.1.3 室内给水系统的给水方式

给水系统的给水方式即为供水方案。可根据建筑物的供水要求、建筑物的性质、室内所需水压及室外给水管网水压等因素来决定给水系统的布置形式。常用的给水方式有以下几种。

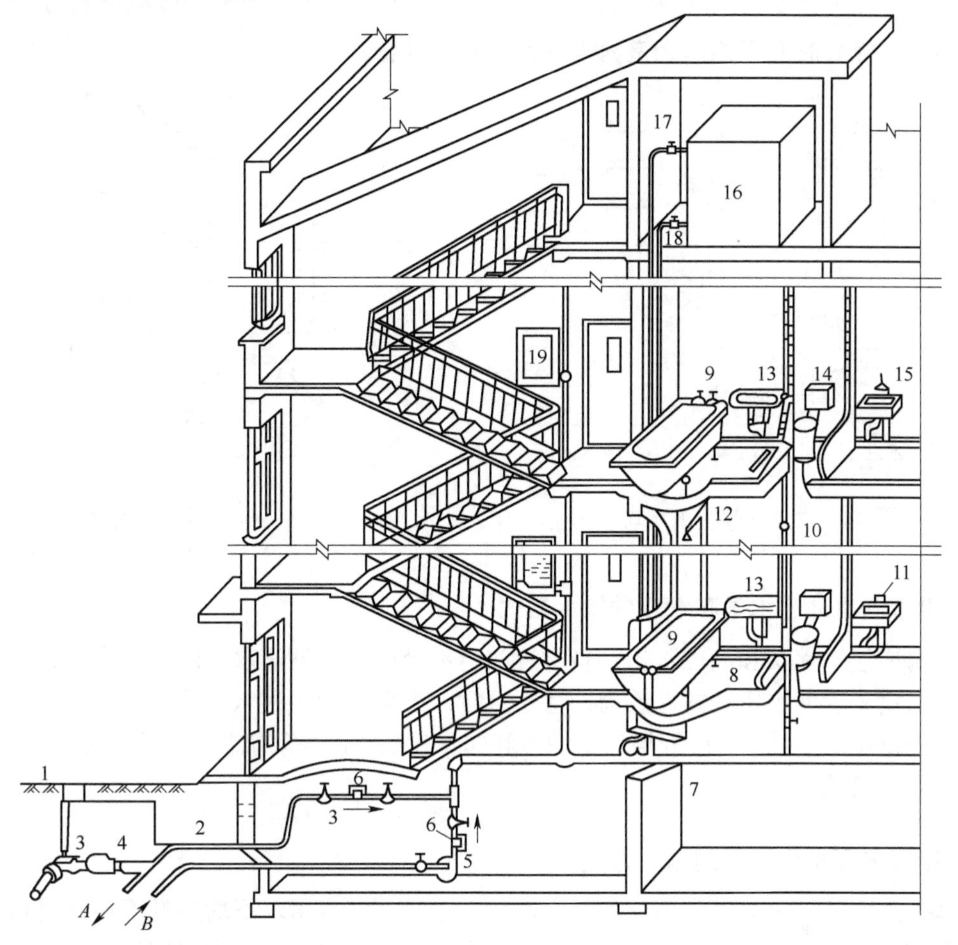

1—阀门井；2—引入管；3—闸阀；4—水表；5—水泵；6—止回阀；7—干管；8—支管；9—浴盆；10—水箱；11—水嘴；12—淋浴器；13—洗脸盆；14—大便器；15—洗涤盆；16—水箱；17—进水管；18—出水管；19—消火栓；A—入储水池；B—来自储水池

图 2-1 室内给水系统的组成

1．管网直接给水方式

管网直接给水方式适用于市政管网压力在任何时候都能满足室内所需压力时，是利用室外管网水压直接向室内给水系统供水的，如图 2-2 所示。此系统不需设水泵、水箱等设备，具有系统简单、投资少、维护方便、供水安全等特点。它常用于室外给水压力稳定，并能满足室内所需压力的建筑物。

2．单设水箱的给水方式

当室外给水管网水压足够时，由室外管网直接向水箱供水，再由水箱向各配水点连续供水；当外网水压短时间不足时，由水箱向室内各供水点供水，这样的供水方式为单设水箱的给水方式，如图 2-3 所示。

水箱供水系统具有管网简单、投资省、运行费用低、维修方便、供水安全性高的优点，但因系统增设了水箱，故会增大建筑物荷载，占用室内使用面积。这种给水方式适用于室外

给水压力少、部分时间不能满足室内水压要求的建筑物。

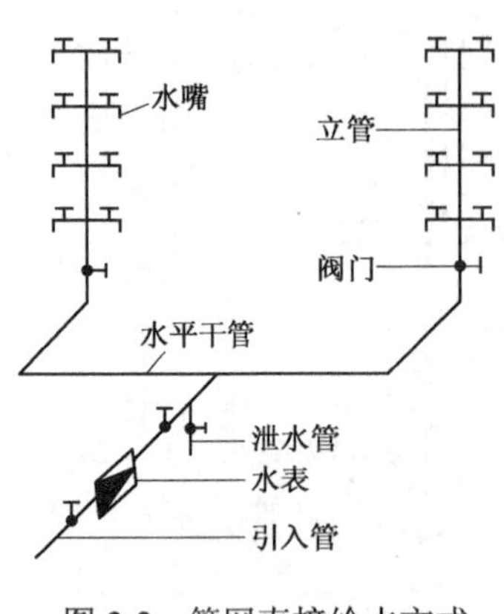

图 2-2　管网直接给水方式

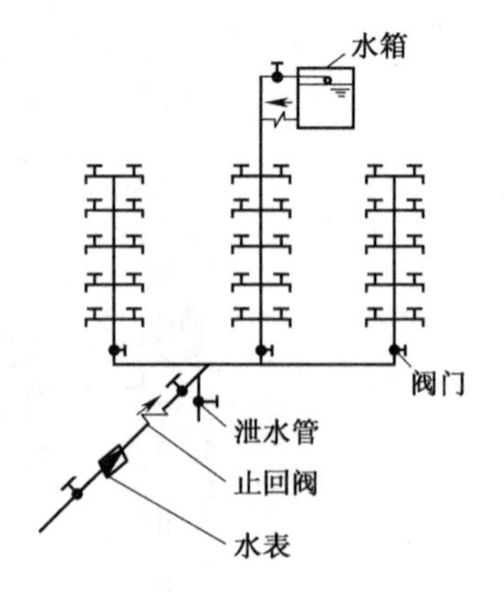

图 2-3　单设水箱的给水方式

3．设置储水池、水泵和水箱的给水方式

此系统增设了水泵和高位水箱，当市政部门不允许从室外给水管网直接抽水时，需增设储水池。当室外管网水压经常性或周期性不足时，多采用此种供水方式，如图 2-4 所示。这种供水系统供水安全性高，但因增加了加压和储水设备，使得系统复杂，投资及运行费用高，一般用于多层建筑。

4．设置气压给水设备的给水方式

当室外给水管网压力经常不能满足室内所需水压、室内用水不均匀且不宜设置高位水箱时，可采用此种方式。该方式在给水系统中设置了气压给水设备，利用该设备中气压水罐内气体的可压缩性，可协同水泵增压供水，如图 2-5 所示。气压水罐的作用相当于高位水箱，其设置位置的高低可根据需要灵活考虑。该系统目前多用于消防供水系统。

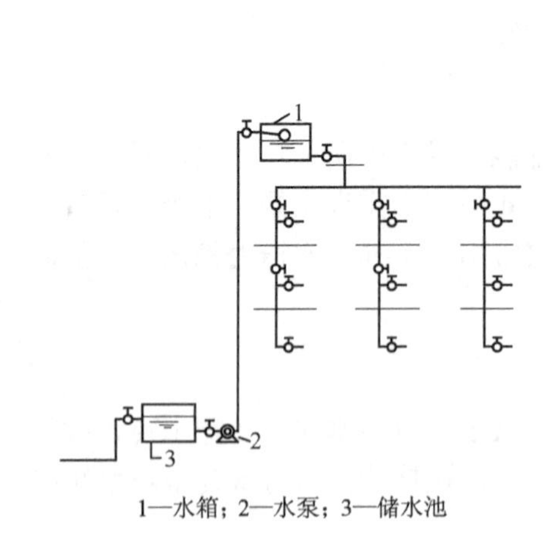

1—水箱；2—水泵；3—储水池

图 2-4　设置储水池、水泵和水箱的给水方式

配水水嘴
立管

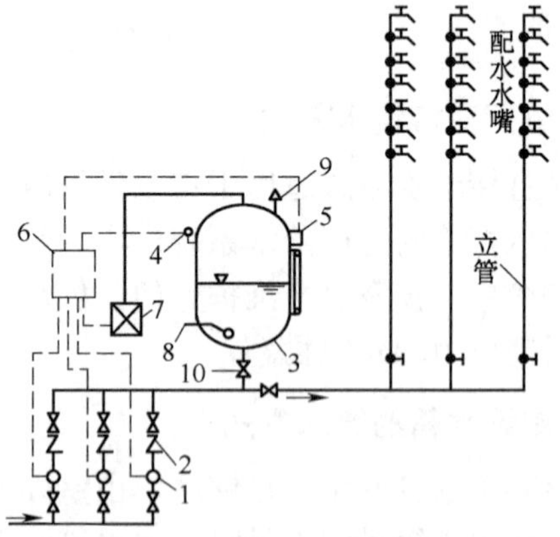

1—水泵；2—止回阀；3—气压水罐；4—压力信号器；5—液位信号器；6—控制器；7—补气装置；8—排气阀；9—安全阀；10—阀门

图 2-5　设置气压给水设备的给水方式

5. 水泵变频调速的给水方式

这种给水方式在居民小区和公共建筑中应用广泛，其工作原理如图 2-6 所示。与其他给水方式相比，此种给水方式具有非常显著的优点：效率高、能耗低、运行安全可靠、自动化程度高；设备紧凑，占地面积小（省去了水箱、气压水罐）；对管网系统中用水量变化适应能力强。其缺点是要求电源可靠，所需管理水平高、造价高。

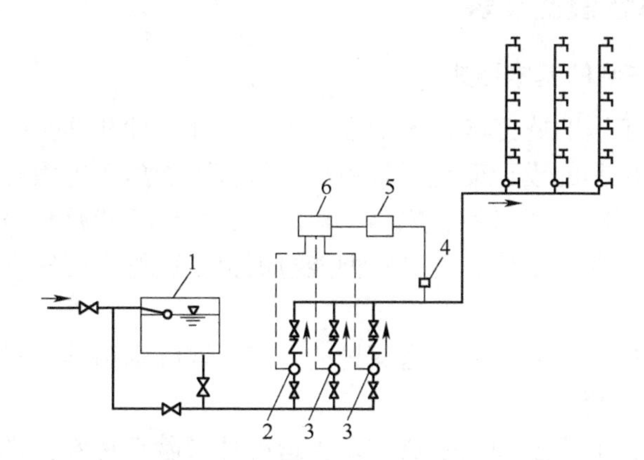

1—储水池；2—变速泵；3—恒速泵；4—压力变送器；5—调节器；6—控制器

图 2-6　水泵变频调速的给水方式

6. 竖向分区给水方式

在多层建筑中，为了节约能源，有效地利用外网水压，常将建筑物的低区设置成由室外给水管网直接给水，将高区设置为由增压储水设备供水，如图 2-7 所示。在高层建筑中，为防止低区出现超压现象，常对高层建筑给水系统做竖向分区处理，如图 2-8 所示。

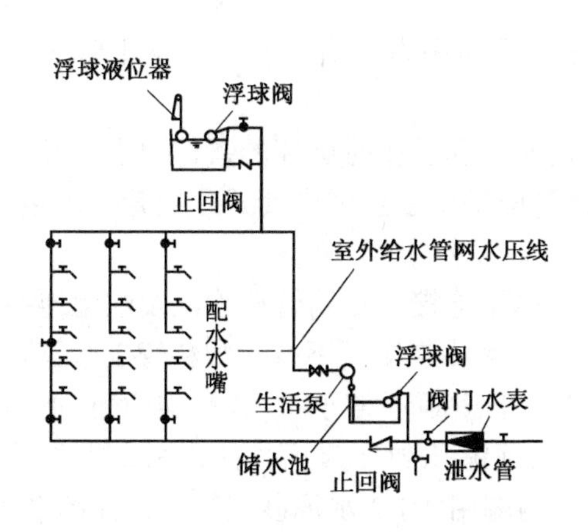

图 2-7　多层建筑的分区给水方式

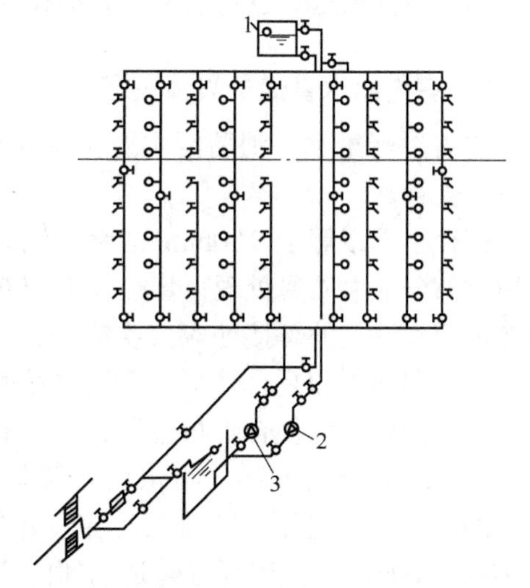

1—水箱；2—生活水泵；3—消防水泵

图 2-8　高层建筑的竖向分区给水方式

任务 2.2　室内给水系统管道的安装

室内给水管道的布置、敷设及安装应符合《建筑给水排水设计规范》（GB 50015—2003）、《建筑给水排水及采暖工程施工质量验收规范》（GB 50242—2002）及相关规范的要求。

2.2.1　室内给水管道的安装

1. 室内给水管道安装的基本要求

（1）建筑给、排水工程的施工应按照批准的工程设计文件和施工技术标准进行施工。修改设计时应有设计单位出具的设计变更通知单，并按批准的施工方案操作。

（2）建筑工程所使用的主要材料、成品、半成品、配件、器具和设备必须具有中文质量合格证明文件，材料和设备的规格、型号及性能检测报告应符合国家技术或设计要求，并包装完好。

（3）地下室或地下构筑物外墙有管道穿过的，应采取防水措施。对有严格防水要求的建筑物，必须采用柔性防水套管。

（4）在同一房间内，同类型的卫生器具及管道配件（除有特殊要求外）应安装在同一高度上。

（5）给水及热水供应系统的金属管道的立管管卡的安装应符合以下规定：楼层高度小于或等于 5m 时，每层必须安装一个；楼层高度大于 5m 时，每层不得少于 2 个；管卡安装高度距地面应为 1.5～1.8m；2 个以上管卡应均匀安装；同一房间内的管卡应安装在同一高度上。

（6）给水支管和装有 3 个或 3 个以上配水点的支管始端，均应安装可拆卸连接件。

（7）冷、热水管上、下平行安装时，热水管在上，冷水管在下；垂直平行安装时，热水管在左，冷水管在右。

（8）各种承压管道系统和设备应做水压试验，非承压管道系统和设备应做灌水试验。

2. 室内给水管道的具体安装

室内生活给水、消防给水及热水供应管道安装的一般程序为：引入管→水平干管→立管→横支管。

管径小于或等于 100mm 的镀锌钢管应采用螺纹连接，套丝扣时破坏的镀锌层表面及外露螺纹部分应做防腐处理；管径大于 100mm 的镀锌钢管应采用法兰或卡套式专用管件连接，镀锌钢管与法兰的焊接处应二次镀锌。

给水塑料管和复合管可以采用橡胶圈连接、粘接、热熔连接、专用管件连接及法兰连接等形式。塑料管和复合管与金属管件、阀门等应使用专用管件连接，不得在塑料管上套丝。

（1）引入管的安装。给水引入管与排水排出管的水平净距不得小于 1m，坡度应不小于 0.003，坡向室外。当引入管穿过建筑物基础时，应预留孔洞，其直径应比引入管直径大 100～200mm，预留洞与管道的间隙应用黏土填实，两端用 1∶2 水泥砂浆封口，如图 2-9 所示。引入管由建筑物基础以下进入室内或穿过地下室墙壁进入室内时，安装方法如图 2-10 和图 2-11 所示。

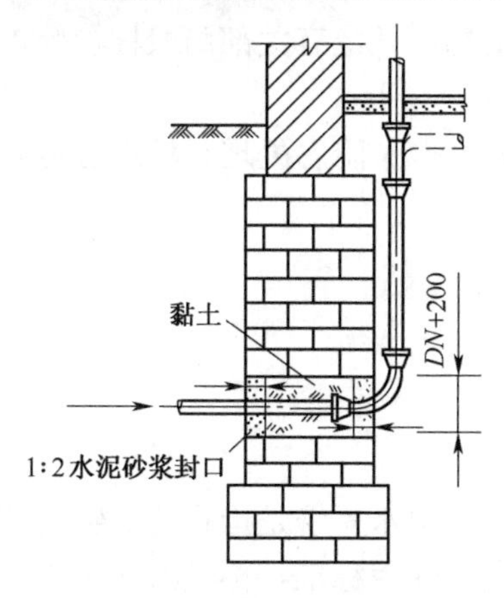

图 2-9　引入管穿基础

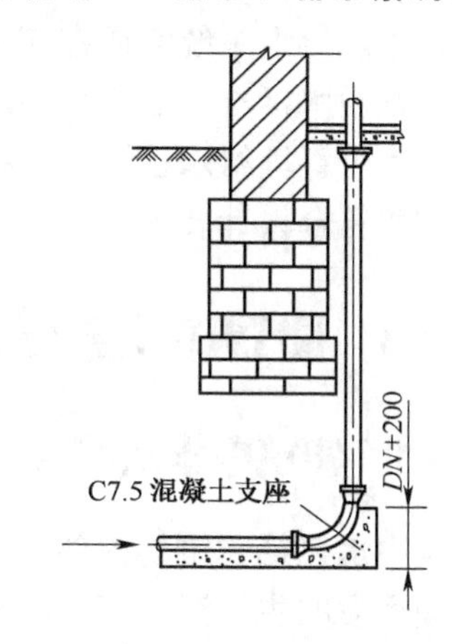

图 2-10　引入管由基础下部进入室内

（2）水平干管的安装。水平干管的安装必须符合设计要求，保证最小坡度，以便于维修时泄水，并用支架固定。设在非采暖房间的管道要采取保温措施。给水管应铺在排水管上面，若给水管必须铺在排水管下面时，给水管应加套管，且其长度不得小于排水管管径的 3 倍。

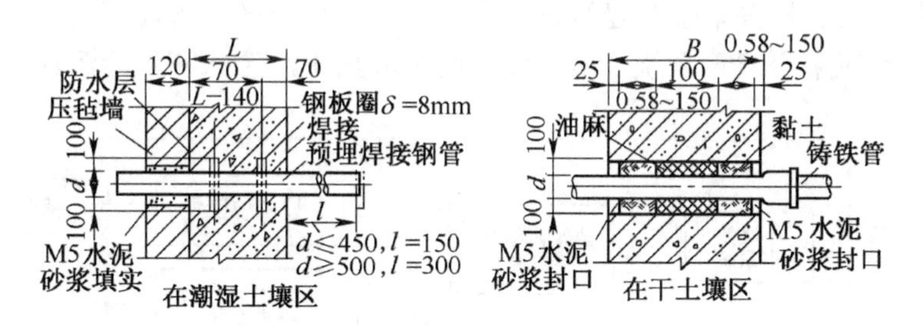

图 2-11　引入管穿地下室墙壁

（3）立管的安装。每根立管的始端应安装阀门，以便维修时不影响其他立管供水。立管每层应设一管卡固定。立管穿楼板处应预留孔洞。

（4）横支管的安装。水平支管应有 0.002～0.005 的坡度，坡向配水点，并用托钩或管卡固定。装有 3 个或 3 个以上配水点横支管的始端均应安装阀门和可拆卸的连接件。

2.2.2　给水管道的试压与清洗

（1）室内给水管道的水压试验必须符合设计要求。当设计未注明时，各种材质的给水管道系统的试验压力均为工作压力的 1.5 倍，但不得小于 0.6MPa。

检验方法：首先在试验压力下观测金属及复合管给水管道系统 10min，压力降应不大于 0.02MPa。然后将压力降到工作压力进行检查，应不渗不漏；首先应让塑料管给水管道系统在试验压力下稳压 1h，压力降不得超过 0.05MPa，然后在工作压力的 1.15 倍状态下稳压 2h，压力降不得超过 0.03MPa，同时检查各连接处，不得有渗漏的情况发生。

（2）给水系统在交付使用前必须进行通水试验并做好记录。

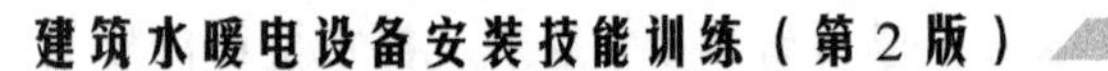

（3）生产给水系统管道在交付使用前必须冲洗和消毒，并经有关部门取样检验，符合国家《生活饮用水标准》后方可使用。

（4）室内直埋给水管道（塑料管道和复合管道除外）应做防腐处理。埋地管道防腐层材质和结构应符合设计要求。

任务 2.3　建筑中水系统的安装

2.3.1　建筑中水系统

建筑中水包括建筑物内部中水和建筑小区中水。建筑中水系统是指将建筑物内部或建筑小区内使用后的生活污、废水经适当处理后，达到规定的使用标准，再供给建筑物内部或建筑小区作为杂用水（非饮用水）的供水系统。

2.3.2　中水系统的分类

中水系统按规模大小可分为建筑中水系统、小区中水系统和城镇中水系统。

小区中水系统是我国采用较多的一种中水系统，如图 2-12 所示。小区中水系统适用于居住小区、大中专院校、机关单位等建筑群。中水水源来自小区内各建筑物排放的污、废水。室内饮用水和中水应采用双管系统分质给水，污水应按生活废水和生活污水分质排放。

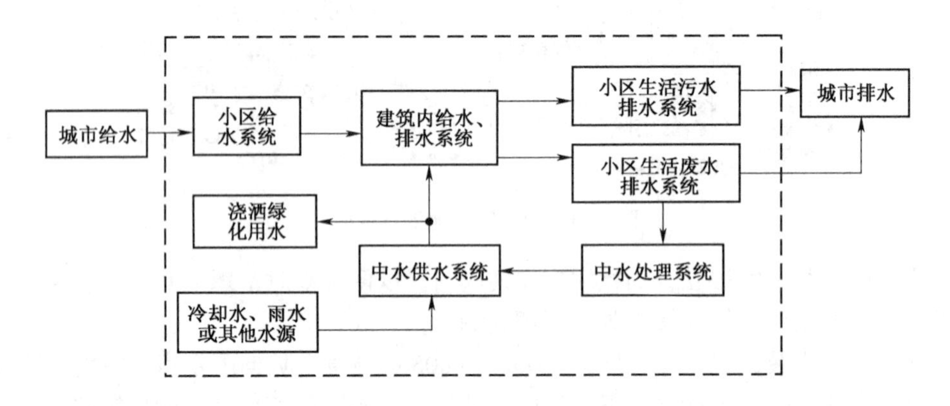

图 2-12　小区中水系统的框图

2.3.3　建筑中水系统的组成

（1）中水原水系统。中水原水是指被选做中水水源而未经处理的水。中水原水系统包括室内生活污、废水管网，室外中水原水集流管网及相应分流、溢流设施等。

（2）中水原水处理设施。中水原水的主要处理设施有过滤池、吸附池、消毒设施等。

（3）中水管道系统。中水管道系统分为中水原水集水和中水供水两部分。中水原水集水管道系统主要由建筑排水管道系统和将原水送至中水处理设施的管道系统构成。中水供水管道系统应单独设置，是指将处理后的中水送到用水点的管网的系统，由引入管、干管、立管、支管及用水设备等构成。

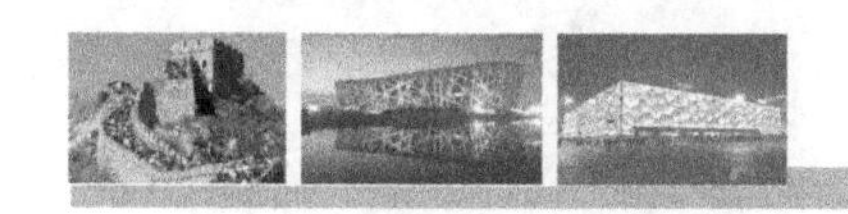

2.3.4　建筑中水系统的具体安装

建筑中水系统的安装应符合建筑给水、排水的相关规范要求和《建筑中水设计规范》（GB 50336—2002）的有关规定。

1. 建筑中水系统安装的一般规定

在缺水城市和缺水地区适合建设中水设施的工程项目，应按照当地有关规定配套建设中水设施。中水设施必须与主体工程同时设计、同时施工、同时使用。中水工程设计必须采取确保使用与维修的安全措施，严禁中水进入生活饮用水给水系统。

中水系统中的原水管道管材及配件应与室内排水管道系统相同。

中水系统供水管道检验标准应与室内给水管道系统相同。

2. 建筑中水系统的安装及安全防护

（1）中水供水系统必须独立设置；中水供水管道宜采用塑料给水管、塑料和金属复合管或其他给水管材，不得采用非镀锌钢管；中水供水系统应根据需要安装计量装置；中水管道上不得装设取水龙头；当装有取水龙头时，必须采取严格的防止误饮、误用的措施。

（2）中水储水池（箱）宜采用耐腐蚀、易清垢的材料制作。

（3）绿化、浇洒、汽车冲洗宜采用有防护功能的壁式或地下式给水栓。

（4）中水管道严禁与生活饮用水给水管道连接，水池（箱）、阀门、水表及给水栓、取水口均应有明显的“中水”标志，公共场所及绿化的中水取水口应设带锁装置。

（5）中水管道与其他专业管道的间距应按《建筑给水排水设计规范》中给水管道的要求执行。

任务 2.4　室内排水系统管道的安装

室内排水系统管道的安装包括排水管道的布置、敷设、安装及卫生器具的布置和安装，应符合室内给水、排水的有关规范的要求。

2.4.1　室内排水系统的分类及组成

1. 室内排水系统的分类

（1）生活污（废）水排水系统，用于排除日常生活中冲洗便器、盥洗、洗涤和淋浴等产生的污（废）水。

（2）生产污水排水系统，用于排除生产过程中被污染较重的工业废水的排水系统，如含酚污水，酸、碱污水等。

（3）生产废水排水系统，用于排除生产过程中只有轻度污染或水温提高，只需经过简单处理即可循环或重复使用的较洁净的工业废水的排水系统，如冷却废水、洗涤废水等。

（4）屋面雨水排水系统，用于排除降落在屋面的雨、雪水的排水系统。

上述污（废）水分合流制和分流制两种排水体制。合流制是指所有污水都用一套排水系统排除的排水方式；分流制是指用两套或两套以上的排水系统将污水分开排放的排水方式。排水体制的选择应根据地区情况，经技术经济比较后确定。

2．室内排水系统的组成

室内排水系统的任务是要能迅速、通畅地将污水排到室外，并能保持系统气压的稳定，同时将管道系统内的有毒有害气体排到室外，从而保证室内良好的空气环境。完整的室内排水系统由以下部分组成，如图2-13所示。

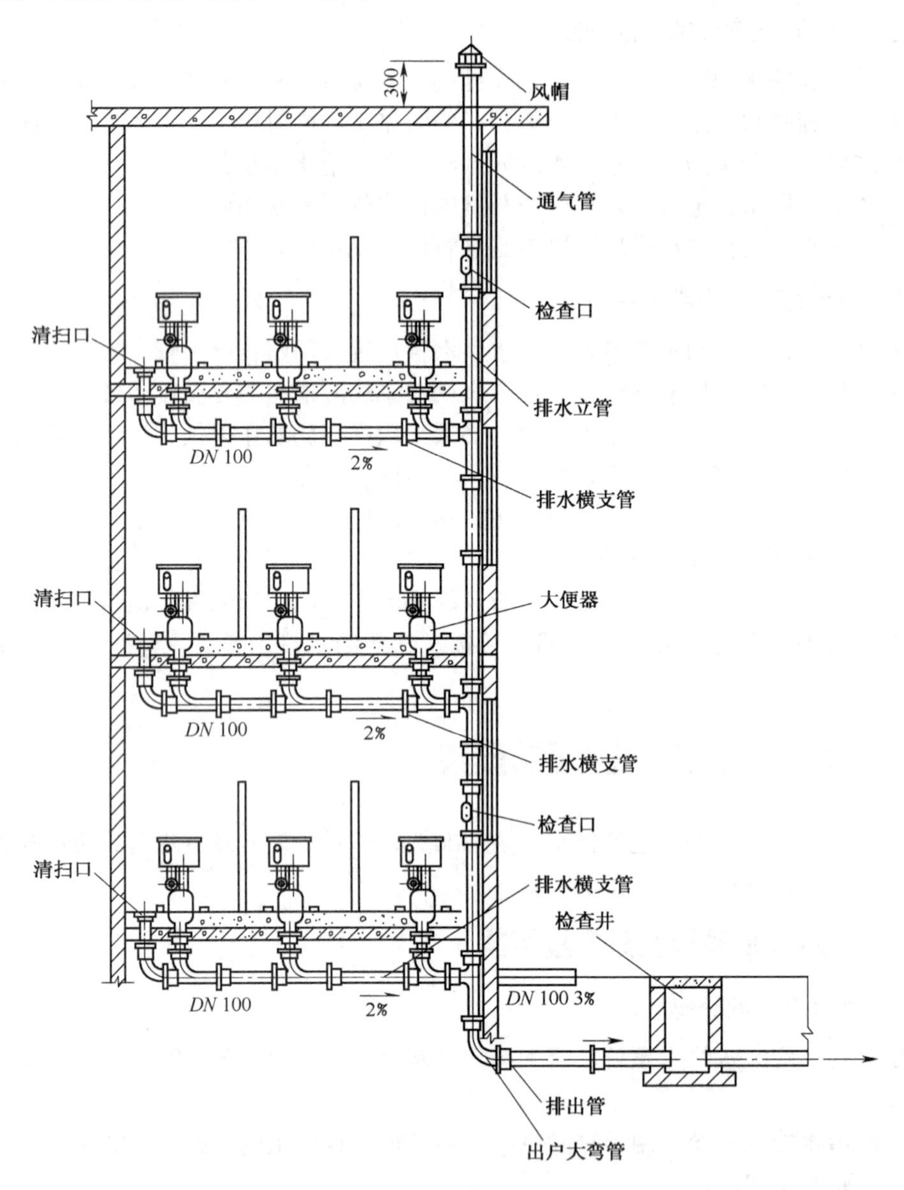

图2-13　室内排水系统的组成

（1）卫生器具和生产设备受水器。卫生器具是建筑内部用以满足人们日常生活或生产过程的各种卫生要求，收集并排出污（废）水的设备，如洗涤盆、浴盆、盥洗槽等。

（2）排水管道。排水管道包括器具排水管、横支管、立管、埋地干管和排出管。

（3）通气管道。排水系统内是水气两相流动的，当卫生器具排水时，需向排水管道内补给空气，以使管道内部气压平衡，防止卫生器具水封破坏，并使水流畅通，同时将管道内的

有毒、有害气体排到大气中去，以减轻金属管道的腐蚀程度。

（4）清通设备。由于排水系统中杂质、杂物较多，为疏通排水管道，保证水流畅通，需在立管上设检查口，在横管上设清扫口、带清扫门的90°弯头或三通，以及在室内埋地横干管上设检查井等。

（5）局部提升设备。在民用与公共建筑的地下室、人防工程、地下铁道等地下建筑物的污、废水不能自流排到室外时，常须设局部提升设备，如污水泵、空气扬水器等。

2.4.2　室内排水管道的敷设要求

（1）常用管材。生活污水管道应使用塑料管、铸铁管或混凝土管；成组洗脸盆或饮用喷水器到共用水封之间的排水管和连接卫生器具的排水短管，可使用钢管；雨水管道宜使用塑料管、铸铁管、镀锌和非镀锌钢管或混凝土管等；悬吊式雨水管道应选用钢管、铸铁管或塑料管；易受振动的雨水管道（如锻造车间等）应使用钢管。

（2）塑料排水立管应避免布置在易受机械撞击处，若不能避免时，应采取保护措施和隔热措施。塑料排水立管与家用灶具的净距不得小于0.4m。

（3）排水管道一般应在地下埋设或在地面上、楼板下明设；若建筑或工艺有特殊要求时，可把管道敷设在管道井、管槽、管沟或在吊顶内暗设。排水立管与墙、梁、柱应有25～35mm的净距，以便于安装和检修。

（4）塑料排水管道应根据环境温度变化、管道布置位置及管道接口形式等考虑设置伸缩节，但埋地或设于墙体、混凝土柱体内的管道不应设置伸缩节。

（5）排水立管仅设伸顶通气管时，最低排水管支管与立管连接处距排出管或排水横干管起点管内底的垂直距离 A（如图2-14所示）应符合设计要求；排水横支管连接在排出管或排水横干管上时，连接点距立管底部的水平距离不得小于3.0m，如图2-15所示。若靠近排水立管底部的排水支管满足不了表2-1中的要求时，排水支管应单独排出室外。

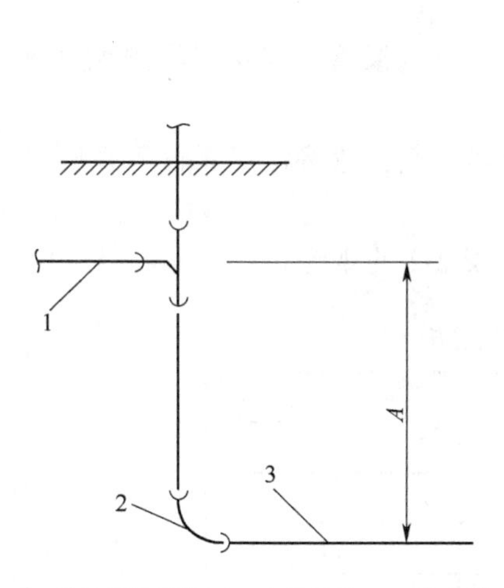

1—最低点横支管；2—立管底部；3—排出管

图2-14　最低横支管与排出管起点管内底的距离

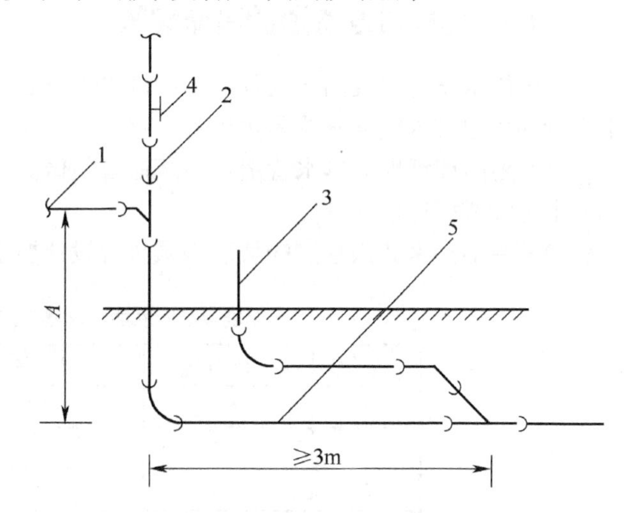

1—排水横支管；2—排水立管；3—排水支管；

4—检查口；5—排水横干管（排出管）

图2-15　排水横支管与排出管或横干管的连接

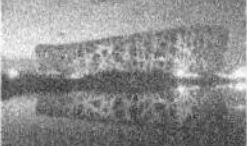

表2-1　最低横支管与立管连接处至立管管底的垂直距离

立管连接卫生器具的层数	垂 直 距 离（m）
≤4	0.45
5～6	0.75
7～12	1.20
13～19	3.00
≥20	6.00

（6）排出管一般敷设于地下室或地下。当它穿过建筑物基础时，应预留孔洞，并设防水套管。当 *DN*≤80mm 时，孔洞尺寸为 300mm×300mm；当 *DN* ≥100mm 时，孔洞尺寸为（300+*d*）mm×（300+*d*）mm。管顶到洞顶的距离不得小于建筑物的沉降量，一般不宜小于 0.15m。

当建筑物沉降可能导致排出管倒坡时，应采取防沉降措施。可在排出管外墙一侧设置柔性接头；在排出管外墙处，应从基础开始砌筑过渡检查井，如图 2-16 所示。

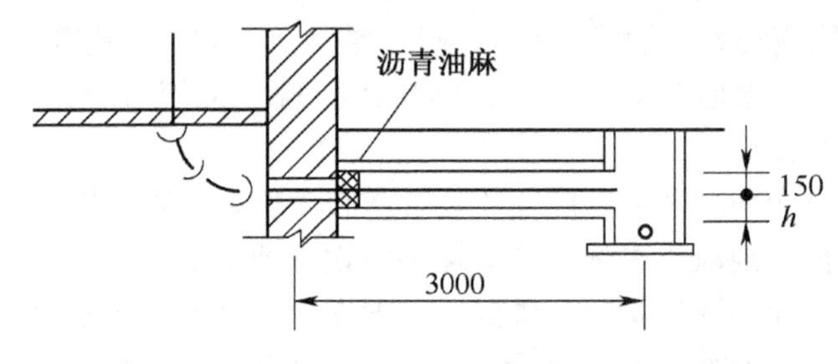

图 2-16　排出管的敷设

2.4.3　室内排水管道的具体安装

室内排水管道安装的一般程序为：排出管→底层埋地排水横管→底层器具排水短管→排水立管→楼层排水横管→器具短支管、存水弯。

（1）隐蔽或埋地的排水管道在隐蔽前必须做灌水试验，其灌水高度应不低于底层卫生器具的上边缘或底层地面高度。

（2）生活污水铸铁管道的坡度必须符合设计要求或表 2-2 的规定。

表 2-2　生活污水铸铁管道的坡度

项次	管 径（mm）	标 准 坡 度（‰）	最 小 坡 度（‰）
1	50	35	25
2	75	25	15
3	100	20	12
4	125	15	10
5	150	10	7
6	200	8	5

（3）生活污水塑料管道的坡度必须符合设计要求或表 2-3 的规定。

表 2-3　生活污水塑料管道的坡度

项次	管　径（mm）	标 准 坡 度（‰）	最 小 坡 度（‰）
1	50	25	12
2	75	15	8
3	110	12	6
4	125	10	5
5	160	7	4

（4）排水塑料管必须按设计要求装设伸缩节。若设计无要求时，伸缩节间距不得大于 4m。

在高层建筑中明设排水塑料管道时，应按设计要求设置阻火圈或防火套管。

（5）排水主立管及水平干管管道均应做通球试验，通球球径应不小于排水管道管径的 2/3，通球率必须达到 100%。

（6）在生活污水管道上设置的检查口或清扫口，应符合设计要求。

（7）金属排水管道上的吊钩或卡箍应固定在承重结构上。固定件间距为：横管不大于 2m；立管不大于 3m。楼层高度应小于或等于 4m。立管可安装 1 个固定件。立管底部的弯管处应设支墩或采取固定措施。

2.4.4　卫生器具的安装

常用卫生器具按其用途可分为便溺用卫生器具、盥洗和沐浴用卫生器具、洗涤用卫生器具和专用卫生器具四类。

1．便溺用卫生器具

便溺用卫生器具用于收集、排除粪便污水，包括大便器（分蹲式和坐式两种）、大便槽、小便器和小便槽等。

（1）蹲式大便器。它用于收集、排除粪便污水，分为高水箱冲洗、低水箱冲洗和自闭式冲洗阀冲洗三种。它多用于公共卫生间、医院、家庭等一般建筑物内。高水箱冲洗蹲式大便器的安装如图 2-17 所示。

（2）坐式大便器。坐式大便器有冲洗式和虹吸式两种。因坐式大便器的本身构造便带有存水弯，故排水支管不再设水封装置，且多采用低水箱冲洗。连体式坐式大便器的安装如图 2-18 所示。它多用于住宅、宾馆等建筑内。

（3）大便槽。大便槽的特点是卫生条件差、冲洗耗水量大。它目前多用于学校、火车站、汽车站、码头、游乐场所及其他标准较低的公共厕所，可代替成排的蹲式大便器，常用瓷砖贴面，造价低。大便槽一般宽 200～300mm，起端槽深 350mm，槽的末端设有高出槽底 150mm 的挡水坎，槽底坡度不小于 0.015，排水口设有存水弯。光电数控冲洗式大便槽如图 2-19 所示。

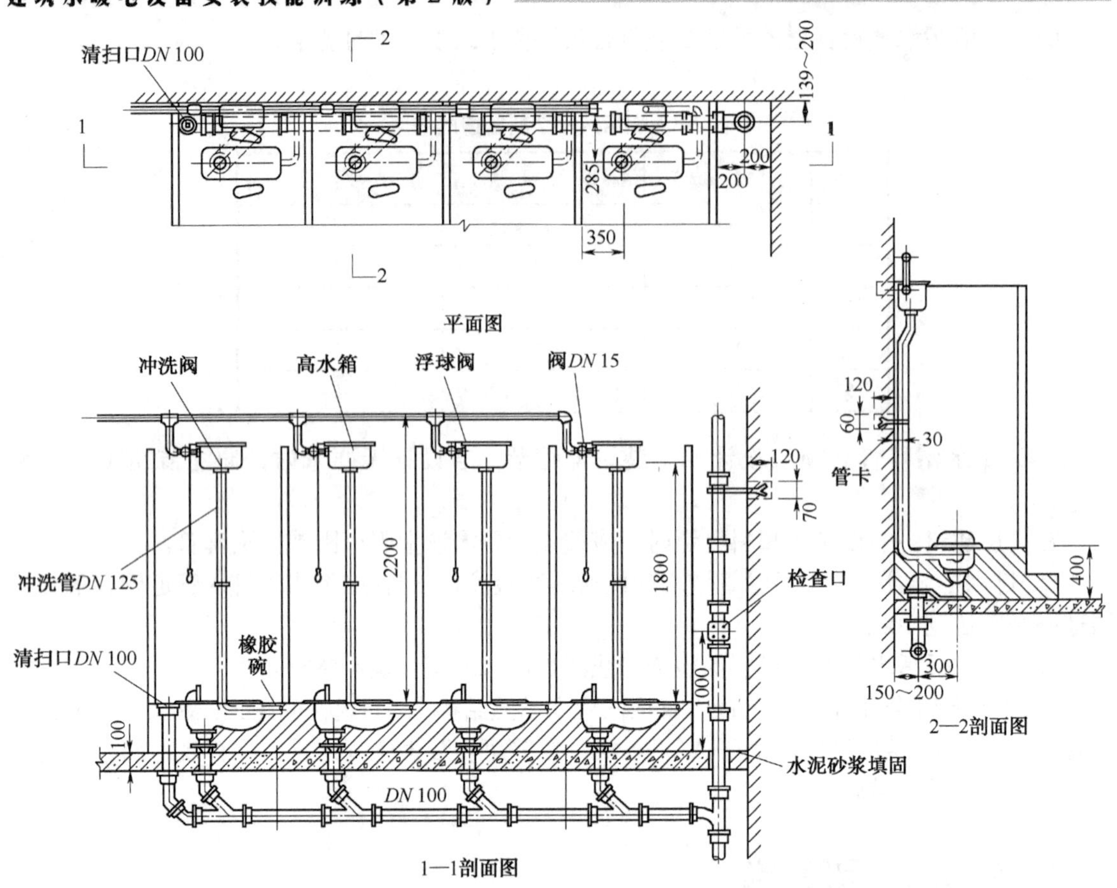

图2-17　高水箱冲洗蹲式大便器的安装图

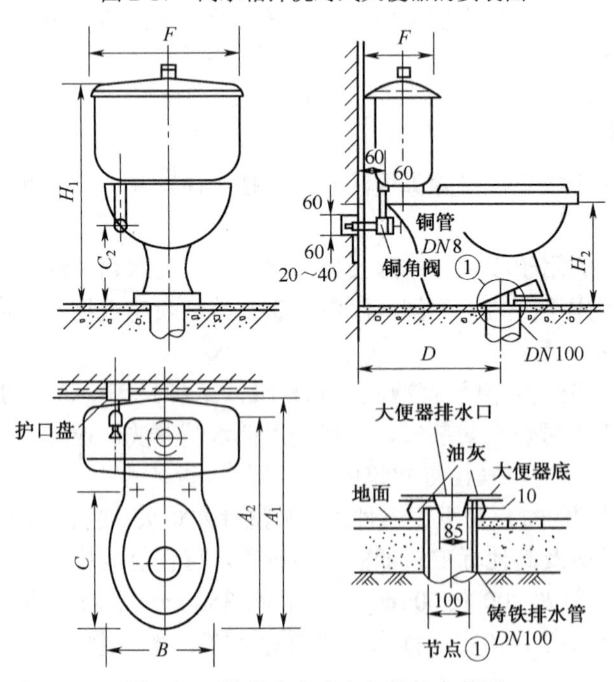

图2-18　连体式坐式大便器的安装图

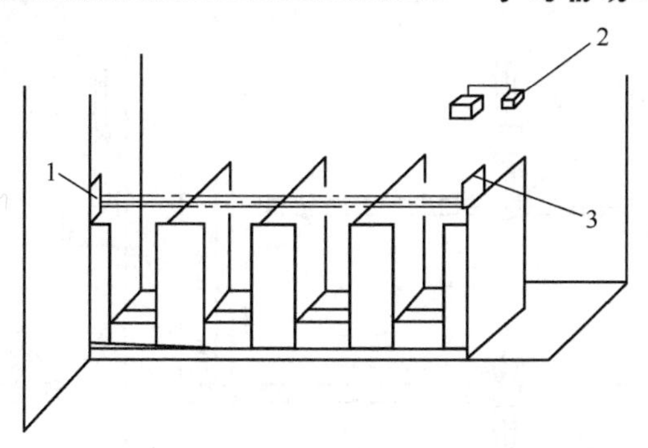

1—发光器；2—接收器；3—控制箱

图 2-19　光电数控冲洗式大便槽

（4）小便器。小便器一般设于公共建筑的男厕所内，有挂式和立式两种，其中立式小便器用于标准高的建筑，其冲洗方式多为水压冲洗。两种小便器的安装分别如图 2-20 和图 2-21 所示。

（5）小便槽。小便槽在同样面积下比小便器可容纳的使用人数多，且构造简单经济，多用于工业建筑、公共建筑、集体宿舍和教学楼的男厕所中，其安装如图 2-22 所示。

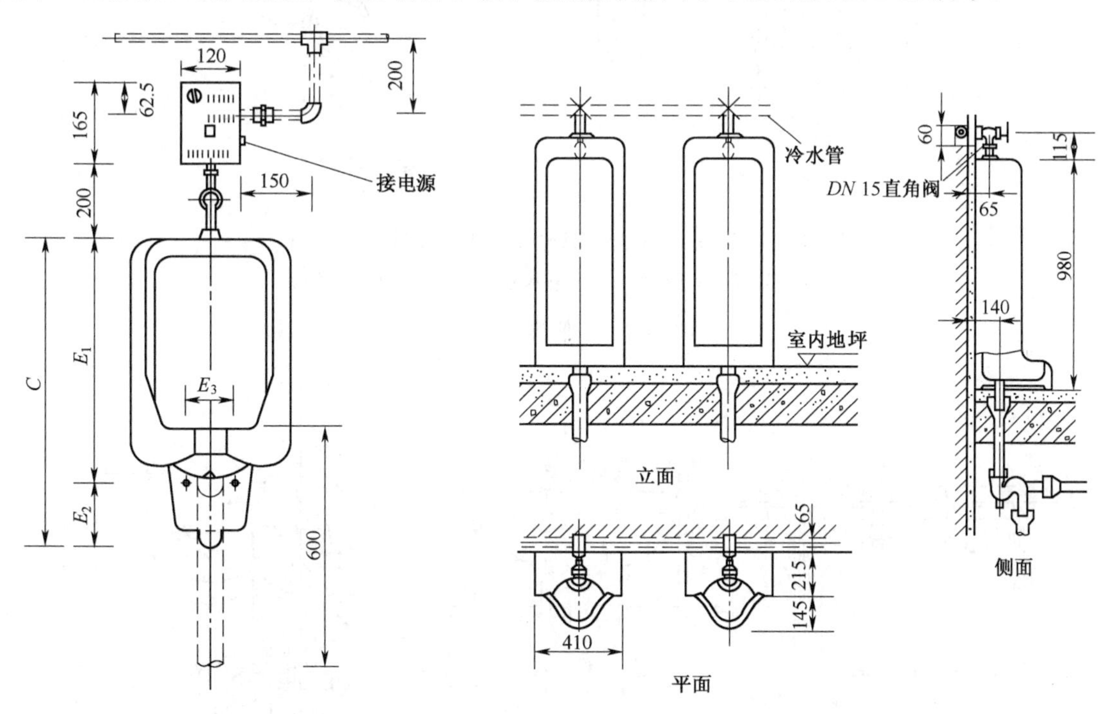

图 2-20　光控自动冲洗壁挂式小便器的安装图　　图 2-21　立式小便器的安装图

2. 盥洗和沐浴用卫生器具

盥洗和沐浴用卫生器具包括洗脸盆、盥洗槽、浴盆、淋浴器等。

（1）洗脸盆。洗脸盆一般用于洗脸、洗手、洗头，常设置在盥洗室、浴室、卫生间和理发室中，也用在公共洗手间中供人洗手用，还用做医院各治疗间的洗器皿等。洗脸盆的安装分为墙架式、立柱式和台式三种，分别如图 2-23、图 2-24 和图 2-25 所示。

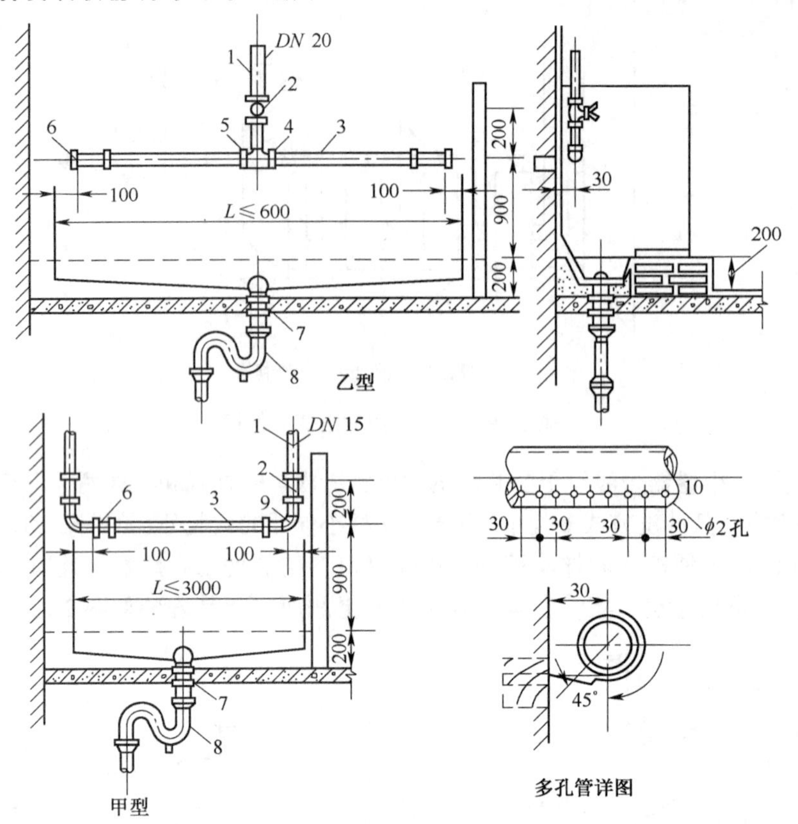

1—给水管；2—截止阀；3—多孔冲洗管；4—管补芯；5—三通；

6—管帽；7—罩式排水栓；8—存水弯；9—弯头；10—冲洗孔

图 2-22　小便槽的安装图

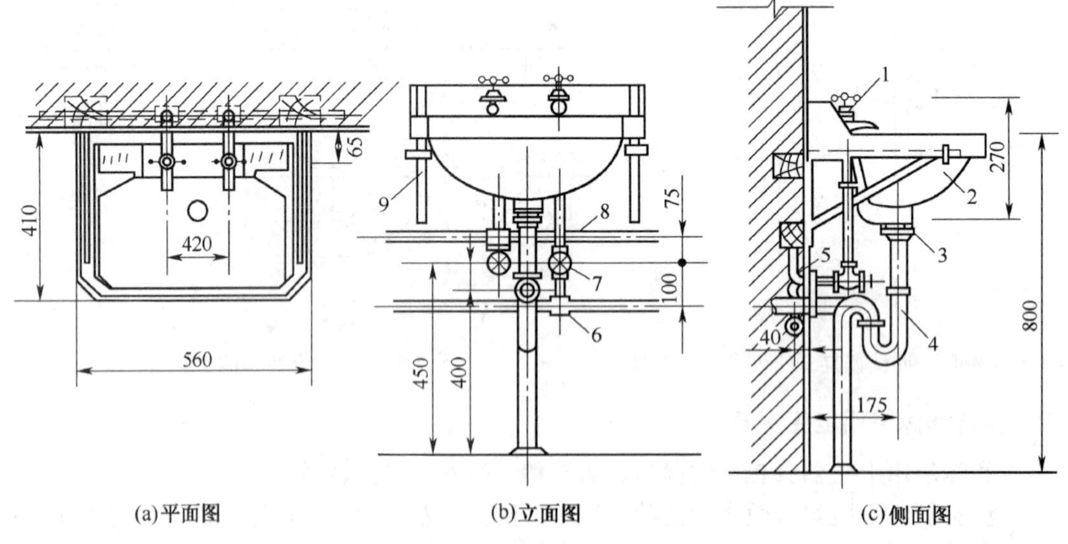

1—水嘴；2—洗脸盆；3—排水栓；4—存水弯；5—弯头；6—三通；7—角式截止阀；8—热水管；9—托架

图 2-23　墙架式洗脸盆的安装

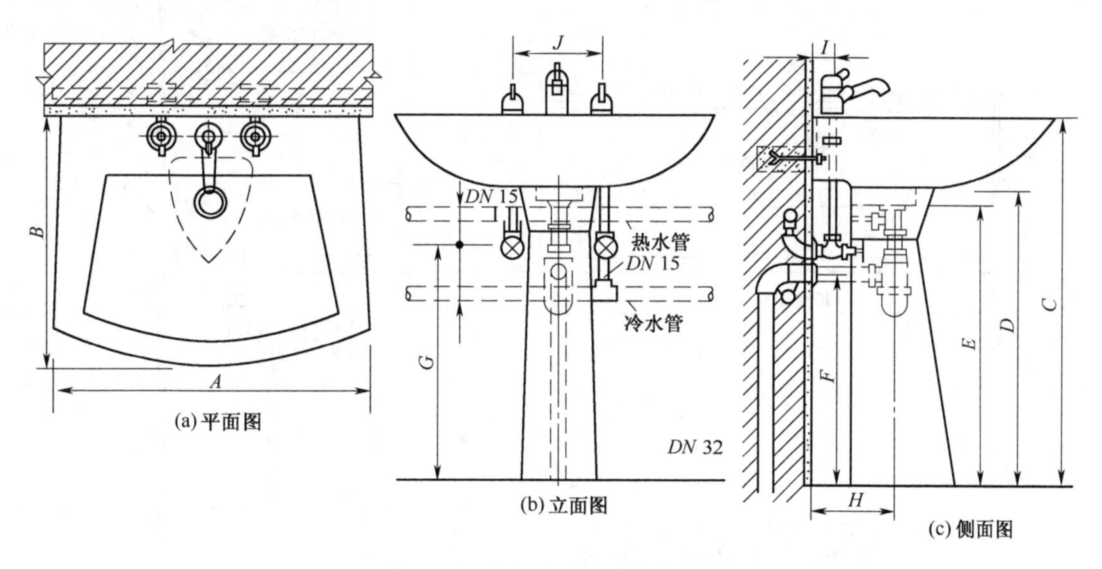

图 2-24　立柱式洗脸盆的安装

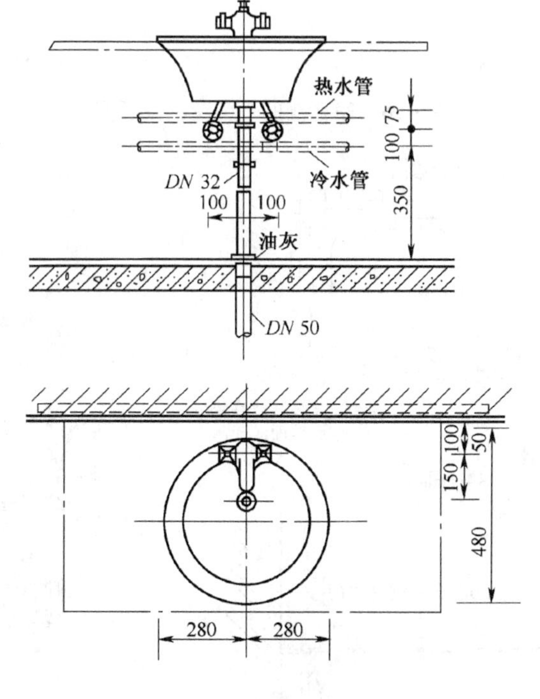

图 2-25　台式洗脸盆的安装

（2）盥洗槽。盥洗槽常设置在同时有多人使用的地方，如集体宿舍、教学楼、车站、码头、工厂生活间内。它通常采用砖砌抹面、水磨石或瓷砖贴面现场建造而成，其平面图、剖面图分别如图 2-26 所示。

（3）浴盆。浴盆一般用陶瓷、搪瓷、玻璃钢、塑料等制成。它设在住宅、宾馆、医院等卫生间或公共浴室，供人们清洁身体用。浴盆的安装如图 2-27 所示。

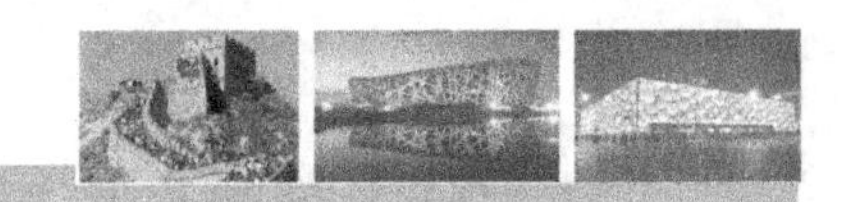

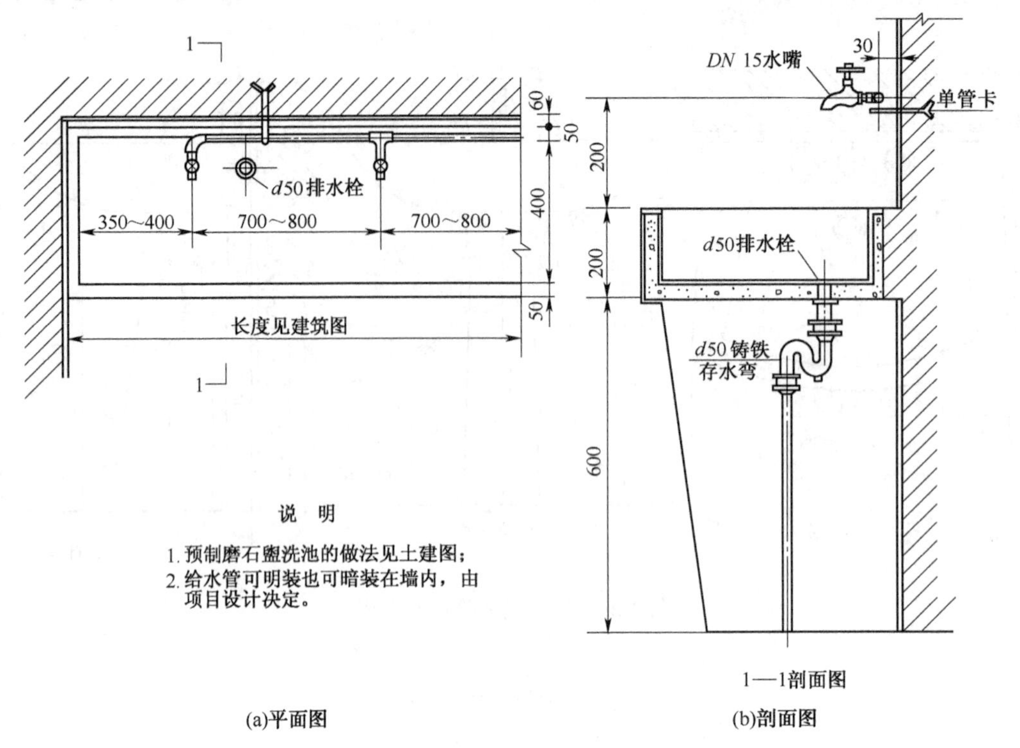

(a)平面图　　(b)剖面图

图 2-26　盥洗槽的平面图、剖面图

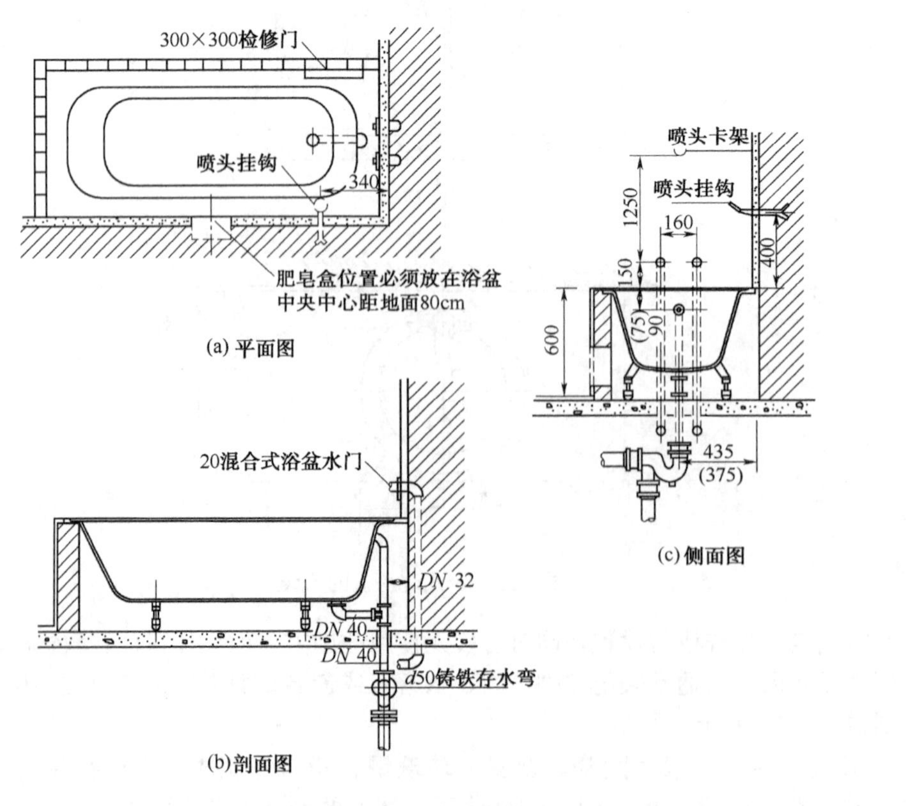

(a) 平面图

(b)剖面图

(c) 侧面图

图 2-27　浴盆的安装

（4）淋浴器。淋浴器具有占地面积小、清洁卫生、避免疾病传染、耗水量小、设备费用低、可现场制作安装等特点，多用于工厂、学校、机关、部队的公共浴室和体育场馆内。双管淋浴器的安装如图2-28所示。在建筑标准高的淋浴间内，可采用光电式淋浴器，人体靠近淋浴器即出水，人体离开时即停水；在医院或疗养院内为防止疾病传染可采用脚踏式淋浴器，如图2-29所示。

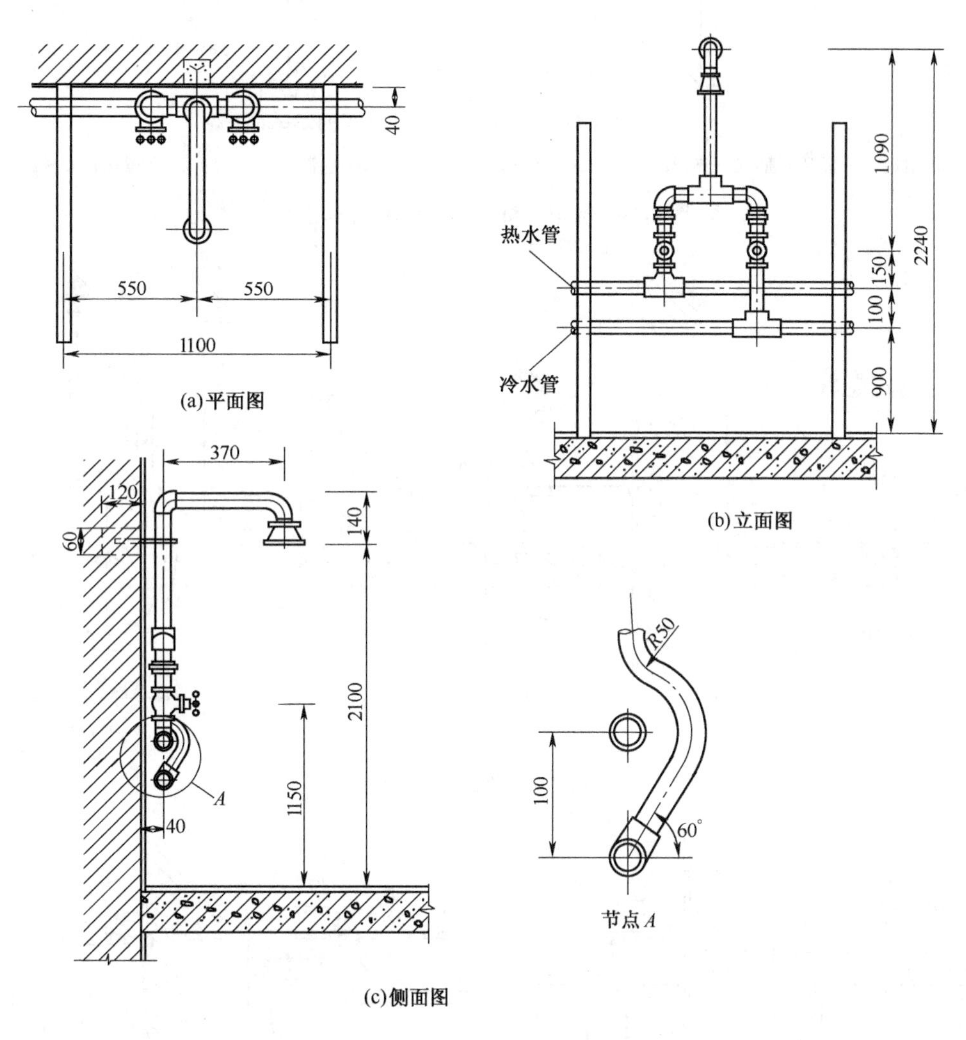

图2-28 双管淋浴器的安装

（5）净身盆。净身盆供洗下身用，更适合妇女或痔疮患者使用，其安装如图2-30所示。

3．洗涤用卫生器具

洗涤用卫生器具包括洗涤盆、污水盆和化验盆等。

（1）洗涤盆。它常设在厨房或公共食堂内，用于洗涤碗碟、蔬菜等。医院的诊室、治疗室等处也需设置洗涤盆。洗涤盆的安装如图2-31所示。洗涤盆的规格尺寸有大小之分，其材质多为陶瓷或砖砌后瓷砖贴面，较高质量的为不锈钢制品。

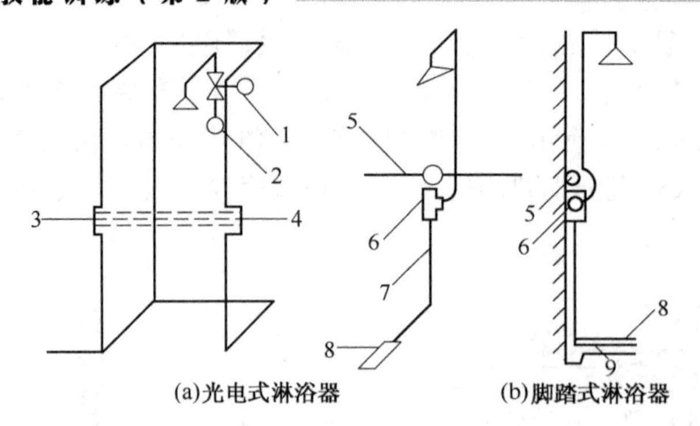

(a)光电式淋浴器　　(b)脚踏式淋浴器

1—电磁阀；2—恒温水管；3—光源；4—接收器；5—恒温水管；6—脚踏水管；7—拉杆；8—脚踏板；9—排水沟

图 2-29　光电式淋浴器与脚踏式淋浴器

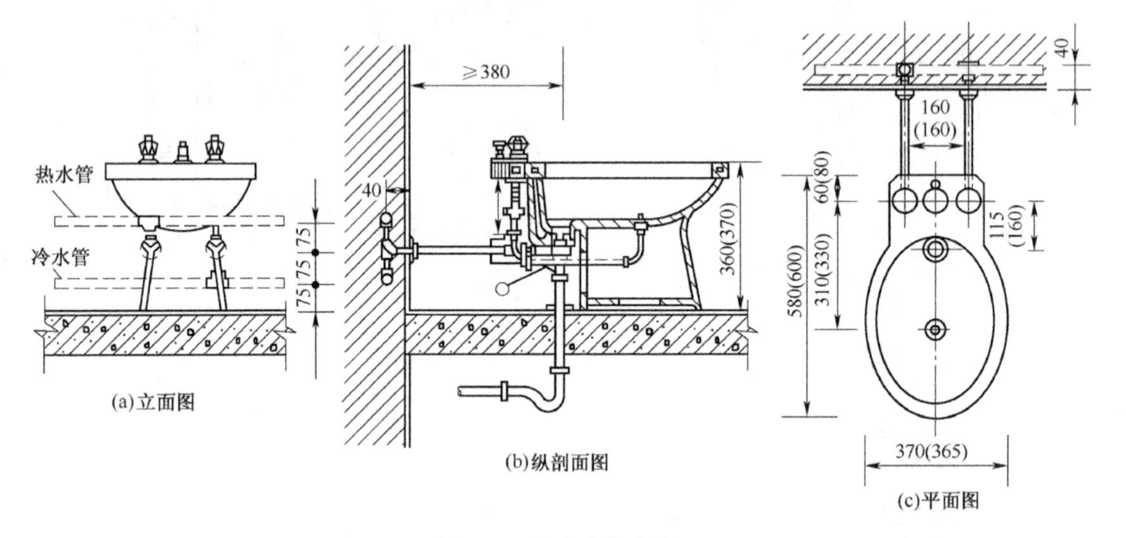

(a)立面图　　(b)纵剖面图　　(c)平面图

图 2-30　净身盆的安装

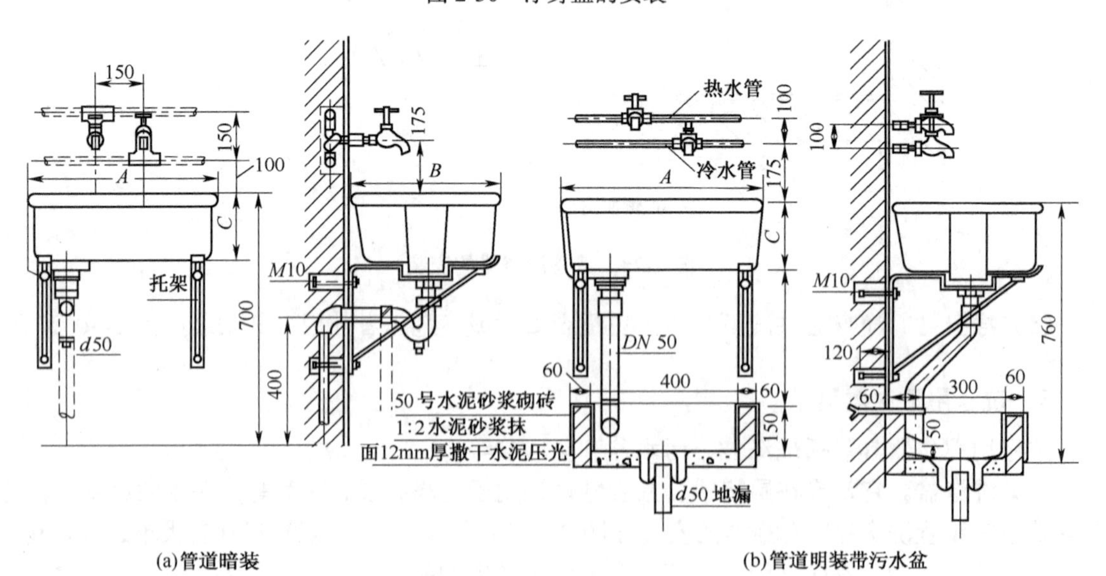

(a)管道暗装　　(b)管道明装带污水盆

图 2-31　洗涤盆的安装

（2）污水池，又称污水盆。它常设置在公共建筑的厕所、盥洗室内，供洗涤拖把、打扫卫生或倾倒污水等使用。污水池多是用砖砌贴瓷砖在现场制作安装而成的，如图 2-32 所示。

（3）化验盆。化验盆设置在工厂、科研机关和学校的化验室或实验室内，可根据需要安装单联、双联、三联鹅颈水嘴，如图 2-33 所示。

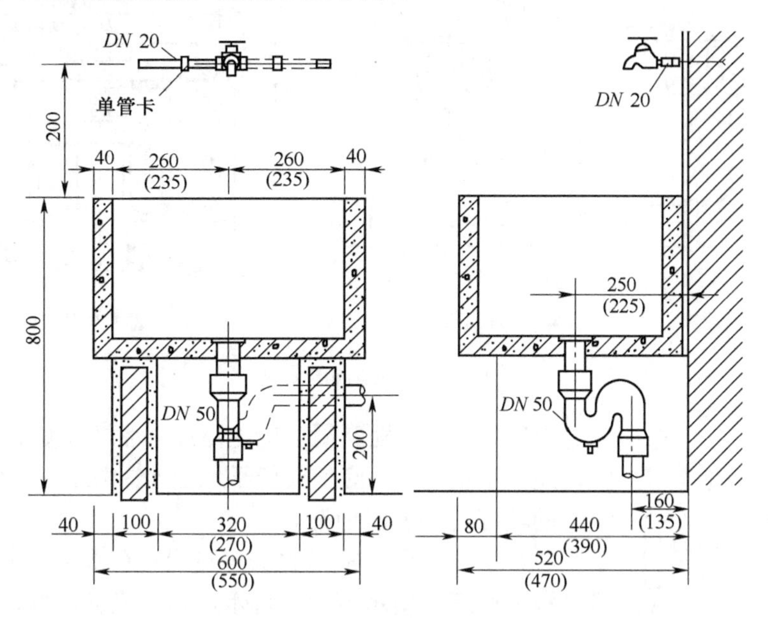

图 2-32　污水盆的安装

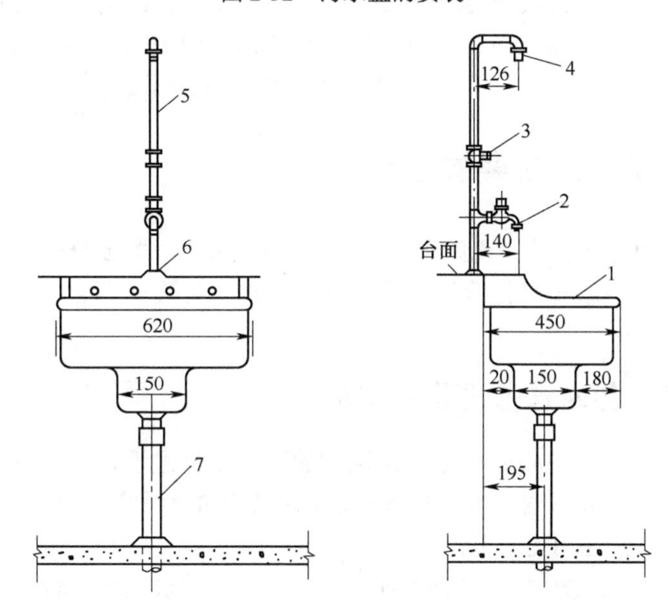

1—化验盆；2—DN 15 化验水嘴；3—DN 15 截止阀；4—螺纹接口；5—DN 15 出水管；6—压盖；7—DN 50 排水管

图 2-33　化验盆的安装

4．专用卫生器具

专用卫生器具指专门设于化验室、实验室的卫生器具、存水弯和地漏等。

（1）地漏。地漏用于收集和排除室内地面积水或池底污水。地漏常由铸铁、不锈钢或塑料制成，常设置在厕所、盥洗室、厨房、浴室及需经常从地面排水的场所。普通地漏的安装如图2-34所示。

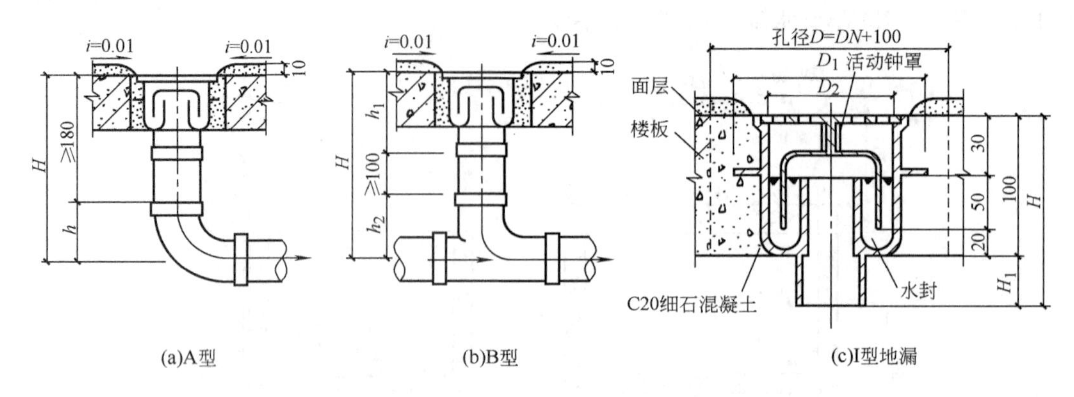

图2-34　普通地漏的安装

安装地漏时，地漏周边应无渗漏，水封深度不得小于50mm。将地漏设于地面时，应使其低于地面5～10mm；地面应有不小于0.01的坡度，并坡向地漏。

（2）水封装置。常用的水封装置有存水弯、水封井等。卫生器具和工业废水受水器应在排水口以下设存水弯，且存水弯水封深度不得小于50mm。当卫生器具的构造中已有存水弯，如坐便器、内置水封的挂式小便器、地漏等时，不应在排水口以下设存水弯。存水弯的形状如图2-35所示。

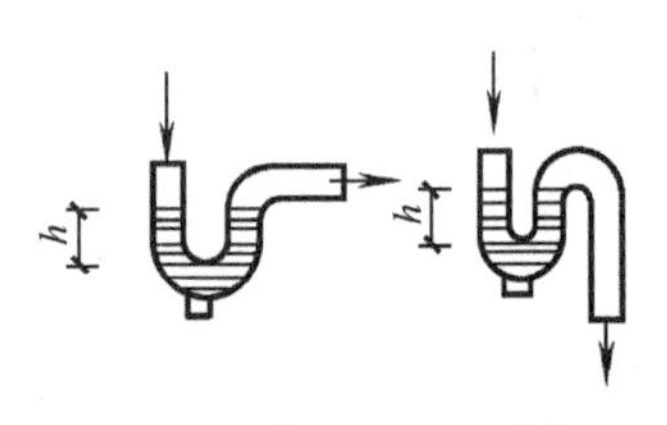

图2-35　存水弯的形状

任务2.5　室外给、排水管道的安装

室外给、排水管网系统，除个别情况下采用管沟敷设外，大部分采用的是直埋敷设。其安装程序一般为：测量放线→开挖管沟→沟底找坡、沟基处理→下管、上架→管道安装→试压、回填。

2.5.1　室外给、排水管道的敷设要求

（1）给水管道宜与道路中心或与主要建筑物的周边平行敷设，并尽量减少与其他管道的交叉。当管径为100～150mm时，给水管道与建筑物基础的水平净距不宜小于1.5m；当管径为50～75mm时，该值不宜小于1.0m。

（2）当生活给水管道与污水管道交叉时，给水管道应敷设在污水管道上面，且不应有接口重叠；当给水管道敷设在污水管道下面时，给水管道的接口离污水管的水平净距不宜小于1.0m。

（3）室外给水管道的覆土深度，应根据土壤冰冻深度、地面荷载、管材强度及管道交叉等因素确定。

当埋设在非冰冻地区机动车道下时，金属管道的覆土厚度不应小于0.7m；非金属管道的

覆土厚度不应小于 1.0～1.2m；当埋设在非机动车道路下或道路边缘地下时，金属管的覆土厚度不宜小于 0.3m，塑料管的覆土厚度不宜小于 0.7m。

当埋设在冰冻地区时，在满足上述要求的前提下，在管径 $DN \leqslant 300$mm 时，管底埋深应在冰冻线以下（$DN+200$）mm。

2.5.2　室外给水管道的安装

（1）输送生活用水的管道应采用塑料管、复合管、镀锌钢管或给水铸铁管。塑料管、复合管或给水铸铁管的管材、配件应是同一厂家的配套产品。

（2）对于架空或在地沟内敷设的室外给水管道而言，其安装要求应按室内给水管道的安装要求执行。塑料管道不得露天架空铺设，必须露天架空铺设时应有保温和防晒等措施。

（3）给水管道在埋地敷设时，应在当地的冰冻线以下，如必须在冰冻线以上铺设时，应做可靠的保温防潮措施；在无冰冻地区，穿越道路部位的埋深不得小于 0.7m。

（4）管道进口法兰、卡扣、卡箍等应安装在检查井或地沟内，不应埋在土壤中。对于给水系统各种井室内的管道安装，如设计无要求，井壁距法兰或承口的距离应满足：管径小于或等于 450mm 时，不得小于 250mm；管径大于 450mm 时，不得小于 350mm。

（5）管网必须进行水压试验，试验压力为工作压力的 1.5 倍，但不得小于 0.6MPa。

（6）镀锌钢管、钢管的埋地防腐必须符合设计要求。

（7）给水管道在竣工后，必须对管道进行冲洗。饮用水管道还要在冲洗后进行消毒，以满足饮用水卫生要求。

（8）管道的坐标、标高、坡度应符合设计要求。

（9）管道和金属支架的涂漆应附着良好，无脱皮、起泡、流淌和漏涂等缺陷。管道连接应符合工艺要求，阀门、水表等安装位置应正确。

（10）给水管道与污水管道在不同标高平行敷设时，其垂直间距应在 500mm 以内：当给水管道管径小于或等于 200mm 时，管壁水平间距不得小于 1.5m；当管径大于 200mm 时，管壁水平间距不得小于 3m。

（11）管沟的坐标、位置、沟底的标高应符合设计要求，管沟的基层处理和井室的地基必须符合设计要求。管沟的沟底层应是原土层或是夯实的回填土，沟底应平整，坡度应顺畅，不得有尖硬的物体、石块等。

2.5.3　室外排水管道的安装

（1）室外排水管道应采用混凝土管、钢筋混凝土管、排水铸铁管或塑料管。其规格及质量必须符合现行国家标准及设计要求。

（2）排水管沟及井池的土方工程、沟底的处理、管道穿井壁处的处理、管沟及井池周围的回填要求等，均应参照给水管沟及井室的规定执行。

（3）各种排水井、池应按设计给定的标准图施工，各种排水井和化粪池均应用混凝土作底板（雨水井除外），其厚度应不小于 100mm；排水管道的坡度必须符合设计要求，严禁无坡或倒坡。

（4）管道埋设前必须做灌水和通水试验，排水应畅通，无堵塞，管接口应无渗漏。

（5）管基的处理和井池的地板强度必须符合设计要求。

（6）排水检查井、化粪池的底板及进、出水管的标高，必须符合设计要求。

实训2　钢管的加工与连接

1．实训目的

通过实训，使学生了解管道加工和连接的基本知识，熟悉管道加工、连接的常用工具及其使用方法，初步掌握管道的加工和连接的基本技能，达到能独立操作、产品质量合格的目的，为今后的学习乃至工作打下坚实的基础。

2．实训注意事项

（1）由指导教师进行实训安全教育。

（2）要遵守作息时间，服从指导教师的安排。

（3）积极、认真进行每一工种的操作实训，真正有所收获。

（4）做好实训现场的卫生打扫工作。

（5）每一工种的操作结束后，要写出实训报告（总结）。

3．实训准备工作

（1）由专业教师作实训动员报告和安全教育。

（2）常用给排水管道材质及安装机（工）具的选择。

① 主要机具：手动打压泵、砂轮锯、电动套丝机、管子台虎钳、手锤、活扳、管子钳、管子铰板、钢锯、割管器、套筒扳手、铁剪刀、钢丝钳。

② 材料选择要求如下。

管材：包括碳素钢管、无缝钢管。管材不得弯曲、锈蚀，应无毛刺、重皮及凹凸不平现象；塑料管、复合管管材和管件的内外壁应光滑平整、无气泡、裂口、裂纹等缺陷。

管件：管件应完整。无缺损、无变形、无开裂、无偏扣、无乱扣、无断丝等现象。

4．钢管的手工锯断

1）工艺操作

（1）应按金属材料厚度选用锯条。薄材料宜使用细齿锯条，厚材料宜使用粗齿锯条。

（2）安装锯条时应将锯齿向前，有齿边和无齿边均应在同一平面上。

（3）锯管时，应将管子卡紧，以免颤动折断锯条。

（4）手工操作时，一手在前一手在后。向前推时，应加适当压力，以增加切割速度；往回拉时，不宜加压以减少锯齿的磨损。

（5）锯条往返一次的时间不宜少于1s。

（6）在锯割过程中，应向锯口处加适量的机油，以便润滑和降温。

2）要求

（1）掌握钢锯的构造、规格及使用方法。

（2）掌握锯割钢管的工作原理及正确的操作方法。

（3）锯断时，切口应平整。

5．钢管的手工割断

1）工艺操作

（1）应将刀片对准线迹并垂直于管子轴线。

（2）每旋转一次进刀量不宜过大，以免管口明显缩小或刀片损坏。

（3）对于切断的管子，应去除管口处缩小的内凹边缘。

（4）每进刀（挤压）一次绕管子旋转一次，如此不断加深沟痕。

2）要求

（1）掌握管子割刀的构造规格及使用方法。

（2）掌握割断钢管的工作原理及正确的操作方法。

（3）割断时，切口断面应整齐。

6．手工钢管套丝

1）工艺操作

（1）套丝时应在板牙上加少量机油，以便润滑及降温。

（2）为保证螺纹质量和避免损坏板牙，不应用加大进刀量的办法减少套丝次数。

2）螺纹标准

（1）螺纹表面应光洁、无裂纹，但允许微有毛刺。

（2）螺纹的工作长度允许短 15%，不应超长。

（3）螺纹断缺总长度不得超过规定长的 10%，各断缺处不得连贯。

（4）螺纹高度的减低量不得超过 15%。

3）要求

（1）掌握铰板（代丝）的构造、规格、使用方法。

（2）掌握钢管套丝的工作原理及正确的操作方法。

（3）套丝后，螺纹质量应能达到标准。

7．钢管的螺纹连接

1）工艺操作

（1）连接时选择适合管径规格的管钳拧紧管件（阀件）。

（2）操作用力要均匀，只准进不准退。上紧后，管件（阀件）处应露 2 扣螺纹。

（3）将残留的填料清理干净。

2）要求

（1）掌握普通管钳的规格和使用方法。

（2）认识常用管件及钢管螺纹连接的操作方法。

（3）连接紧密。

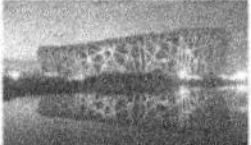

8．钢管的法兰连接

1）工艺操作

（1）一副法兰只垫一个垫片，不允许加双垫片或偏垫片。

（2）垫片的内径不应小于管子直径，不得凸入管内而减小过流面积。

（3）垫片上应加涂料。

（4）用合适的扳手（活扳子）在各个对称的螺栓上加力，并且受力要均匀。

（5）应使螺杆外露长度不小于螺栓直径的一半。

（6）应保证法兰和管子中心线垂直，垂直偏差不超过 1～2mm 为合格。

2）要求

（1）了解平焊钢法兰的连接方法。

（2）掌握丝扣法兰连接的操作方法。

9．室内给水系统的试压

水压试验：室内给水管道的水压试验必须符合设计要求。当设计未注明时，各种材质的给水管道系统试验压力均为工作压力的 1.5 倍，但不得小于 0.6MPa。

检验方法：首先在试验压力下观测金属及复合管给水管道系统 10min，压力降不大于 0.02MPa，然后将压力降到工作压力进行检查，应不渗不漏；首先将塑料管给水管道系统在试验压力下稳压 1h，压力降不得超过 0.05MPa，然后在工作压力的 1.15 倍状态下稳压 2h，压力降不得超过 0.03MPa，同时检查各连接处不得有渗漏。

10．实训安排

（1）钢管锯断的操作演示与介绍。

（2）钢管锯断的操作练习。

（3）钢管割断的操作演示与介绍。

（4）钢管割断的操作练习。

（5）钢管套丝的操作演示与介绍。

（6）钢管套丝的操作演示练习。

（7）钢管螺纹的连接，法兰连接的介绍、示范及操作练习。

11．实训成绩考评

现场操作，根据操作技术水平和产品质量确定成绩。

钢管锯断	20 分
钢管割断	10 分
钢管套丝	20 分
钢管螺纹连接	20 分
钢管丝扣、法兰连接	20 分
平时表现	10 分

知识梳理与总结

（1）本章主要介绍了室内给水、中水和排水系统的组成及安装要求，室外给水、排水系统及其安装要求，管道施工与土建施工的配合。

（2）室内给水系统由引入管、水表节点、管道系统、给水附件和加压储水设备组成，其给水方式有直接给水、水箱给水、水泵水箱联合给水、气压给水和变频调速给水。

（3）在建筑中水这一部分主要介绍了小区中水系统，以及建筑中水系统的用途、组成及安装要求。

（4）室内排水系统由卫生器具和生产设备受水器、排水管道、通气管道、清通设备和污水提升设备组成；卫生设备分为便溺类、盥洗沐浴类、洗涤类和专用卫生器具；排水系统的安装包括排水管道的布置与敷设、排水管道的安装和卫生器具的安装。

习题2

1．室内给水系统由（　　）、(　　)、(　　)、(　　）和（　　）组成。
2．室内给水管道安装的基本技术要求有哪些？
3．什么是中水？中水有何用途？
4．室内排水系统由（　　）、(　　)、(　　)、(　　）和（　　）组成。
5．室内排水管道安装的技术要求有哪些？
6．各种卫生器具的作用是什么？
7．小区给、排水管道的安装有哪些要求？

学习情境3 热水与燃气系统的安装

教学导航

教	知识重点	1. 热水系统的组成及各组成部分的作用 2. 使用燃气的安全事项
	知识难点	管道和管件的连接方法
	推荐教学方式	结合实物和图片进行讲解
	建议学时	6学时
学	推荐学习方法	结合工程实物对所学知识进行总结
	必须掌握的专业知识	1. 常用管材的性能和作用 2. 热水管网的安装
	必须掌握的技能	1. 铝塑复合管的连接与打压 2. 燃气用具的连接、布置要求和检验方法

任务 3.1 室内热水供应系统的安装

室内热水供应系统是指水的加热、储存和输配的总称。其任务是按设计要求的水量、水温和水质随时向用户供应热水。

3.1.1 室内热水供应系统的分类及组成

1．局部热水供应系统

局部热水供应系统是利用各种小型水加热器在用水点将水就地加热，供给一个或几个用水点使用的系统，如可以用小型电热水器、小型燃气热水器、太阳能热水器给单个浴室、厨房等供应热水。该系统具有系统简单、维护管理方便灵活的优点，但热效率低、制热成本高。

2．集中热水供应系统

集中热水供应系统由热源、热媒管网、热水输配管网、循环水管网、热水储存水箱、循环水泵、加热设备及配水附件等组成，如图 3-1 所示。锅炉产生的蒸汽经热媒管送入水加热器中把冷水加热，加热得到的蒸汽变成凝结水后回凝水池，再由凝结水泵打入锅炉加热成蒸汽。由冷水箱向水加热器供水，加热器中的热水再由配水管送到各用水点。为保证热水温度，热水在配水管和循环管之间流动，以补偿配水管的热损失。

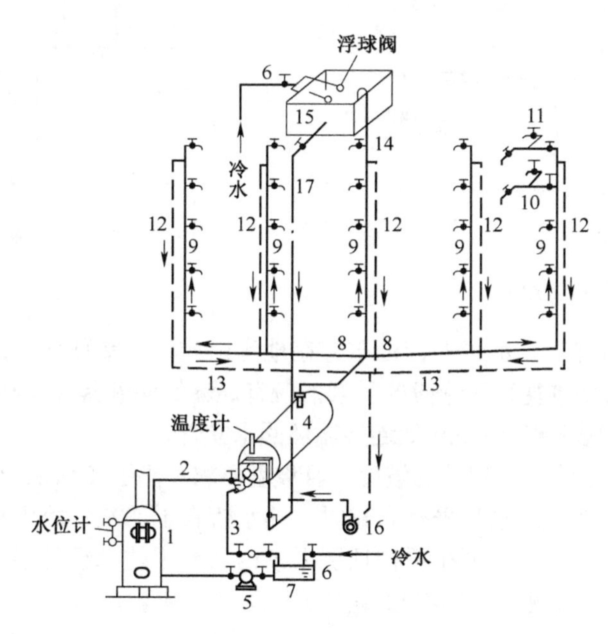

1—锅炉；2—热媒上升管；3—热媒下降管；4—水加热器；5—给水泵（凝结水泵）；6—给水管；7—给水箱（凝结水箱）；8—配水干管；9—配水立管；10—配水支管；11—配水龙头；12—回水立管；13—回水干管；14—膨胀管；15—高位水箱；16—循环水泵；17—加热器给水管

图 3-1 集中热水供应系统的组成示意图

这种系统具有加热器及其他设备可集中管理、加热效率高、热水制备成本低、占地面积

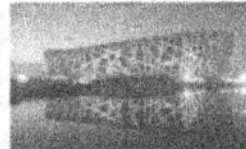

小等优点，但系统复杂、投资较大。此系统适用于高级宾馆、医院等公共建筑。

3．区域热水供应系统

区域热水供应系统多使用热电厂、区域锅炉房所引出的热力管网来输送加热冷水的热媒，可以向建筑群供应热水。

3.1.2 热水供应系统管道的布置与安装

热水管道的布置和安装除了要满足给水管道的安装要求外，还应结合自身的特点按相应的施工验收规范执行。

1．热水管网的布置

热水管网的布置除应满足给水系统的布置要求外，还应注意到因水温升高引起的体积膨胀、管道保温、伸缩补偿、排气、防腐等问题。其具体的布置方式可采用下行上给式或上行下给式，如图3-2和图3-3所示。

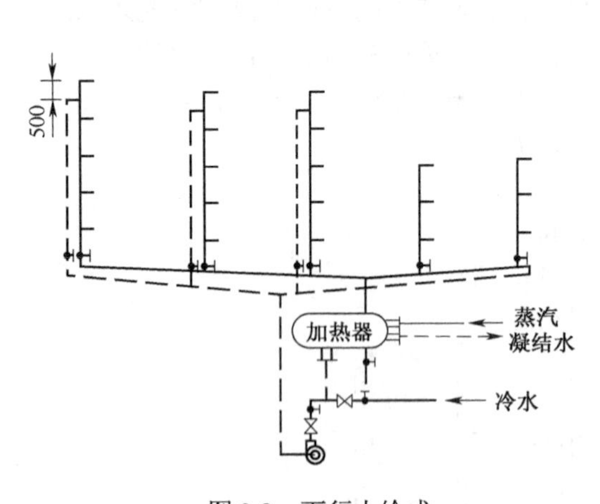

图3-2　下行上给式

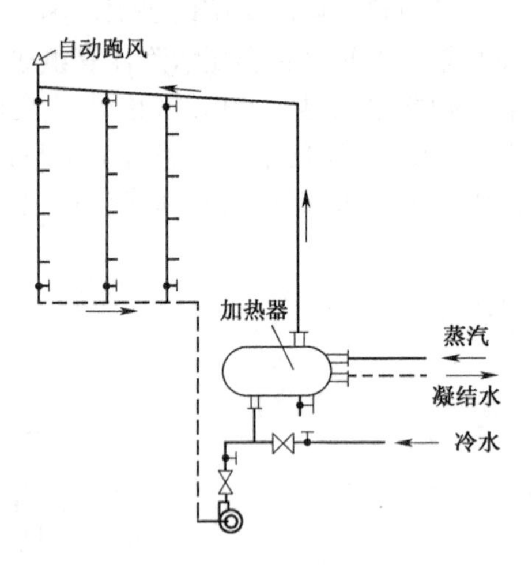

图3-3　上行下给式

采用下行上给式布置时，水平干管可布置在地沟内或地下室顶部，决不允许埋地。对线膨胀系数大的管材要特别重视直线管段的补偿，应有足够的伸缩器，并利用最高配水点排气，方法是在配水立管最高配水点下0.5m处连接循环回水立管。

热水横管均应有与水流方向相反的坡度，且坡度要求不小于0.003；管网最低处应设泄水阀门，以便维修。热水管与冷水管平行布置时，热水管在上、左，冷水管在下、右。对于上行下给式的热水管网，水平干管可布置在顶层吊顶内或专用技术设备层内，并设有与水流方向相反、不小于0.003的坡度，且应在最高点设自动排气装置。

2．热水管网的安装

（1）热水供应系统的管道应采用塑料管、复合管、镀锌钢管和铜管，管道及配件的安装要求与给水系统的安装要求相同。根据建筑的使用要求，可采用明装和暗装两种形式。明装管道应尽可能敷设在卫生间、厨房墙角处，应沿墙、梁、柱暴露敷设。暗装管道可敷设在管道竖井或预留沟槽内，塑料热水管宜暗设。

（2）当室内热水管道穿过建筑物顶棚、楼板及墙壁时，均应加套管，以免因管道热胀冷缩而损坏建筑结构。穿过可能有积水的房间地面或楼板时，套管应高出地面50～100mm，以防止从套管缝隙向下流水。

（3）为满足调节流量和检修的需要，在配水立管和回水立管的端点，从立管接出的支管，3个及3个以上配水点的配水支管，以及居住建筑和公共建筑中每一户或单元的热水支管上均应设阀门。

（4）热水管道中水加热器或储水器的冷水供水管、机械循环第二循环回水管和冷热水混水器的冷、热水供水管上应设止回阀，以防止加热设备内的水倒流被泄空从而造成安全事故，并防止冷水进入热水系统影响配水点的供水温度，如图3-4所示。

（5）当需计量热水总用水量时，可在水加热设备的冷水供水管上装冷水表。对于成组和个别用水点，可在供水支管上装设热水水表。有集中供应热水的住宅应装设分户热水水表。

（6）热水立管与横管连接处，应考虑加设管道补偿器，且采用乙字弯管，如图3-5所示。

（7）热水供应系统安装完毕，管道保温之前应进行水压试验，试验压力应符合设计要求。

（8）热水供应系统在竣工后必须进行冲洗。

（9）热水配水干管、储水罐及水加热器等均须保温，以减少热损失。常用的保温材料有石棉灰、硅藻土、蛭石、矿渣棉及泡沫混凝土等。

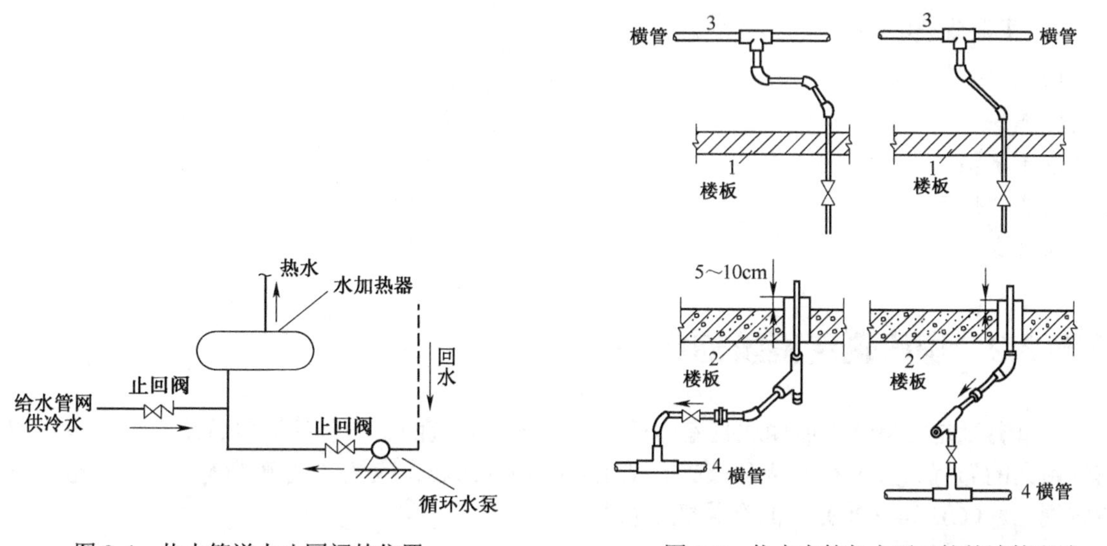

图3-4　热水管道上止回阀的位置

图3-5　热水立管与水平干管的连接方法

实训3　铝塑复合管的连接及打压

1．实训目的

通过实训，使学生了解铝塑复合管连接管件的类型、规格、结构；掌握连接工具的使用方法；掌握铝塑复合管连接的操作技能。

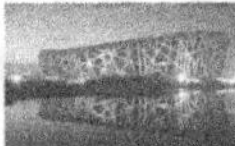

2．实训内容

1）工艺操作

（1）熟悉各种管材、管件。

（2）熟悉各种工具。

（3）连接练习。

（4）打压试验。

2）实训要求

（1）熟练掌握铝塑管的连接技能。

（2）系统水压试验，应无渗漏、无损伤。

3．实训安排

（1）本项目实训时间的安排可根据具体情况确定。

（2）指导教师示范、讲解。

（3）连接练习。

（4）考试。

4．实训成绩考评

口试	20分
操作	30分
水压试验	20分
写实训报告	20分
实训表现	10分

任务3.2　室内燃气系统的安装

城市燃气是由燃气管道输送到室内的，室内燃气系统的安装包括燃气管道、燃气设备和燃气用具的布置、敷设和安装及管道的试压和吹扫等内容，应按《城镇燃气室内工程施工及验收规范》（CJJ 94－2003）的有关规定执行。

3.2.1　燃气的种类

各种气体燃料通称燃气。具体而言，燃气是由可燃成分和不可燃成分组成的混合气体。

燃气的可燃成分有H_2、CO、H_2S、CH_4和各种C_mH_n等。相比固体燃料而言，气体燃料具有更高的热能利用率，燃烧温度高，清洁卫生，便于输送，对环境污染小等许多优点。但也应当注意，当燃气和空气混合到一定比例时，遇到明火会发生燃烧或爆炸，而且燃气还具有强烈的毒性，容易引起中毒事故。因此，在施工和设计中，必须充分考虑燃气的安全问题，以防止由燃气泄漏引起的失火和人身中毒事故。

燃气的种类很多，按其来源不同可分为天然气、人工煤气、液化石油气和生物气四类。

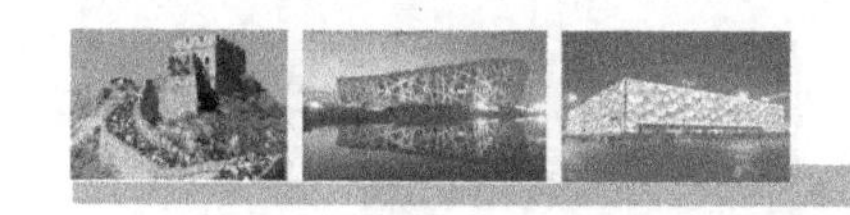

3.2.2 室内燃气管道系统的组成

室内燃气管道系统由用户引入管、水平干管、立管、用户支管、燃气表、下垂管和燃气用具所组成，如图 3-6 所示。

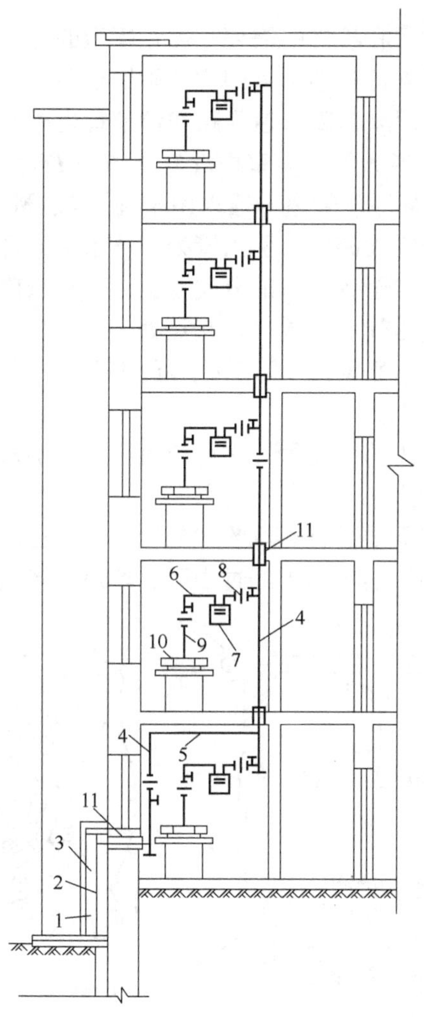

1—用户引入管；2—砖台；3—保温层；4—立管；5—水平干管；6—用户立管；
7—燃气计量表；8—旋塞阀及活接头；9—用具连接管；10—燃气用具；11—套管

图 3-6 室内燃气管道系统的组成

3.2.3 燃气管道系统管材及附属设备的安装

1. 管材的安装

民用建筑和居住建筑室内燃气管道的管壁应符合设计要求，可采用下列管材及连接方法：低压燃气管道宜采用热镀锌钢管或焊接钢管螺纹连接；中压管道宜采用无缝钢管焊接连接；住宅及公共建筑室内的明装燃气管道宜采用热镀锌钢管螺纹连接；燃气引入管、地下室和地上密闭房间内的管道、管道竖井和吊顶内的管道及室内中压燃气管道宜采用无缝钢管焊

接；用户暗埋室内的低压燃气支管可采用不锈钢管或铜管，且其暗埋部分不应设接头，明露部分可用卡套、螺纹或钎焊连接；燃具前的低压燃气管道可采用橡胶管或家用燃气软管，连接可采用压紧螺帽或管卡的方法；凡有阀门等附件处可采用法兰或螺纹连接。

2．附属设备的安装

为保证燃气管网的安全运行和检修的需要，需在管道的适当位置设置阀门、补偿器、排水器、放散管等附属设备。另外，在地下管网安装附属设备时，还要修建闸井。

（1）阀门的安装。阀门是用来启闭管道通路和调节管内燃气的流量的。常用的阀门有闸阀、旋塞阀、截止阀、球阀和蝶阀等。当室内燃气管道为 $DN \leqslant 65$mm 时应采用旋塞阀，当 $DN > 65$mm 时应采用闸阀；室外燃气管道一般采用闸阀；截止阀和球阀主要用于天然气管道。

室内燃气管道在下列各处宜设阀门：引入管处；从水平干管接出立管时，每个立管的起点处；从室内燃气干管或立管接至各用户的分支管上（可与表前阀门合设 1 个）；每个用气设备前；点火棒、取样管和测压计前；放散管起点处。

闸阀和蝶阀只允许安装在水平管道上，其他阀门不受这一限制。但有驱动装置的截止阀和球阀也必须安装在水平管道上。

（2）补偿器，用于调节管段的伸缩量。它可分为波形补偿器和橡胶—卡普隆补偿器，其构造分别如图 3-7 和图 3-8 所示。

补偿器常用于架空管道和需要进行蒸汽吹扫的管道上。在埋地燃气管道上，多采用钢制波形补偿器。橡胶—卡普隆补偿器多用于经过山区、坑道和多地震地区的中、低压管道上。

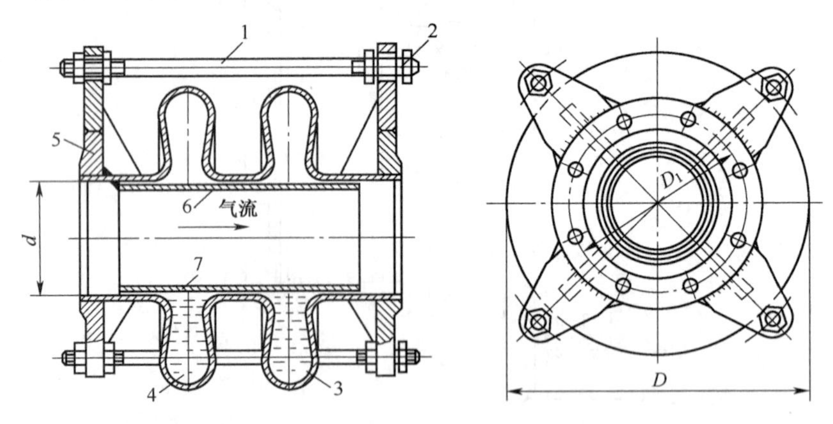

1—螺杆；2—螺母；3—波节；4—石油沥青；5—法兰盘；6—套管；7—注入孔

图 3-7　波形补偿器

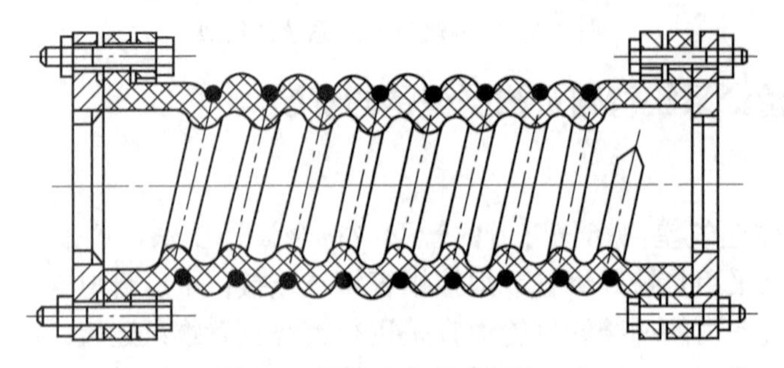

图 3-8　橡胶—卡普隆补偿器

（3）排水器，用于排除燃气管道中的凝结水和天然气管道中的轻质油。根据燃气管道中的压力不同，排水器可分为不能自喷的低压排水器和能自喷的高、中压排水器。

由于低压排水器管道内的压力低，故排水器中的油和水必须依靠手动抽水设备来排出，其结构如图 3-9 所示。高、中压排水器由于管道内的压力高，当打开排水管旋塞阀时，排水器中的油和水自行喷出，故为防止在排水管内的剩余水在冬季冻结，需另设循环管，利用燃气的压力将排水管中的水压回到下部的集水器中去，其结构如图 3-10 所示。

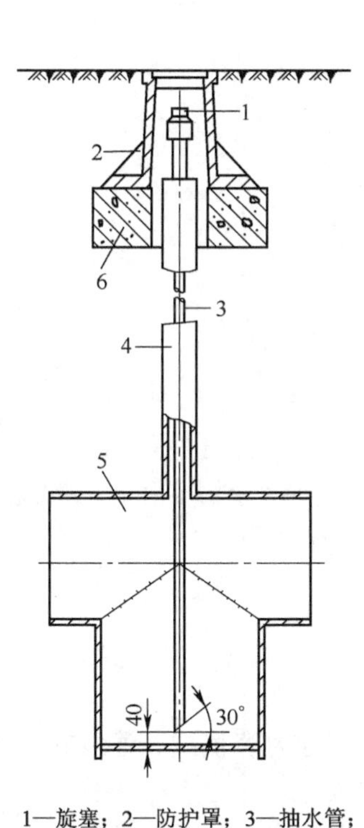

1—旋塞；2—防护罩；3—抽水管；
4—套管；5—集水器；6—底座

图 3-9　低压排水器

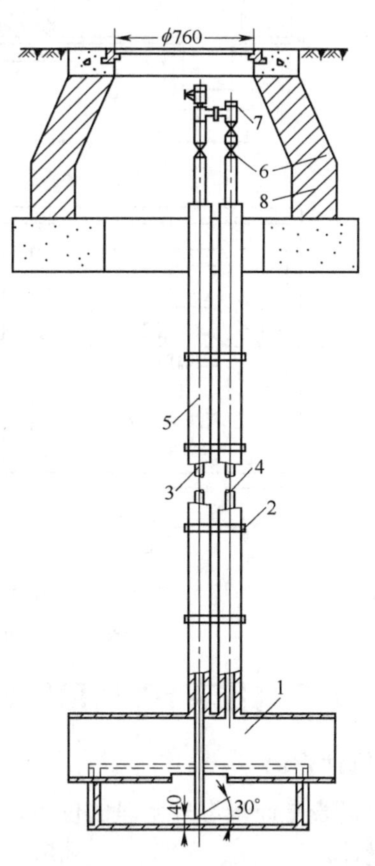

1—集水器；2—管卡；3—排水管；4—循环管；
5—套管；6—旋塞阀；7—旋塞；8—井圈

图 3-10　高、中压排水器

（4）放散管，主要用于排放燃气管道中的空气或燃气。在管道投入运行时，利用放散管排除管内空气，可防止在管内形成爆炸性的混合气体；在管道或设备检修时，利用放散管可排除管内的燃气。

放散管一般安装在闸井阀门前；住宅和公共建筑的立管上端和最远燃具前水平管的末端应设 *DN* ＞15mm 的放散用堵头。

（5）闸井，用于设置地下燃气管道上的阀门。100mm 单管闸井的构造如图 3-11 所示。

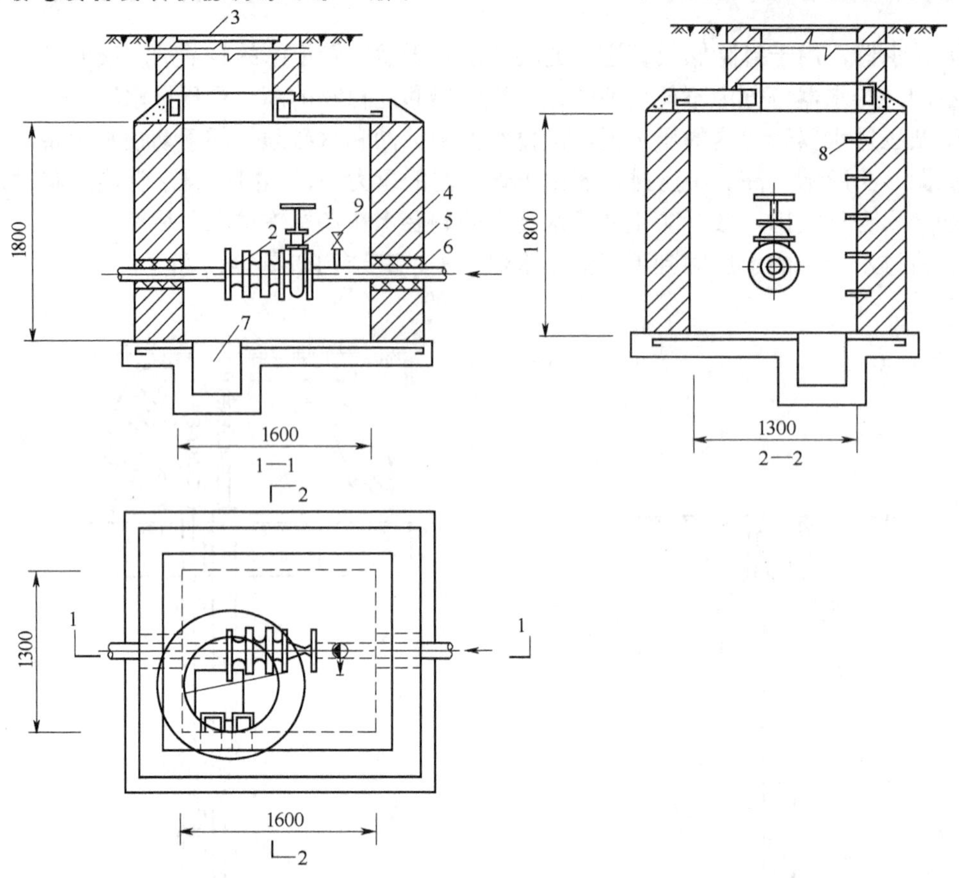

1—阀门；2—补偿器；3—井盖；4—防水层；5—浸沥青麻；6—沥青砂浆；7—集水坑；8—爬梯；9—放散管

图 3-11　100mm 单管闸井的构造图

3.2.4　燃气计量表与燃气用具的安装

1．燃气计量表

燃气计量表是计量燃气用量的仪表，根据其工作原理可分为容积式、速度式、差压式和涡轮式流量计。

干式皮膜式燃气计量表是目前我国民用建筑室内最常用的容积式燃气计量表，其外形如图 3-12 所示。

燃气计量表的安装：住宅建筑应每户装一只燃气表，集体、营业、专业用户、每个独立核算单位最少应装一只燃气计量表；在燃气计量表的安装过程中不准碰撞、倒置、敲击，不允许有铁锈杂物、油污等物质掉入表内；安装必须平正，下部应有支撑。该表宜安装在通风良好，环境温度高于 0℃，并且便于抄表及检修的地方。

安装干式皮膜式燃气计量表时，应遵循以下规定。

（1）燃气计量表金属外壳上部两侧有短管，左接进气管，右接出气管；高位表表底距地净距不得小于 1.8m；中位表表底距地面距离不得小于 1.4～1.7m；低位表表底距地面距离不得小于 0.15m。

（2）安装在过道内的干式皮膜式燃气计量表必须按高位表安装；室内干式皮膜式燃气计

量表的安装以中位表为主，低位表为辅。

(3)燃气计量表和燃气用具的水平距离应不小于0.3m，表背面距墙面净距为10～15mm。一般只在一只干式皮膜式燃气计量表前安装一个旋塞阀。

燃气计量表的安装如图3-12所示。

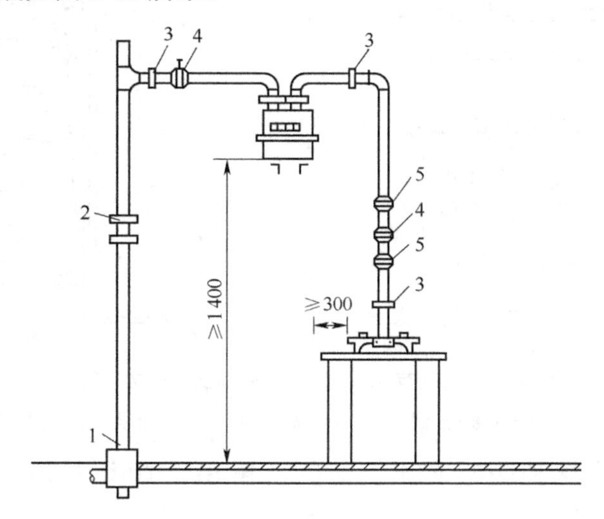

1—套管；2—总立管转心门；3—管箍；4—支管转心门；5—活接头

图3-12　干式皮膜式燃气计量表与燃气用具的相对位置示意图

2. 燃气用具

根据使用功能的不同，燃气用具有很多种类。下面介绍民用建筑中常用的几种。

(1)厨房单眼燃气灶和双眼燃气灶。单眼燃气灶是一个火眼的燃气灶，目前使用的都配有不锈钢外壳，并装有自动打火装置；双眼燃气灶有两个火眼，分为高架和短腿两种形式。它按外观材料分为低档铸铁型和中高档薄板型（不锈钢、搪瓷、玻璃或烤漆型）。一般中高档的燃气灶配有自动打火装置和熄火保护装置，是目前民用建筑应用最广的燃气灶。

厨房燃气灶一般由灶面、燃烧器、旋塞阀、旋钮、进气管及锅支架等组成。家用双眼燃气灶的结构如图3-13所示。

民用燃气灶的安装应满足下列条件：燃气灶宜设在通风和采光良好的厨房内，一般要靠近不易燃的墙壁放置，灶具背后距墙要有50～100mm的距离，侧面与墙或水池净距不小于250mm；安燃气灶的房间为木质墙壁时，应做隔热处理；灶具应水平放置在耐火台上，灶台高度一般为700mm。当燃具和燃气表之间硬连接时，其连接管道的直径应不小于15mm，并应装活接头一个；当采用软管连接时，软管长度不得超过2m，且中间不得有接头和三通分支。软管的耐压能力应大于4倍工作压力，且软管不得穿墙、门和窗。

在公共厨房内，当几个灶具并列安装时，灶与灶之间的净距不得小于500mm；灶具应安装在光线充足的地方，但应避免穿堂风直吹。

(2)燃气热水器。燃气热水器是一种局部水加热设备，按其构造可分为直流式和容积式两种。

直流式快速燃气热水器的构造如图3-14所示，它一般带有自动点火和熄火保护装置。当冷水流经带有翼片的蛇形管时，被热烟气加热到所需温度的热水就可供生活使用了。

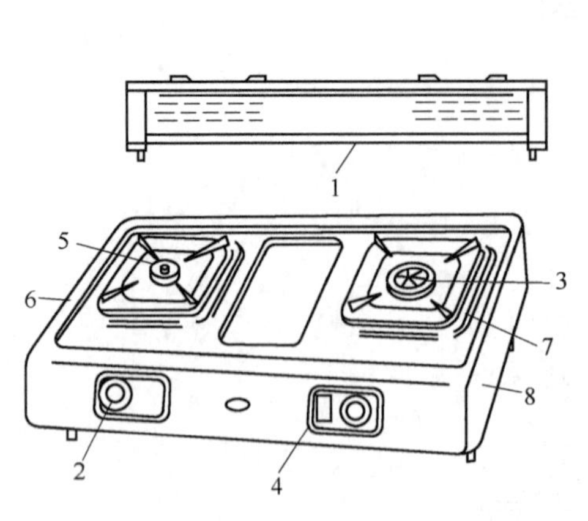

1—进气管；2—开关钮；3—燃烧器；4—火焰调节器；5—盛液盘；6—灶面；7—锅支架；8—灶框

图 3-13　家用双眼燃气灶的结构示意图

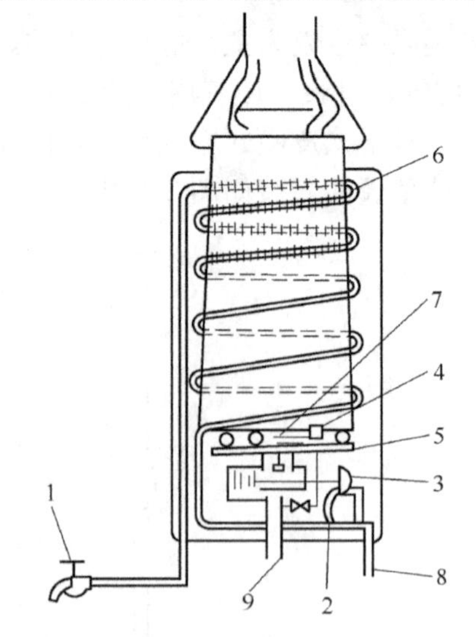

1—热水龙头；2—文氏管；3—弹簧膜片；4—点火苗；5—燃烧器；6—加热盘管；7—点火失败安全装置；8—冷水进口；9—燃气进口

图 3-14　直流式快速燃气热水器的构造图

容积式燃气热水器是能储存一定容积热水的自动水加热器，其结构如图 3-15 所示。

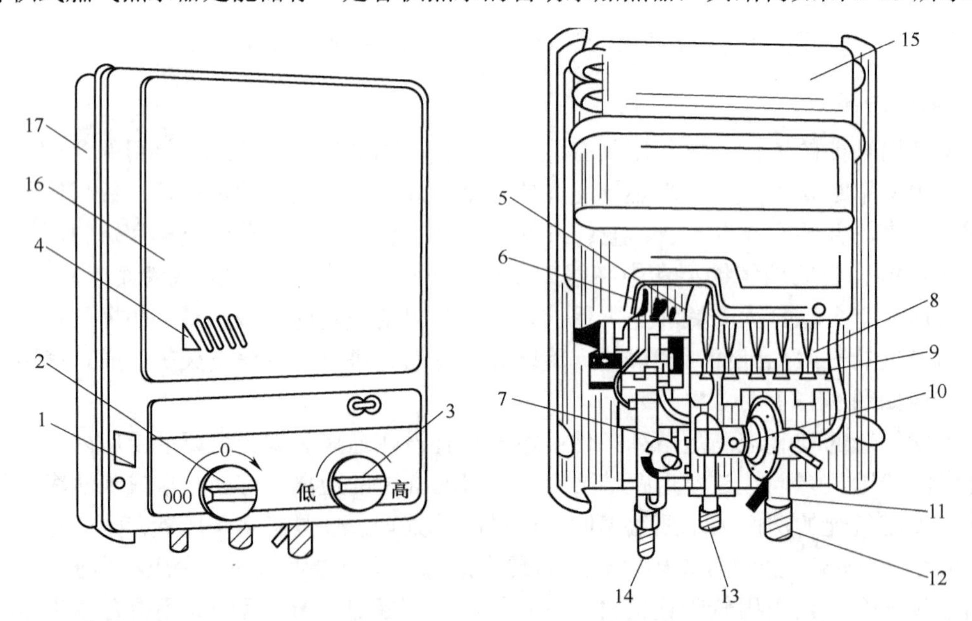

1—气源名称；2—燃气开关；3—水温调节阀；4—观察窗；5—熄火保护装置；6—点火燃烧器（常明火）；7—压电元件点火器；8—主燃烧器；9—喷嘴；10—水-气控制阀；11—过压保护装置（放水）；12—冷水进口；13—热水出口；14—燃气进口；15—热交换器；16—上盖；17—底壳

图 3-15　容积式燃气热水器的构造图

燃气热水器的安装应满足下列要求：不得直接设在浴室内，可设在厨房或其他房间内；设置燃气热水器的房间体积不得小于 12m^3，房间高度不低于 2.6m，应有良好的通风；燃烧

器距地面应有 1.2～1.5m 的高度，以便于操作和维修；应安装在不燃的墙上，且与墙的净距应大于 20mm。

为保证人体健康，防止一氧化碳中毒，保持室内空气的清洁度，提高燃气的燃烧效果，对使用燃气用具的房间必须采取一定的通风措施，应在该房间墙壁上面及下面或者门扇的底部及上部设置不小于 0.2m^2 的通风窗，且窗扇向外开，如图 3-16 所示。

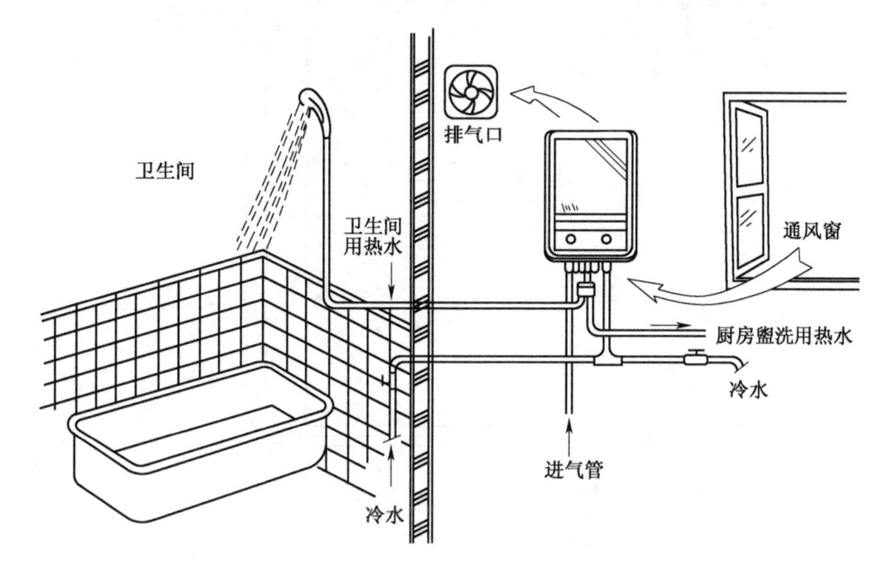

图 3-16　燃气热水器的安装示意图

3.2.5　室内燃气管道的安装

室内燃气管道的安装包括燃气引入管和室内燃气管网的安装、燃气管道的试压和吹扫，且应符合城镇燃气规范的相关要求。

1. 引入管的安装

（1）燃气引入管不得从卧室、浴室、厕所、电缆沟、暖气沟、烟道、垃圾道、风道、配电室、变电室、通风机室、有腐蚀性介质的房间及易燃易爆品仓库等处引入，当必须穿过设有用电设备的卧室、浴室时，必须设在套管内。

（2）住宅燃气引入管应尽量设在厨房内，有困难时也可设在走廊或楼梯间、阳台等便于检修的非居住房间内。

（3）输送湿燃气的引入管一般由地下引入室内，当采取防冻措施后也可由地上引入；在非采暖地区或输送干燃气而且管径不大于 75mm 时，可由地上直接引入室内；输送湿燃气的引入管应有不小于 0.5%的坡度，坡向城市燃气管道。

（4）引入管穿墙或基础进入建筑物后，应尽快出室内地面，不得在室内地面下水平敷设。其室内地坪严禁采用架空板，应在回填土分层夯实后浇筑混凝土地面；用户引入管与城市或庭院低压分配管道连接时，应在分支处设阀门；引入管上可连接一根立管，也可连接若干根立管，但应设水平干管，水平干管可沿楼梯间或辅助房间的墙壁敷设，坡向引入管，坡度应不小于 0.2%。管道经过的楼梯间和房间应有良好的自然通风。

（5）引入管穿越建筑物基础、承重墙及管沟时应设在套管内，如图 3-17 所示。套管的内

径一般不得小于引入管外径加 25mm。套管与引入管之间的缝隙应用柔性防腐防水材料填塞，用沥青封口。

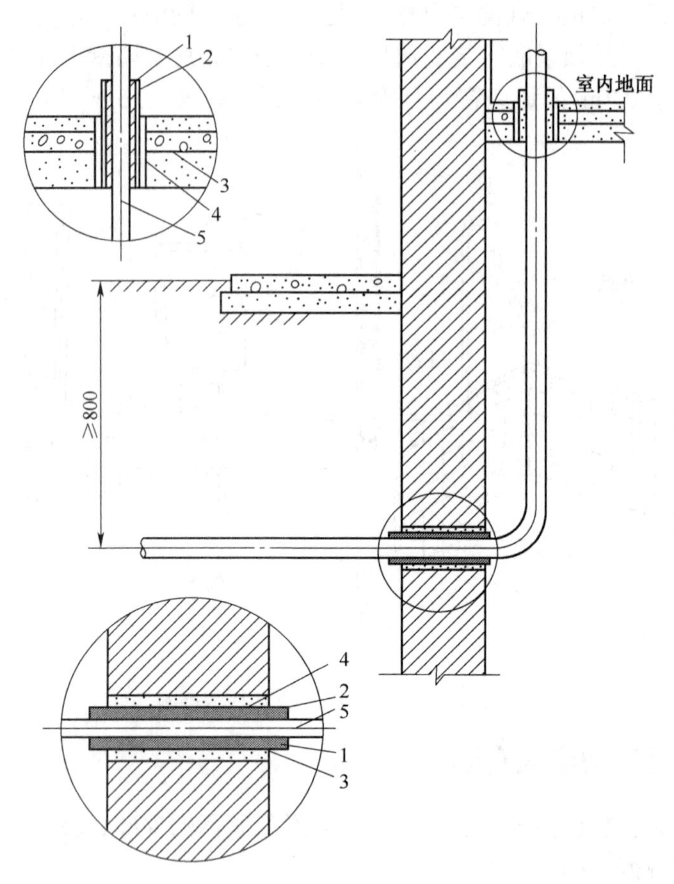

1—沥青密封层；2—套管；3—油麻填料；4—水泥砂浆；5—燃气管道

图 3-17　用户引入管的安装

（6）燃气引入管阀门宜设在室外操作方便的位置；设在外墙上的引入管阀门应设在阀门箱内；阀门的高度在室内宜为 1.5m 左右，在室外宜为 1.8m 左右。

（7）对于建筑设计沉降量大于 50mm 以上的燃气引入管，可根据情况采取加大引入管穿墙处的预留洞尺寸、将引入管在墙前水平或垂直弯曲 2 次以上，以及在引入管穿墙前设金属软管接头或波纹补偿器等措施。

2. 水平干管的安装

室内燃气干管不得穿过易燃易爆仓库、变电室、卧室、浴室、厕所、空调机房、防烟楼梯间、电梯间及其前室等房间，也不得穿越烟道、风道、垃圾道等处；必须穿过时，要设于套管内。室内水平干管严禁穿过防火墙；室内水平干管的安装高度不得低于 1.8m，距顶棚不得小于 150mm。输送干燃气的水平管道可不设坡度，输送湿燃气的管道的敷设坡度应不小于 0.2%，在特殊情况下也不得小于 0.15%。

3. 立管的安装

（1）室内燃气立管宜设在厨房、开水间、走廊、阳台等处；不得设置在卧室、浴室、厕所或电梯井、排烟道、垃圾道等内；当燃气立管由地下引入室内时，应在第一层处设阀门，且阀门一般设在室内。对重要用户而言，应在室外另设阀门。

（2）立管通过各层楼板处时应设套管，且套管应高出地面至少 50mm，其底部应与楼板平齐，其内不得有接头；室内燃气管道穿过承重墙或楼板时应加钢套管，套管的内径应大于管道外径 25mm。穿墙套管的两边应与墙的饰面平齐，管内不得有接头。套管与管道之间的间隙应用沥青和油麻填塞。套管与墙、楼板之间的缝隙应用水泥砂浆堵严。

（3）在厨房内由燃气立管引出的用户支管的安装高度应不低于 1.7m，敷设坡度应不小于 0.2%，并由燃气表分别坡向立管和燃气用具。

（4）燃气立管宜明设，可与给、排水、冷水管、可燃液体管、惰性气体管等设在一个便于安装和检修的管道竖井内，但不得与电线、电气设备或进风管、回风管、排气管、排烟管及垃圾道等公用一个竖井；竖井内的燃气管道应采用焊接连接，且尽量不设或少设阀门等附件。

（5）燃气立管若经当地部门同意，也可沿外墙敷设，但立管与建筑物内窗洞的水平净距应满足：中压管道不得小于 0.5m；低压管道不得小于 0.3m。当管道 $DN \leqslant 25$mm 时，每层中间设一个立管支架间距；当 $DN > 25$mm 时，应按需要设置立管支架间距。

4. 支管的安装

室内燃气支管应明装，敷设在过道的管段不得装设阀门和活接头；燃气用具连接的垂直管段的阀门应距地 1.5m 左右，室内燃气管道若敷设在可能冻结的地方时应采取防冻措施；当燃气管道从外墙敷设的立管接入室内时，宜先沿外墙接出 300～500mm 长的水平短管，然后穿墙接入室内。室内燃气支管的安装高度不得低于 1.8m，有门时应高于门的上框；为便于拆装，螺纹连接的立管宜每隔一层距地 1.2～1.5m 处设一个活接头；遇有螺纹阀门时，在阀后应设一个活接头。

5. 高层建筑室内燃气管道系统的安装注意事项

（1）因高层建筑物自重大、沉降量显著，易在引入管处造成破坏，故应在引入管处安装伸缩补偿接头。伸缩补偿接头有波纹管接头、套管接头和铅管接头等形式，图 3-18 为引入管的铅管补偿接头，当建筑物沉降时由铅管吸收变形，从而避免破坏。铅管前应安装阀门并设有闸井，以便于维修。

（2）高层建筑物为克服高程差引起的附加压力影响，满足燃气用具的正常工作，可采取在燃气总立管上设分段调节阀、高层和低层竖向分区供气、设置用户调压器或设计制造专用燃气用具等措施来解决。

（3）高层建筑物燃气立管长、自重大，因此需在立管底部设置支墩。为了补偿由于温差产生的胀缩变形，需将管道两端固定，并在管中间安装吸收变形的挠性管或波纹补偿装置，如图 3-19 所示。

6. 室内燃气管道的试压、吹扫

室内燃气管道系统在投入运行前需进行试压、吹扫。

室内燃气管道要进行严密性试验。其试验范围为自调压箱起至灶前倒齿管止或自引入管

上总阀起至灶前倒齿管接头上；试验介质为空气；试验压力（带表）为 5kPa，稳压 10min，压降值不超过 40Pa 为合格。

严密性试验完毕后，应对室内燃气管道系统进行吹扫。吹扫时可将系统末端用户燃烧器的喷嘴作为放散口。一般可用燃气直接吹扫，但吹扫现场严禁火种。在吹扫过程中应使房间通风良好。

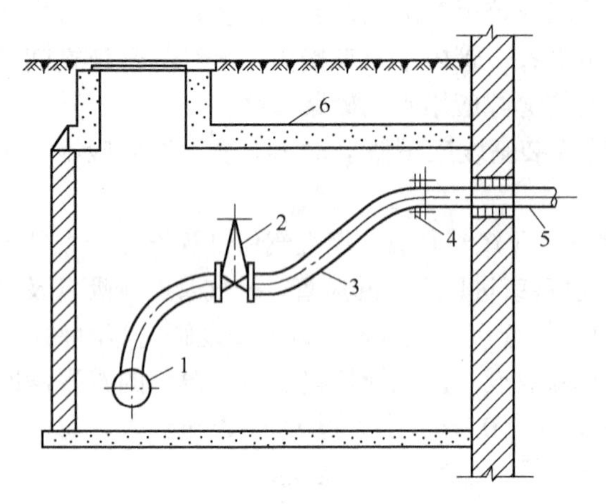

1—楼前供气管；2—阀门；3—铅管；4—法兰；5—穿墙管；6—闸井

图 3-18　引入管的铅管补偿接头

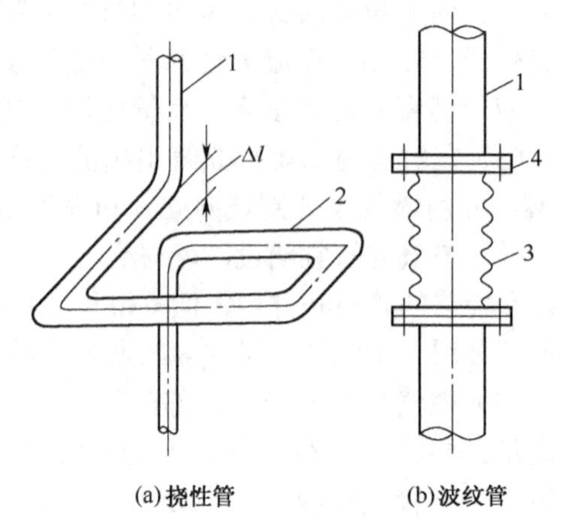

1—燃气立管；2—挠性管；3—波纹管；4—法兰

图 3-19　燃气立管的补偿装置

实训 4　燃气用具的安装

1．实训目的

通过本次实训加强对燃气性质的了解；掌握室内燃气设施的使用与安装；掌握燃气设施维护与保养的有关常识；通过具体的职业技术实践活动，帮助学生积累实践经验，熟练掌握操作技能。

2．实训内容及步骤

1）由专业教师作实训动员报告和安全教育

燃气都属于易燃、易爆、有毒的气体，指导教师在做安全教育的同时应做操作演示。

2）燃具及材料的选择

（1）燃具、燃气灶。应选用具有合格证的优质燃气灶。

（2）橡胶软管。管件应完整、无缺损、不漏气。

3）燃具与橡胶软管的连接

把橡胶软管的两端分别连接在燃气管道和燃气灶的倒齿管上，如很费力可将软管端部用热水适当加热或涂些肥皂水。

4）燃具与煤气管道的连接

注意燃气的种类不同，则选择的燃具不同，应符合产品说明书的要求。

5）检验

严密性试验：可用肥皂水涂在软管、减压阀和接头部位检验是否漏气，如有气泡产生说明漏气，应及时采取措施，直至合格为止。

6）操作程序

点火：开燃气管道用户阀→点火→开燃气灶开关（阀门）。

停火：关燃气管道用户阀→关燃气灶开关（阀门）。

3．实训注意事项

（1）实训时一定要注意安全。

（2）要遵守作息时间，服从指导教师的安排。

（3）积极、认真进行每一工种的操作实训。

（4）每组操作结束后，要写出实训报告。

4．实训成绩考评

设施连接	30 分
检验	10 分
点火程序	20 分
关闭程序	20 分
实训报告	20 分

知识梳理与总结

本章主要介绍了建筑热水供应系统和燃气供应系统。

注意以下专业知识内容：热水系统的分类、组成及各组成部分的作用；燃气系统的种类和组成、燃气系统的试验。热水管道的安装与室内给水管道的安装方法基本相同，注意由于水温不同而产生的热胀冷缩带来的影响和管道材质对水温的适应性。

燃气管道敷设分为埋地敷设和户内管道沿墙明设两种；室外燃气系统的安装包括燃气管道的安装和燃气管道附件的安装；燃气管道的试验包括吹洗、强度试验和严密性试验。

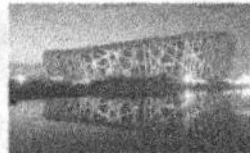

习题3

1．室内热水供应系统由哪几部分构成？
2．热水管道安装有何特点？
3．热水的供水方式有哪两种？
4．燃气有哪几类？各有何特点？
5．室内燃气管道安装有哪些要求？
6．如何安装燃气表和燃气用具？

学习情境4 消防给水系统的安装

教学导航

教	知识重点	室内消防系统的组成、作用和设置场所
	知识难点	自动喷水灭火系统附件的作用和设置要求
	推荐教学方式	结合实物和教学课件进行讲解
	建议学时	4学时
学	推荐学习方法	结合工程实物对所学知识进行对照学习
	必须掌握的专业知识	1．消火栓灭火设施的安装要求 2．自动喷水灭火系统附件的安装要求
	必须掌握的技能	1．能够正确安装消防管道及消防设施 2．能够启用室内消防设备及排除简单故障

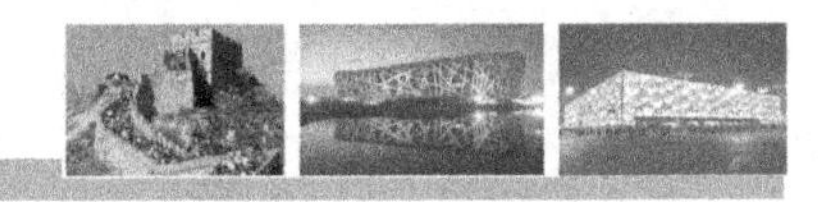

任务 4.1　室内消防系统的分类及组成

室内消防系统的安装包括消火栓给水系统、自动喷水灭火系统的安装及系统的试压、冲洗和验收等内容，应符合《建筑设计防火规范》（GB 50016—2006）和《自动喷水灭火系统施工及验收规范》（GB 50261—2005）的有关要求。

1．室内消防系统的分类

室内消防系统包括消火栓给水系统、闭式自动喷水灭火系统和开式自动喷水灭火系统。

室内消火栓给水系统可分为低层建筑室内消火栓给水系统、高层建筑室内消火栓给水系统和超高层建筑室内消火栓给水系统。

闭式自动喷水灭火系统可分为湿式自动喷水灭火系统、干式自动喷水灭火系统、干湿式自动喷水灭火系统和预作用自动喷水灭火系统。

开式自动喷水灭火系统可分为雨淋喷水灭火系统、水幕消防系统和水喷雾灭火系统。

2．室内消防系统的组成

室内消火栓给水系统一般由消火栓箱、消火栓、水带、水枪、消防管道、消防水池、高位水箱、水泵接合器、加压水泵、报警装置及消防泵启动按钮等组成。

自动喷水灭火系统由火灾探测报警系统、喷头、管道系统、水流指示器、控制组件等部分组成。

任务 4.2　室内消火栓给水系统

消火栓给水系统由消火栓设备、消防水箱、消防水池、水泵结合器、消防管道、增压设备、水源等构成，如图 4-1 所示。下面对消火栓设备、水泵结合器和消防管道进行介绍。

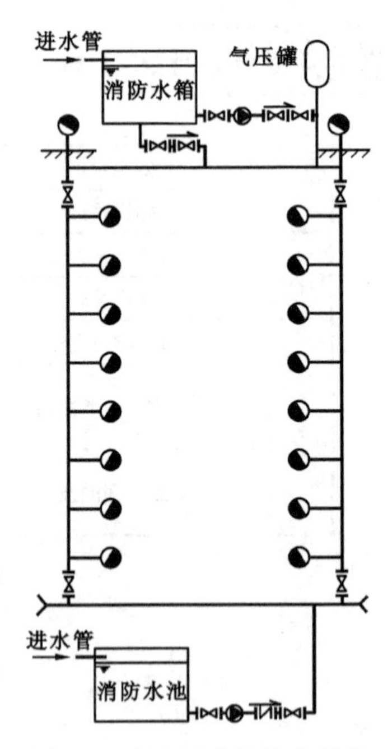

图 4-1　室内消火栓给水系统

1．消火栓设备

消火栓设备包括水枪、水带和消火栓，均安装在消火栓箱内，如图 4-2 所示。

消火栓设备一般采用直流式水枪，其接口直径分为 50mm 和 65mm 两种；喷嘴口径有 13mm、16mm、19mm 三种；水带直径有 50mm、65mm 两种。水带长度分为 10m，15m，20m，25m 四种规格；水带材质有麻织和化纤两种，有衬橡胶与不衬橡胶之分。

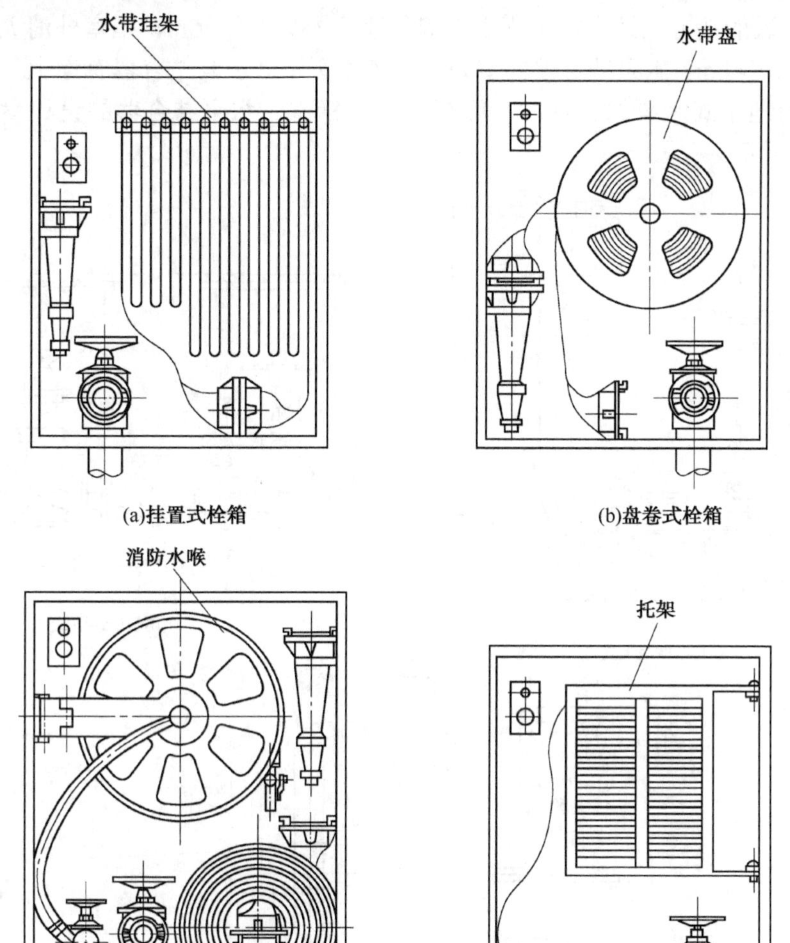

图 4-2 消火栓箱

消火栓、水带和水枪均采用了内扣式快速式接口。消火栓有单出口和双出口两种，单出口消火栓口径有 50mm 和 65mm 两种，双出口消火栓口径为 65mm，双出口消火栓的结构如图 4-3 所示。

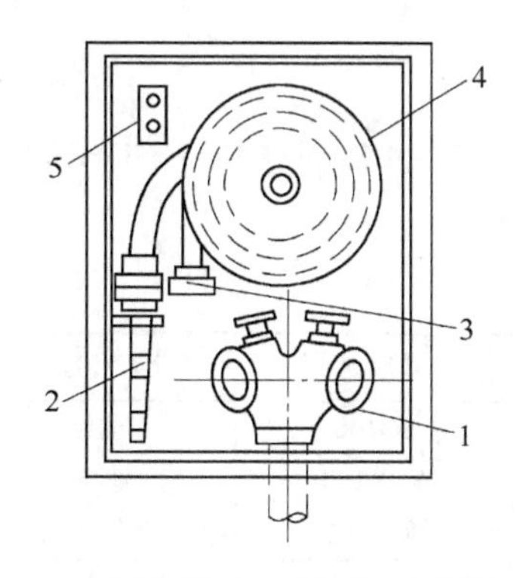

1—消火栓；2—水枪；3—水带接口；4—水带；5—水泵启动按钮

图 4-3 双出口消火栓的结构

2. 水泵结合器

高层建筑、超过四层的库房、设有消防管网的住宅、超过五层的其他非高层民用建筑等室内消火栓给水系统应设消防水泵结合器。消防车从室外消火栓、消防蓄水池或天然水源取水，通过水泵结合器将水送至室内管网，供灭火使用。

水泵结合器一端由消防给水干管引出，另一端设于消防

车易于使用和接近的地方，距人防工程出入口的距离不宜小于 5m，距室外消火栓或消防水池的距离宜为 15～40m。水泵结合器的安装如图 4-4 所示。水泵结合器有地上、地下和墙壁式三种，当采用地下式水泵结合器时，应有明显的标志。水泵结合器的设计参数和尺寸如表 4-1 和表 4-2 所示。

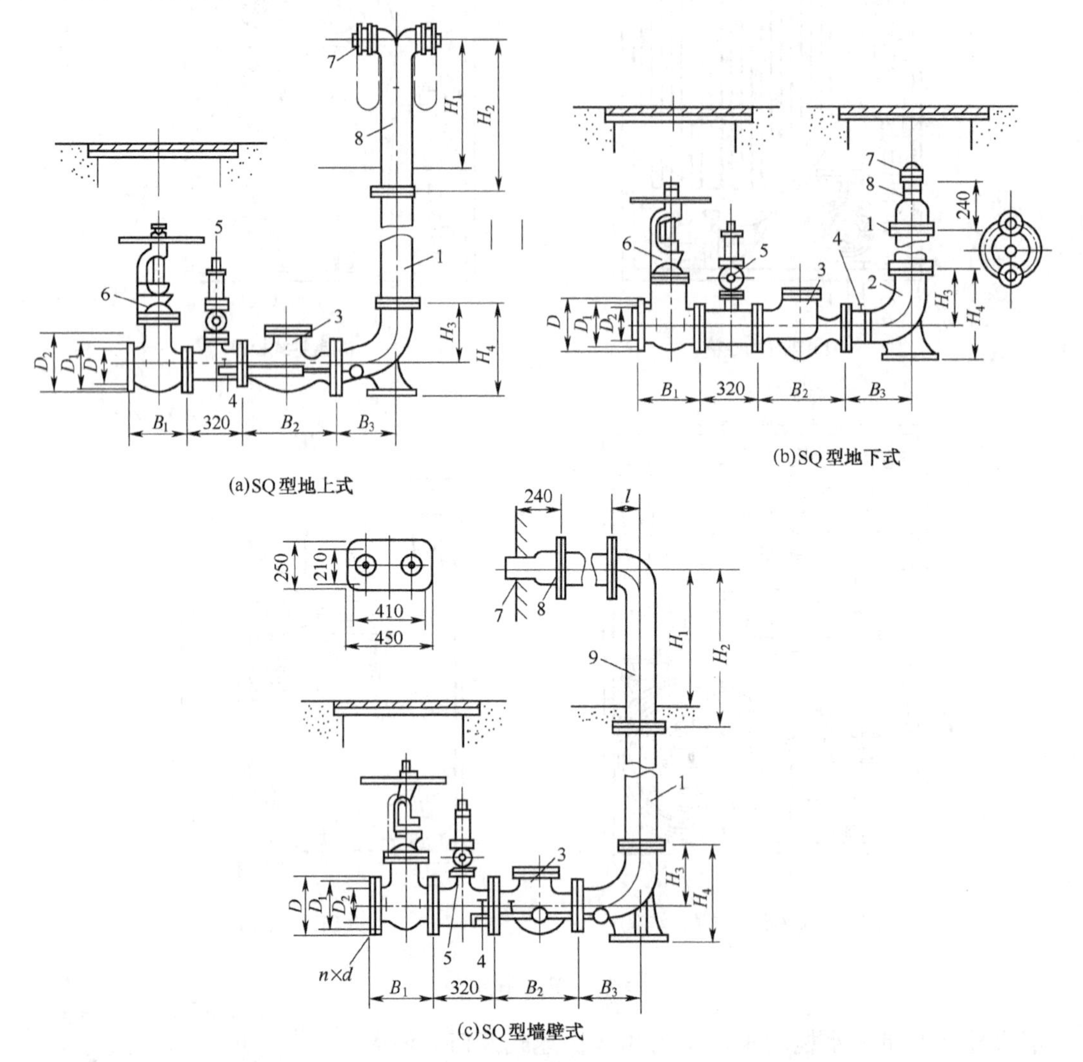

1—法兰接管；2—弯管；3—升降式单向阀；4—放水阀；5—安全阀；6—楔式闸阀；7—进水用消防接口；8—本体；9—法兰弯管

图 4-4　水泵结合器的安装

表 4-1　水泵结合器的型号及基本参数

型号规格	形式	公称直径（mm）	公称压力（MPa）	进水口形式	进水口口径（mm）
SQ100 SQX100 SQB100	地上 地下 墙壁	100	1.6	内扣式	65×65
SQ150 SQX SQB150	地上 地下 墙壁	150	1.6	内扣式	80×80

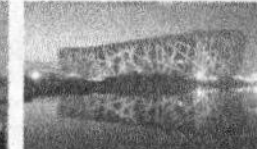

表 4-2　水泵结合器的基本尺寸

公称直径（mm）	结构尺寸								法　兰					消防接口
	B_1	B_2	B_3	H_1	H_2	H_3	H_4	l	D	D_1	D_2	d	n	DWS65
100	300	350	320	700	800	210	318	130	220	180	158	17.5	8	DWS80
150	350	480	310	700	800	325	465	160	285	240	212	22	8	

3．消防管道

室内消防管道应采用镀锌钢管或焊接钢管。它由引入管、干管、立管和支管组成。它的作用是将水供给消火栓，并满足消火栓在消防灭火时所需水量和水压的要求。消防管道直径应不小于 50mm。

任务 4.3　自动喷水灭火系统

1．自动喷水灭火系统的类型

自动喷水灭火系统是一种在发生火灾时，能自动打开喷头喷水灭火并同时发出火警信号的消防灭火设施。它由闭式喷头、管道系统、湿式报警阀、水流指示器、报警装置和供水设施等组成，如图 4-5 所示。

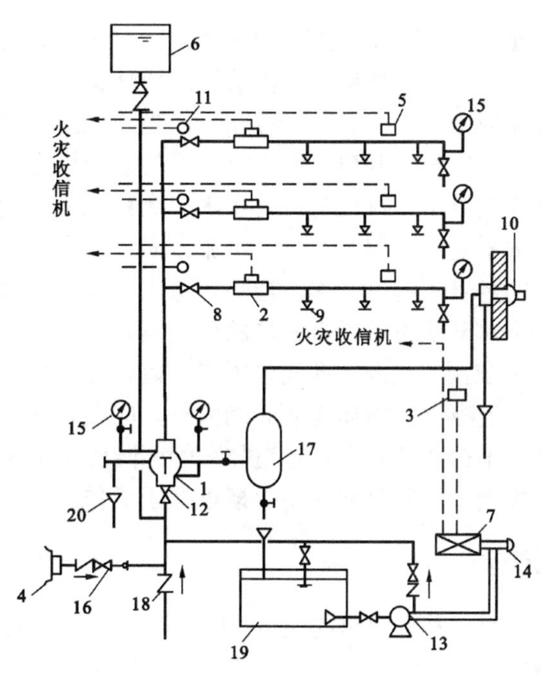

1—湿式报警阀；2—水流指示器；3—压力继电器；4—水泵接合器；5—感烟探测器；6—水箱；
7—控制箱；8—减压孔板；9—喷头；10—水力警铃；11—报警装置；12—闸阀；13—水泵；
14—按钮；15—压力表；16—安全阀；17—延迟器；18—止回阀；19—储水池；20—排水漏斗

图 4-5　湿式自动喷水灭火系统

自动喷水灭火系统按喷头的开启形式可分为闭式喷头系统和开式喷头系统；按报警阀的形式可分为湿式系统、干式系统、干湿两用系统、预作用系统和雨淋系统等；按对保护对象的功能又可分为暴露防护型（水幕等）和控制灭火型；按喷头形式又可分为传统型（普通型）喷头和洒水型喷头、大水滴型喷头和快速响应早期抑制型喷头等。

2. 自动喷水灭火系统的适用条件

自动喷水灭火系统应在人员密集、不易疏散、外部增援灭火与救生较困难、性质重要或火灾危险性较大的场所中设置。

露天场所、存在较多遇水发生爆炸或加速燃烧的物品的场所、存在较多遇水发生剧烈化学反应或产生有毒有害物质的物品的场所、存在较多洒水将导致喷溅或沸溢液体的场所都不适合采用自动喷水灭火系统。

任务 4.4 室内消防给水系统的安装

室内消防给水系统的安装应符合室内给水和消防有关设计规范的要求及当地消防部门的相关规定。

4.4.1 室内消防管道的安装

（1）当室内消火栓超过 10 个且室内消防用水量大于 15L/s 时，室内消防给水管道至少应有两条进水管与室外环状管网连接，并应将室内管道连成环状。

（2）室内消防给水管道应用阀门分成若干独立段，当某段损坏时，停止使用的消火栓在一层中不应超过 5 个，且阀门应经常开启，并应有明显的启闭标志。

（3）高层建筑室内消火栓给水系统应与自动喷水灭火系统分开设置，有困难时，可合用消防泵，但在自动喷水灭火系统的报警阀前（沿水流方向）必须分开设置。阀门的布置，应保证检修管道时关闭停用的竖管不超过一根。当竖管超过 4 根时，可关闭不相邻的两根。室内消防管道上的阀门应处于常开状态，且有明显的启闭标志。

（4）管道穿墙、楼板时应预留孔洞，孔洞位置应正确，孔洞尺寸应比管道直径大 50mm 左右。当管道穿越楼板为非混凝土、墙体为非砖砌体时，应设套管，穿墙套管长度不得小于墙壁体厚度，消防管道接口不得在套管内。管道与套管间隙应用阻燃材料填塞。消防管道系统的阀门一般采用闸阀或蝶阀，安装时应使用手柄以便于操作。

4.4.2 消火栓的安装

（1）室内消火栓应设在明显易于取用的地点，栓口离地面高度应为 1.1m，其出水方向宜向下或与设置消火栓的墙面成 90° 角；室内消火栓的间距应由计算确定。

（2）在高层工业建筑、高架库房、甲、乙类厂房，室内消火栓的间距不应超过 30m；其他单层和多层建筑室内消火栓的间距不应超过 50m。

（3）同一建筑物内应采用统一规格的消火栓、水枪和水带，每根水带的长度不应超过 25m。

（4）临时高压给水系统的每个消火栓处应设直接启动消防水泵的按钮，并应设有保护按钮的设施。

（5）消火栓箱采用明装或暗装时应预留孔洞。不允许用钢钎撬、锤子敲的办法将消火栓箱硬塞入预留洞内。应将水枪安装在箱内固定支架上，且应将水龙带绑扎好后，根据箱内构造将水龙带挂放在箱内的挂钉、托盘或支架上。

（6）对于可能冻结的地方，消火栓应采取防冻或保温措施。

（7）消火栓系统安装完后，应取屋顶层或水箱间内试验消火栓和首层消火栓做试射试验，达到设计要求方为合格。

4.4.3　自动喷水灭火系统的安装

（1）管道在安装前应校直管材，并应清除管内杂物；在具有腐蚀性的场所，安装前应按设计要求对管材、管件等进行防腐处理。

（2）系统应采用镀锌钢管，当 $DN \leqslant 100$mm 时应用螺纹连接；当管子与设备、阀门连接时应采用法兰连接，且管子与法兰的焊接处应做防腐处理。

（3）螺纹连接应符合下列要求：管子宜采用机具切割，切割面不得有飞边、毛刺；当管道变径时，宜采用异径接头；在管道弯头处不得采用补芯；当需要采用补芯时，三通上可用 1 个，四通上不得超过 2 个；公称直径大于 50mm 的管道不宜采用活接头；螺纹连接的密封填料应均匀附着在管道的螺纹部分；拧紧螺纹时，不得将填料挤入管道内；连接后，应将连接处外部清理干净。

（4）管道的安装位置应符合设计要求。

（5）管道应固定牢固，管道支架的安装位置不得妨碍喷头的喷水效果；管道支架与喷头之间的距离不宜小于 300mm，与末端喷头之间的距离不宜大于 750mm；配水支管上每一直管段、相邻两喷头之间的管段上设置的吊架均不宜少于 1 个。

（6）水平敷设的管道应有不小于 0.002～0.005 的坡度，坡向泄水点。

（7）闭式喷头应进行密封性能试验，以无渗漏、无损伤为合格。试验时，宜从每批中抽查 1%，但不得少于 5 只，试验压力为 3.0MPa，时间不少于 3min。当 2 只以上不合格时，不得使用该批喷头。当 1 只不合格时，应再抽查 2%，但不得少于 10 只；重新进行密封性能试验，当仍有不合格时，也不得使用该批喷头。

（8）喷头溅水盘与吊顶、顶棚、楼板、屋面板的距离不宜小于 75mm，并不宜大于 150mm；当楼板、层面为耐火极限等于 0.5h 的非燃烧体时，其距离不宜大于 300mm（吊顶型喷头可不受上述限制）。

（9）报警阀组的安装。报警阀组应安装在便于操作的明显位置，距室内地面高度宜为 1.2m；两侧与墙壁的距离不应小于 0.5m；正面与墙的距离不应小于 1.2m；安装报警阀组的室内地面应有排水设施；报警阀应安装在报警阀组系统一侧，应安装调试系统、检测供水压力和供水流量的仪表、管道及控制阀，管道过水能力应与系统过水能力一致；压力表应安装在报警阀上便于观测的位置，排水管和试验阀应安装在便于操作的位置；水源控制阀应便于操作，且应有明显的启闭标志和可靠的锁定设施。

（10）消防水泵接合器的安装。消防水泵接合器的组装应按接口、本体、连接管、止回阀、安全阀、放空管、控制阀的顺序进行。止回阀的安装方向应为能使消防用水从消防水泵接合器进入系统的方向。

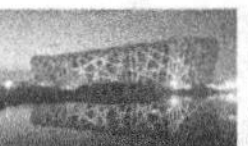

消防水泵接合器的安装应符合下列规定：应安装在便于消防车接近的人行道或非机动车行驶地段；地下消防水泵接合器应采用铸有“消防水泵接合器”标志的铸铁井盖，并在附近设置指示其位置的固定标志；地上消防水泵接合器应设置与消火栓相区别的固定标志；墙壁消防水泵接合器的安装高度宜为 1.1m。

（11）水力警铃的安装。水力警铃应安装在公共通道或值班室附近的外墙上，且应安装检修、测试用阀门。水力警铃与报警阀的连接应采用镀锌钢管。当镀锌钢管的公称直径为 15mm 时，其长度不应大于 6m；当镀锌钢管的公称直径为 20mm 时，其长度不应大于 20m。

（12）水流指示器的安装。水流指示器的安装应符合下列要求：水流指示器的安装应在管道试压和冲洗合格后进行，水流指示器的规格、型号应符合设计要求；水流指示器应竖直安装在水平管道上侧，其动作方向应和水流方向一致。

4.4.4 自动喷水灭火系统附件的安装

1. 喷头

喷头是自动喷水灭火系统的关键部件，担负着探测火灾、启动系统和喷水灭火的任务。

喷头可分为闭式喷头和开式喷头。

闭式喷头按热敏元件不同分为易熔金属元件喷头和玻璃球喷头两种，用于闭式自动喷水灭火系统。当达到一定温度时，热敏元件便开始释放，从而自动喷水。闭式喷头按溅水盘的形式和安装位置又分为直立型、下垂型、边墙型、普通型、吊顶型和干式下垂型喷头，其构造如图 4-6 所示。各种类型喷头的适用场所如表 4-3 所示。

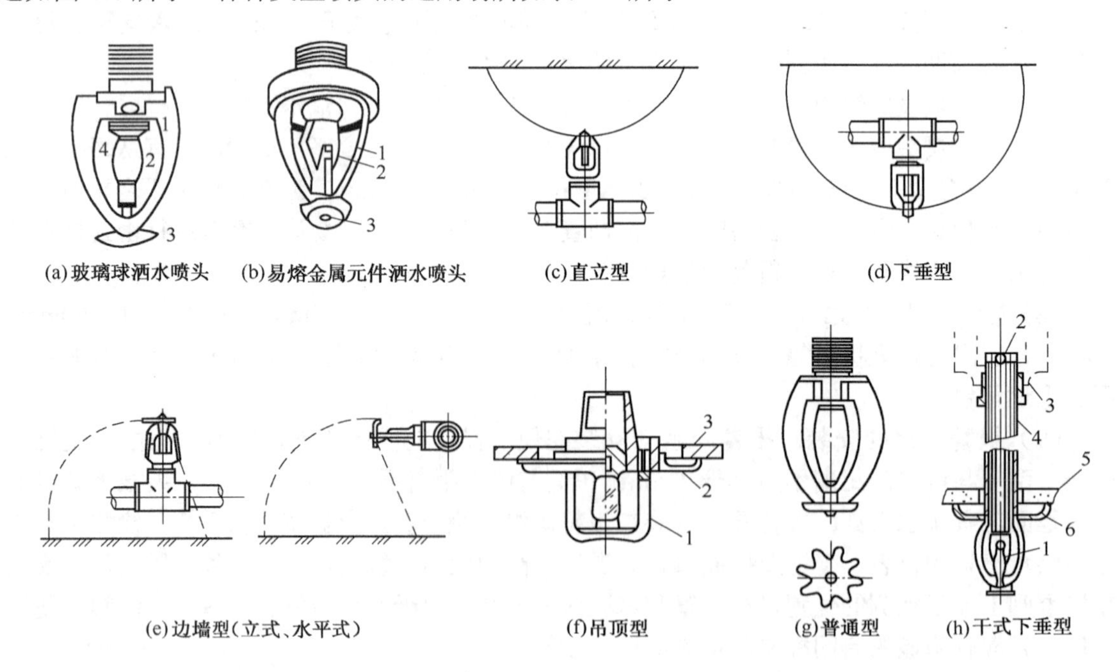

（a）1—支架；2—玻璃球；3—溅水盘；4—喷水口（b）1—支架；2—合金锁片；3—溅水盘（f）1—支架；2—装饰罩；3—吊顶（h）1—热敏元件；2—钢球；3—铜球密封圈；4—套筒；5—楼板；6—装饰罩

图 4-6 闭式喷头的构造示意图

表4-3　各种类型喷头的适用场所

	喷头类型	适用场所
闭式喷头	玻璃球洒水喷头	因其外型美观、体积小、质量轻、耐腐蚀，适用于宾馆等美观要求高、环境温度不低于10℃和有腐蚀性的场所
	易熔金属元件洒水喷头	适用于环境温度低于10℃、外观要求不高、腐蚀性不大的工厂、仓库和民用建筑
	直立型洒水喷头	适合安装在管路下经常有移动物体的场所、尘埃较多的场所
	下垂型洒水喷头	适用于各种保护场所
	边墙型洒水喷头	适用于安装空间狭窄、通道状建筑
	吊顶型喷头	属装饰型喷头，可安装于旅馆、客厅、餐厅、办公室等建筑
	普通型洒水喷头	可直立、下垂安装，适用于有可燃吊顶的房间
	干式下垂型洒水喷头	专用于干式喷水灭火系统的下垂型喷头
特殊喷头	自动启闭洒水喷头	具有自动启闭功能，适用于要求降低水渍损失的场所
	快速反应洒水喷头	适用于要求启动时间短的场所
	大水滴洒水喷头	适用于高架库房等火灾危险等级高的场所
	扩大覆盖面洒水喷头	喷水保护面积可达30～36m^2，可降低系统造价

开式喷头用于开式自动喷水灭火系统，如图4-7所示。平时系统为敞开状态，报警阀处于关闭状态，管网中无水，当发生火灾时报警阀开启，管网充水，喷头便开始喷水灭火。

开式自动喷水灭火系统分为雨淋自动喷水灭火系统、水幕自动喷水灭火系统和水喷雾自动喷水灭火系统。

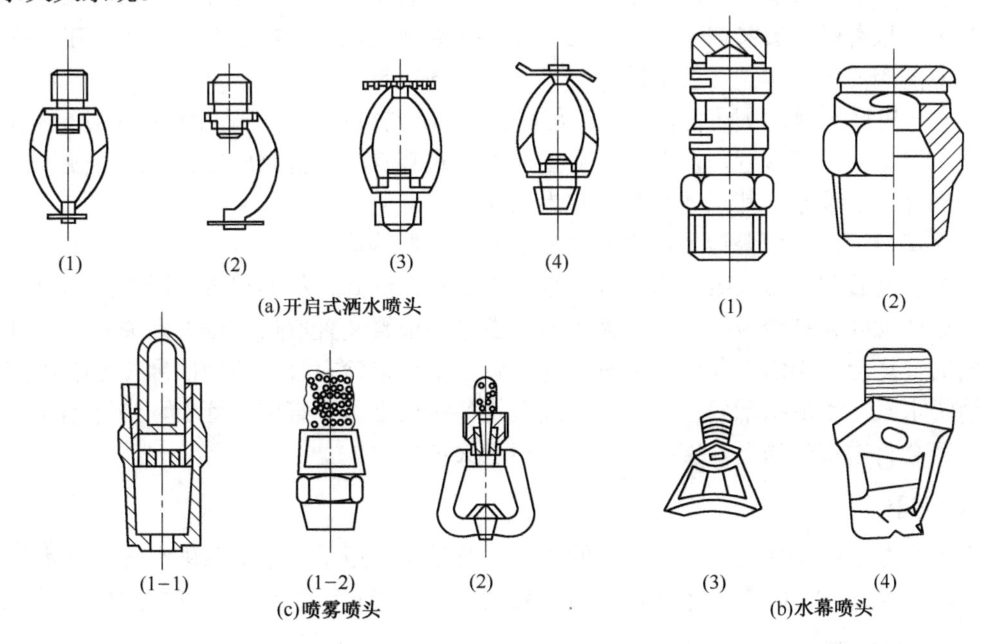

（a）（1）双臂下垂型；（2）单臂下垂型；（3）双臂直立型；（4）双臂边墙型

（b）（1）双隙式；（2）单隙式；（3）窗口式；（4）檐口式

（c）（1—1）、（1—2）高速喷雾式；（2）中速喷雾式

图4-7　开式喷头的构造示意图

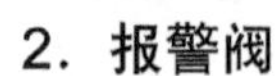

2．报警阀

自动喷水灭火系统应设报警阀。报警阀的主要作用是开启和关闭管网水流、传递控制信号并启动水力警铃直接报警。报警阀分为湿式报警阀、干式报警阀和干湿式报警阀，如图 4-8 所示。

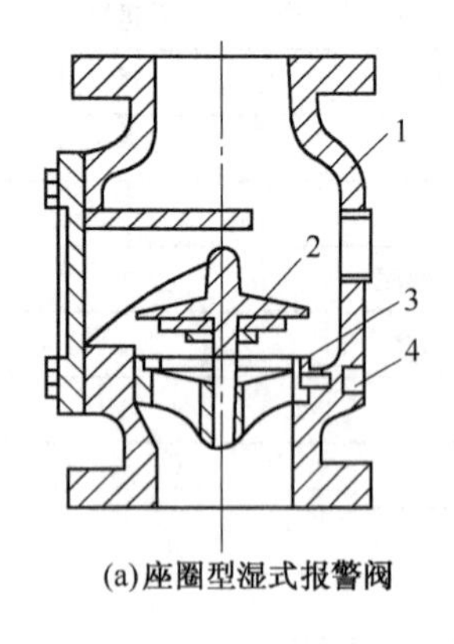

(a)座圈型湿式报警阀

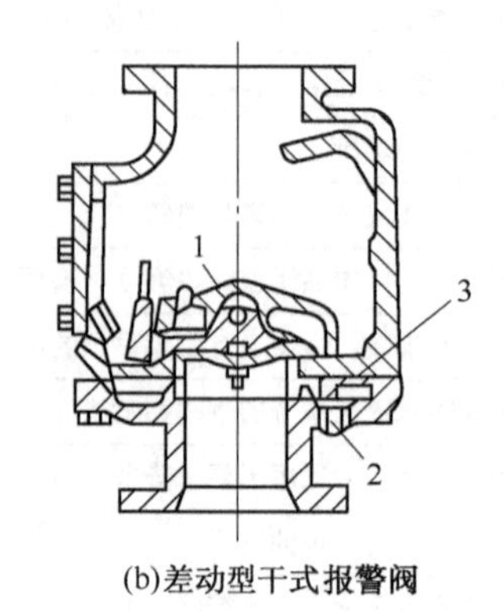

(b)差动型干式报警阀

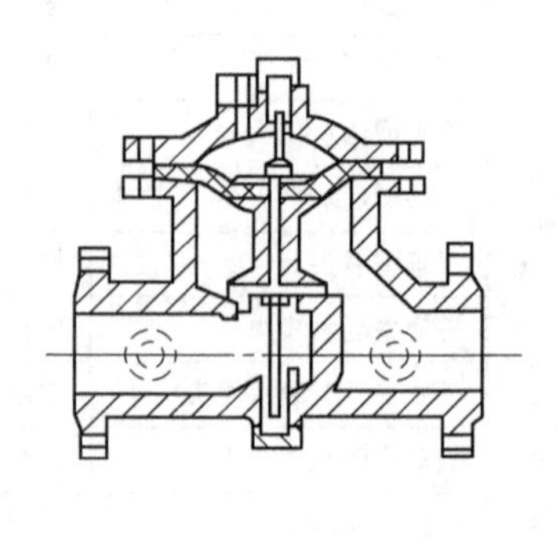

(c)干湿式报警阀

（a）1—阀体；2—阀瓣；3—沟槽；4—水力警铃接口

（b）1—阀瓣；2—水力警铃接口；3—弹性隔膜

图 4-8　报警阀的构造示意图

（1）湿式报警阀，安装在湿式系统的立管上。当发生火灾时，闭式喷头喷水，报警阀上面的水压下降，于是阀板开启，开始向管网供水，同时发出火警信号并启动消防泵。

（2）干式报警阀，安装在干式系统立管上。其原理大致同湿式报警阀，区别在于阀板上面的总压力由阀前水压和阀后管中的有压气体的压强决定。

（3）干湿式报警阀，用于干湿交替灭火系统，由湿式报警阀与干式报警阀依次连接而成，在寒冷季节宜采用干式装置，在温暖季节宜采用湿式装置。报警阀应设在明显、便于操作的地点，且应有排水设施。其距地面高度宜为 1.2m。

水流报警装置由水力警铃、压力开关和水流指示器构成。

水流报警装置的具体安装要求：水力警铃应安装在湿式系统的报警阀附近，当有水流通过时，水流冲动叶轮打铃报警；水力警铃不得由电动报警装置取代；压力开关安装于延迟器和报警阀的管道上，当水力警铃报警时，自动接通电动警铃报警，并把信号传至消防控制室或启动消防水泵；水流指示器应安装在湿式系统各楼层配水干管或支管上，当开始喷水时，水流指示器会将电信号送至报警控制器，并指示火灾楼层。

3．延迟器

延迟器安装于报警阀与水力警铃之间的信号管道上，用于防止水源进水管发生水锤时引起水力警铃错误动作。报警阀开启后，需经 30s 待水充满延迟器后，方可冲打水力警铃报警。

4．火灾探测器

目前常用的火灾探测器有感烟、感温和感光探测器。感烟探测器是利用火灾发生地点的烟雾浓度进行探测的；感温探测器是通过起火点空气环境的温升进行探测的；感光探测器是通过起火点的发光强度进行探测的。火灾探测器一般布置在房间或过道的顶棚下。

5. 末端试验装置

末端试验装置由试水阀、压力表、试水接头及排水管组成，它设置于供水的最不利点，用于检测系统和设备的安全可靠性。末端试验装置的出水应采取孔口出流的方式排入排水管道。末端试验装置的具体结构如图 4-9 所示。

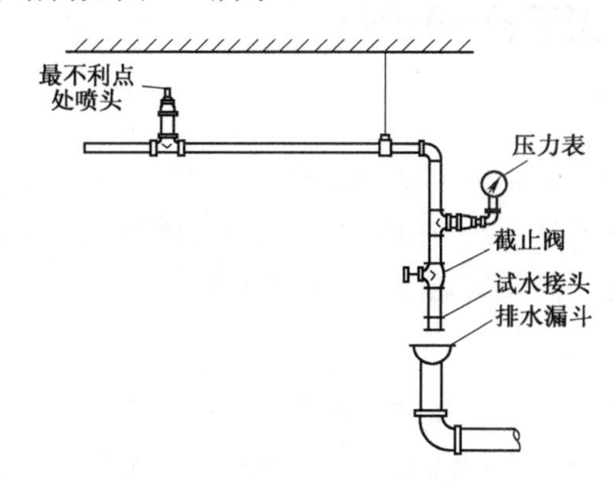

图 4-9 末端试验装置

任务 4.5 消防给水系统的试压与冲洗

管网安装完毕后，应对其进行强度试验、严密性试验和冲洗。强度试验和严密性试验宜用水进行。干式喷水灭火系统、预作用喷水灭火系统应做水压试验和气压试验。

1. 水压试验

进行水压试验时，环境温度不宜低于 5℃，当低于 5℃时，水压试验应采取防冻措施。当系统设计工作压力等于或小于 1.0MPa 时，水压强度试验压力应为设计工作压力的 1.5 倍，并不低于 1.4MPa；当系统设计工作压力大于 1.0MPa 时，水压强度试验压力应为工作压力加 0.4MPa。

水压强度试验的测试点应设在系统管网的最低点。对管网注水时，应将管网内的空气排净，并应缓慢升压。达到试验压力后，应稳压 30min，目测管网应无泄漏、无变形，且压力降不应大于 0.05MPa。水压严密性试验应在水压强度试验和管网冲洗合格后进行。试验压力应为设计工作压力，稳压 24h 后，检测应无泄漏。

自动喷水灭火系统的水源干管、进户管和室内埋地管道应在回填前单独或与系统一起进行水压强度试验和水压严密性试验。

2. 气压试验

气压试验的介质宜采用空气或氮气；气压严密性试验的试验压力应为 0.28MPa，且稳压 24h 后，压力降不应大于 0.01MPa。

3. 冲洗

管网冲洗所采用的排水管道应与排水系统可靠连接，其排放应畅通和安全。排水管道的截面面积不得小于被冲洗管道截面面积的 60%；管网冲洗的水流速度、流量不应小于系统设计的水流速度、流量；管网的冲洗宜分区、分段进行；冲洗水平管网时，其排水管位置应低于配水支管；地上管道与地下管道连接前，应在配水干管底部加设堵头后再对地下管道进行冲洗。

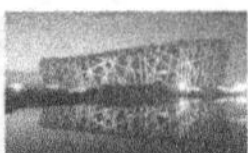

管网冲洗应连续进行，当出水口处水的颜色、透明度与入水口处水的颜色、透明度基本一致时方为合格。管网冲洗的水流方向应与灭火时管网的水流方向一致。

管网冲洗结束后，应将管网内的水排除干净，必要时可采用压缩空气吹干。

实训5　自动喷水灭火系统的运行

1．实训目的

通过本次实训加强对自动喷水灭火系统组成及布置的了解；掌握自动喷水灭火系统的敷设与安装要求，并掌握系统的维护及故障处理；通过具体的观看演示和动手操作，使学生具备实践经验，培养其动手能力，使其熟练掌握动手技能。

2．实训内容及步骤

（1）由实训教师作实训动员报告和安全教育。

（2）认识自动喷水灭火系统实训装置中各部件的名称及其作用，认识其组成。

（3）检查实训装置中的以下各部件是否完好。

① 检查水箱，看其是否完好，并向水箱中注水。

② 检查延迟器、压力开关、水力警铃、水流指示器。

③ 检查喷头。

（4）开始演示操作：喷头受热，观察各部件的动作情况。

（5）教师设置故障，由学生动手排除故障。

3．实训注意事项

（1）实训时要注意安全。

（2）服从指导教师的安排。

（3）认真观看演示，积极动手排除故障，真正从实训中学到知识。

（4）实训完毕要认真写好实训报告。

4．实训成绩考评

实训表现	10分
消防系统检查	20分
故障排除	40分
实训报告	30分

知识梳理与总结

本章主要介绍了室内消防系统。注意以下专业内容：室内消防系统的分类、组成及各种消防系统的安装图示。

室内消防系统中的消火栓管道的安装与室内给水管道的安装有相同之处，也有区别。还要了解高层建筑的消防系统的安装中应注意的问题。

习题4

1．室内消防系统可分为（　　）、（　　）和（　　）三类。
2．消火栓消防系统由哪几部分组成？在消火栓系统的安装中应注意什么问题？
3．自动喷水灭火系统的主要附件包括（　　）、（　　）、（　　）、（　　）和（　　）。
4．在自动喷水灭火系统的管道布置上应注意什么问题？
5．安装室内消防管道时有哪些要求？

学习情境5 采暖系统的安装

教学导航

教	知识重点	采暖系统的分类、组成及采暖附件的作用
	知识难点	1. 采暖系统管道、设备、附件的安装要求 2. 采暖管道的布置和敷设要求
	推荐教学方式	结合实物和图片进行讲解
	建议学时	6学时
学	推荐学习方法	结合工程实物对所学知识进行总结
	必须掌握的专业知识	1. 常用管材、管件与配水附件的性能和作用 2. 常用各种类别阀门的特点及用途
	必须掌握的技能	1. 能够按施工图安装采暖管道和附件 2. 能够组对、安装散热器，能够进行散热器的打压试验

任务5.1　采暖系统的分类及组成

1. 采暖系统的分类

1）按热媒分类

（1）热水采暖系统。热水采暖系统是以热水为热媒的采暖系统。它按热水温度的不同分为低温热水采暖系统和高温热水采暖系统。目前民用建筑和居住建筑多采用的是低温热水采暖系统。

（2）蒸汽采暖系统。蒸汽采暖系统是以蒸汽为热媒的采暖系统。按热媒蒸汽压力的不同，它又分为高压蒸汽采暖系统和低压蒸汽采暖系统。

（3）热风采暖系统。热风采暖系统是以空气为热媒的采暖系统，又分为集中送风系统和暖风机系统。

2）按供热范围划分

（1）局部采暖系统。局部采暖系统是指将热源、管道、散热设备连成一个整体的系统，如火炉采暖、煤气采暖、电热采暖等。

（2）集中采暖系统。集中采暖系统是指锅炉单独设在锅炉房内或城市热网的换热站，通过管道同时向一幢或多幢建筑供热的采暖系统。

（3）区域采暖系统。区域采暖系统是指由一个区域锅炉房或换热站通过区域性供热管网向城镇的某个生活区、商业区或厂区集中供热的系统。

2. 采暖系统的组成

（1）热源。热源是使燃料燃烧产生热能的部分，用于对热媒进行加热，也称热能的发生器，如区域锅炉房或热电厂等。此外还可以利用工业余热、太阳能、地热、核能等作为采暖系统的热源。

（2）输热管道。输热管道是指将热源提供的热量通过热媒输送到热用户，散热冷却后又返回热源的闭式循环网络。热源到热用户散热设备之间的连接管道叫做供热管，经散热设备散热后返回热源的管道叫做回水管。

（3）散热设备。散热设备的作用是把热量散发到采暖房间中，主要包括各种散热器、辐射板和暖风机等。

3. 采暖系统的形式

1）机械循环热水采暖系统

机械循环热水采暖系统是依靠水泵提供的动力，克服流动阻力使热水流动循环的系统。单管上供下回式机械循环热水供暖系统如图5-1所示。机械循环热水采暖系统是由热水锅炉、供水管道、散热器、回水管道、循环水泵、膨胀水箱、排气装置、控制附件等组成的。

在机械循环热水采暖系统中，膨胀水箱仍设于系统的最高处，而膨胀水箱的连接管连接在循环水泵的吸入口处。在供水干管的最高处设有排气装置，即集气罐。

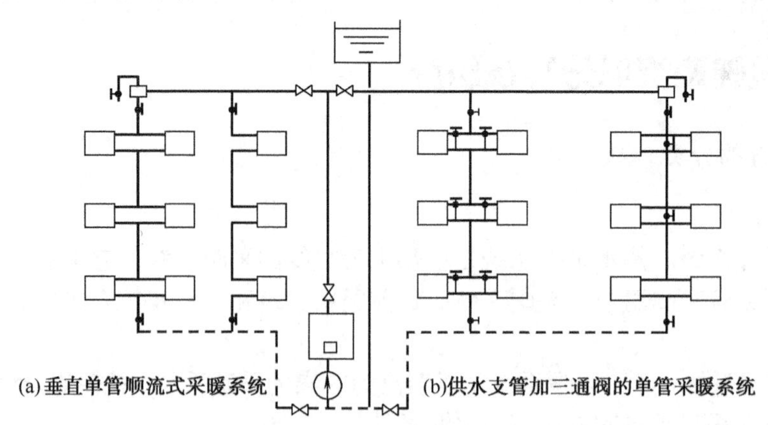

图 5-1　单管上供下回式机械循环热水供暖系统

2）机械循环热水采暖系统的常用形式

（1）双管式。双管采暖系统的各层散热器并联在立管上，和散热器相连的立管为两根，使热水平行地分配给了所有散热器，从散热器流出的回水均会直接回到锅炉，并且每组散热器可进行单独调节，如图 5-2 所示。

（2）单管式。垂直单管系统有垂直单管顺流式和垂直单管可调节跨越式两种。如图 5-1（a）所示为垂直单管顺流式采暖系统。不需要单独调节散热器的公共建筑物（如学校、办公楼及集体宿舍等）宜采用这种系统。如图 5-1（b）所示为供水支管加三通阀的单管采暖系统。该系统在散热器支管上安装有三通温控阀，每组散热器可单独调节。

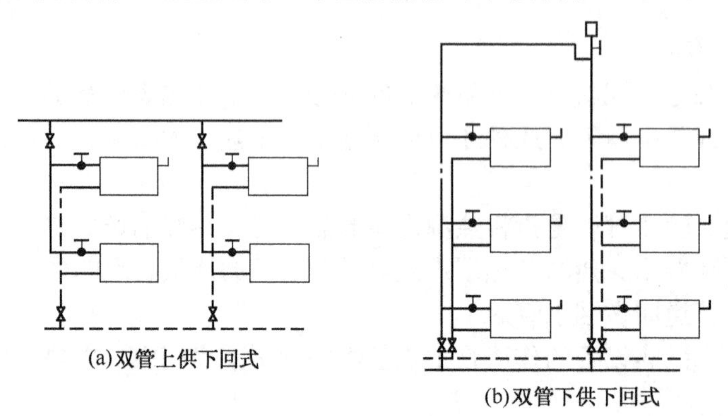

图 5-2　双管采暖系统

（3）水平串联式。水平串联式适用于单层工业厂房、大厅、商店等建筑。图 5-3 为水平串联式采暖系统。该系统可分为顺流式和跨越式两种，该系统的优点是简单、省管材、造价低、穿越楼板的管道少、施工方便。其缺点是排气困难，必须在每组散热器上装放风门。

（4）同程式与异程式。在采暖系统中，通过每根立管所形成的循环环路的路程基本相等的系统叫做同程式系统，如图 5-4 所示。同程式系统的供热效果较好，可避免出现冷热不均现象，但该工程的初期投资较大。在采暖系统中，若通过每根立管所形成的循环环路的路程不相等，则这种系统就叫做异程式系统，如图 5-5 所示。异程式系统造价低，投资少，但易出现近热远冷、水平失调的现象。

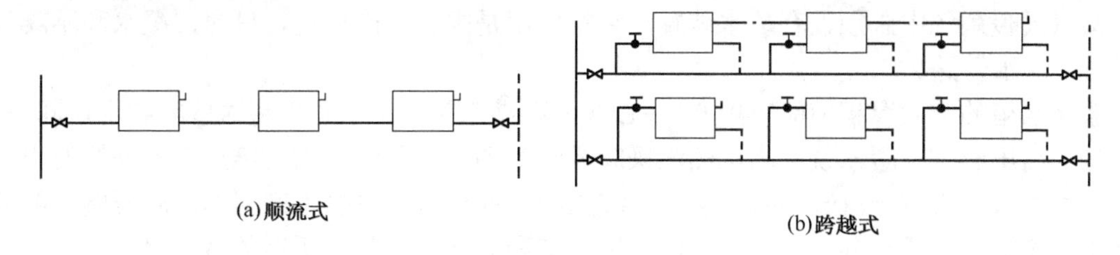

(a)顺流式　　(b)跨越式

图 5-3　水平串联式采暖系统

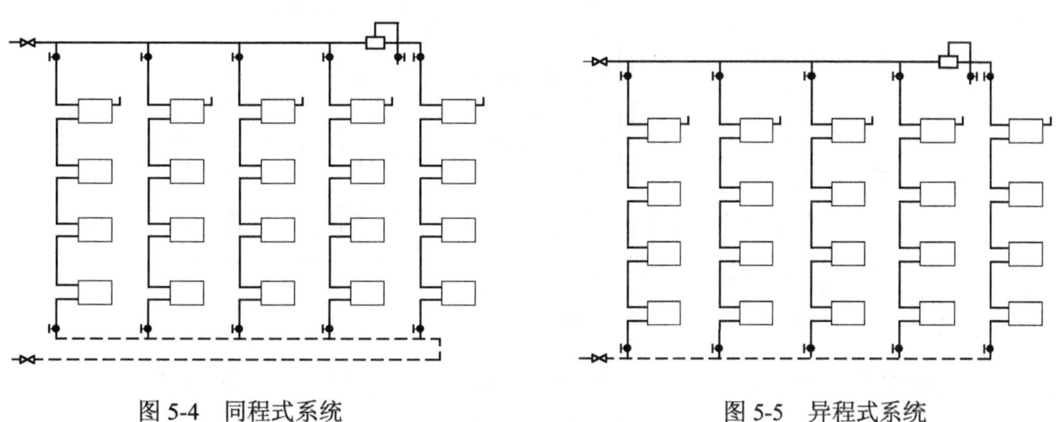

图 5-4　同程式系统　　图 5-5　异程式系统

3）蒸汽采暖系统

（1）低压蒸汽采暖系统。低压蒸汽采暖系统热媒的压力小于或等于 70kPa。其工作原理为：锅炉产生的蒸汽经蒸汽管道到达散热器中，凝结放出热量供给房间，以保证室内温度达到采暖要求。凝结水沿凝水干管流入凝结水箱后，经凝结水泵的作用送回锅炉再加热又会变成所需要的蒸汽，如图 5-6 所示。

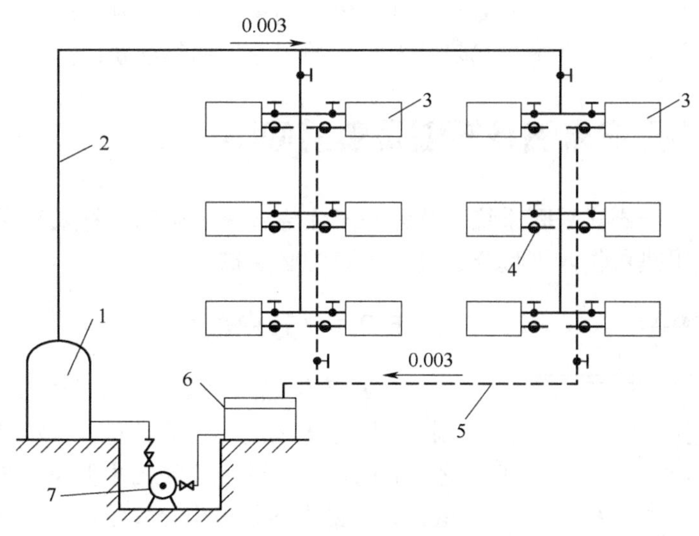

1—蒸汽锅炉；2—蒸汽管道；3—散热器；4—疏水器；5—凝结水管；6—凝结水箱；7—凝结水泵

图 5-6　低压蒸汽采暖系统

蒸汽采暖系统中必须设有疏水装置，它的作用是阻止蒸汽通过，只允许凝水和不凝气体及时排往凝水管路。

凝结水箱的有效容积应能容纳0.5～1.5h的凝结水量，由水泵再将这些凝结水送回锅炉。

（2）高压蒸汽采暖系统。高压蒸汽采暖系统如图5-7所示，高压蒸汽由室外管网引入，在建筑物入口处设有分汽缸和减压装置。减压阀前的分汽缸是供生产用的，减压阀后的分汽缸是供采暖用的。通过分汽缸的作用，可以调节和分配各建筑物所需的蒸汽量。

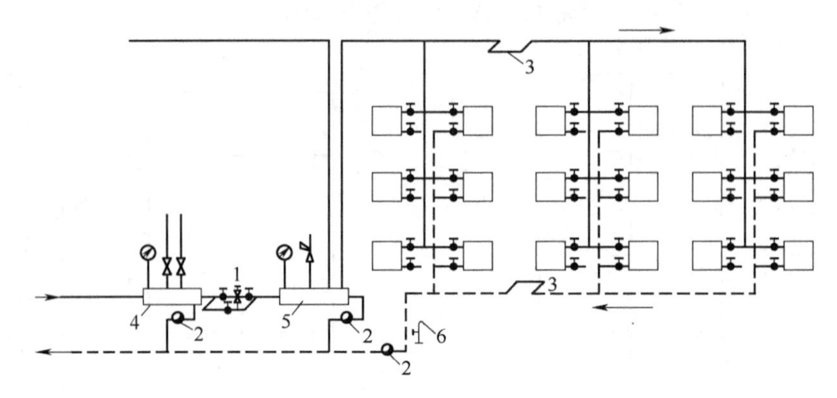

1—减压装置；2—疏水器；3—方形补偿器；4—减压阀前分汽缸；5—减压阀后分汽缸；6—排气阀

图5-7　高压蒸汽采暖系统

由于高压蒸汽的压力及温度均较高，容易烫伤人，一般情况下房间的卫生条件差，所以这种系统多在工业厂房中使用。

4）热风采暖系统

热风采暖系统以空气作为热媒。在热风采暖系统中，首先将空气加热，然后将高于室温的空气送入室内，待热空气在室内降低温度，放出热量后便可达到采暖的目的。

热风采暖系统常用于体育馆、戏院及大面积的工业厂房等建筑。

任务5.2　住宅分户采暖及辐射采暖的应用

分户采暖即一户一阀式采暖系统，是近些年住宅普遍采用的一种采暖形式，也是由按面积收取采暖费向按用热量收取采暖费过渡所采取的必要措施。

5.2.1　分户采暖

分户计量热水采暖系统的热媒采用了一户一阀控制，其用热量采用热量表计量，是采暖节能的重要手段之一，也是今后住宅建设的主要发展方向。热量表由流量计、温度传感器和积分仪组成。流量计用于测量供水或回水的流量并以脉冲的形式传送给积分仪，温度传感器用于测量供水与回水之间的温差，积分仪就是根据这些数据来算出采暖系统消耗热量的值的。热量表的原理

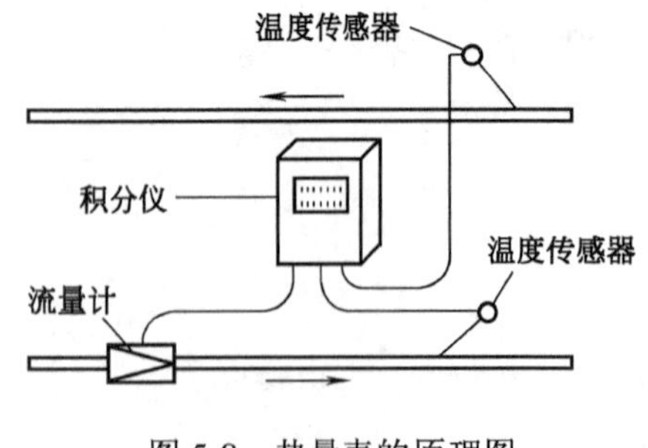

图5-8　热量表的原理图

如图 5-8 所示。

室内采暖系统的形式可布置成单管水平串联式，如图 5-9（a）所示。该系统竖向无立管，室内美观，但需设排气阀，不能分室控制温度；如图 5-9（b）所示为水平单管跨越式采暖系统，可以实现分室控制温度；如图 5-9（c）所示为章鱼式采暖系统，管线埋地敷设，不影响室内美观和装修，可以实现分室控制温度，其调节性能也优于单管采暖系统，且管材可采用交联聚乙烯、聚丁烯或铝塑复合管等。

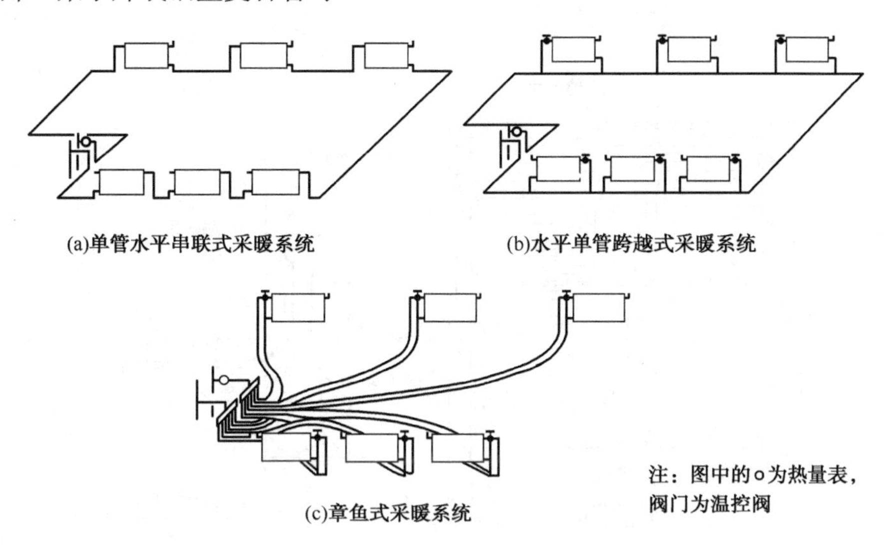

图 5-9　分户计量热水采暖系统

5.2.2　地板辐射采暖

地板辐射采暖是分户采暖的一种形式，也是现在用得越来越多、最舒适的采暖方式。该系统由温控阀、分水器、集水器、除污器、保温层、铝箔层和盘管等组成。

如图 5-10 所示为热水地板辐射采暖系统的结构图。其安装过程为：在钢筋混凝土地板上先用水泥砂浆找平，再铺聚苯或聚乙烯泡沫为保温层，然后在板上部覆一层夹筋铝箔层，在铝箔层上敷设加热盘管，并以卡钉将盘管与保温层固定在地面上，最后浇筑 40～60mm 厚细石混凝土作为埋管层。

地板辐射采暖适用热媒温度不大于 65℃（最高水温 80℃）。供回水温差 8～15℃。

管材选用交联聚乙烯（PEX）管时，工作压力不大于 0.8MPa；选用铝塑复合管时，工作压力不大于 2.5MPa。

安装要求：用卡钉将加热盘管在地面固定牢固，且地下管不得有接头，安装完毕后应及时对系统进行水压试验。

与散热器对流采暖相比，地板辐射采暖具有以下特点：节约能耗，可提高 20%～30%左右的热效率；在辐射强度和温度的双重作用下，能形成比较舒适的热环境；室内美观，不需要安装散热器和连接散热器的支管和立管，增加了室内的使用面积；可实现国家节能标准提出的“按户计量，分室调温”的要求。注意，室内地面适于铺设大理石、地砖、复全地板等，不得采用用钉固定的普通地板，以免打穿地下加热盘管造成漏水。在暗装管道地面上应留有标记，以便于室内的装修和维修。

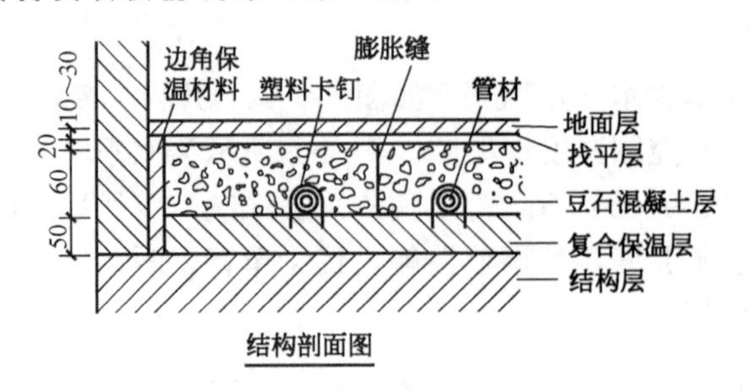

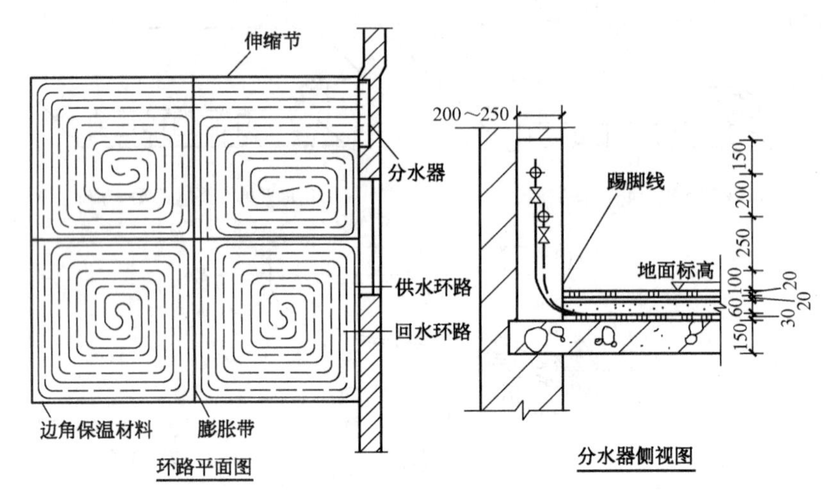

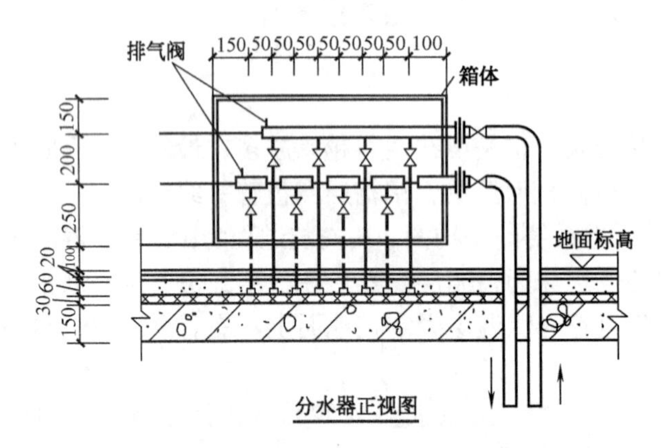

图 5-10　热水地板辐射采暖系统的结构图

任务 5.3　室内采暖管道的安装

5.3.1　室内采暖管道的布置要求

待热力入口的位置及采暖系统的形式确定后，即可在建筑平面图上布置散热器和供、回水干管、立管、连接散热器支管等，并绘出室内采暖管道系统图了。布置采暖管网时，管路应沿墙、梁、柱平行敷设，力求管道最短，安装、维修方便，不影响室内美观。

室内采暖管道的敷设方式可分为明装和暗装两种。除了应在对美观装饰方面有较高要求的房间内采用暗装外，一般均采用明装，如一般民用建筑、公共建筑及工业厂房等。明装有利于散热器和管道的安装检修。

1. 干管的布置

水平干管要有正确的坡度、坡向，应在室内采暖管道的高点设放气装置，在其低点设泄水装置。

回水干管或凝水干管一般应敷设在地下室顶板之下或底层地面以下的地沟内。在下供式采暖系统中，供热干管、回水干管、凝水干管均应敷设在建筑物地下室顶板之下或管沟内，地沟应设有活动盖板或检修入孔，沟底应有1‰～2‰的坡度，并在最低点设积水井。

回水干管也可敷设在地面上，若将其明装敷设在房间地面上的回水干管或凝结水管道过门时，需设置过门地沟或门上绕行管道，便于排气和泄水。热水采暖系统可按图5-11所示的方法进行处理，此时应注意安装坡度以便于排气。在蒸汽采暖系统中，凝水干管在门下已形成水封，使得空气不能顺利地通过，因此必须设置空气绕行管，如图5-12所示。

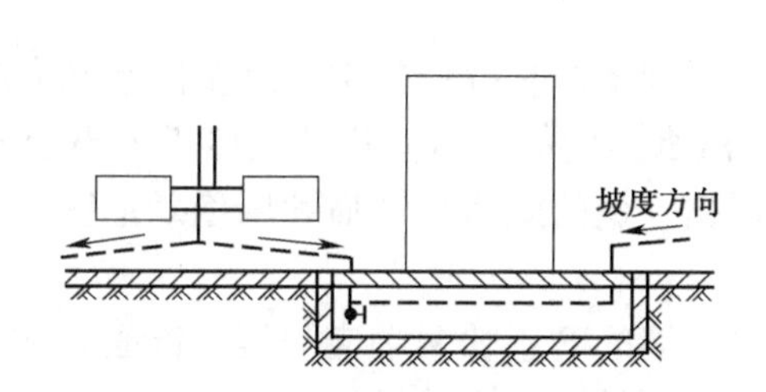

图5-11 热水采暖系统的回水干管过门处理

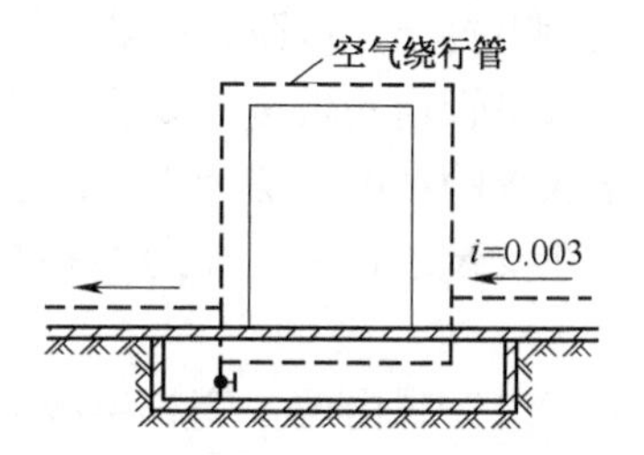

图5-12 凝水干管过门处理

2. 立管的布置

立管可布置在房间的窗间墙或房间的墙角处。对于有两面外墙的房间，由于两面外墙的交接处温度最低，极易结露冻结，所以在房屋的外墙转角处应布置立管。楼梯间中的采暖管路和散热器冻结的可能性较大，因此楼梯间的立管尽量单独设置，以防冻结后影响其他立管的正常采暖。

暗装立管可敷设在墙体预留的沟槽内，也可敷设在管道竖井内。在多层建筑物中，沟槽、管井应每层用隔板隔开，每层还应设检修门供维修之用。

3. 支管的布置

支管的布置与散热器的位置及进水口和出水口的位置有关。支管与散热器的连接方式有三种，如图5-13所示。另外，进水口、出水口可以布置在同侧，也可以在异侧。

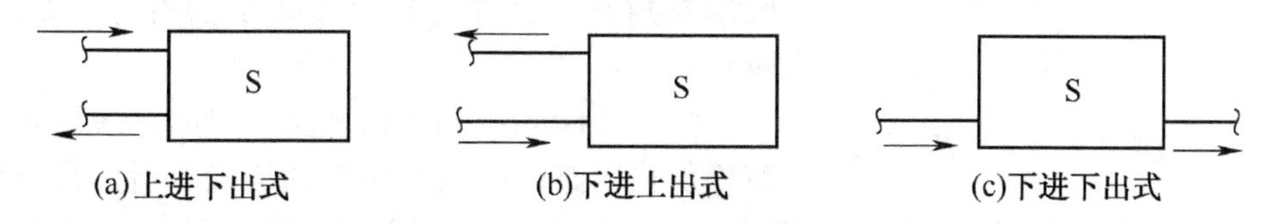

图5-13 支管与散热器的连接方式

连接散热器的支管应有坡度以利于排气，坡度一般为 1%。进水、回水支管坡度均应与流向相同。

5.3.2　室内采暖管道安装的技术要求与方法

室内采暖管道的安装一般按总管及其入口→干管→立管→支管的施工顺序进行。其工艺流程为：安装准备→管道预制加工→支架的安装→干管的安装→立管的安装→支管的安装→试压→冲洗→防腐→保温→调试。

1．室内采暖管道安装的技术要求

（1）采暖管道采用的是低压流体输送钢管（不镀锌焊接钢管，或称黑铁管）。当选用 *DN*≤32mm 的管道（支管）时，宜采用螺纹连接并选用不镀锌螺纹管件；当选用 *DN*＞32mm 的管道（干管）时，宜采用焊接连接。所有管道接口不得置于墙体内或楼板内。

（2）管道穿越基础、墙和楼板时应配合土建施工预留孔洞。

（3）在安装管道和散热器等设备前，必须认真清除内部污物。安装中断或完毕后，管道敞口处应适当封闭，以防止杂物进入堵塞管道。

（4）水平管道的坡度，如设计无要求时，应按下列要求执行：热水采暖及汽水同向的蒸汽和凝结水管的坡度一般为 3‰，但不得小于 2‰；汽水逆向的蒸汽管道的坡度不得小于 5‰。

（5）在安装过程中，如遇多种管道交叉，可根据管道的规格、性质和用途确定管道避让原则。

（6）管道穿越内墙及穿越楼板时应加套管。穿内墙的套管的两端应与墙壁饰面齐平。管道穿越楼板时应加装钢套管，其底面应与楼板平齐，顶端应高出楼层地面 20mm（卫生间内应高出 30mm），套管应比管子大 1#～2#，其间隙应均匀填塞柔性材料。

2．总管及入口装置的安装

（1）总管的安装。室内采暖总管由供水（汽）总管和回水（凝结水）总管组成，一般并行穿越基础预留孔引入室内。下分式系统总管可敷设于地下室、楼板下或地沟内，上分式系统可将总管由总立管引至顶层屋面下进行安装。当建筑物没有地下室时，功能入口处应设置检查小室，井盖应为活动盖板以便于检修。

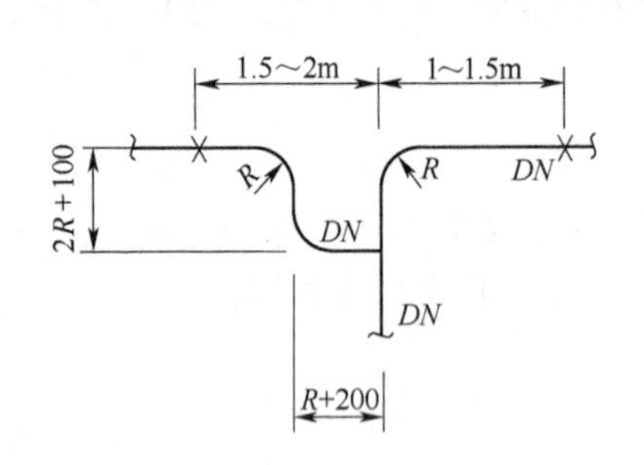

图 5-14　总立管顶部与分支干管的连接

（2）总立管的安装。总立管可经竖井敷设或明装，一般由下而上穿预留洞进行安装。立管下部应设刚性支座支撑，楼层间立管连接的焊口应置于便于焊接的高度；安装一层总立管时，应立即以立管卡或角钢 U 形管卡固定；立管顶部如分为两个水平分支干管时，应用羊角弯连接并用固定支架予以固定，如图 5-14 所示。

（3）采暖系统的入口装置。采暖系统的入口是指室外供热网路向热用户供热的连接场所，采暖系统的入口装置一般设有压力表、温度计、循环管、旁通阀、平衡阀、除污器（过滤器）和泄水阀等。当采暖管道穿过基础、墙或楼板时，应按规定尺寸预留孔洞。热水采暖系统的入口装置

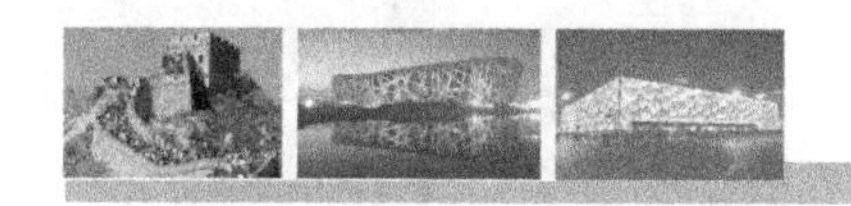

如图 5-15 所示。

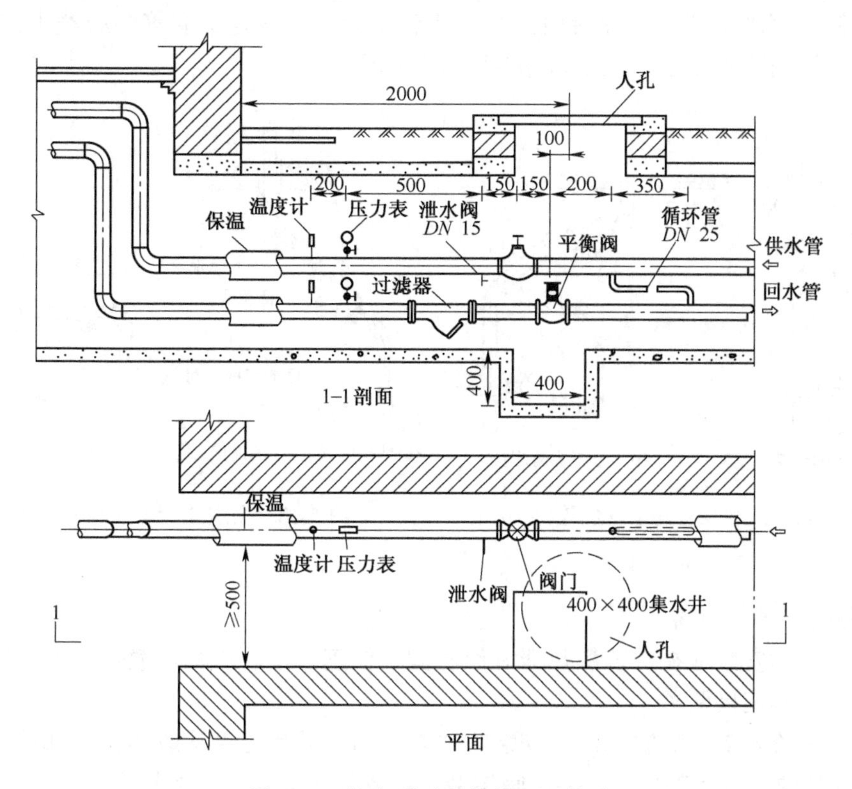

图 5-15　热水采暖系统的入口装置

3．采暖干管的安装

在室内采暖系统工程中，干管是供热管及回水管与数根采暖立管相连接的水平管道部分，分为采暖干管及回水干管两种。安装前应对照图纸弄清楚干管的布置及其安装要求。

干管安装的步骤如下所示。

（1）将管子调直、刷防锈漆。

（2）给管子定位放线，安装支架。

（3）管子的地面组装、调整、上架连接。

其他安装技术要求：干管变径时，热水采暖系统应采用上平偏心变径，蒸汽采暖系统应采用下平偏心变径。立管位置距变径处距离应为 200～300mm，如图 5-16 所示。

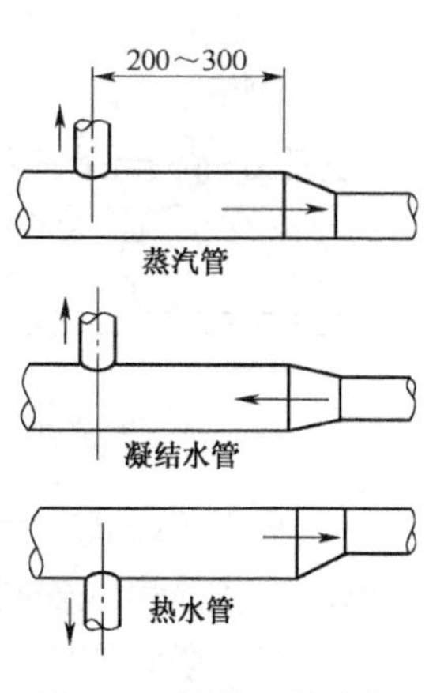

图 5-16　焊接干管变径

4．采暖立管的安装

立管位置一般由设计确定，通常位于墙角处或两窗之间的外墙处。立管在安装前应打通各楼层立管预留孔洞，并自顶层向底层吊通线，在后墙上弹画出立管安装的垂直中心线，作为立管安装的基线；在立管垂直中心线上，应确定立管卡的安装位置（距地面 1.5～1.8m），并在保证立管与后墙净距的原则下，安装好各层立管卡；立管安装的顺序应为由底层到顶层逐层安装，每安装

一层时，切记穿入钢套管；立管安装完毕后，应往各层钢管套内填塞石棉绳或油麻，并封堵好孔洞，使套管固定牢固；最后用立管卡将管子调整并固定于立管中心线上。

采暖立管与干管的连接如图 5-17 和图 5-18 所示。

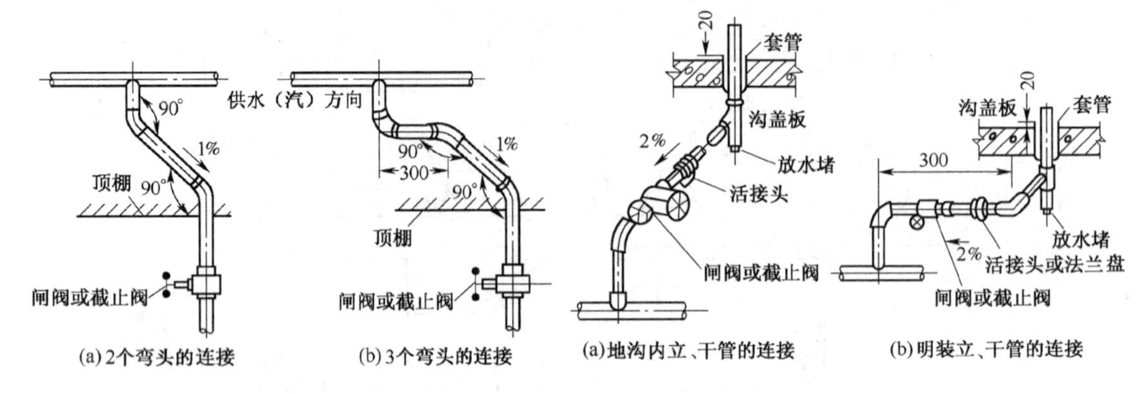

图 5-17　采暖立管与干管的连接　　图 5-18　采暖立管下端与干管的连接

5．散热器支管的安装

散热器支管的安装应在安装散热器并经稳固、校正合格后进行。散热器支管的安装形式有单侧连接、双侧连接两类。

（1）单管顺流式支管的安装。该安装方式具体为：采暖支管从散热器上部单侧或双侧接入，回水支管从散热器下部接出，并在底层散热器支管上装阀，以调节该采暖支管的热流量，如图 5-19 所示。

（2）带跨越管的散热器支管的安装。该安装方式如图 5-20 所示，是在局部散热器支管上安装跨越管的安装形式。该支管安装方式应用较少。

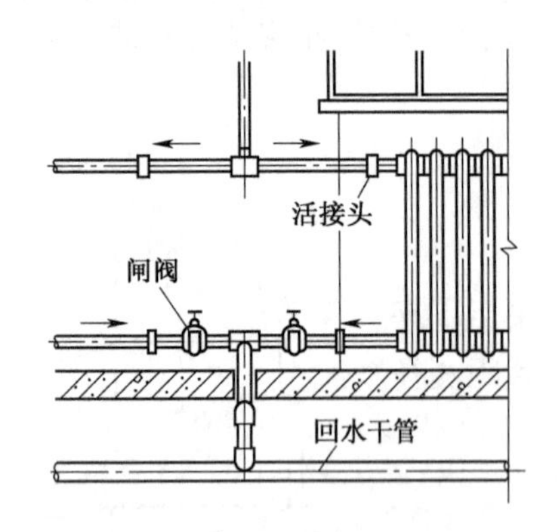

图 5-19　单管顺流式支管的安装

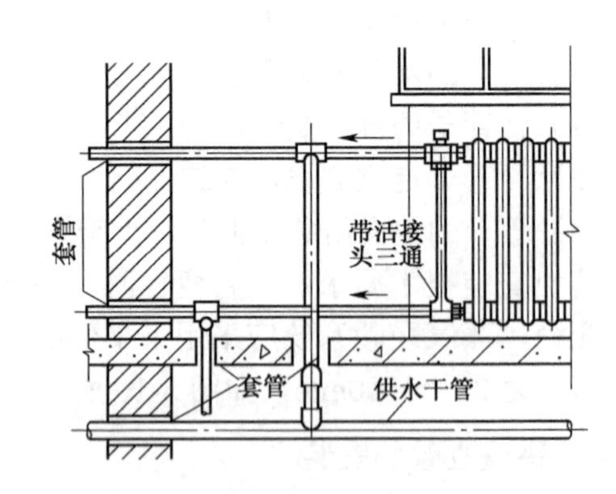

图 5-20　带跨越管的散热器支管的安装

（3）水平串联式支管的安装。其一般形式为将采暖管从散热器下部接入，将回水管从下部接出，再依次串联安装，如图 5-21（a）所示。当串联组数较多时，考虑到管道热伸长的影响，可在串联管道中部改变连接方式，如图 5-21（b）所示。

（4）散热器支管的安装要求。散热器支管的安装必须具有良好坡度。

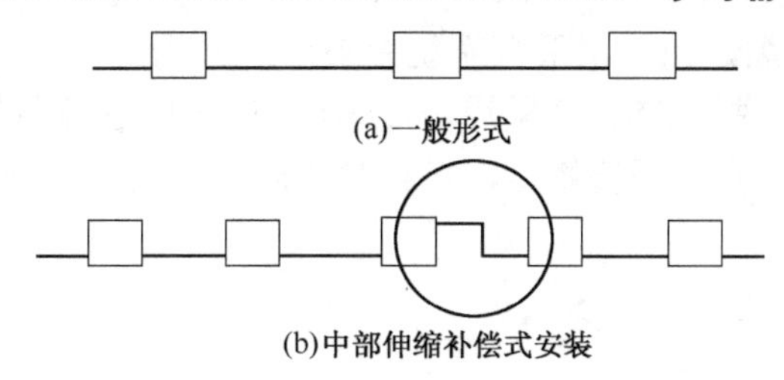

图 5-21　水平串联式支管的安装

6．试压、冲洗与防腐

系统安装完毕后，应做水压试验。对于热水采暖系统或高压蒸汽采暖系统，其试验压力为系统顶点压力加 100 kPa，同时系统底部压力不小于 300 kPa。进行水压试验时，应先升压至试验压力，保持 5min，如压力降不超过 20 kPa，则强度合格；然后将压力降至工作压力，对系统进行全面检查，不渗不漏方代表严密性合格。对于采暖系统，可分层试验，待全部合格后再对整个系统进行水压试验。试验结束后，应将试验用水全部排空。

进行水压试验时，应将试压泵置于系统底部，以做到底部加压、顶部排气。在升压过程中应严密检查和监视系统各组成部分，防止出现漏水、变形、破裂等。试验完毕应排净试验用水，关闭各泄水阀门。

进行系统试验时，应拆除压力表，打开疏水器、减压器旁通阀，关闭进口阀，不应使压力表、减压器、疏水器参与试验，以防污物堵塞。

水压试验合格后，应对系统进行清洗，清除系统中的污泥、铁锈等杂物，以保证系统运行时介质流动畅通。清洗时，先将系统灌满水，然后打开泄水阀门，使系统中的水连同杂物一起排出，反复多次，直到排出的水清澈透明为止。

任务 5.4　常用采暖设备的安装

5.4.1　排气装置的安装

在热水采暖系统中，为了保证系统正常工作，必须及时、方便地将系统中的空气排出，这就需要安装排气装置。集气罐、自动排气阀都可起到排除系统空气的作用。

1．集气罐的安装

集气罐是用直径 100～250mm 的钢管制成的，有立式和卧式两种，如图 5-22 所示。集气罐顶部连有直径为 15mm 的放气管，管子的另一端引到附近卫生器具上方。管子末端设有阀门用于定期排除空气。安装集气罐时应注意：集气罐应设于系统末端最高处，并使供水干管逆坡以利于排气。

立式集气罐容纳的空气量大，因此一般系统中多采用了立式集气罐。只有当干管距顶棚的距离太小，不能设置立式集气罐时，才采用卧式集气罐。

2．自动排气阀的安装

自动排气阀是靠阀体内的启闭机构自动排除空气的装置。它安装方便，体积小巧，且避

免了人工操作管理的麻烦，在热水采暖系统中被广泛采用。

目前国内生产的自动排气阀大多采用了浮球启闭机构。在排气阀前应装一个截止阀，此阀常年开启，只在排气阀失灵、需检修时，才临时关闭。如图5-23所示为ZPT—C型自动排气罐（阀）。

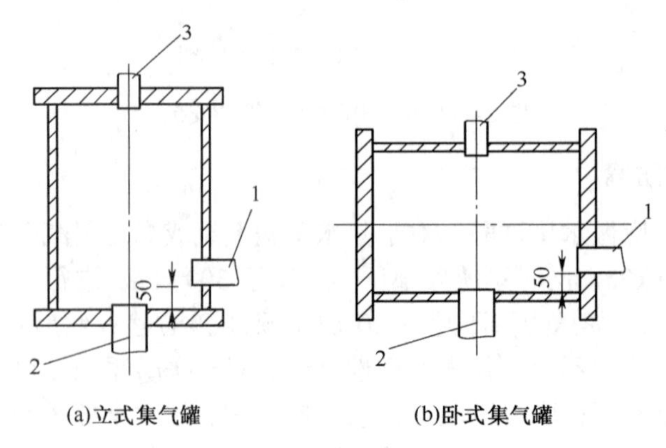

1—进水口；2—出水口；3—放气管

图5-22 集气罐

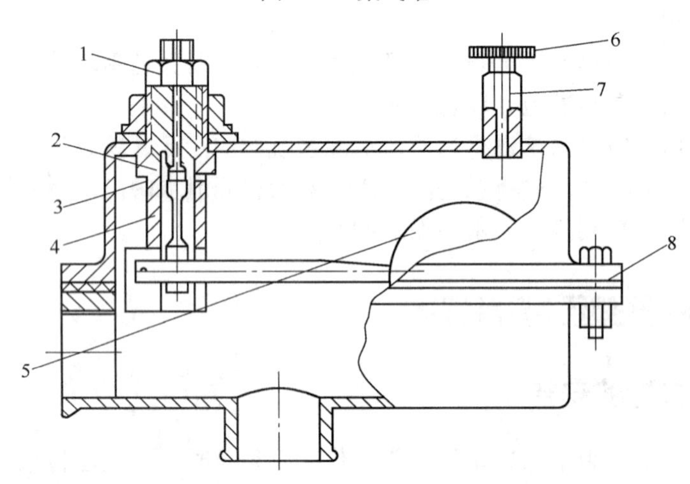

1—排气芯；2—阀芯；3—橡胶封头；4—滑动杆；5—浮球；6—手拧顶针；7—手动排气座；8—垫片

图5-23 ZPT—C型自动排气罐（阀）

5.4.2 疏水器的安装

疏水器用于在蒸汽采暖系统中，使散热设备及管网中的凝结水和空气能自动而迅速地排出，并阻止蒸汽流失。

1．浮筒式疏水器

浮筒式疏水器属机械型疏水器。浮筒式疏水器的构造如图5-24所示。

在正常工作情况下，浮筒式疏水器的漏气量很小，排水孔阻力较小，因而疏水器的背压可较高。它的主要缺点是体积大、排量小、活动部件多、筒内易沉渣垢、阀孔易磨损、维修量较大等。

2．热动力型疏水器

热动力型疏水器的结构如图 5-25 所示。

热动力型疏水器具有体积小、质量轻、结构简单、安装维修方便等优点，但有周期漏气现象，在凝水量小或疏水器前后压差过小时，会发生连续漏气；当周围环境气温较高时阀片不易打开，会使排水量减少。

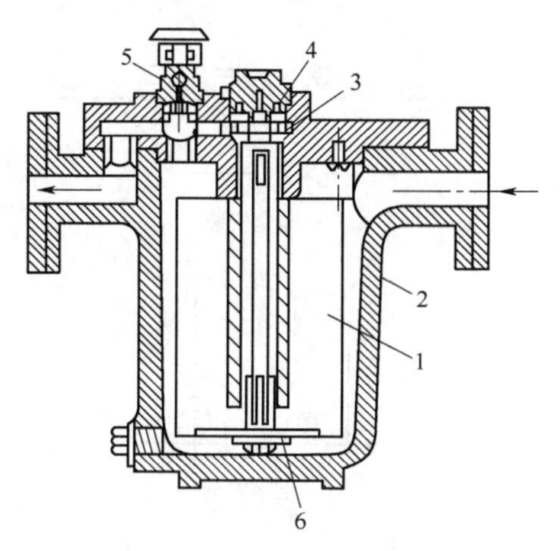

1—浮筒；2—外壳；3—顶针；4—阀孔；
5—放气阀；6—可换重块

图 5-24　浮筒式疏水器的构造

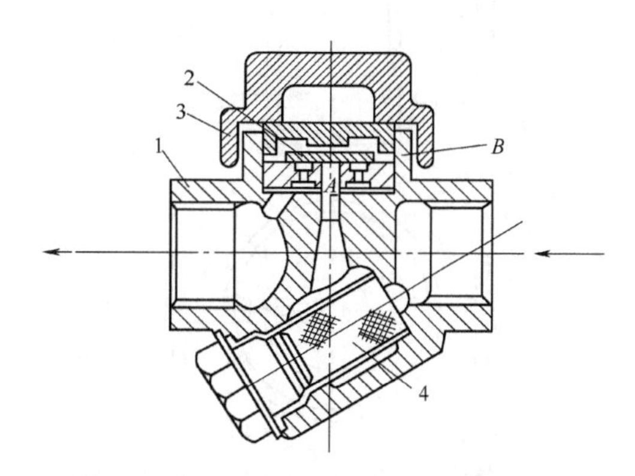

1—阀体；2—阀片；3—阀盖；4—过滤器

图 5-25　热动力型疏水器的结构

疏水器的安装要求为：在螺纹连接的管道系统中安装时，组装的疏水器两端应装有活接头；疏水器的进口端应装有过滤器，以定期清除寄存污物，保证疏水阀孔不被堵塞；疏水器管道水平敷设时，管道应坡向疏水阀，以防止水击现象。

疏水器的安装如图 5-26 所示。

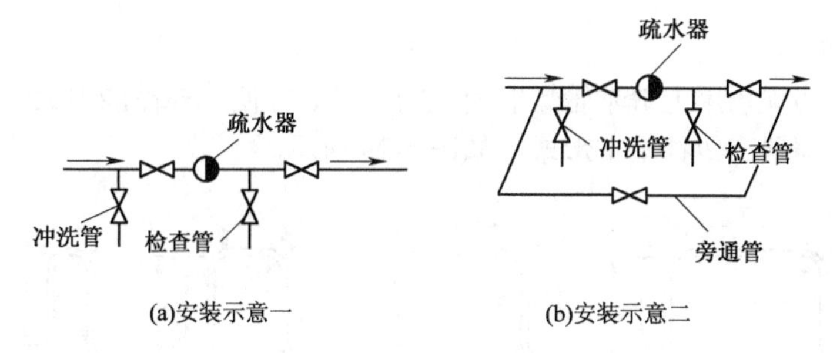

(a)安装示意一　　(b)安装示意二

图 5-26　疏水器的安装

5.4.3　除污器的安装

除污器的作用是阻留管网中的污物，以免造成管路堵塞。它一般安装在用户入口的供水管道上或循环水泵之前的回水总管上，并设有旁通管道，以便定期清洗检修。

除污器的构造如图 5-27 所示。它为圆筒形钢制筒体，有卧式和立式两种。

除污器的安装形式如图 5-28 所示。安装时，除污器应由单独支架（支座）支撑。除污器

的进出口管道上应装压力表，其旁通管上应装旁通阀。

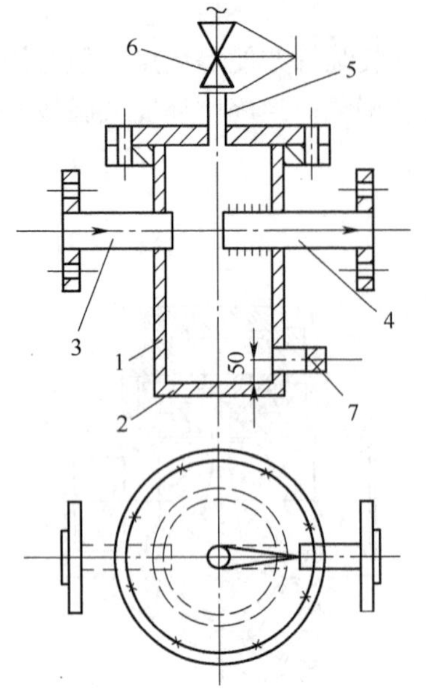

1—筒体；2—底板；3—进水管；4—出水管；

5—排气管；6—阀门；7—排污丝堵

图 5-27　除污器的构造

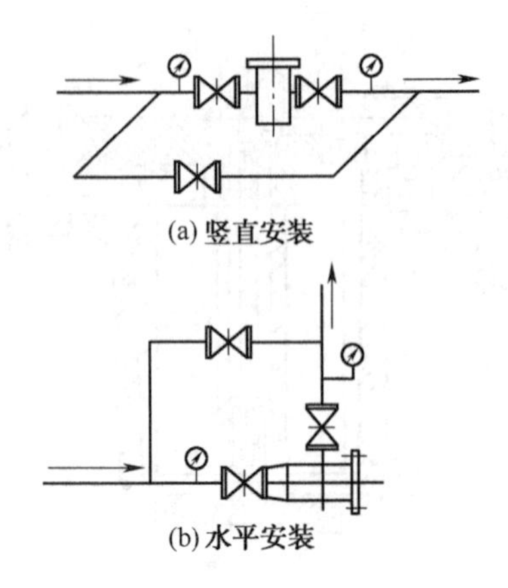

图 5-28　除污器的安装

5.4.4　补偿器的安装

在采暖系统中，金属管道会因受热而伸长。如果平直管道的两端都被固定不能自由伸长时，管道就会因伸长而弯曲。当伸长量很大时，管道的管件就会有可能因弯曲而破裂，因此需安装补偿器。

1．方形补偿器

方形补偿器多为现场用无缝钢管煨制而成的，安装方便、补偿能力大、不需经常维修、应用较广。方形伸缩器有四种基本形式，如图 5-29 所示。

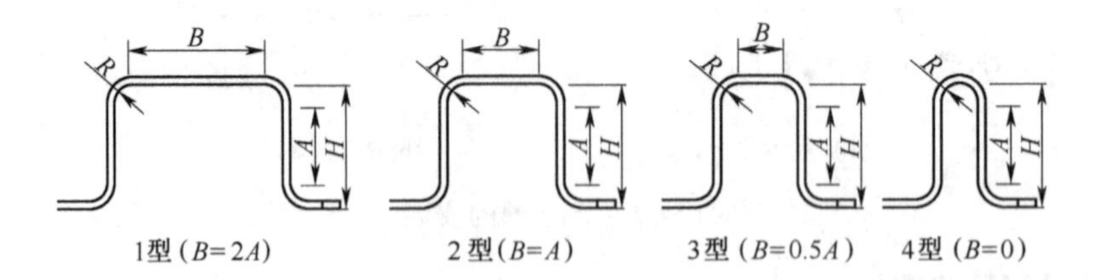

图 5-29　方形补偿器

安装要求：水平设置方形补偿器时，补偿器的坡度和坡向应与所连接管道相同；垂直安装时，上部应设排气装置，下部应设泄水或疏水装置；补偿器的安装应固定牢靠，应在阀门和法兰上的螺栓全部拧紧、滑动支架全部装好后进行；安装时要进行预拉伸，预拉伸量为热伸长量的 1/2，一般可用拉管器进行拉伸；安装时，应注意同时设支架。

2．套管式补偿器

套管式补偿器具有补偿能力大、占地面积小、安装方便、水流阻力小等优点，但需经常维修、更换填料，以免漏气漏水，如图 5-30 所示。

安装要求：其安装位置应设在靠近固定支架处；补偿器的轴心与管道轴心应在同一直线上；靠近补偿器的直管段必须设置导向支架，以防止管子热伸缩时产生横向位移；补偿器压盖的螺栓应松紧度适当；安装时应先确定安装长度 L，再在安装好的管道上切去长度为 L 的一段管子，最后将补偿器塞入切断空间处，两端焊接即可。

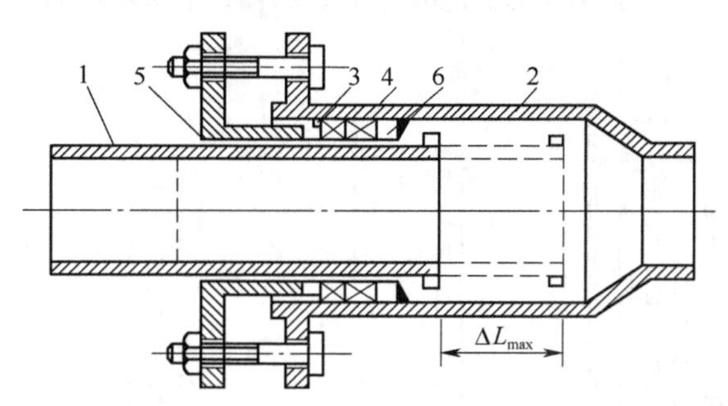

1—内套筒；2—外壳；3—压紧环；4—密封填料；5—填料压盖；6—填料支承环

图 5-30　套管式补偿器

3．波纹管式补偿器

波纹管式补偿器具有体积小、结构紧凑、补偿量较大、安装方便等优点，在采暖系统管道补偿中经常使用，如图 5-31 所示。

安装要求：安装前应进行冷紧，定出预冷拉量或预冷压量；冷紧前，先在其两端接好法兰短管，然后用拉管器拉伸或压缩到预定值，在管道上切割掉一段管子，其长度等于预拉（预压）后补偿器及两侧短管的长度。再将其整体焊接在管道上，最后卸掉拉管器。

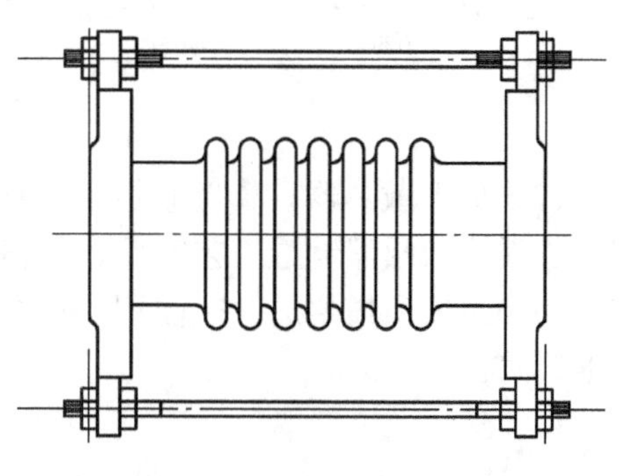

图 5-31　波纹管式补偿器

任务 5.5　散热设备的安装

在采暖房间安装散热设备的目的是向房间供给热量以补充房间的热损失，使室内保持需要的温度，从而达到采暖的目的。在采暖系统中，目前我国大量使用的散热设备有散热器、辐射器和暖风机等。

5.5.1　散热器的种类

对散热器的要求为：传热能力强，单位体积内的散热面积大；耗用金属最小，成本低，具有一定的机械强度和承压能力；不漏水、不漏气；外表光滑、不积灰、易于清扫；体积小、外形美观；耐腐蚀、使用寿命长。

散热器的种类有很多，常用的散热器有铸铁散热器和钢制散热器。

1．铸铁散热器

铸铁散热器是目前使用最多的散热器，它具有耐腐蚀、使用寿命长、热稳定性好、结构简单等特点。工程中常用的铸铁散热器有翼形和柱形两种。

（1）柱形散热器。柱形散热器是柱状的，主要有二柱、四柱、五柱三种类型，如图5-32所示。柱形散热器传热性能较好、比较美观、表面光滑易清扫、耐腐蚀性好、造价低，但施工安装较复杂、组片接口多、承压能力不如钢制散热器。柱形散热器广泛用于住宅和公共建筑中。

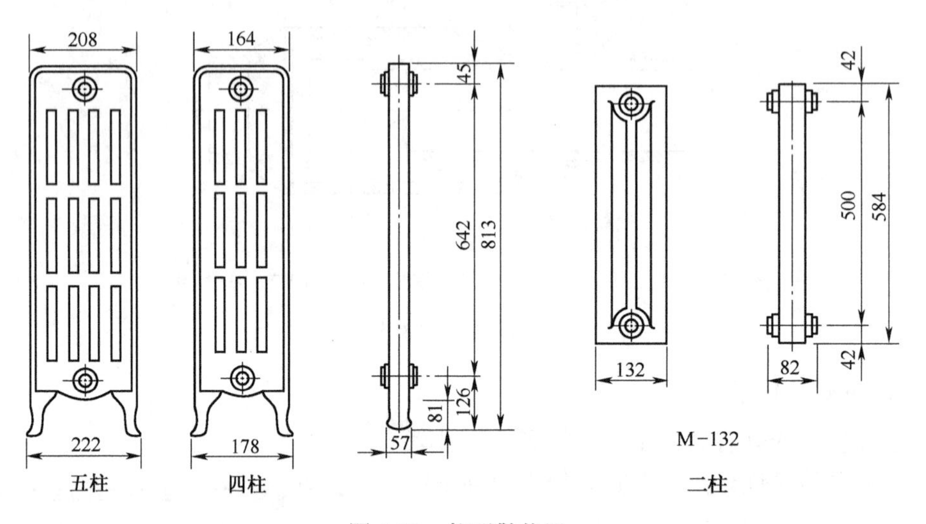

图5-32　柱形散热器

（2）翼形散热器。翼形散热器有圆翼形和长翼形两种，其外表面上有许多肋片，称之为“翼”。翼形散热器制造工艺简单、价格低，但承压能力低、表面易积灰、难清扫、外形不美观、不易组成所需要的散热面积。如图5-33和图5-34所示为两种翼形散热器，它们多用于工业建筑。

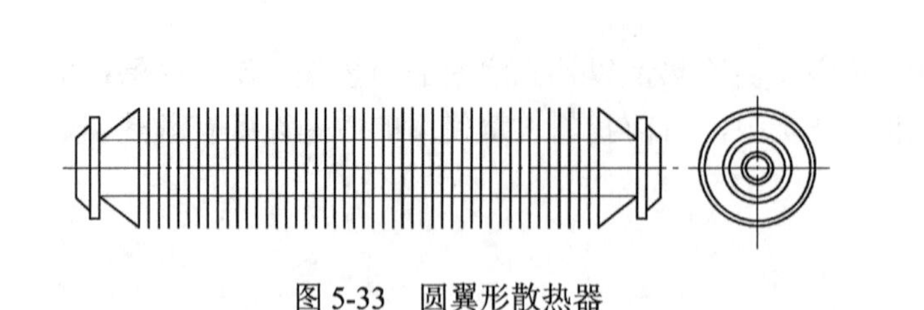

图5-33　圆翼形散热器

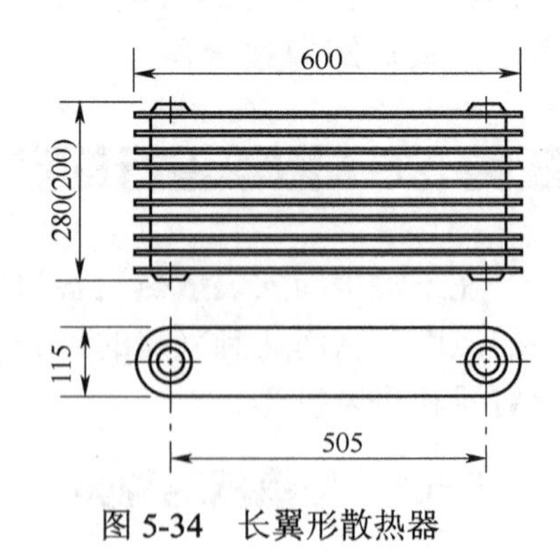

图5-34　长翼形散热器

2．钢制散热器

钢制散热器的耐压强度高、外形美观整洁、金属耗量少、占地较少、便于布置，但易受

到腐蚀、使用寿命较短，不适宜用于蒸汽采暖系统和潮湿及有腐蚀性气体的场所。它主要有闭式钢串片、钢制板式、钢制柱式及钢制扁管式四大类，分别如图 5-35、图 5-36、图 5-37和图 5-38 所示。

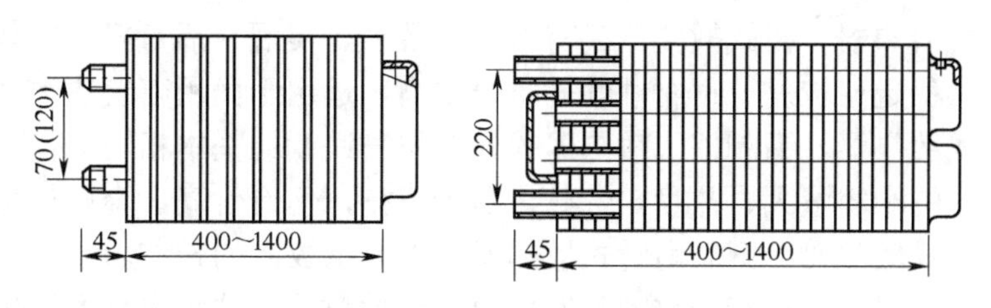

图 5-35　闭式钢串片散热器

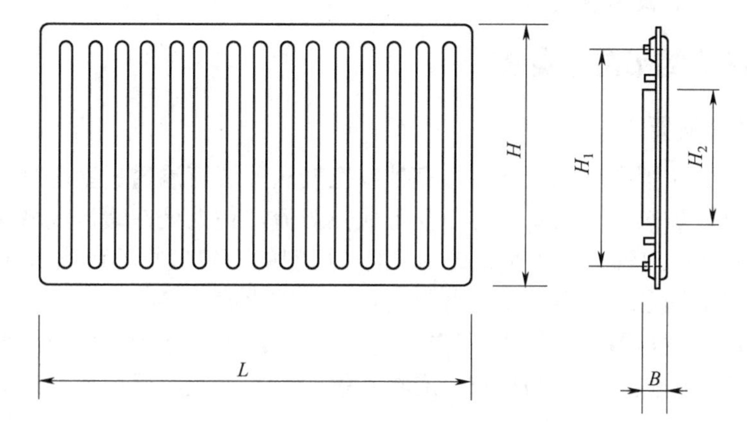

图 5-36　钢制板式散热器

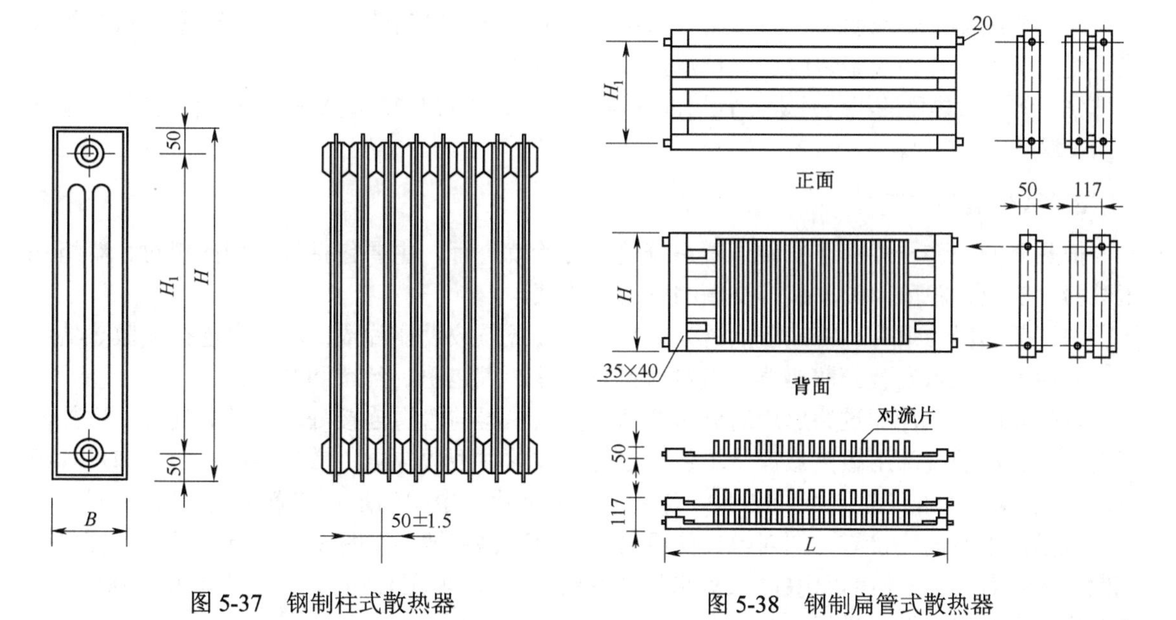

图 5-37　钢制柱式散热器

图 5-38　钢制扁管式散热器

（1）钢串片散热器。钢串片散热器的特点是质量轻、体积小、承压高、制造工艺简单，但造价高、耗钢材多、水容量小、易积灰尘。它适用于各种公共和民用建筑，特别适用于承受压力较高的高层建筑。

（2）钢制板式散热器。板式散热器具有传热系数大、美观、质量轻、安装方便等优点，但热媒流量小、热稳定性较差、耐腐蚀性差、成本高，适用于民用建筑热水采暖系统。

（3）钢制柱式散热器。钢制柱式散热器的外形与铸铁制的基本相同，有三柱和四柱两种类型。这种散热器的水容量大、热稳定性好、易于清扫，但造价高、金属热强度低。

（4）钢制扁管式散热器。钢制扁管式散热器是用薄钢板制的长方形钢管叠加在一起焊成的。它可使用各种热媒，且具有一定的装饰作用。这种散热器的水容量大、热稳定性好、易于清扫，但造价高、金属热强度低。

5.5.2 散热器的布置与安装

1. 散热器的布置要求

（1）散热器一般布置在外墙窗下，当室外冷空气从外墙窗渗透进室内时，散热器散发的热量会将冷空气直接加热，并与室内冷空气形成热对流，使人处在暖流区域从而感到舒适。

（2）在垂直单管或双管热水采暖系统中，同一房间的两组散热器可以串联连接；储藏室、盥洗室、厕所和厨房辅助用室及走廊的散热器可同邻室串联连接。

（3）为防止冻裂散热器，散热器不易布置在无门斗或无前厅的大门处。当楼梯间设有散热器时，考虑到楼梯间热流上升的特点，应将其按比例布置在底层或按一定比例分布在下部几层。

（4）对带有壁龛的暗装散热器，在安装暖气罩时，应留有检修的活门或可拆卸的面板。

（5）散热器一般应明装，布置简单；在内部装修要求较高的民用建筑中可采用暗装的方式。托儿所和幼儿园应暗装或加防护罩，以防烫伤儿童。

（6）铸铁散热器的组装片数不宜超过下列数值：二柱（M132 型）——20 片；四柱——25 片；长翼形——7 片。

2. 散热器的安装

散热器的安装一般应在安装供暖系统的一开始就进行，主要包括散热器的组对、单组水压试验、安装、跑风门的安装、支管的安装、刷漆。

（1）散热器的组对。铸铁散热器为单片供货，必须按设计片数组对工序连接成散热器组后，然后才可投入安装。散热器的组对材料有对丝、汽包垫、丝堵和补芯。

散热器的散热片通过钥匙用对丝组合而成；散热器与管道连接处通过补芯连接；散热器不与管道连接的端部用散热器丝堵堵住。落地安装的柱型散热器，散热器应由中片和足片组对，14 片以下两端装带足片；15～24 片装 3 个带足片，中间的足片应置于散热器正中间。

散热器组对的连接零件叫对丝，使用的工具叫汽包钥匙，如图 5-39 所示。柱形、辐射对流散热片组对时，应使用短钥匙；长翼形散热片组对时，应使用长钥匙（长度为 400～500mm）。组对应在木制组对架上进行。

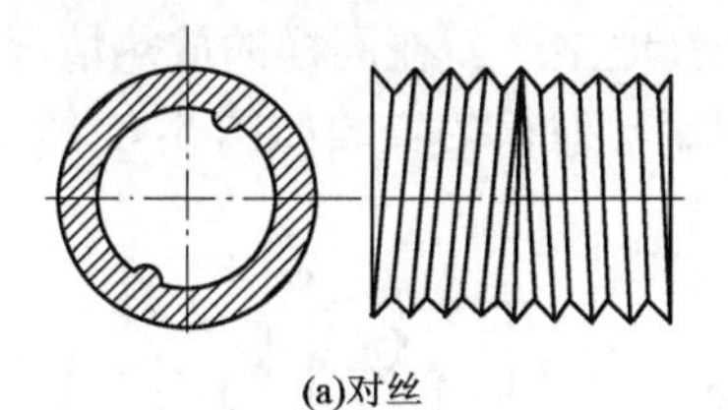

(a)对丝

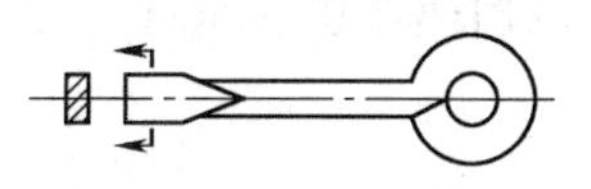

(b)组对用具——汽包钥匙

图 5-39 对丝及汽包钥匙

（2）散热器的单组水压试验。对于组对加固好的散热器，应将其轻轻搬至集中地点，以准备试压。试压时，应使用工作压力的 1.5 倍试压，试压不合格的须重新组对或修整，直至合格为止。

散热器的单组试压装置如图 5-40 所示，其试验压力如表 5-1 所示。试压时直接将压力升压至试验压力，稳压 2～3min，再逐个接口进行外观检查，不渗不漏即为合格；对于渗漏者，应标出渗漏位置，拆卸重新组对，并再次试压。散热器的单组试压合格后，便可对散热器进行表面除锈了，即先刷一道防锈漆，再刷一道银粉漆，最后准备安装即可。

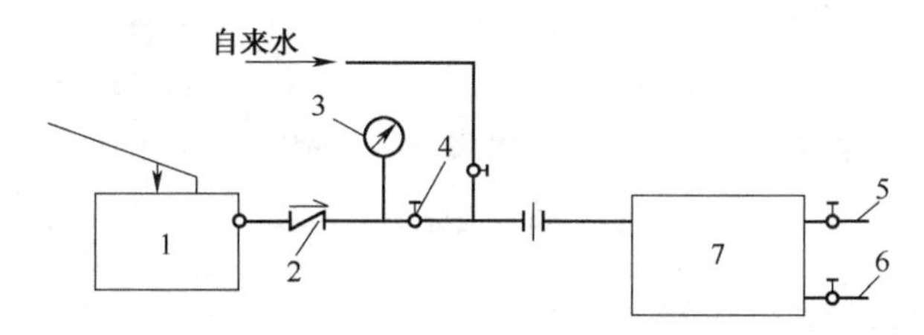

1—手压泵；2—止回阀；3—压力表；4—截止阀；5—放气阀；6—放水管；7—散热器组

图 5-40 散热器的单组试压装置

表 5-1 散热器的试验压力（MPa）

散热器型号	柱形、翼形		扁　管		板　式	串　片	
工作压力	≤0.25	＞0.25	≤0.25	＞0.25	—	≤0.25	＞0.25
试验压力	0.4	0.6	0.75	0.8	0.75	0.4	1.4

（3）散热器的安装要求。散热器的安装应在土建内墙抹灰及地面施工完成后进行，安装前应按图纸提供位置在墙上画线、打眼，并把做过防腐处理的托钩安装固实。

同一房间内的散热器的安装高度要一致。应在挂好散热器后安装与散热器连接的支管。

5.5.3 辐射板散热器的安装

钢制辐射板以辐射传热为主，可用于高大的工业厂房、大空间的民用建筑，如商场、体育馆、展览厅、车站等。

钢制辐射板的特点是采用了薄钢板、小管径和小管距。薄钢板的厚度一般为 0.5～1.0mm，其加热盘管通常为水煤气钢管，管径为 *DN*15、*DN*20、*DN*25；保温材料为蛭石、珍珠岩、岩棉、泡沫石棉等。

辐射板的背面处理方式有背板内填散状保温材料、只带块状或毡状保温材料、背面不保温等几种方式。

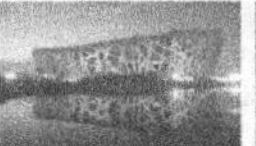

钢制块状辐射板的构造简单，加工方便，便于就地生产。在同样的放热情况下，它的耗金属量可比铸铁散热器供暖系统节省50%左右。钢制辐射板的安装如图5-41所示。

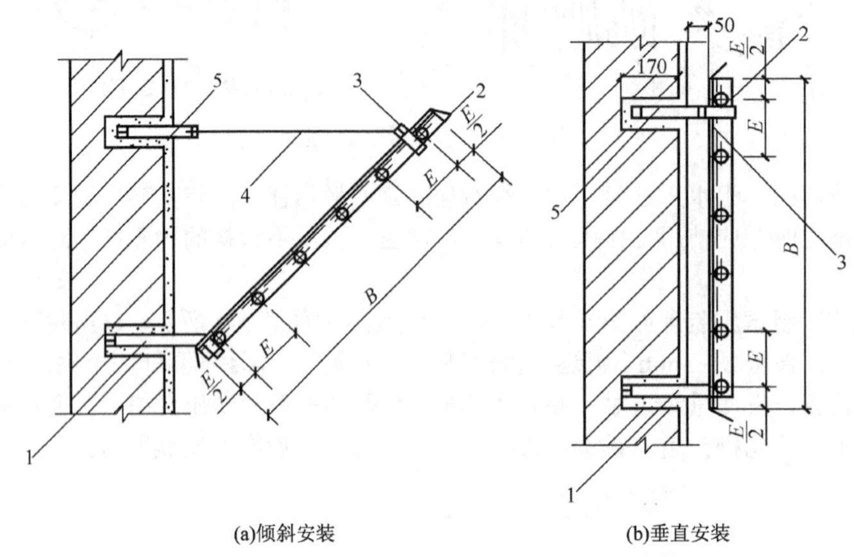

(a)倾斜安装　　(b)垂直安装

1—扁钢托架；2—管卡；3—带帽螺栓；4—吊杆；5—扁钢吊架

图5-41　钢制辐射板的安装

其安装方式有以下几种。

水平安装：热量向下辐射。

倾斜安装：倾斜安装在墙上或柱间，热量倾斜向下方辐射。采用该方式时应注意选择合适的倾斜角度，一般应使板中心的法线通过工作区。

垂直安装：采用此方式时，单面板可以垂直安装在墙上，双面板可以垂直安装在两个柱子之间，向两面散热。

此外，在布置全面采暖的辐射板时，应尽量使生活地带或作业地带的辐射照度均匀，并应适当增多外墙和大门处的辐射板数量。

任务 5.6　室外供热管道的安装

5.6.1　室外供热管道的敷设

1. 供热管道的架空敷设

根据支架的高度可分为低支架敷设、中支架敷设和高支架敷设。

2. 供热管道的地下敷设

（1）埋地敷设时不做地下管沟，而是直接将管道埋于地下，使管道的保温材料与土壤直接接触。这种敷设方式最为经济，但管道需做防水和保温处理。

（2）不通行地沟为内部高度小于1.0m的地沟。

（3）半通行地沟的断面净高为1.2～1.4m，通道的净宽为0.5～0.6m，可使工作人员在

地沟内弯腰行走，并能做一般的维修工作。

（4）通行地沟沟内净高一般为 1.8～2.0m，沟内通道净宽一般为 0.7m。通行地沟内应有照明、排水和通风设施，而且应在装有配件处设置检查孔。

5.6.2 室外供热管道的安装要求

1. 直埋敷设供热管道的安装

直埋敷设是指将由工厂制作的保温结构和管子结成一体的整体保温管直接铺设在管沟的砂垫层上，经砂子或细土埋管后，回填土即可完成供热管道的安装了，如图 5-42 所示。

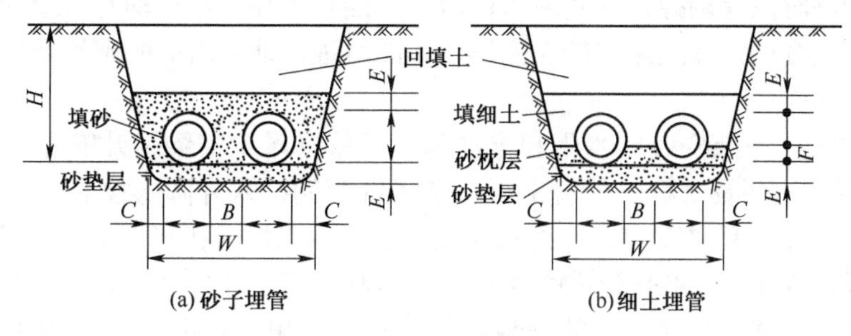

图 5-42 供热管道的直埋敷设

在管沟开挖并经沟底找坡后，即可铺上细砂进行铺管工作。铺管时应按设计标高和坡度，在铺设管道的两端挂两条管道安装中心线（也就是安装坡度线），以使每根整体保温管中心都就位于挂线上，且使管子对接时留有对口间隙（用夹锯条或石棉板片控制）。经点焊、全线安装位置的校正后，即可对各个接口进行焊接了。

2. 地沟敷设供热管道的安装

（1）不通行地沟供热管道的安装如图 5-43 所示。一般有两种安装形式：一种是采用混凝土预制滑托通过高支座支撑管道，称之为滑托安装；一种是吊架安装，即用型钢横梁、吊杆和吊环支撑管道。

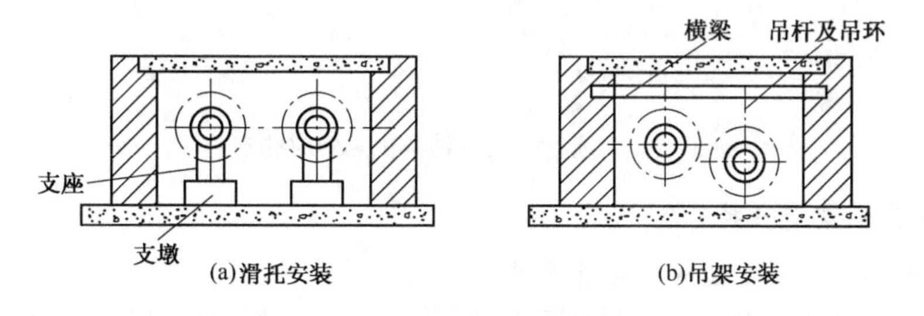

图 5-43 不通行地沟供热管道的安装

室外供热管采用滑托安装方式时，宜在地沟底混凝土施工完毕、沟墙砌筑前进行安装。其施工的顺序和方法如下所示。

① 下管。下管入沟前，应在地面上加工好对口焊接的坡口，涂刷两遍防锈漆并使其干燥。有条件时还可将保温结构做好。

② 确定支架安装位置，将各活动支架的安装位置弹画在沟底已弹画的两条管道的安装中心线上。

③ 按已确定的滑托安装位置十字线，并在沟底上铺 1∶3 的水泥砂浆，以及将已预制好的混凝土滑托砌筑在沟底上。

④ 在滑托预埋的扁铁上摆放高支座，使之对准管道安装中心线，并将其点焊在滑托扁铁上。

⑤ 抬管上架，并与高支座结合稳固。

⑥ 对管子进行对口焊接（点焊、校正、施焊），同时将高支座与管子焊接牢固，将高支座底部与滑托的临时点焊割掉，使其能自由滑动。当管子焊接需转动时可最后焊支座。管道安装完毕，经试验合格，保温结构施工完毕后，即可进行地沟沟墙的砌筑及地沟管道的回填隐蔽。

室外供热管采用吊架安装的步骤和方法为：下管→吊架横梁及升降螺栓的安装及拉线找正→将管子穿入吊环及吊杆→抬管上架，使吊杆弯钩挂入升降螺栓的环孔内→管子对口及通过升降螺栓找正，使平直度、坡度符合设计要求→点焊→找正→焊接管子。

（2）半通行、通行地沟供热管道的安装如图 5-44 所示。当管子下沟后，半通行、通行地沟供热管道安装的关键工序是支架的安装。支架可沿单侧或双侧、单层或数层布置，层与层支架横梁一端栽埋于沟墙上，另一端还可用立柱支撑，做成箱形支架；管道在横梁上可单根布置，也可将坡度相同的管道并排布置，坡度不同的管道也可悬吊于两层之间的横梁上。其具体的布置可依管道种类、根数、管径大小、保温与否等具体情况按设计或参照标准进行。

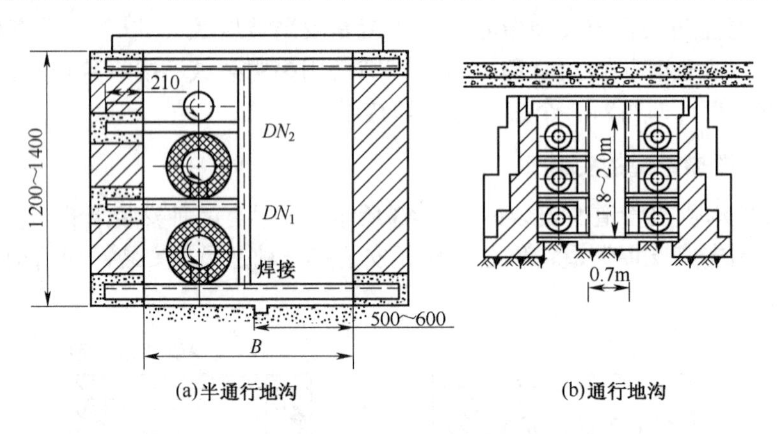

(a)半通行地沟　　(b)通行地沟

图 5-44　半通行、通行地沟供热管道的安装

3．供热管道的架空安装

低支架的安装：管道支架应采用砖砌或混凝土浇筑。

中、高支架的安装：中、高支架多采用钢筋混凝土及型钢结构做管道的支撑实体。

（1）架空供热管道与建筑物、构筑物及电线间的水平及垂直交叉应满足最小间距的要求。

（2）地面预组装。安装架空管道，绝大多数的操作是在低支架上进行的，可采用单根管上架的安装方法；对于个别的中、高支架安装，应采用地面组合安装、吊装就位的安装方法，尽量使焊接点处于地面以上便于操作的部位。

地面组装的操作包括管道端部切口平直度的检查、坡口的加工、弯管与管道的对口焊接、

管与管之间的对口焊接、管道与法兰阀门的组装、管道的防腐与保温等。当管道顶部设有排气装置时，排气管的开孔焊接、排气管或自动排阀等均应在吊装前组装完毕。

（3）供热管道的架空安装具体如图5-45所示。地面组装工作完成后，即可进入全面的安装过程了，具体步骤如下。

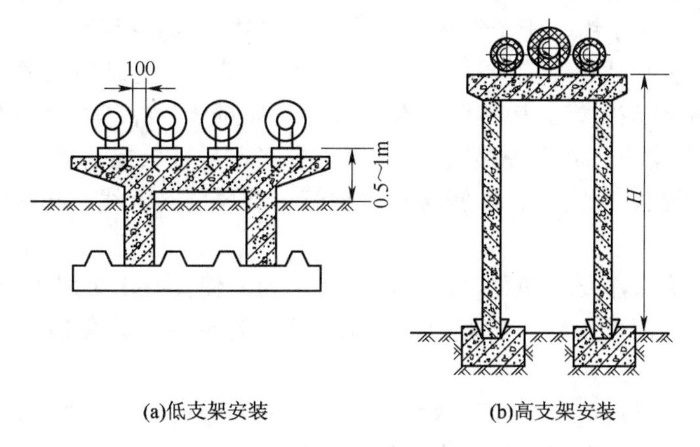

图5-45 供热管道的架空安装

① 在各低支架预埋的安装钢板上弹画出管道安装中心线。当双管及多管并排安装时，应使各管道安装的中心符合规定。

② 在弹画的管道安装中心线上，摆放安装保温管的高支座并使之与预埋钢板临时点焊固定。

③ 将管子吊装上架。

④ 吊装管子或组装管段时，应用编织带兜着管子，以保护其保温结构不致损坏。吊装就位时，应先吊装管道的分支点，以使分支管道及控制阀件就位于设计要求的位置中心线上；吊装带弯管的组合管段时，应使弯路头中心就位于设计要求的转角的中心线上；在吊装过程中，应使高支架的组装管段就位于要求的位置中心线上，并用抱柱法或型钢支架的焊接法将预埋管段紧固于道路两侧的支架立柱上。

⑤ 在上述各安装位置、标高控制点部件的吊装就位并固定后，供热管道的架空安装只留有直线管道的安装及补偿器安装两个安装环节了。如果补偿器采用预组装方案，则其安装位置处也可用直管段临时连接起来。

⑥ 低支架上安装的直管段可单根管上架，也可将2～3根管在地面上组装后吊装上架。每根管子上架时，均需使其就位于高支架的弧形面上，直至配管到已吊装就位的各个分支点、转弯点等控制点预组装管段的管端为止。最后，通过各直管段的配管即可将各控制点连接成整体供热管网。

实训6 散热器的组对与安装

1．实训目的

通过实训，熟悉安装散热器的常用工具及其使用方法；掌握供暖散热设备的安装方法和过程，能够自己动手组对和安装散热器设备等。

2．实训内容及步骤

（1）专业教师作实训动员报告和安全教育。

（2）材料及机（工）具的选择。

① 主要机具，包括砂轮锯、电动套丝机、管子台虎钳、手锤、活扳、组对操作台、组对钥匙（专用扳手）、管子钳、管子铰板、钢锯、割管器、套筒扳手。

② 材料要求：散热器不得有砂眼、对口面不平、偏口、裂缝和上下口中心距不一致等现象，翼型散热器翼片应完好。散热器的组对零件（如对丝、补芯、丝堵等）应无偏扣、方扣、乱丝、断扣等现象。石棉橡胶垫以1mm厚为宜（不超过1.5mm厚）。

其他材料包括托钩、固定卡、膨胀螺栓、钢管、冷风门、麻线、防锈漆及水泥等。

（3）散热器组对。

① 清理散热片接口，要求使用废锯条、铲（刮刀）使其露出金属光泽。

② 散热片上架，对丝上垫。将散热器平放在专用组装台上，使散热器的正丝口朝上，将垫圈套入对丝中部。

③ 对丝就位。将对丝正扣试拧入散热片，如手拧入轻松，则可退回，只进入一个丝扣。

④ 将第二片的反丝面端正地放在上下接口对丝上。

⑤ 从散热片接口上方插入钥匙，拧动对丝加力组对，先用手拧，后用力钢管加力拧动，直至上下接口严密为止。

⑥ 上堵头及上补心。给堵头及补心加垫圈，拧入散热器边片。用较大号管钳（14″～18″）拧紧双侧接管时，放风堵头应安装在介质流动的前方。

3．实训操作

1）柱型散热器的组对

柱型散热器组对时，14片以内为两片带腿，15～24片为三片带腿，25片以上为四片带腿。组对时，应根据片数定人分组，应由两人持钥匙同时进行。组对的具体步骤为：首先将散热器平放在专用组装台上，散热器的正丝口朝上，将经过试扣选好的对丝的正丝与散热器的正丝口对正，拧上1～2扣，套上垫片，然后将另一片散热器的反丝口朝下，对准后轻轻落在对丝上，两个人同时用钥匙（专用扳手）向顺时针方向交替地拧紧上下的对丝，以垫片挤出油为宜。如此循环，直至达到需要数量为止。注意，垫片不得露出径外。最后应将组对好的散热器运至打压地点。

2）长翼60型散热器的组对

组对时两人一组，将散热器平放在操作台上，使相邻两片散热器之间的正丝口与反丝口相对，中间放着上下两个经试装选出的对丝，将其拧1～2扣在第一片的正丝口内。套上垫片，将第二片反丝口瞄准对丝，找正后，两人各用一手扶住散热器，另一手将对丝钥匙插入第二片的正丝口里。先将钥匙稍微拧紧一点，当听到“咔嚓”声后即表示对丝两端已入扣。缓缓地、均衡地交替拧紧上下的对丝，以垫片拧紧为宜。按上述程序逐片组对，直至达到设计片数为止。

3）散热器组对注意事项

柱型用低组对架；长翼型组对架高为600mm，垫圈宜刷白厚漆；试拧入时，不得用钥匙加力；散热片顶面和底面要和边片一致；试拧对丝时，应先反拧，听到入扣声后再正向拧。

加力拧紧时，应上下口均匀加力。拧紧时应夹紧垫圈，使上下口缝隙均匀，不超过2mm；要求夹紧垫圈，使接口缝隙不超过2mm，且不得加双垫圈（对丝同）。

4）散热器的单组试压

5）安装散热器

（1）在墙上画线、打眼，并把做过防腐处理的托钩安装固定起来。

（2）挂好散热器后，再安装与散热器连接的支管。如果需要安装跑风门，应在散热器不装支管的丝堵上锥上内丝。

（3）将丝堵和补芯加上胶垫在散热器上拧紧。待固定钩子的砂浆达到强度后，方可安装散热器；安装挂式散热器时，需将散热器轻轻抬起，将补芯正丝扣的一侧朝向立管方向慢慢落在托钩上，并挂稳、立直、找正；安装带腿或自制底架的散热器时，待散热器就位，找直、垫平、核对标高无误后，方可上紧固定卡的螺母；散热器的掉翼面应朝墙安装。

4．实训注意事项

（1）安装时一定要注意人身安全。

（2）要遵守作息时间，服从指导教师的安排。

（3）积极、认真进行散热器的组对与安装。

（4）实训结束后，要写出实训报告（总结）。

5．实训成绩考评

选择材料、机具	10分
散热器组对	20分
试压	20分
散热器安装	20分
实训表现	10分
实训报告	20分

知识梳理与总结

本章主要介绍了采暖系统室内外管道和附件设备的安装方法及技术要求，同时介绍了目前广泛应用的分户采暖和地板辐射采暖。

室内采暖管道的安装顺序为总管及其入口→干管→立管→支管。

室外供热管道的敷设分为架空和地下两种敷设形式。按照支架对管道的制约情况，可分为固定支架和活动支架两类。

供热管道的地下敷设分为地沟敷设和直埋敷设两种。其中地沟敷设又分为通行地沟敷设、半通行地沟敷设和不通行地沟敷设。

热力管道安装完后，必须进行强度与严密性试验。强度试验需采用试验压力，严密性试验需采用工作压力。热力管道的清洗应在试压合格后用水或蒸汽进行。

习题5

1．热水采暖系统为何要设置膨胀水箱？
2．布置散热器时应注意哪些事项？
3．机械循环热水采暖系统包括哪些类型？
4．散热设备主要有哪几种类型？
5．说明采暖管道穿墙壁、楼板的施工方法。
6．简述散热器的安装方法。
7．简述室内、外管道的敷设方法。

学习情境6 管道附件及设备的安装

教学导航

教	知识重点	掌握阀门、水表的种类及选用方法
	知识难点	1. 水箱的安装和制作要求及离心式水泵的安装要求 2. 管道支架的种类、适用条件及安装要求
	推荐教学方式	结合实物和图片进行讲解
	建议学时	6学时
学	推荐学习方法	结合工程实物对所学知识进行总结
	必须掌握的专业知识	1. 常用管材、管件与配水附件的性能和作用 2. 常用各种类别阀门的特点及用途
	必须掌握的技能	1. 能够正确选用和安装水表及常用阀门 2. 能够正确选用和安装管道支、吊架 3. 能够正确安装水泵和膨胀水箱

任务 6.1　阀门的选用与安装

阀门是水暖管道的控制装置，其基本功能是接通或切断管路介质的流通，改变介质的流动方向，调节介质的压力和流量，保护管路中设备的正常运行。因此，对水暖系统而言，如何正确地选用和安装阀门显得尤为重要。

6.1.1　阀门的选用

1. 阀门的质量检验

安装阀门前应对其逐个进行外观检查，检查其阀件是否齐全、有无碰伤、缺损、锈蚀，铭牌、合格证等是否统一，必要时还需要进行解体检查。

对于低压阀门，应从每批（同牌号、同型号、同规格）数量中抽查10%，且不少于1个，并进行强度和严密性试验。若有不合格，再抽查20%，如仍有不合格则需逐个检查。

对于高、中压阀门及用于有毒及甲、乙类火灾危险物质的阀门，应逐个进行强度和严密性试验。

2. 强度和严密性试验

（1）阀门的强度试验。阀门的强度试验压力为阀门公称压力的1.5倍。

（2）阀门的严密性试验。阀门的严密性试验压力为阀门公称压力的1.1倍。其试验压力在试验持续时间内应保持不变，且壳体填料及阀瓣密封面应无渗漏。

6.1.2　阀门的安装

1. 安装的一般要求

（1）安装阀门前，应按工程图纸核对型号，并对阀门进行检验，合格后才能将其送到工地。

（2）安装前应检查填料是否完好，压盖螺栓是否有足够的调节余量。法兰连接和螺纹连接的阀门应关闭后再进行安装。不能用阀门手轮作为吊装的承重点。

（3）安装时应进一步核对型号和安装位置，并根据介质流向确定阀门的安装方向。

（4）安装铸铁、铜质阀门时，必须防止因强力连接或受力不均造成法兰破裂或丝接处挤裂。

（5）焊接阀件与管道连接焊缝的封底焊宜采用氩弧焊施焊，以保证其内部平整光洁。焊接时应打开阀门，以防止过热变形。

（6）对于水平管道上的阀门，其阀杆应安装在上半圆周范围内。

（7）对于阀门的操作机构和传动装置，应使其传动灵活，指示准确。

（8）安装蝶阀时应注意阀芯能否自由转动，对接管道对它是否有妨碍。

2. 安装的方向和位置

许多阀门具有方向性，如截止阀、节流阀、减压阀、止回阀等，如果装倒、装反就会影响其使用效果与使用寿命（如节流阀），或者根本不起作用（如减压阀），有时甚至还会造

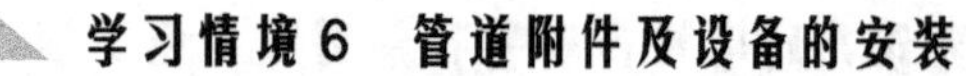

成危险（如止回阀）。一般的阀门在阀体上有方向标志，如果没有方向标志，则应根据阀门的工作原理正确识别。

阀门的安装位置必须便于操作，阀门手轮应与人胸口平齐，以便在启闭阀门时省劲。落地阀门手轮应朝上，不许倾斜，以便于操作。对于靠墙、靠设备的阀门，要给操作人员留出站立余地，并避免仰天操作，尤其是当介质为酸碱、有毒物质等时。

3. 阀门的具体安装

（1）截止阀一般安装在管径 $DN \leqslant$50mm 或经常启闭的管道上。安装截止阀时，应使其水流方向与阀门标注方向一致，切勿装反。截止阀的形式如图 6-1 所示。

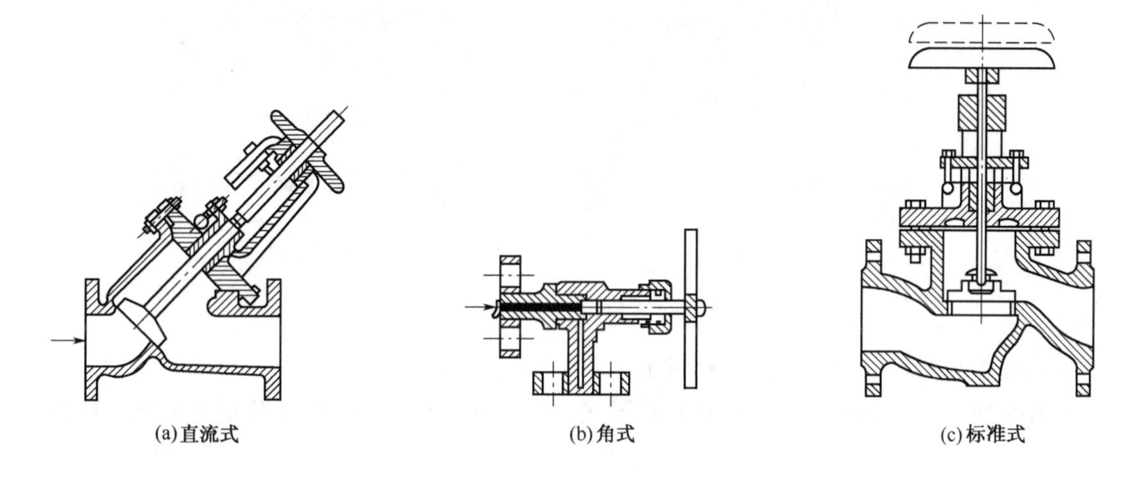

图 6-1　截止阀的形式

截止阀的阀腔左右不对称，当流体由下而上通过阀口时可以减小流体阻力（由形状所决定），使开启变得省力（因介质压力向上），且关闭后介质不压填料，便于检修。这就是截止阀不可安反的原因。其他阀门也有其各自的特点。

（2）闸阀一般安装在引入管或管径 $DN >$50mm 的双向流动且不经常启闭的管道上。闸阀的形式如图 6-2 所示。

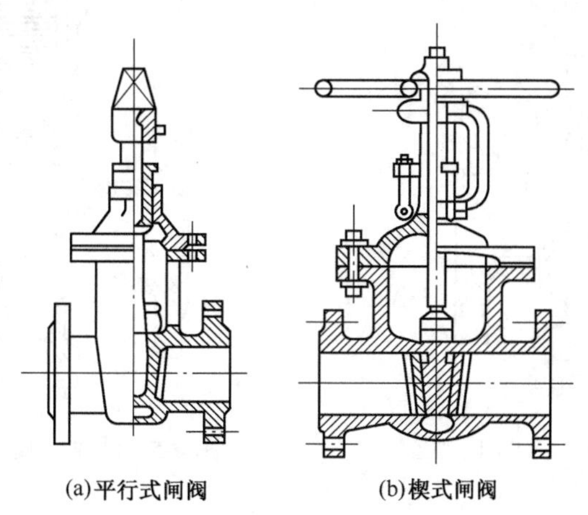

图 6-2　闸阀的形式

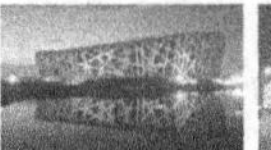

闸阀不要倒装（即手轮向下），否则会使介质长期留存在阀盖空间，容易腐蚀阀杆，而且这也为某些工艺要求所禁忌；同时，更换填料也极不方便。

明杆闸阀不要安装在地下，避免由于潮湿而腐蚀外露的阀杆。

（3）止回阀有严格的方向性。它是用来防止管路中液体倒流的。止回阀有升降式和旋启式两种（如图 6-3 所示）。其中升降式止回阀有横式和立式两种，横式安装在水平管道上，立式安装在垂直管道上。旋启式止回阀要保证摇板旋转轴呈水平放置，可安装在水平或垂直管道上。

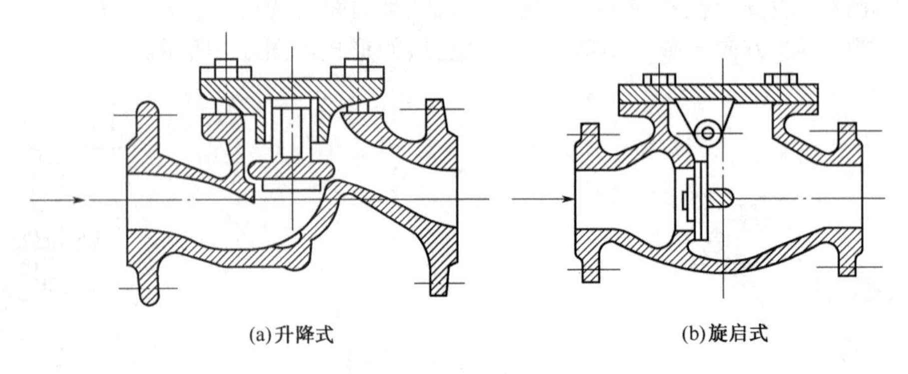

(a)升降式　　(b)旋启式

图 6-3　止回阀的形式

（4）减压阀要直立安装在水平管道上，不要倾斜。

常用的减压阀有活塞式、波纹式和薄膜式。如图 6-4 和图 6-5 所示分别为活塞式和波纹式减压阀。

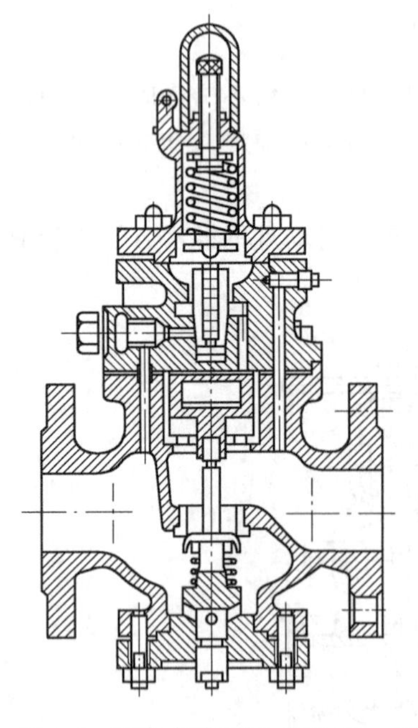

图 6-4　活塞式减压阀（Y43H—10）

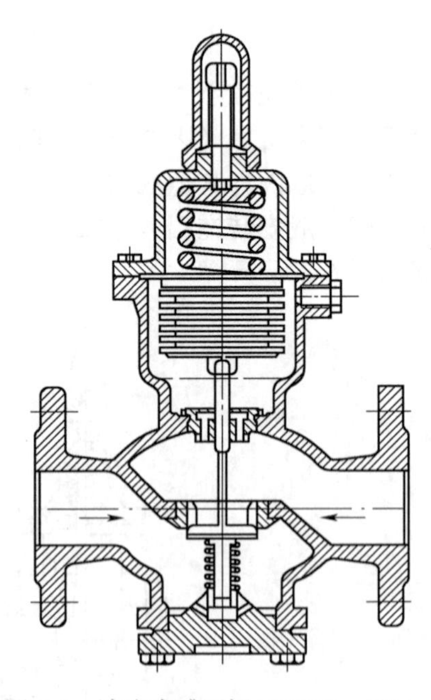

图 6-5　波纹式减压阀（Y44T—10）

减压阀是以阀组的形式安装的。阀组由减压阀、前后控制阀、压力表、安全阀、旁通阀等组成。减压阀的安装如图 6-6 所示。

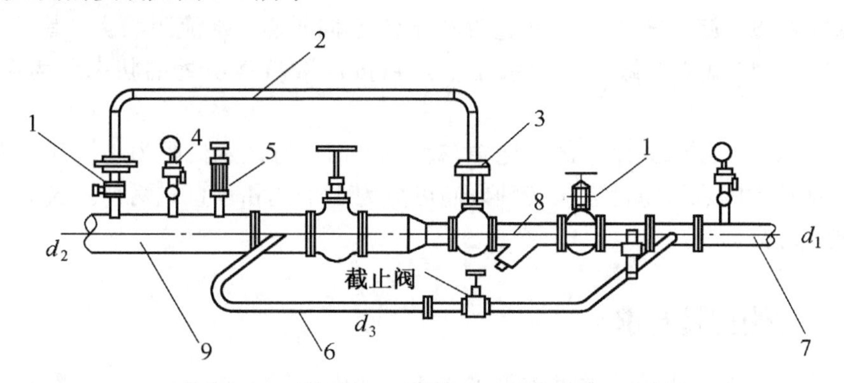

1—截止阀；2—压气管；3—减压阀；4—压力表；5—安全阀；
6—旁通阀；7—高压蒸汽管；8—过滤器；9—低压蒸汽管

图 6-6　减压阀的安装

任务 6.2　水表的安装

6.2.1　水表的种类及选用

1．水表的种类

水表是一种计量用户累计用水量的仪表。按计量元件运动原理不同，它分为容积式水表和流速式水表两种。

目前在建筑物内部广泛使用的是流速式水表。流速式水表是根据管径一定时通过水表水流速度和流量成正比的原理来测定流量的。它主要由外壳、翼轮和传动指示机构等部分组成。

流速式水表按翼轮构造不同分为旋翼式和螺翼式两类，如图 6-7 所示。

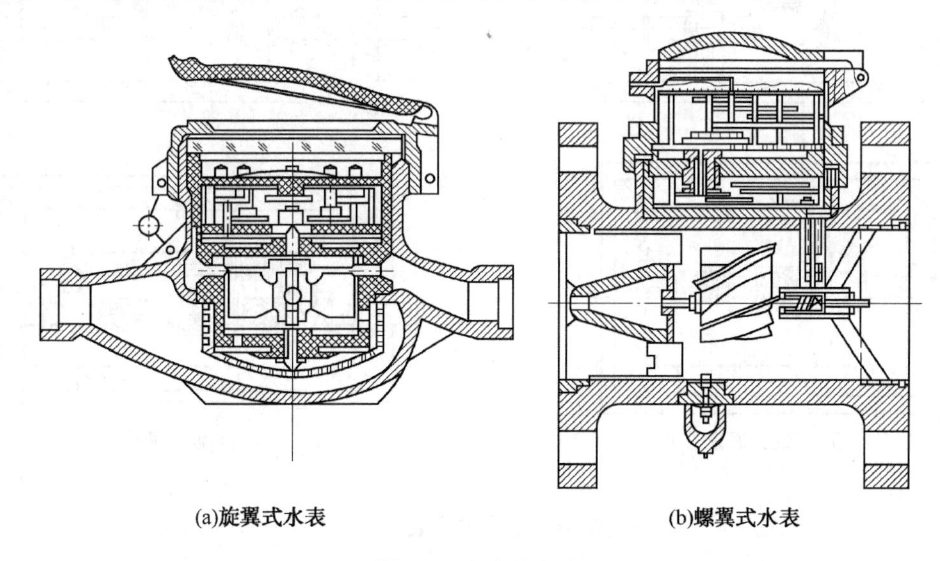

(a)旋翼式水表　　(b)螺翼式水表

图 6-7　流速式水表

2．水表的选用

（1）旋翼式水表。旋翼式水表的叶轮轴与水流方向垂直，水流阻力大。其计量范围小，多为小口径水表，宜用于测量较小的水流量。它按计数机件所处的状态分为湿式和干式两种。

（2）螺翼式水表。螺翼式水表的叶轮轴与水流方向平行，水流阻力小，其多为大口径水表，宜用于测量较大的水流量。它按转轴方向可分为水平式和垂直式两种。水平式螺翼式水表有干式与湿式之分。

6.2.2 水表的安装要求

为计量用水量，在用水单位的供水总管或建筑物引入管上应设有水表；为节约用水及收纳水费，在居住房屋内也应安装室内的分户水表。水表应安装在便于检修、不受暴晒、污染和不易冻结的地方。

安装螺翼式水表时，表前与阀门间的直管段长度应不小于8～10倍的水表直径；安装其他水表时，表前后的直管段长度不应小于300mm。这是因为在水表附近的管路有转弯时，水便会产生涡流，以致影响水表计量的准确性。安装水表时，要注意表的方向，以免因装反而损坏表件。

水表的安装形式有不设旁通管和设旁通管两种，如图6-8所示。水表与管道的连接方式有螺纹连接和法兰连接两种。

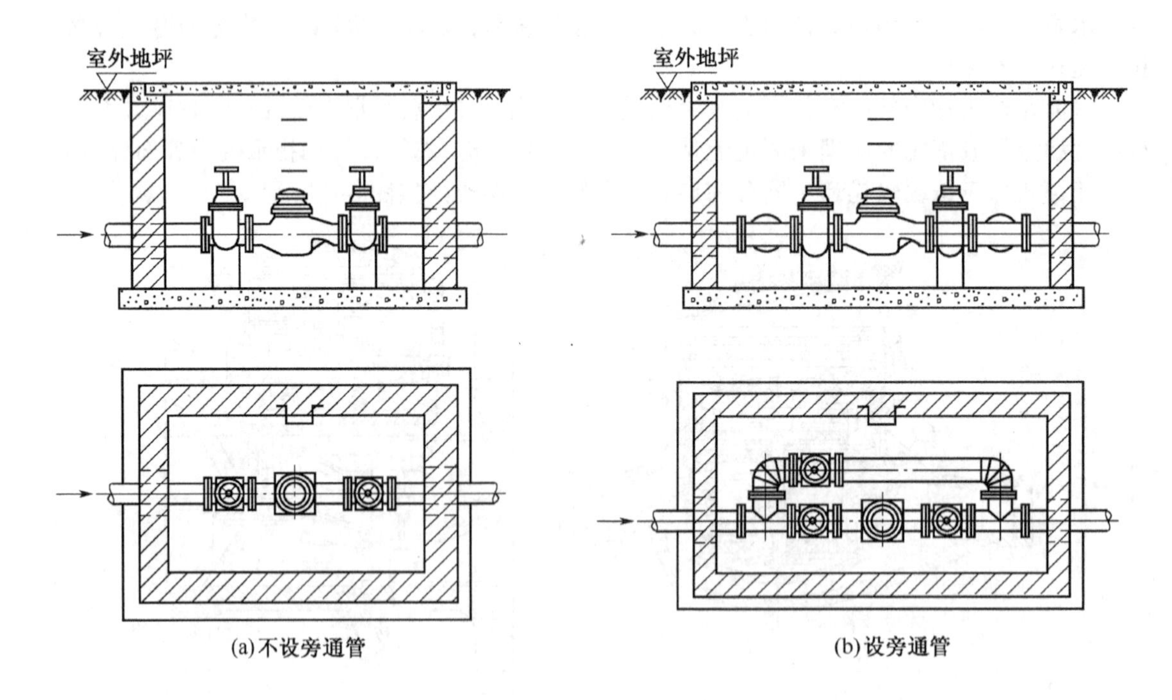

图6-8　水表的安装形式

任务 6.3　水箱的安装

6.3.1　水箱的分类与组成

1．水箱的分类

按不同的用途，水箱可分为给水水箱、减压水箱、冲洗水箱、断流水箱等多种类型；水箱的外形有圆形、方形、圆锥形、球形等。由于方形水箱便于制作，并且容易与建筑配合使用，故在工程中使用较多。水箱一般用钢板、钢筋混凝土、玻璃钢制作而成。

（1）钢板水箱。其施工安装方便，但易锈蚀，内外表面均需做防腐处理。在工程设计中，应先计算出水箱的有效容积，然后依据相关的国家标准图集，确定出水箱的型号（应略大于或等于有效容积）及水箱的外形尺寸。

（2）钢筋混凝土水箱（水池）。它一般用在需要较大尺寸的水箱的场合。由于其自重大，一般多用在地下，具有经久耐用、维护简单、造价低的优点。

（3）玻璃钢水箱。它具有耐腐蚀、强度高、质量小、美观、安装维修方便、可根据需求现场组装的优点，已逐渐得到普及。

2．水箱配管与附件的安装

为使水箱正常工作，水箱上通常需安装以下配管及附件，如图 6-9 所示。

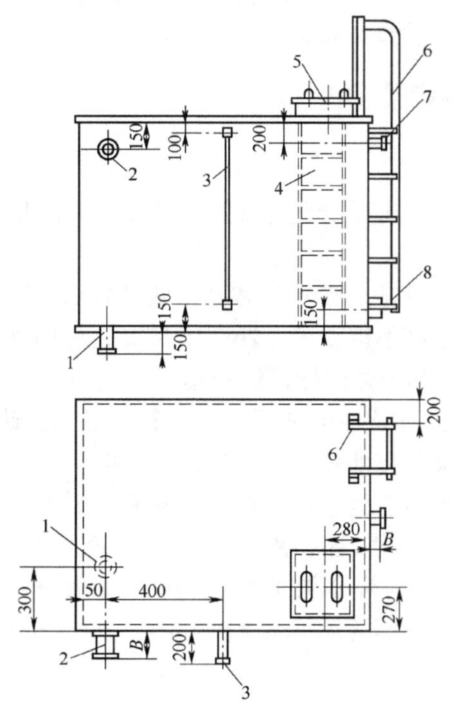

1—泄水管；2—溢流管；3—水位计；4—内人梯；5—人孔；6—外人梯；7—进水管；8—出水管

图 6-9　水箱配管与附件的安装示意图

（1）进水管。进水管一般由水箱侧壁接入，也可从顶部或底部接入。

当水箱直接利用室外管网压力进水时，进水管出口处应装设液压水位控制阀或浮球阀。进水管上还应装设检修用的阀门。当进水管管径大于或等于50mm时，浮球阀应不少于2个。从侧壁进入的进水管，其中心距箱顶应有150～200mm的距离。

当水箱由水泵供水，并利用水位升降自动控制水泵运行时，不得装水位控制阀。

（2）出水管。出水管可从侧壁或底部接出，出水管内底或管口应高出水箱内底且高出值应大于50mm；出水管不宜与进水管在同一侧面；出水管上应装设闸阀，不允许安装截止阀；水箱进、出水管宜分别设置；如进水、出水合用一根管道，则应在出水管上装设阻力较小的旋启式止回阀，止回阀的标高应低于水箱最低水位1.0m以上。

（3）溢流管。溢流管可从底部或侧壁接出，溢流管的进水口宜采用水平喇叭口集水并应高出水箱最高水位50mm。溢流管上不允许设置阀门。溢流管出口应设网罩，其管径应比进水管大一级。

（4）泄水管。泄水管应自底部接出，管上应装设闸阀，其出口可与溢流管相接，但不得与排水系统直接相连。其管径应不小于50mm。

（5）水位信号装置。该装置是反映水位控制阀失灵报警的装置。可在溢流管口（内底）齐平处设信号管，它一般自水箱侧壁接出，常用管径为15mm。其出口应接至经常有人值班的房间内的洗涤盆上。

（6）通气管。供生活饮用水的水箱，当其储量较大时，宜在箱盖上设通气管，以使箱内空气流通。其管径一般不小于50mm，管口应朝下并设网罩。

（7）人孔。为便于清洗、检修，箱盖上应设人孔。

6.3.2 水箱的制作与安装

1．膨胀水箱的安装

膨胀水箱在热水采暖系统中起着容纳系统膨胀水量，排除系统中的空气，为系统补充水量及定压的作用。

膨胀水箱一般用钢板焊制而成，有矩形和圆形两种外形，其中矩形水箱使用得较多。它一般置于水箱间内，水箱间净高不得小于2.2m，并应有良好的采光通风措施；室内温度不得低于5℃，如有冻结可能时，其箱体应做保温处理。

膨胀水箱的管路配置情况如图6-10所示。其配管管径由设计确定。

当不设补给水箱时，膨胀水箱可和补给水泵联锁以自动补水，此时图6-10中的检查管可不装，补、给水管将和水泵送水管连接。当膨胀水箱置于采暖房间时，循环管可不装。

给膨胀水箱安装配管时，膨胀管、溢流管、循环管上均不得安装阀门。膨胀管应接于系统的回水干管上，并位于循环水泵的吸水口侧。膨胀管、循环管在回水干管上的连接间距不应小于1.5～2.0m。排污管可与溢流管接通，并一起引向排水管道或附近的排水池槽。

2．给水水箱的安装

给水水箱在给水系统中起储水、稳压作用，是重要的给水设备。它多用钢板焊制而成，也可用钢筋混凝土制成，有圆形和矩形两种外形。

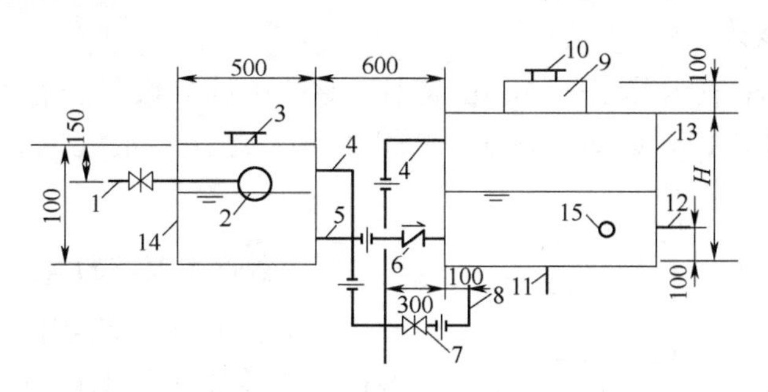

1—给水管；2—浮球阀；3—水箱盖；4—溢流管；5—补水管；6—止回阀；7—阀门；8—排污管；

9—人孔；10—人孔盖；11—膨胀管；12—循环管；13—膨胀水箱；14—补水箱；15—检查管

图 6-10 带补给水箱的膨胀水箱配置

给水水箱一般置于建筑物最高层的水箱间内，其对水箱间及水箱的保温要求与膨胀水箱相同。

（1）水箱就位。为收集安装在室内钢板水箱壁上的凝结水及防止水箱漏水，一般应在水箱支座（垫梁）上设置托盘。托盘用 50mm 厚的木板上包 22#镀锌铁皮制作而成，其周边应伸出水箱周界 100mm，高出盘面 50mm。水箱托盘上应设泄水管，以排除盘内的积水。

（2）水箱配管及其安装。给水水箱的配管如图 6-11 所示，水箱托盘及排水如图 6-12 所示。其连接管道有进水管、泄水管、出水管、溢流管、信号管和通气管等。

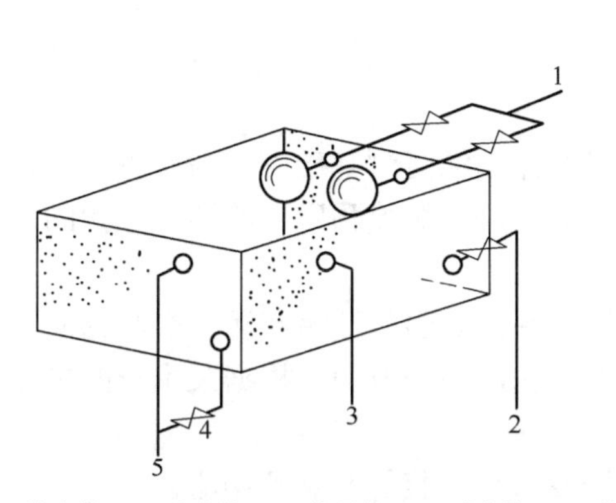

1—进水管；2—出水管；3—信号管；4—泄水管；5—溢流管

图 6-11 水箱配管示意图

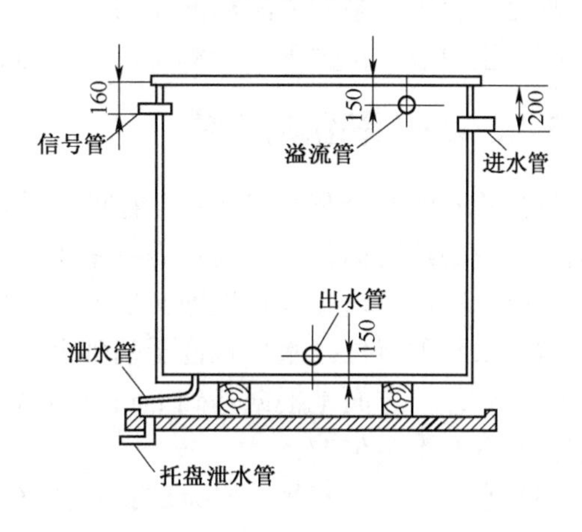

图 6-12 水箱托盘及排水

任务 6.4 水泵的安装

6.4.1 离心式水泵

水泵的作用是吸水并将水输送给用户，是能将水提升、加压的设备。在建筑物内部的给水系统中，一般采用的是离心式水泵。它具有流量、扬程选择范围大，安装方便，效率较高，工作稳定等优点。

1. 水泵的性能参数

每台水泵都有一个表示其工作特性的铭牌。铭牌中的参数代表着水泵的性能，包括流量、扬程、功率、效率、转速等。流量和扬程是水泵最主要的性能参数，也是选择水泵的主要依据。

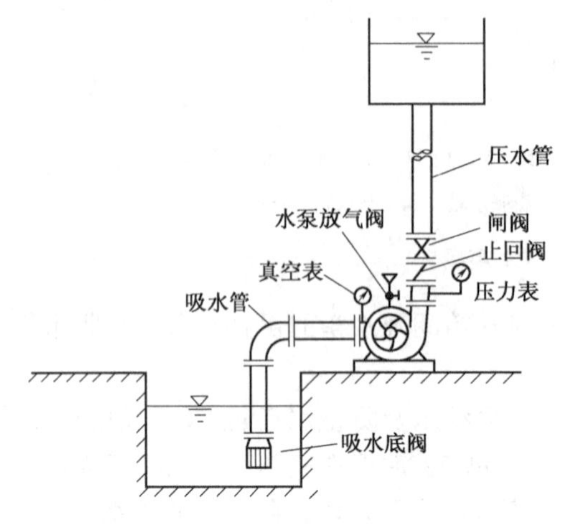

图 6-13　离心式水泵的管路附件

2. 离心式水泵的管路附件

离心式水泵的管路附件如图 6-13 所示。水泵的工作管路有压水管和吸水管两条。压水管用于将水泵压出的水送到需要的地方，该管路上应安装闸阀、止回阀、压力表；吸水管是水池至水泵吸水口之间的管道，用于将水由水池送至水泵内，该管路上应安装吸水底阀和真空表。

（1）闸阀。闸阀在管路中起调节流量和维护检修水泵、关闭管路的作用。

（2）止回阀。止回阀在管路中起到保护水泵，防止突然停电时水倒流入水泵中的作用。

（3）吸水底阀。底阀起阻止吸水管内的水流入水池，保证水泵能注满水的作用。

（4）压力表。压力表用于测量出水压力。

6.4.2　水泵机组的安装

（1）基础的检查和画线。水泵在就位前，应根据设计图纸复测基础的标高及中心线，并将确定的中心线用标记明显地标志在基础上，然后画出各地脚螺栓预留孔或预埋位置的中心线，以此检查各预留孔或预埋地脚螺栓的准确度。

（2）水泵的就位。水泵就位于基础上时，必须将泵底座底面的油污和泥土等脏物清除干净。就位时，一方面是根据基础上画出的纵、横向中心线，另一方面是根据泵本身的中心位置来使两者对准定位的。

（3）水泵的找正找平。水泵的找正找平主要是指找水平、找标高和找中心。

（4）二次灌浆。所谓二次灌浆，就是指用碎石混凝土将地脚螺栓孔、泵底座与基础表面间的空隙填满。

（5）吸水管和压水管的安装。吸水管口要安置在水源的最低水位以下。整个吸入管路从水泵吸入口起应保持下坡的趋势，以免在管路中积聚气泡。在压水管路上应安装止回阀。压水管上的闸阀应安装在止回阀的后面。

任务 6.5　管道支架的安装

支架的安装是管道安装的重要环节。支架的作用是支撑管道，限制管道的位移和变形，并承受从管道传来的内压力、外载荷及温度变形的弹性力，通过支架将这些力传递到支撑结

构或地基上。

6.5.1　管道支架的种类及构造

支架按在管路中起的作用不同分为固定支架和活动支架两种类型。

1．固定支架

在固定支架上，管道被牢牢地固定住了，不能有任何位移。

常用固定支架有卡环式和挡板式两种形式，卡环式固定支架如图 6-14 所示。卡环式用于 $DN \leqslant 100$mm 的管道，挡板式用于 $DN > 100$mm 的管道。

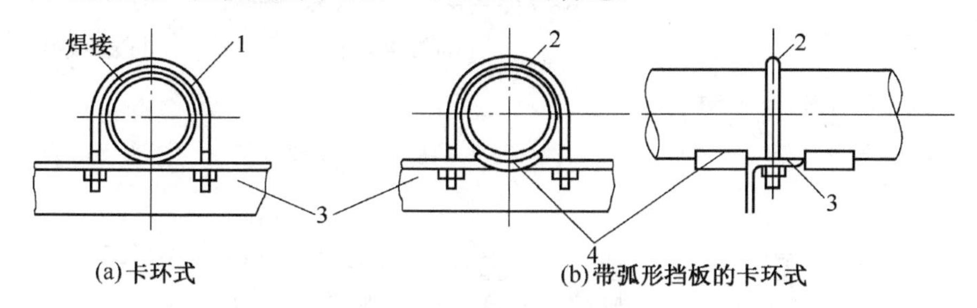

(a) 卡环式　　(b) 带弧形挡板的卡环式

1—固定管卡；2—普通管卡；3—支架横梁；4—弧形挡板

图 6-14　卡环式固定支架

2．活动支架

活动支架有滑动支架、导向支架、滚动支架和吊架四种。

（1）滑动支架。管道可以在滑动支架的支撑面上自由滑动。它分为低滑动支架（用于非保温管道）和高滑动支架（用于保温管道）两种，如图 6-15 和图 6-16 所示。

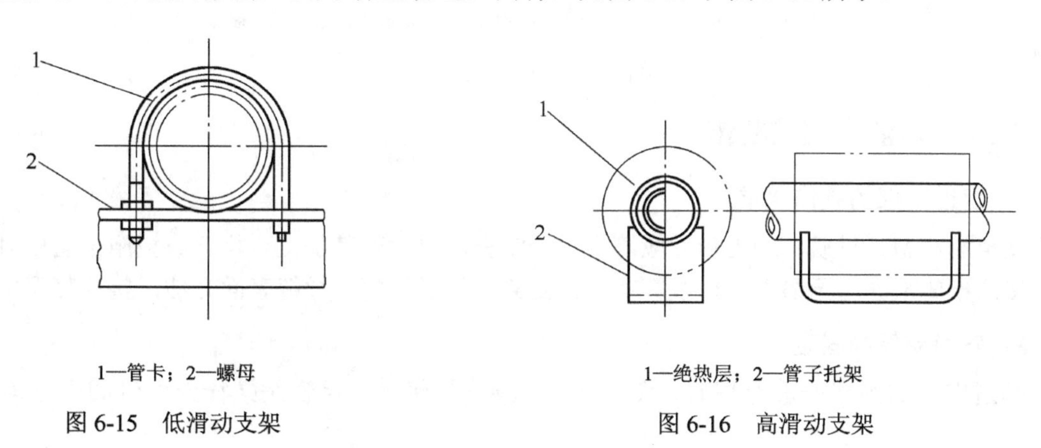

1—管卡；2—螺母

图 6-15　低滑动支架

1—绝热层；2—管子托架

图 6-16　高滑动支架

（2）导向支架。导向支架是为了使管子在支架上滑动时不偏移管子的轴心线，如图 6-17 所示。

（3）滚动支架。滚动支架有滚柱和滚珠支架两种，如图 6-18 所示。滚动支架适合在要求减小管道轴向摩擦力的场合使用，一般无严格限制时多采用滑动支架。

（4）吊架。吊架有普通吊架和弹簧吊架两种。完整的吊架是由管卡、吊耳、吊杆、花篮

螺丝等组成的。花篮螺丝的上下螺纹（分别为左、右旋螺纹）与吊杆端部螺丝连接在一起，旋转花篮螺丝就可以调整吊杆的总长度了。吊架的结构如图 6-19 所示。

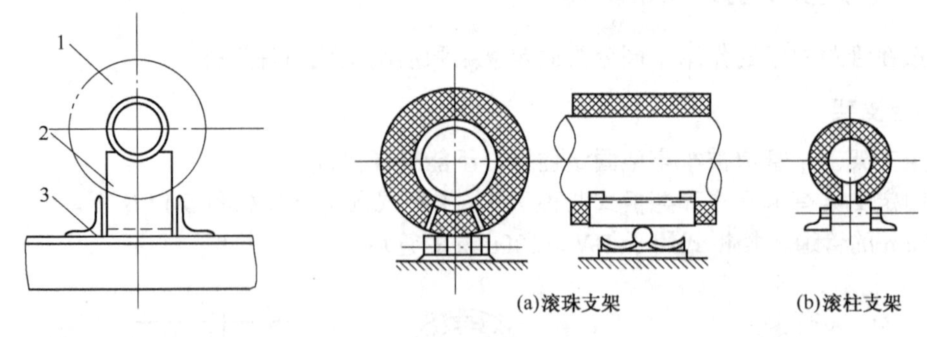

1—保温层；2—管子托架；3—导向板

图 6-17　导向支架

图 6-18　滚动支架

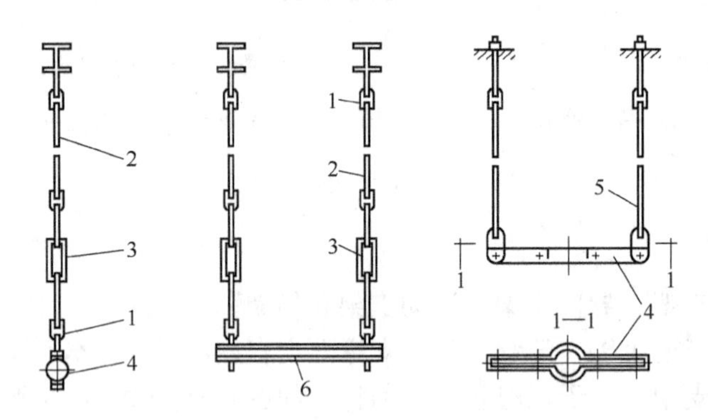

1—吊耳；2—吊杆；3—花篮螺丝；4—管卡；5—带吊耳的吊杆；6—横梁

图 6-19　吊架的结构图

6.5.2　管道支架的制作

1. 管道支架的制作要求

支架的选型、材质、加工尺寸应符合设计要求，要检查其加工合格证或按施工图核对。其焊接质量要牢固，无漏焊、裂纹等缺陷。支架应外形规整，焊缝表面光洁，整体美观。

2. 管道支架的固定

管道支架的固定一般有埋栽、夹于柱上、预埋件焊接、用膨胀螺栓或射钉固定等多种方法。

（1）埋栽法。其施工步骤为放线、支架位置定位、打洞、插埋支架。

（2）夹柱法。管道沿柱安装时，可将支架和夹架用螺栓夹紧在柱子上，以使支架固定。

（3）预埋件焊接法。预埋件是配合土建施工时埋入的，预埋钢板背面应焊上带钩的圆钢，以保证土建施工浇入混凝土后牢固，带钩的圆钢可与混凝土中的钢筋焊接在一起。

（4）膨胀螺栓固定法。在确定支梁安装位置后，首先用支梁实物在安装处确定钻孔位置，然后钻孔、打入膨胀螺栓，将支梁用膨胀螺栓的螺母固紧。

6.5.3 管道支架的安装要求

1．支架的选用

在管道上无垂直位移或垂直位移很小的地方应设置活动支架或刚性吊架；在管道具有垂直位移的地方，应装设弹簧吊架。不便装设弹簧吊架时，也可以采用弹簧支座。

2．支架间距

管道支架间距与管子及其附件、保温结构、管内介质的质量对管子造成的应力和应变等有关。支架的间距应符合施工验收规范的规定。

3．支架的安装要求

（1）位置应正确，埋设应平整牢固。

（2）固定支架与管道接触应紧密，固定应牢靠。

（3）滑动支架应灵活，纵向移动量应符合设计要求。

（4）有热伸长管道的吊架、吊杆应向热膨胀的反方向偏移。

（5）固定在建筑结构上的管道支架不得影响结构的安全。

4．支架的安装

（1）固定支架的安装。一般在室内，当管道的管径较小时，可采用U形管卡将固定支架两侧螺栓拧紧，即将管卡固定在管道上，使管道在该点不能产生位移，如图6-20所示。

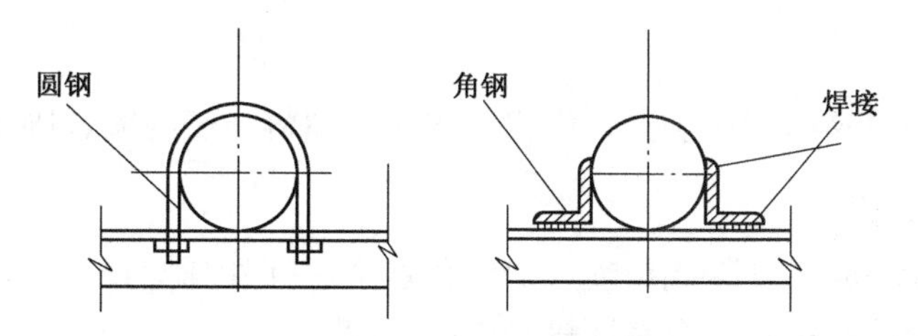

图6-20 室内固定支架的安装方法

对管径较大的管道可利用角钢块将管道与支架焊住。

（2）滑动支架的安装。安装U形管卡支架时，应将管道直接置于型钢支架上。U形管卡支架可控制管道的横向位移。为了保证管道在支架上自由伸缩，U形管卡一端不应安装螺帽。滑动支架的形式如图6-21所示。

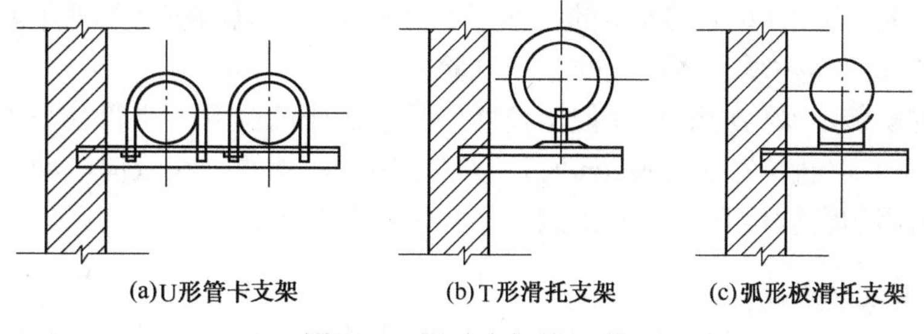

图6-21 滑动支架的形式

（3）吊架的安装。在非沿墙、柱敷设的管道可采用吊架来安装，吊架大多固定在顶棚上、

梁底部，其固定多采用膨胀螺栓、楼板钻孔穿吊杆或梁底设预埋件等方式。

如图6-22所示的吊架有热位移，其吊杆应垂直安装，且应向热膨胀的反方向偏移安装。

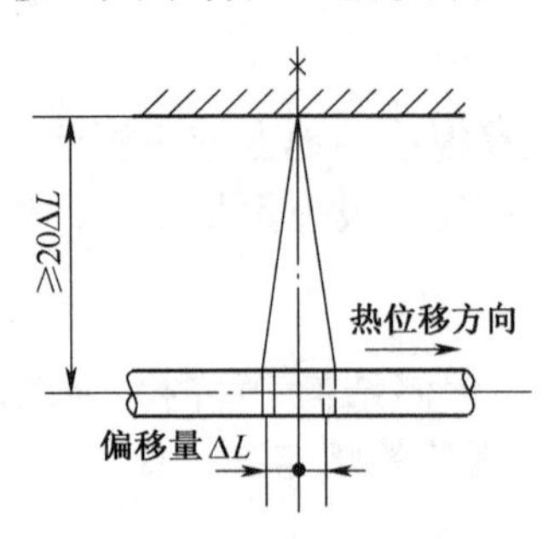

图6-22　吊架的安装位置

实训7　阀门及水表的安装

1．实训目的

通过实训，掌握阀门及水表安装的基本知识，熟悉在安装过程中常使用的工具，掌握其使用方法，初步掌握水暖管道系统附件的安装基本技能，能达到独立操作的目的，并确保安装质量合格。

2．实训内容及步骤

1）工具

管钳子、活扳子、阀门打压装置、阀门、水表、填料、密封圈、固定支架、手扳。

2）阀门的安装要求

（1）阀门的质量检验。安装阀门前应对阀件逐个进行外观检查，检查其阀件是否齐全、有无碰伤、缺损、锈蚀，铭牌、合格证等是否统一。

（2）强度试验。阀门的强度试验是检查阀体和密封结构、填料是否能满足安全运行要求的试验。对于公称压力等于或小于3.2MPa的阀门，其试验压力为公称压力的1.5倍；对于公称压力大于3.2MPa的阀门，其试验压力需按参考值来执行。试验时间不应少于5min；阀门壳体、填料无渗漏方为合格。

（3）严密性试验。除蝶阀、止回阀、底阀、节流阀外，其他阀门的严密性试验一般是在公称压力下进行的，也可以用1.25倍的工作压力进行试验，以阀瓣密封面不漏为合格。严密性试验不合格的阀门，必须解体检查并重新试验。

（4）阀门的安装。阀门应装设在便于检修和易于操作的位置。当管径小于或等于50mm时，宜采用截止阀；当管径大于50mm时，宜采用闸阀、蝶阀；在双向流动管段上，应采用闸阀；在经常启闭的管段，宜采用截止阀，不宜采用旋塞阀。

3）水表的安装要求

安装螺翼式水表时，表前与阀门应有8～10倍水表直径的直线管段，其他水表的前后应有不小于300mm的直线管段。明装在室内的分户水表，表外壳距离墙面的距离应不大于

30mm。当表前后直线管段长度大于 300mm 时，其超出管段应加乙字弯沿墙敷设。表体上的箭头方向要与水流方向一致。

4）管道的支架安装要求

一般在室内，当管道的管径较小时，可采用 U 形管卡将固定支架两侧螺栓拧紧，即将管卡固定在管道上，使管道在该点不能产生位移。

3．实训注意事项

（1）实训时一定要注意人身安全。

（2）应服从指导教师的安排。

（3）积极、认真地进行每一工种的操作实训，真正做到有所收获。

（4）实训结束后，要写出实训报告（总结）。

4．实例成绩考评

工具、材料准备	10 分
阀门强度试验	10 分
阀门安装	30 分
水表安装	20 分
实训报告	30 分

知识梳理与总结

本章主要介绍了水暖管道系统附件及设备的安装方法：阀门的类型及其安装的一般要求；水表的种类及水表在安装时应注意的问题；水箱的管路组成、水箱制作、安装的要求；水泵的工作原理、构造和水泵机组的安装要求。本章还介绍了管道支架的种类、构造和安装的方法。通过本章的学习，应掌握水暖管道系统常用的附件及设备的安装方法和要求。

习题 6

1．水表的作用是什么？

2．选择水表的依据是什么？安装水表时要注意哪些问题？

3．水箱的作用有哪些？

4．水箱上有哪些配管？各起什么作用？

5．膨胀水箱的作用是什么？应设置在系统中的什么位置？

6．离心式水泵的管路有哪些附件？各起什么作用？

7．管道支架有什么作用？

8．管道支架的种类有哪些？

学习情境7 通风与空调系统的安装

教学导航

教	知识重点	通风与空调系统的分类及组成、常用材料
	知识难点	通风与空调管道及配件的制作与安装方法
	推荐教学方式	结合实物和图片进行讲解
	建议学时	8 学时
学	推荐学习方法	结合工程实物对所学知识进行总结
	必须掌握的专业知识	1．离心式及轴流式通风机的安装方法 2．通风空调工程施工验收的方法及步骤
	必须掌握的技能	1．能独立完成风管及配件的加工制作 2．能进行风管的安装 3．能进行通风空调系统的检测、调试及验收

任务7.1　通风与空调系统的分类及组成

通风，就是指向某一房间或空间输送新鲜空气，将室内被污染的空气直接或经处理后排到室外，从而使室内空气环境符合卫生标准，满足人们生活或生产的需要。通风的目的是为了提供人们生命所需的氧气，冲淡CO_2及异味，促进房间空气流动，排除房间产生的余热、粉尘及有害气体等。

空调是空气调节的简称，是高级的通风，是按照人们的生活、工作或生产工艺的要求，对空气的温度、湿度、洁净度、空气速度、噪声、气味等进行控制并提供足够的新鲜空气的工程技术。给建筑物设置空调的目的是控制环境的温度、湿度来满足舒适的要求，以及控制房间的空气流速及洁净度来满足特殊工艺对空气质量的要求。

7.1.1　通风系统的分类及组成

1．通风系统的分类

按照处理房间空气方式的不同，通风系统可分为送风和排风。所谓送风即指将室外新鲜空气送入房间，以改善空气质量；排风是指将房间内被污染的空气直接或经处理后排出室外。

按作用范围的不同，通风系统可分为局部通风和全面通风。局部通风是指为改善房间局部地区的工作条件而进行的通风换气；全面通风是指为改善整个空间空气质量而进行的通风换气。

按工作动力的不同，通风系统可分为自然通风和机械通风。自然通风是指借助室内外压差产生的风压和室内外温差产生的热压进行通风换气；机械通风是指依靠机械动力（风机风压）通过管道进行通风换气。

2．通风系统的组成

通风系统一般包括风管、风管部件、风管配件、风机及空气处理设备等。风管部件指各类风口、阀门、排气罩、消声器、检查测定孔、风帽、吊托支架等；风管配件指弯管、三通、四通、异径管、静压箱、导流叶片、法兰及法兰连接件等。

（1）自然通风系统。自然通风系统可利用建筑物内设置的门窗进行通风换气，是一种既经济又有效的措施，因此对室内空气的温、湿度、洁净度、气流速度等参数无严格要求的场合应优先考虑自然通风系统。自然通风系统的工作过程如图7-1所示。

（2）局部机械排风系统。局部机械排风系统由吸风口、排风管道及管件、排风机、风帽及空气净化设备等组成，如图7-2所示。

① 吸风口，用于将被污染的空气吸入排风管道内。其形式有吸风罩、吸风口、吹吸罩等。

② 排风管道及管件，用于输送被污染的空气。

③ 排风机。利用排风机提供的机械动力可排出被污染空气。

④ 风帽，将被污染的空气排入大气中，防止空气倒灌或防止雨灌入管道部件。

⑤ 空气净化处理设备。当被污染的空气有害物浓度超过国家规定卫生许可标准时，排放前需要对其进行净化处理，常用的形式是除尘器。若其排放浓度低于排放标准，则该设备可不设。

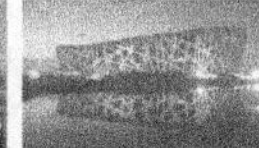

它处理空气的方式是将房间局部地点产生的污浊气体直接排走，以防止污浊气体向室内其他空间扩散。

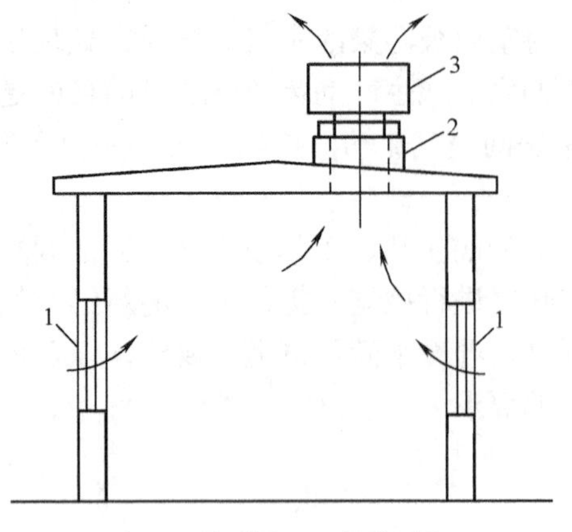

1—窗；2—防雨罩；3—筒形风帽

图7-1　自然通风系统的工作过程

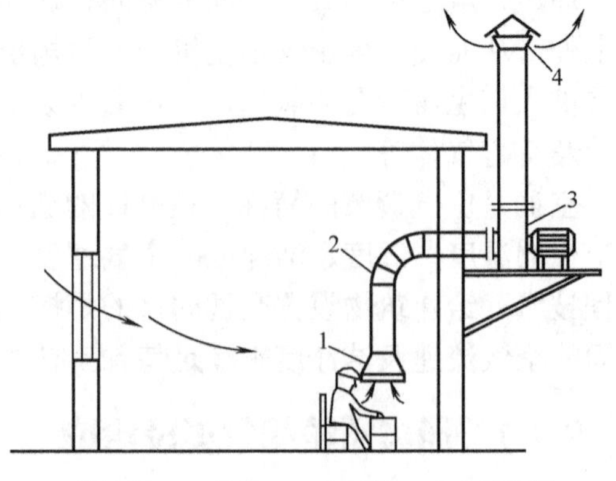

1—吸风罩；2—风管；3—排风机；4—伞形风帽

图7-2　局部机械排风系统

（3）局部机械送风系统。室外新鲜空气通过进风装置进入，经送风机、送风管道、送风口送到局部通风地点，以改善工作人员周围的局部环境，使其达到要求标准。这种处理方式适用于大面积空间、工作人员稀少的场合。局部机械送风系统如图7-3所示。

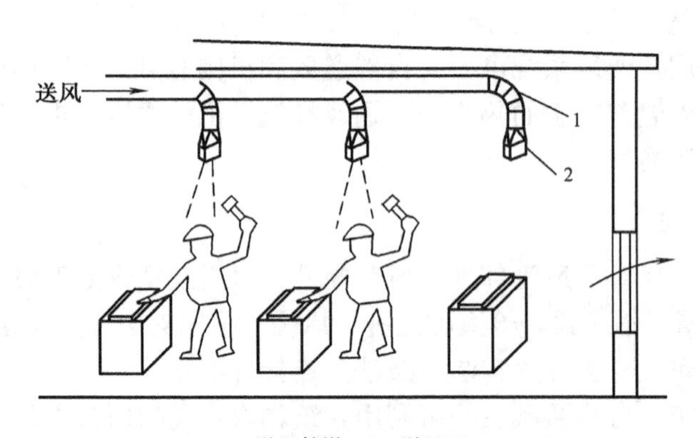

1—送风管道；2—送风口

图7-3　局部机械送风系统

（4）全面通风系统。全面通风是指对整个控制空间而不是局部空间进行通风换气，这种通风方式实际是将室内污浊的空气稀释，从而使整个控制空间的空气质量达到允许的标准，同时将室内被污染的空气直接或经处理后排出室外。因此，其通风量及通风设备较大，投资及维护管理量大，只有局部通风无法适用时才应考虑全面通风。

7.1.2　空调系统的分类及组成

1. 空调系统的分类

根据不同的分类方法，空调系统可以分为四大类，如表7-1所示。

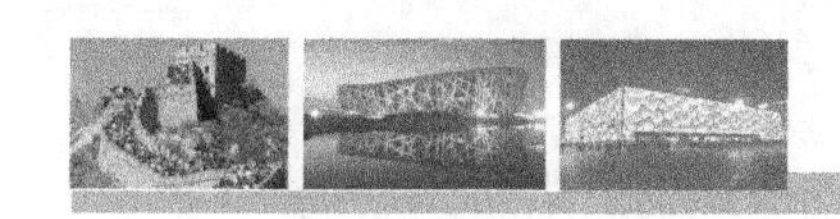

表7-1　空调系统的分类

分　类	空调系统	系统特征	系统应用
按空气处理设备的设置分类	集中系统	集中进行空气的处理、输送和分配	单风管系统、双风管系统、变风量系统
	半集中系统	除了有集中的中央空调器外，在各自空调房间还分别有处理空气的“末端装置”	末端再热式系统、风机盘管机组系统、诱导器系统
	全分散系统	每个房间的空气处理分别由各自的整体式空调器承担	单元式空调器系统、窗式空调器系统、分体式空调器系统、半导体式空调器系统
按负担室内空调负荷所用的介质分类	全空气系统	全部由处理过的空气负担室内空调负荷	一、二次回风式系统
	空气-水系统	由处理过的空气和水共同负担室内空调负荷	再热系统和诱导器系统并用，全新风系统和风机盘管机组系统并用
	全水系统	全部由水负担室内空调负荷，一般不单独使用	风机盘管机组系统
	制冷剂系统	制冷系统蒸发器直接放在室内吸收余热、余湿	单元式空调器系统、窗式空调器系统、分体式空调器系统
按集中系统处理的空气来源分类	封闭式系统	全部为再循环空气，无新风	再循环空气系统
	直流式系统	全部使用新风，不使用回风	全新风系统
	混合式系统	部分新风，部分回风	一、二次回风式系统
按风管中空气的流速分类	低速系统	考虑节能与消声要求的矩形风管系统，风管截面积较大	民用建筑主风管风速低于10m/s 工业建筑主风管风速低于15m/s
	高速系统	考虑缩小管径的圆形风管系统，耗能多、噪声大	民用建筑主风管风速高于12m/s 工业建筑主风管风速高于15m/s

2．空调系统的组成

空调系统由空气处理设备、空气输送设备、空气分配装置、冷热源及自控调节装置组成。其中空气处理设备主要负责对空气的热湿处理及净化处理等，如表面式冷却器、喷水室、加热器、加湿器等；空气输送设备包括风机，送、回、排风管及其部件等；空气分配装置主要指各种送风口、回风口、排风口；冷热源是指为空调系统提供冷量和热量的成套设备，如锅炉房、冷冻站等。冷冻站中常用的冷冻机有冷水机组、压缩冷凝机组等。

（1）分散式空调系统。分散式空调系统又称局部式空调系统，由空气处理设备、风机、制冷设备、温控装置等组成。上述设备集中安装在一个壳体内，由厂家集中生产，现场安装，因此这种系统可以不使用风道。该系统适用于用户分散、彼此距离远、负荷较小的情况。常用的有窗式空调器和立柜式空调机组、分体挂装式空调器等。分散式空调系统如图7-4所示。

（2）集中式全空气系统。集中式全空气系统是指空气经集中设置在机房的空气处理设备集中处理后，由送风管道送入空调房间的系统。它分为单风道系统和双风道系统。其特点是所有的空气处理设备都集中在一个机房中。它的服务面积大，服务的空调房间相对分散，普遍用于大型公共建筑物中，如体育馆、影剧院、超市等。

① 单风道系统。它适用于空调房间较大或各房间负荷变化情况类似的场合，主要由集中设置的空气处理设备、风机、风道及阀部件、送风口、回风口等组成。其常用的系统形式有一次回风系统、二次回风系统、全封闭式系统、直流式系统等。如图7-5所示为集中式二次回风空调系统。

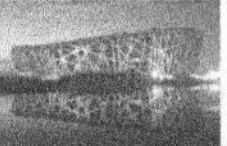

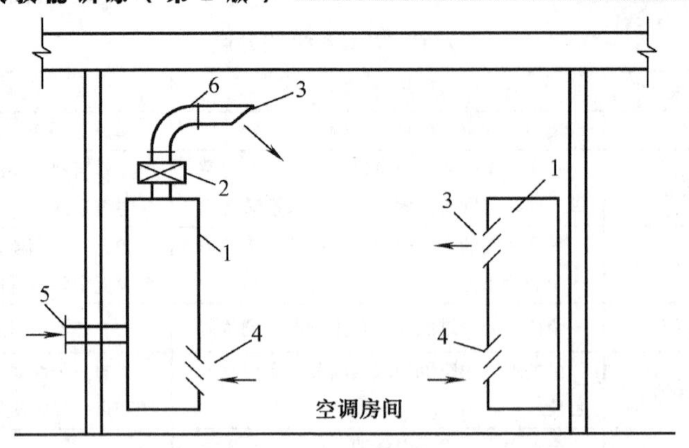

1—空调机组；2—电加热器；3—送风口；4—回风口；5—新风口；6—送风管道

图 7-4　分散式空调系统

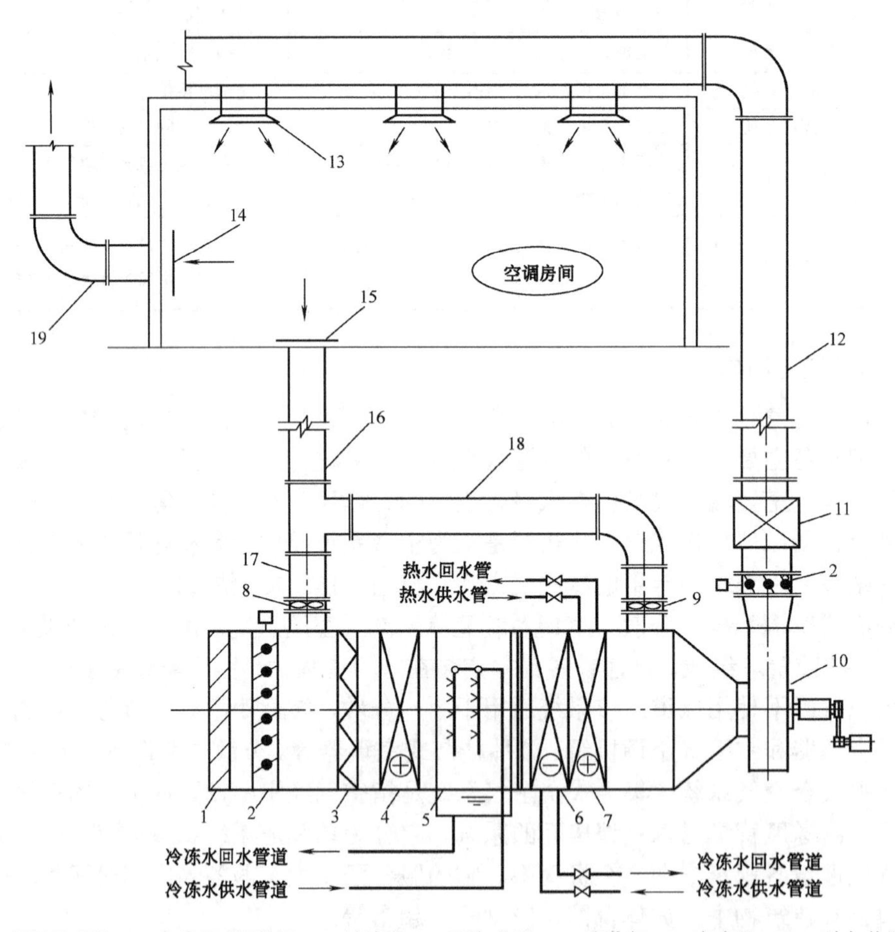

1—新风百叶窗；2—电动多叶调节阀；3—过滤器；4—预加热器；5—喷淋室；6—表冷器；7—二次加热器；8—一次回风阀；9—二次回风阀；10—离心送风机；11—消声器；12—送风管道；13—送风口；14—排风口；15—回风口；16—回风管道；17—一次回风管道；18—二次回风管道；19—排风管道

图 7-5　集中式二次回风空调系统

② 双风道系统。双风道系统由集中设置的空气处理设备、送风机、热风道、冷风道、阀部件及混合箱、温控装置等组成。冷热风分别送入混合箱，通过室温调节器控制冷热风混合比例，从而保证独立控制各房间温度。该系统尤其适合负荷变化不同或温度要求不同的用户。其缺点是初投资大、运行费用高、风道断面占用空间大、难于布置。

（3）半集中式空调系统。半集中式空调系统多数为空气—水半集中式系统。该系统的优点是风管断面小（为普通风管的 1/3），节约建筑空间、钢材和保温材料；缺点是初始投资高、噪声大。其常用的有诱导式空调系统和风机盘管空调系统。

① 诱导式空调系统。诱导器与新风的混合系统就叫做诱导式空调系统。在该系统中，新风通过集中设置的空气处理设备处理后经风道送入设置于空调房间的诱导器中，再由诱导器喷嘴高速喷出，同时吸入房间内空气，使得这两部分空气在诱导器内混合后送入空调房间。空气—水诱导式空调系统的诱导器带有空气再处理装置（即盘管），可通入冷、热水对诱导进入的二次风进行冷热处理。该系统与集中的全空气系统相比具有风道断面尺寸较小、容易布置等优点，但其设备价格贵，初投资较高，维护量大。诱导式空调系统的工艺流程如图 7-6 所示。

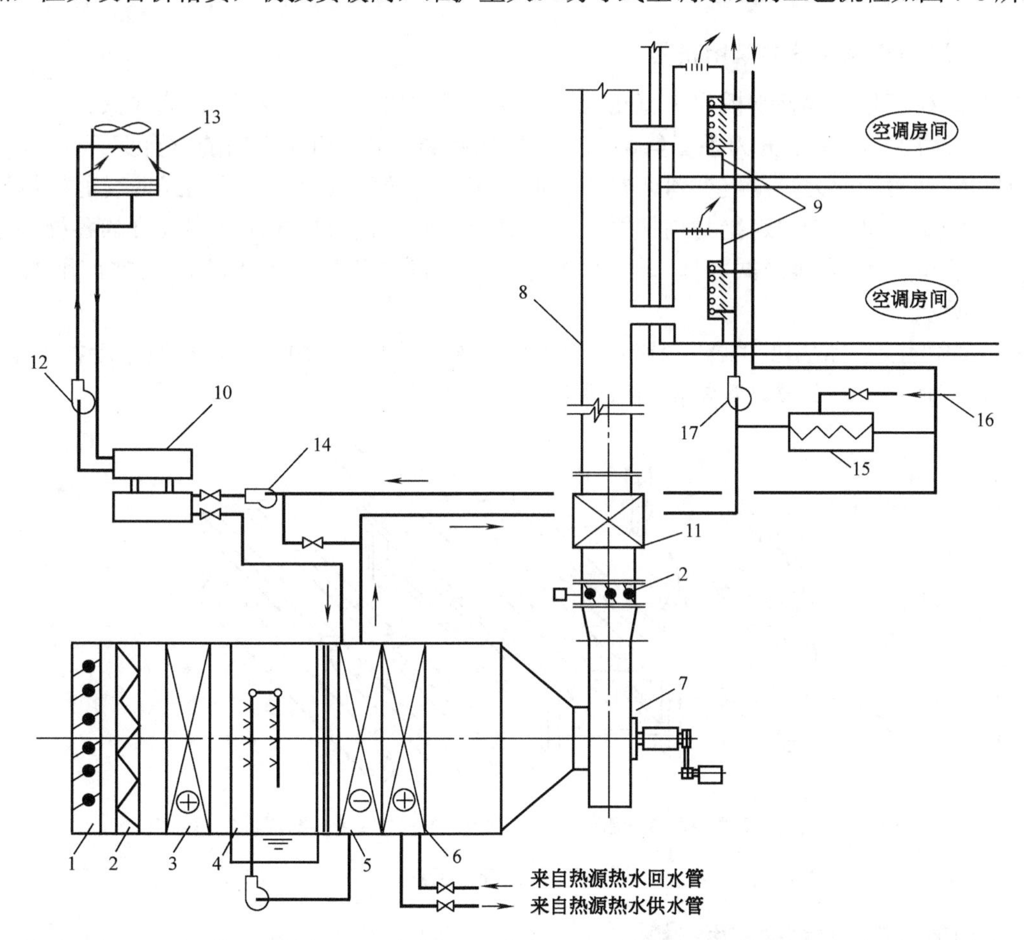

1—新风调节阀；2—过滤器；3—加热器；4—喷淋室；5—表冷器；6—预加热器；7—送风机；8—送风管；9—诱导器；10—冷水机组；11—消声器；12—冷却水泵；13—冷却塔；14——次水泵；15—热交换器；16—热媒；17—二次水泵

图 7-6　诱导式空调系统的工艺流程图

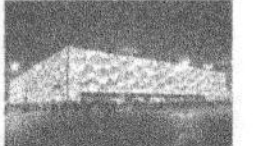

② 风机盘管加新风系统。风机盘管加新风系统是由风机盘管机组和新风系统组成的混合系统。新风由集中的空气处理设备处理后，通过风道、送风口送入空调房间，或与风机盘管处理的回风混合后一并送入；室内空调负荷是由集中式空调系统和放置在空调房间内的风机盘管系统共同负担的。

风机盘管机组的盘管内通入热水或冷水以加热或冷却空气，热水和冷水又称做热媒和冷媒，因此机组水系统至少应装设供、回水管各一根，即将其做成双管系统。若冷、热媒分开供应，还可将其做成三管系统和四管系统。盘管内的热媒和冷媒由热源和冷源集中供给。因此，这种空调系统既有集中的风道系统，又有集中的空调水系统，其初投资较大，维护工作量大。目前这一系统在高级宾馆、饭店等建筑物中采用得很广泛。

任务 7.2 通风与空调管道（简称风管）的加工制作与安装

7.2.1 风管的加工制作

1. 通风与空调系统的常用机具

（1）画线工具，包括钢板尺、直角尺、划规、量角器、划针、样冲、曲线板。

（2）剪切工具。剪切分为手工剪切和机械剪切两类。手工剪切常用的有直剪刀、弯剪刀、侧剪刀和手动滚轮剪刀等；机械剪切常用的剪切工具有龙门剪板机、振动式曲线剪板机等。

（3）咬口工具。咬口连接是指把需要相互连接的两个板边折成能互相咬合的各种钩形，钩接后压紧折边的连接形式。咬口的方法有手工和机械两种。手工咬口经常使用的工具如图 7-7 所示。

（4）铆接工具。常用的铆接工具包括手提电动液压铆接机、电动拉铆枪及手动拉铆枪等。

（5）焊接工具。金属风管常使用气焊和手工电弧焊。

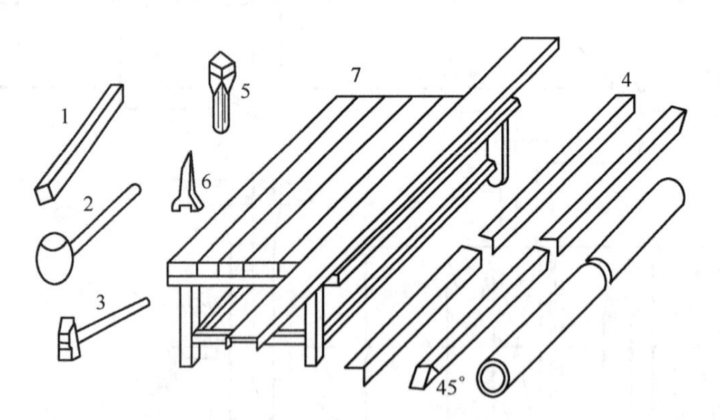

1—木方尺；2—硬质木锤；3—钢制方锤；4—垫铁；5—衬铁；6—咬口套；7—工作台

图 7-7 手工咬口工具

2. 通风与空调系统的常用材料

（1）板材。通风工程中常用的板材有金属板材和非金属板材两大类，其中金属板材有普通钢板、镀锌钢板、不锈钢、铝板等，一般的风管可采用 0.5～1.5mm 厚的钢板；非金属板材有塑料复合钢板、塑料板、玻璃钢等。塑料板因其光洁、耐腐蚀的优点可用于洁净空调系

统中；玻璃钢板材的耐腐蚀强度好，常用于带有腐蚀性气体的通风系统中。

（2）型材。通风空调工程中常用的型材有角钢、扁钢、槽钢等，用于制作管道及设备支架。管道连接用法兰。

（3）垫料。每节风管两端的法兰接口之间要加衬垫，其厚度一般为 3～5mm。衬垫应具有不吸水、不透气、耐腐蚀、弹性好等特点。目前在一般的通风与空调系统中应用较多的垫料是橡胶板。输送烟气温度高于 70℃的风管可使用石棉橡胶板或石棉绳。

3．风管及部件的加工制作

风管及部件的加工制作包括放样下料、板材的剪切、薄钢板的咬口、折方卷圆、连接成形及给管端部安装法兰等操作。

7.2.2　风管的安装

1．风管支架的制作与安装

风管支架一般用角钢、扁钢和槽钢制作而成，其形式有吊架、托架和立管卡子等。如图 7-8 所示是各种风管支架的形式。

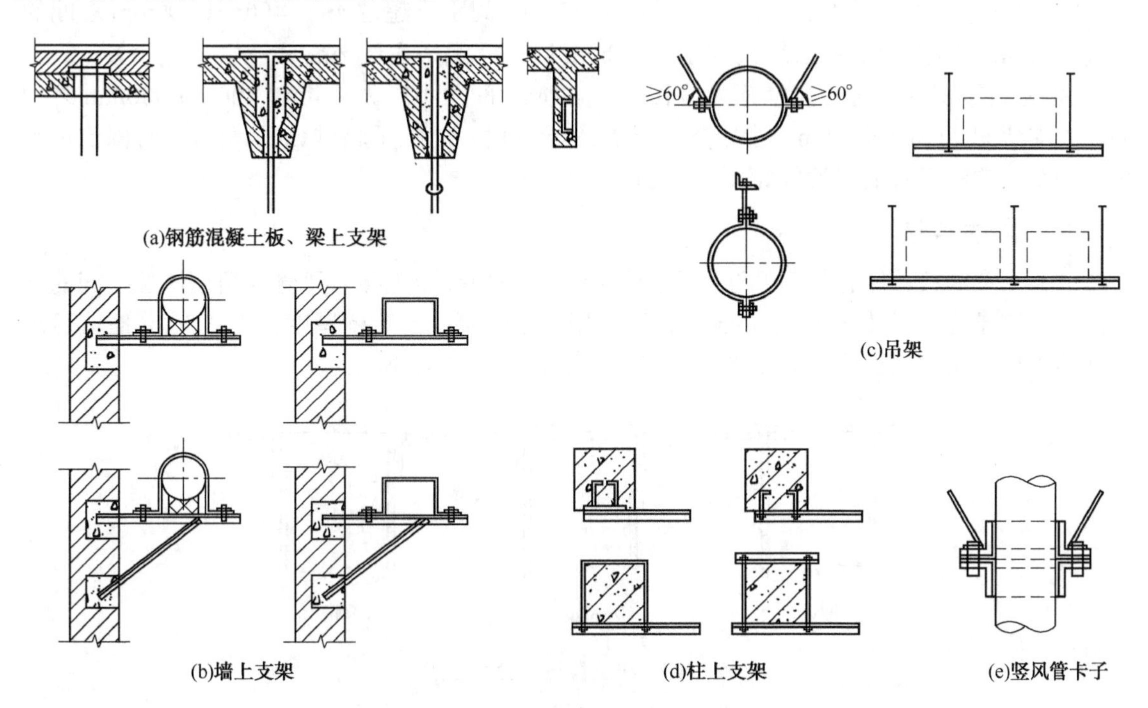

图 7-8　风管支架的形式

（1）风管支架在墙上的安装。沿墙安装的风管常用托架固定，风管托架横梁一般用角钢制作，当风管直径大于 1 000mm 时，托架横梁应使用槽钢。

（2）安装托架时，圆形风管应以管中心标高为准，矩形风管应以底标高为准。应按设计标高定出托架横梁面到地面的安装距离。

（3）风管支架在柱上的安装。风管托架横梁可用预埋钢板或预埋螺栓的方法固定，或用圆钢、角钢等型钢进行抱柱式安装，以上两种方法均可使风管安装牢固。

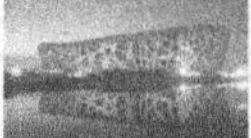

（4）风管吊架的安装。当风管的安装位置距墙、柱较远，不能采用托架安装时，常用吊架安装。圆形风管的吊架由吊杆和抱箍组成，矩形风管的吊架由吊杆和托梁组成。

（5）垂直风管的安装。垂直风管用法兰连接吊杆固定，或用扁钢制作的两半圆管卡栽埋于墙上固定，如图7-9所示。

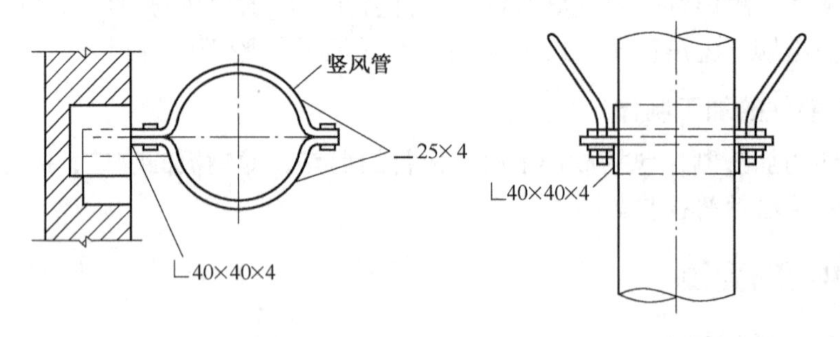

图7-9　垂直风管的固定

风管支架的间距可按照下列要求设置。

① 水平不保温风管的直径或大边长小于400m，间距不超过4m。400～1 000mm之间的风管支架间距不超过3m；当距离大于1 000mm时，间距不超过2m。

② 垂直不保温风管的直径或大边长小于400m，间距不应大于4m。400～1 000mm之间的风管支架间距不超过3.5m；当距离大于1 000mm时，间距不超过2m。每根立管固定件不少于两个。塑料风管的支架间距不大于3m。

2．风管的连接

（1）法兰连接。风管与扁钢法兰之间的连接可采用翻边连接。风管与角钢法兰之间的连接，当管壁厚度小于或等于1.5mm时，可采用翻边铆接；当管壁厚度大于1.5mm时，可采用翻边点焊或采用周边满焊。法兰盘与风管的连接如图7-10所示。

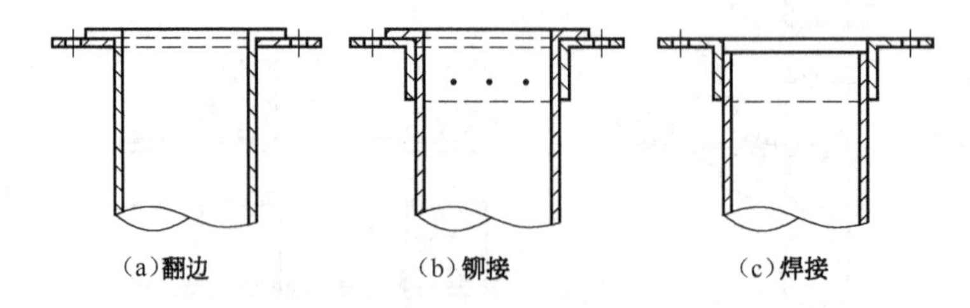

图7-10　法兰盘与风管的连接

（2）无法兰连接，包括抱箍式无法兰连接、承插式无法兰连接、插条式无法兰连接。无法兰连接改进了法兰连接耗钢量大的缺点，可大大降低工程造价。其中抱箍式无法兰连接和插接式无法兰连接用于圆形风管间的连接，插条式无法兰连接用于矩形风管间的连接。

3．风管的加固措施

对于管径较大的风管，为了使其断面不变形并减少管壁振动的噪声，需要对管壁加固。

当硬聚氯乙烯风管的管径或边长大于500mm时，其风管与法兰的连接处应设加强板，

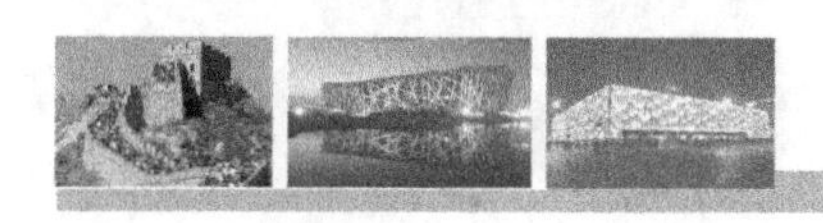
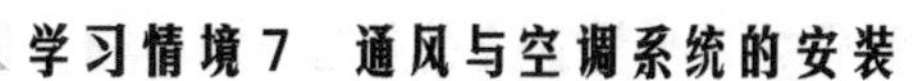

且间距不得大于 450mm；当玻璃钢风管边长大于 900mm，且管段长度大于 1 250mm 时，应加固。常见几种风管的加固方法如图 7-11 所示。

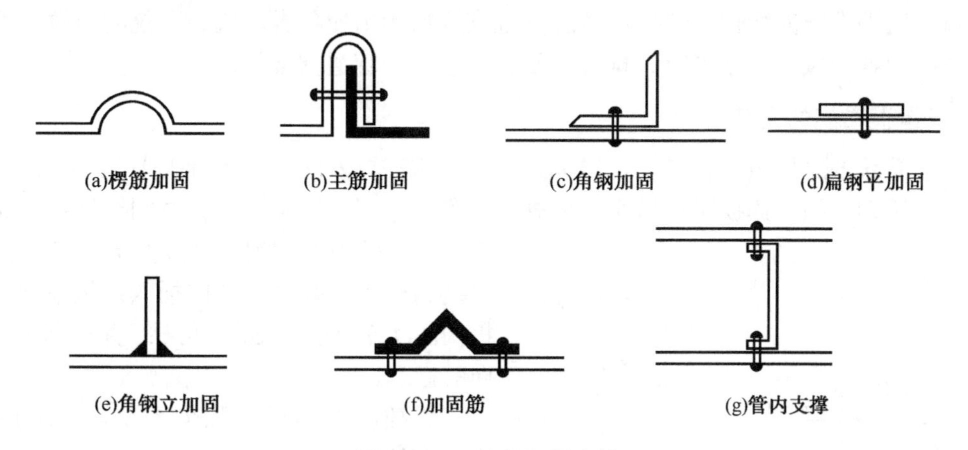

图 7-11　风管的加固方法

（1）压楞筋法：给钢板上加工出凸棱，可呈对角线交叉，或沿轴线方向压棱。不保温管应凸向外侧，保温管应凸向内侧。

（2）角钢或扁钢加固法。将角钢或扁钢框加固或仅在大边上做角钢或扁钢加固条，这种加固方法强度好，应用广泛。

（3）加固筋法：在风管表面制作凸起的加固筋，并用铆钉铆接。

（4）管内支撑法：将加固件做成槽钢形状，用铆钉上下铆固。

4．风管安装的技术要求

（1）风管的纵向闭合缝要求交错布置，且不得置于风管底部。

（2）风管与配件的可拆卸接口不得置于墙、楼板和屋面内。当风管穿越楼板时，要用石棉绳或厚纸包扎，以免风管受到腐蚀；当风管穿越屋面时，屋面板应预留孔洞。安装完风管后，屋面孔洞应做防雨罩，如图 7-12 所示。防雨罩与屋面接合处应严密不漏水。

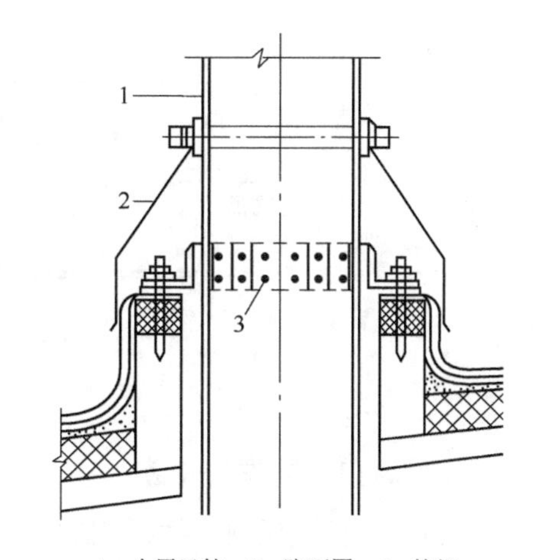

1—金属风管；2—防雨罩；3—铆钉

图 7-12　风管穿过屋面时的防雨罩

（3）当地下风管穿越建筑物基础时，若无钢套管，则在基础边缘附近的接口应用钢板或角钢加固。

（4）当地下风管和地上风管连接时，地下风管露出地面的接口长度不得少于 200mm，以利于安装操作。

（5）钢板风管安装完毕后需除锈、刷漆。若为保温风管，只需刷防锈漆，而不用刷面漆。

（6）当风管穿出屋面高度超过 1.5m 时，应设拉索。拉索应用镀锌铁丝制成，并不少于 3 根。拉索不应拉在避雷针或避雷网上。

7.2.3 阀门及配件的制作与安装

通风与空调系统的配件，包括调节总管或支管风量用的各类风阀、系统的末端装置及局部通风系统的各类风帽、吸尘罩、排气罩及柔性接管、管道支架等。

1. 风量调节阀的安装

为调节系统的总风量、各支管及送风口风量，常需要安装对开多叶调节阀、蝶阀、防火调节阀、三通调节阀、插板阀等风阀。风阀的制作应牢固，以防止运行时因气流吹动而产生噪声。插板阀安装阀板必须为向上拉启；水平安装阀板还应顺气流方向插入；调节阀的调节机构应动作灵活、准确、可靠，并标示有转动方向的标志。

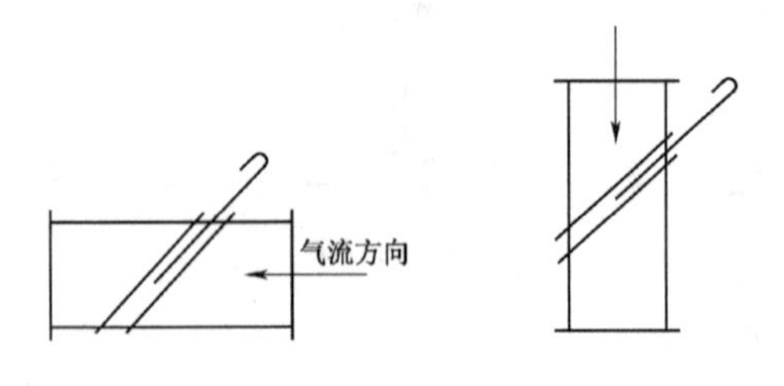

图 7-13 斜插板阀的安装位置与气流方向的关系

斜插板阀多用于除尘系统，安装时应考虑使其不积尘。如果其安装方向不正确就很容易积尘了。其安装位置与气流方向的关系如图 7-13 所示。

2. 防火阀的安装

当发生火灾时，防火阀（如图 7-14 所示）可切断气流，防止火灾蔓延。

制作防火阀时，阀体板厚应不小于 2mm，防火分区两侧的防火阀距墙体表面不应大于 200mm。防火阀应设置单独的支架，以防风管在高温下变形，影响阀门的功能；防火阀易熔金属片应设置于迎风面一侧。另外，防火阀安装有垂直安装和水平安装之分，有左右之分，因此安装时要特别注意其方向性；防火阀安装完毕后应做漏风试验。

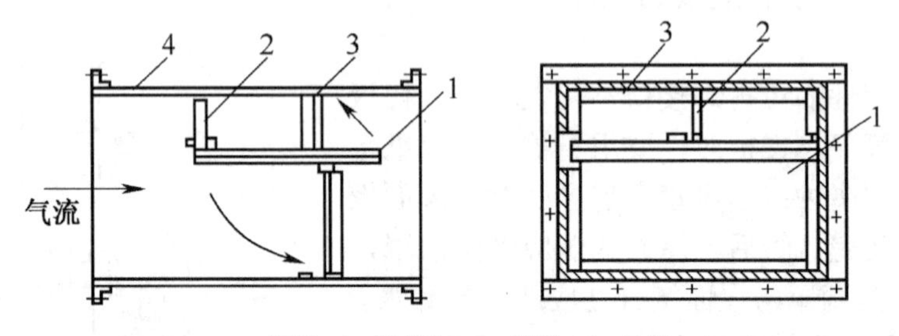

1—阀门；2—易熔片；3—挡板；4—风管

图 7-14 防火阀

3. 风口的制作与安装

（1）插板式风口。插板式送、回风口插板应制作得平整、边缘光滑，以使调节插板时平滑省力。

（2）百叶片式风口。百叶片式风口有连动百叶风口和手动百叶风口。单层百叶风口用于一般送风口；双层百叶风口用于调节风口垂直方向的气流角度；三层百叶风口用于调节风口垂直和水平方向的气流角度。百叶风口可在风管上、风管末端或墙上安装，其与风管的连接应牢固。

（3）散流器。散流器分为直片型和流线型两类。其中直片型又分为圆形和方形两种。制作圆形散流器时，应使其调节环和扩散圈同轴，且使每层扩散圈的周边间距一致，圆弧均匀。方形散流器的边线应平直，四角方正。

（4）孔板式风口。该风口的安装应横平竖直、表面平整。其露于室内的部分应与室内线条平行。各种散流器的风口面应与顶棚平齐。对于有调节和转动装置的孔板式风口，安装后应保持制作后的灵活程度。室内安装的同类型风口应对称布置；同一方向的风口，其调节装置应处于同一侧。

4．风帽的安装

风帽会利用风压或热压作用来加强排风能力，是自然排风的重要装置之一。

排风系统常用风帽有伞形风帽、锥形风帽和筒形风帽。伞形风帽用于一般机械排风系统，锥形风帽用于除尘及非腐蚀性有毒系统，筒形风帽用于自然通风系统。

风帽应安装于室外屋面上或排风系统的末端排风口处。各类风帽应按国家标准图规格和定型尺寸加工制作，其制作尺寸应准确，形状应规则，部件应牢固。对于安装于屋面上的筒形风帽，应注意做好屋面防水，以使风帽底部和屋面结合严密。

5．排气罩的安装

排气罩是局部排风装置，用于聚集和排除粉尘及有害气体。根据工艺设备情况，排气罩可制作安装成上吸式、下吸式及侧吸式等形式。

制作的吸气罩应符合设计要求或国家标准图规定，部件各部位尺寸应准确，连接处应牢固，所有活动部件应动作灵活，操作应省力方便。安装时，其位置应正确，固定方式应牢固可靠，且支架的设置不能影响工艺操作。

6．柔性短管的安装

柔性短管应装于风机和风管的连接处、风管穿越建筑物沉降缝处，以防止风机振动噪声通过风管传播扩散到空调房间。

柔性短管的材质应符合设计要求，一般用帆布或人造革制作。其连接缝应牢固严密，且帆布外边不得涂刷油漆，以防止帆布短管失去弹性和伸缩性，起不到减振作用。

柔性短管的安装应松紧适当，不得扭曲，如图 7-15 所示。安装在风机一侧的柔性短管可装得绷紧一点，以防止在风机启动时被吸入而减小断面尺寸。不能用柔性短管来做找平找正的连接管或异径管。柔性短管外部不宜做保温层，以免减弱柔性。

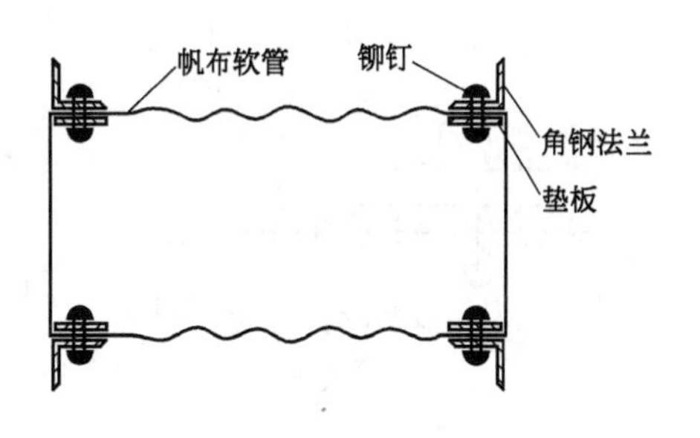

图 7-15 柔性短管

7．消声器的安装

消声器内部装设有吸声材料，用于消除管道中的噪声。它常设置于风机进、出风管上及产生噪声的其他空调设备处。常用的消声器有管式消声器、片式消声器、微穿孔板式消声器、复合阻抗式消声器、折板式消声器及消声弯头等。

消声器一般单独设置支架，以便拆卸和更换。普通空调系统消声器可不做保温，但对于

恒温恒湿系统要求较高时，消声器外壳应与风管一样做保温。

任务 7.3　通风与空调系统常用设备的安装

7.3.1　风机的安装

常用风机有离心式和轴流式两种。离心式风机由吸入口、叶轮、机壳、支撑和传动装置、出风口组成；轴流式风机由外壳、叶轮（焊在轴上的叶片）、支架组成。叶轮直接安装在电动机轴上，电动机则由支架固定于外壳上。

1. 离心式风机的安装

离心式风机的安装基本程序是：风机的开箱检查，基础准备或支架的安装；风机机组的吊装校正、找平；二次浇灌或与支架的紧固；复测安装的同心度及水平度；机组的试运转。

（1）离心式风机在安装前首先应开箱检查，应根据设备清单核对型号、规格等是否符合设计要求。

（2）安装前，应根据不同连接方式检查风机、电动机和联轴器基础的标高、基础尺寸及位置、基础预留地脚螺栓的位置大小等是否符合安装要求。

（3）将风机机壳放在基础上，分别对轴承箱、电动机、风机进行找平找正，将垫铁与底座之间焊牢。

（4）在混凝土基础预留孔洞及设备底座与混凝土基础之间灌浆，最后上紧地脚螺栓。

（5）风机在运转时会产生结构振动和噪声。为消除或减少噪声和保护环境，应采取减振措施。减振装置有弹簧减振器、JG 系列橡胶剪切减振器及 JD 型橡胶减振垫。各种减振器的安装如图 7-16 所示。

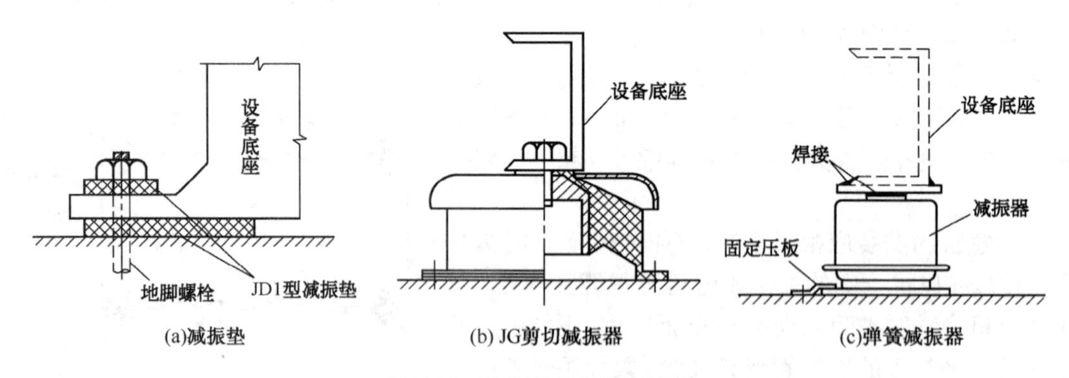

图 7-16　减振器的安装示意图

2. 轴流式风机的安装

轴流式风机有墙内安装和在支架上安装两种形式。在风管内安装的轴流式风机与在支架上安装的轴流式风机的安装过程相同：首先将风机底座固定在角钢支架上，再将支架按照设计要求标高及位置固定于建筑结构之上，然后使支架螺栓孔位置与风机底座相匹配，并且在支架与底座之间垫上 4～5mm 厚橡胶板，最后找平找正，拧紧螺栓。安装轴流式风机时应留

出电动机检查接线用的孔。

对于在墙内安装的轴流式风机，应在土建施工时预留孔洞，孔洞的尺寸、位置及标高应符合要求，其安装形式如图 7-17 所示。图中的甲型为无支座固定式安装；乙型用于有支座的风机安装。

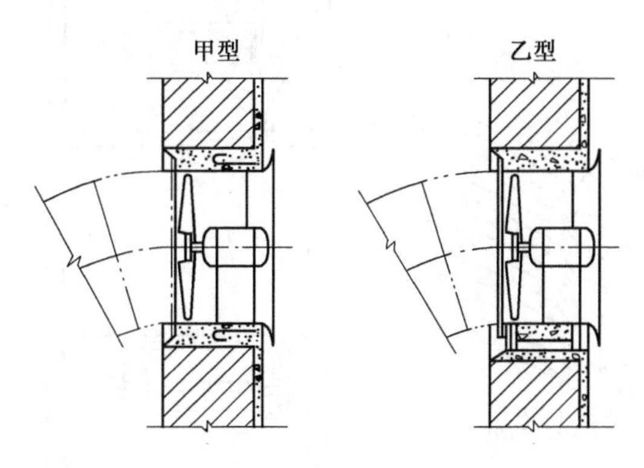

图 7-17　轴流式风机在墙内的安装

3. 风机的试运行

（1）风机启动前的检查。应检查机组各部分螺栓有无松动；检查机壳内及吸风口附近有无杂物，防止杂物吸入卡住叶轮，损坏设备；检查轴承油量是否充足适当；拨动风机转子，检查有无卡住及摩擦现象；检查电动机与风机转向是否一致。

（2）风机的启动。启动离心式风机时，应关闭出口处调节阀，以减小启动时的电机负荷。启动轴流式风机时，应先打开调节风门和进口百叶窗后，再开车启动。

（3）风机的运行。在风机的运行过程中，应经常检查机组的运转情况并添加润滑油。当有机身发生剧烈振动，轴承或电动机温度过高（超过 70℃）及其他不正常现象时，应及时采取措施，预防事故的发生。

风机机组试运行的连续运转时间应不少于 2h，无运转异常即可办理交验手续。

7.3.2　空气过滤器的安装

1. 铺垫式横向踏步式过滤器的安装

由于滤料需经常清洗，为了拆装方便，可采用铺垫式横向踏步式过滤器，如图 7-18 所示。其安装过程为：先用角钢做成安装框架，再与空调室预埋螺栓做踏步形连接。

图 7-18　铺垫式横向踏步式过滤器

2. 自动浸油过滤器的安装

自动浸油过滤器由过滤层、油槽和传动机构三部分组成。过滤层可为金属丝编织成的网板，或为搭接成链条式的网板片。传动机构由电动机带动转轴组成。过滤器经由角钢外框组合为一个整体，其安装如图 7-19 所示。

其传动机构的电动机与转轴必须安装平正；启动检查必须运转良好，以使过滤层垂直平稳旋转。

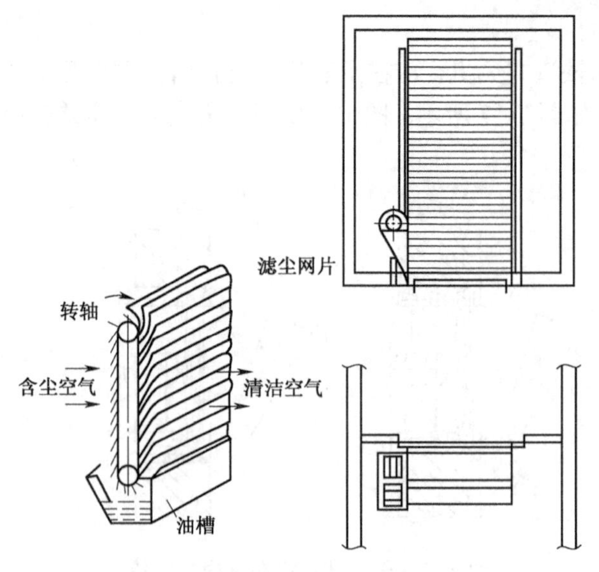

图 7-19　自动浸油过滤器的安装

3．袋式过滤器的安装

袋式过滤器一般用于中效过滤。其安装过程为：首先采用多层不同孔隙率的无纺布作滤料，并加工成扁布袋形状，再将袋口固定在角钢框架上，然后将袋式过滤器固定在预先加工好的角钢安装框架上，如图 7-20 所示。

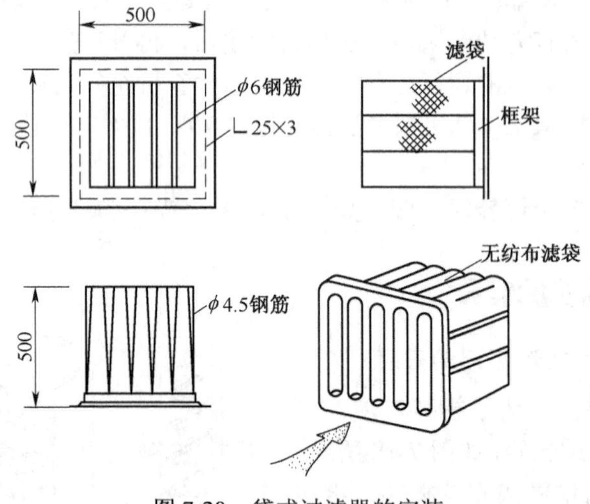

图 7-20　袋式过滤器的安装

7.3.3　除尘器的安装

目前国产除尘器有旋风除尘器、湿式除尘器、布袋除尘器、静电除尘器等几种类型。其安装形式及方法可归纳为除尘器在地面地脚螺栓上的安装、除尘器以钢结构支撑直立于地面基础上的安装、除尘器在墙上的安装、除尘器在楼板孔洞内的安装四种类型。安装时，应注意以下几点。

（1）除尘器的安装应位置正确、牢固平稳，进出口方向必须符合设计要求。

（2）除尘器的排灰阀、卸料阀、排泥阀的安装必须严密，并便于操作和维修。

（3）现场组装的布袋除尘器，其各部件的连接处必须严密，布袋应松紧适当，接头处应牢固。脉冲除尘器喷吹管的孔眼应对准文氏管的中心。

（4）支撑除尘器的钢结构，其型钢品种、规格、尺寸必须符合设计要求及相应标准图的规定，钢结构的焊接质量必须良好。

（5）穿越楼板孔洞安装的除尘器，其楼板孔洞必须预留。基础预埋钢板及地脚螺栓应完好。只有当基础及墙上栽埋支架混凝土强度达到70%以上时，才可安装除尘器。

7.3.4　风机盘管、诱导器的安装

风机盘管、诱导器为空调系统的末端装置。风机盘管由风机和盘管组成。诱导器有立式、卧式两种类型。当通入热、冷媒后，它们可用于空气的加热或降温，适用于大面积、多房间、多层的民用或工业建筑的空调工程。

风机盘管、诱导器在安装前应对机组盘管进行水压试验。暗装机组要设支、吊架，以使机组安装稳固，并便于拆装检修。机组和冷、热媒管道的连接，应在管道系统清洗干净后进行。安装时，进出水管位置不能颠倒，与水管相连的管路最好用软管，软管弯曲半径不能过小，且不能渗漏。机组的凝结水管应有足够坡度。机组的风管、回风室和风口的连接处应严密。

7.3.5　热交换器的安装

空调系统常使用肋片管型空气热交换器，当给它通入热水或水蒸气时即可加热空气，称之为空气加热器；当通入冷却水或低温盐水时即可冷却空气，称之为表面冷却器。

空气热交换器的安装，常用砌砖或焊制角钢支座支撑。热交换器的角钢边框与预埋角钢安装框应用螺栓紧固，且应在中间垫以石棉橡胶板。与墙体及旁通阀连接处的所有不严密的缝隙均应用耐热材料封闭严密。安装用于冷却空气的表面冷却器时，在其下部应设排水装置。

任务7.4　通风与空调系统的调试

7.4.1　调试的目的和内容

为了检查通风与空调系统的制作安装质量是否能达到预期效果，需要对施工后的通风与空调系统进行检测及调试。通过检测及调试，一方面可以发现系统设计、施工质量和设备性能等方面的问题；另一方面也可为通风与空调系统经济、合理的运行积累资料。通过测试找出原因，提出解决方案，可保证系统的正常使用。

通风与空调系统安装完毕后，按照《通风与空调工程施工及验收规范》的规定应对系统中风管、部件及配件进行测定和调整，简称调试。系统调试包括设备单机试运转及调整、系统无生产负荷的联合试运转的测定与调整。无生产负荷的联合试运转的测定与调整内容包括：通风机风量、风压和转数的测定；系统与风口风量的平衡；制冷系统压力、温度的测定（这些技术数据应符合有关技术文件的规定）；空调系统带冷、热源的正常联合试运转等。

1．设备单机试运转

设备单机试运转的目的是在单台设备运行或工作时，检查其性能是否符合有关规范的规

定及设备技术文件的要求。如有不符，应及时处理，使设备保持正常运行。设备单体试运转的主要内容包括通风机试运转、水泵试运转、制冷机试运转。

2．无生产负荷的联合试运转

通风与空调系统的无生产负荷的联合试运转应由施工单位负责，由设计单位、建设单位参与配合。

无生产负荷的联合试运转的测定与调整应包括如下内容：通风机风量、风压及转速的测定；通风与空调设备风量、余压与风机转速的测定；系统与风口的风量测定与调整；通风机、制冷机、空调器噪声的测定；制冷系统运行的压力、温度、流量等各项技术数据的测定（数据应符合有关技术文件的规定）；对防排烟系统在正压送风前进行的室静压的检测；对于空气净化系统，应进行高效过滤器的检漏和室内洁净度级别的测定。空调系统带冷、热源的正常联合试运转时间应大于8h。通风、除尘系统的连续试运转时间应大于2h。

3．竣工验收

在通风与空调系统无生产负荷联合试运转验收合格后，施工单位应向建设单位提交相关文件及记录，并办理竣工验收手续。这些文件及记录包括：设计修改的证明文件和竣工图；主要材料、设备、成品、半成品和仪表厂的合格证明或验收资料；隐蔽工程验收单和中间验时，收记录；分项、分部工程质量检验评定记录；制冷系统试验记录；空调系统的联合试运转记录。

4．综合效能试验

通风与空调系统在带生产负荷条件下做的系统联合试运转的测定与调整即为综合效能试验。带生产负荷的综合效能试验，应由建设单位负责，由设计、施工及监理单位配合。试验时，应按工艺和设计要求进行下列项目的测定与调整。

（1）通风、除尘系统的综合效能试验。试验内容包括室内空气中含尘浓度或有害气体浓度与排放浓度的测定；吸气罩罩口气流特性的测定；除尘器阻力和除尘效率的测定；空气油烟、酸雾过滤装置净化效率的测定。

（2）空调系统的综合效能试验。试验内容包括送、回风口空气状态参数的测定与调整；空调机组性能参数的测定与调整；室内空气温度与相对湿度的测定与调整；室内噪声的测定。

以上试验的测定与调整均应遵守现行国家有关标准的规定及有关技术文件的要求。在试验中如出现问题，应共同分析，分清责任，并采取处理措施。

7.4.2 单机试运转

通风与空调系统的主要传动设备在安装完毕后，按规范规定均要进行单机试运转。该试验中的单机主要包括风机、水泵、空调机、制冷机、冷却塔、带有动力的除尘器及过滤器等。

试运转前应将机房打扫干净，并清除空调机及管道内的脏物，以免其进入空调房间或破坏设备；核对风机、电动机型号、规格及皮带轮直径是否符合设计要求；检查设备本体与电动机轴是否在同一轴线上，地脚螺栓是否拧紧；设备与管道之间连接是否严密；手动检查各转动部位转动是否灵活；电动机等电器装置接地是否可靠等。

各种设备的试运转应按照规范规定的连续运转时间进行。运转后应检查设备减振器有无位移现象，轴承连接处有无过大升温，若轴承温升过大，要检查原因并加以消除。

7.4.3　联合试运转

1．风机的风量、风压及转数的测定

离心式风机在安装完毕，试运转合格后，即可进行风量、风压及转数的测定。

2．系统风压及风量的测定

系统总风管和各支管内风量与风压的测定方法与风机风量、风压的测定方法相同。系统总风管、主干风管、支风管各测点的实测风量与设计风量的偏差不应大于 10%。

3．系统风量的平衡

等风机风量、风压的测定、系统风量的全面测定达到设计要求后（即在全系统风量摸底的基础上），方可进行系统的调整，从而达到系统风量平衡的目的。

4．通风与空调系统的试运行

通风与空调系统的试运行是指在系统风机、风管、风口的风量与风压的测定后，以及在系统风量平衡的基础上，在冬季竣工时通入热源，夏季竣工时通入冷源，对空调系统进行的联合试运行。其连续运转时间应不少于 8h；对于通风、除尘系统，应在无生产负荷下进行风机、风管与附件等全系统的联合试运转，其连续运转时间应不少于 2h。

对于所有各通风、除尘、空调系统的联合试运转情况，均应做好运行记录，以用做工程验收的技术文件之一。如各系统在连续运转时间内均运转正常，方可认为系统联合试运转合格。

5．通风与空调系统综合效能的测定与调整

通风与空调系统在交工前，应进行系统生产负荷的综合效能的测定与调整。带负荷综合效能的测定与调整应由建设单位负责，由设计施工单位配合进行。按工艺要求，各类空调系统的测定与调整内容包括：室内温度及相对湿度的测定与调整；室内气流组织的测定与调整；室内噪声及静压的测定与调整；送、回风口空气状态参数的测定与调整；空气调节机组性能参数及各功能段性能的测定与调整；对气流有特殊要求的空调区域的气流速度的测定；防排烟系统在测试模拟状态下安全正压变化的测定及烟雾扩散试验等。

7.4.4　通风与空调系统的验收

在建设单位、施工单位、设计单位、质量检查部门的共同参与下，在对系统进行全面的外观检查、审查竣工交付文件及工程质量检验评定表的基础上，应对通风与空调系统的质量等级进行最终的评定。如评定结果中的质量等级达到合格及以上标准，即可办理验收手续，进行通风与空调系统的竣工验收。

1．通风与空调系统应交验的技术文件

通风与空调系统应交验的技术文件包括设计修改的证明文件、竣工图，主要材料、设备、成品、半成品和仪表的出厂合格证明或检验资料，隐蔽工程验收单和中间验收记录，分项、分部工程质量检验评定记录，制冷系统试验记录及空调系统的联合试运转记录。

2．通风与空调系统的外观检查

外观检查包括检查风管、管道和设备安装的正确性、牢固性，风管连接处及风管与设备

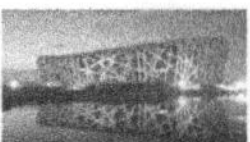

或调节装置的连接处是否有明显漏风现象，各类调节装置的制作和安装是否正确牢固，通风机的皮带传动是否正确，除尘器、集尘室安装的密闭性，空气洁净系统风管、静压箱内是否清洁、严密，通风与空调系统的油漆是否均匀、光滑，油漆颜色与标志是否符合设计要求。

对照以上检查内容，施工班组在施工过程中应加强自检。自检包括工序自检、分项工程竣工自检两方面。自检应严格进行，以将质量缺陷、隐患消灭于施工过程中，力争不出现在成品中。

如果发现问题，应与建设单位、设计、施工单位共同分析问题原因，分清责任，并及时采取处理措施。

实训8 风管的制作

1. 实训目的

通过实训，了解风管加工和咬口的基本知识，熟悉风管加工的常用工具及其使用方法；初步掌握风管下料和咬口的基本技能；对常用风管的下料和咬口的方法，能达到独立操作的目的，并确保产品质量合格。

2. 实训内容及步骤

1）由专业教师作实训动员报告和安全教育

2）常用通风空调工程材料及安装机（工）具的选择

（1）主要机具。其中画线工具包括钢板尺、直角尺、划规、量角器、划针、样冲、曲线板；剪切工具包括直剪刀、弯剪刀、侧剪刀和手动滚轮剪刀等；咬口工具包括木方尺、硬质木锤、钢制方锤、垫铁、衬铁、咬口套、工作台等。

（2）材料选择要求。应选择镀锌钢板。镀锌钢板表面应平整光滑，厚度应均匀，不得有弯曲、锈蚀、重皮及凹凸不平的现象。

3）放样

（1）工艺操作。

① 放样准备：准备好画线放样的工具；放样台应安放在室内，要求光线充足。

② 看清图样：看懂图样，并考虑先画哪个图面。

③ 放样操作：先画基准线，然后画圆周或圆弧，最后画出所有直线，以完成轮廓线。

④ 手工操作时，一手画线，另一手要按紧钢板尺，防止钢板尺出现转动。

⑤ 在画线过程中，划针要紧贴钢板尺的尺身，并向划针前进的方向倾斜30°左右。

（2）要求。

① 掌握放样图与设计图的区别。

② 掌握放样的正确方法。

③ 放样图线条清楚，表达正确，注意留出咬口余量。

4）镀锌钢板的剪切

（1）工艺操作。

① 掌握正确的持剪方法，应将铁皮剪刀的刀片对准轮廓线。

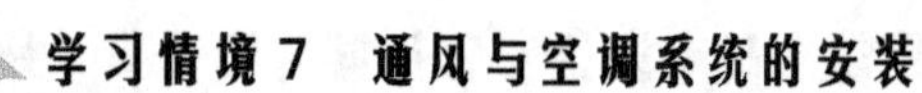

② 剪短直料时，被剪掉的部分应位于剪刀的右边；每剪一次，剪刀应张开约2/3刀刃长；两刀刃间不能有空隙。

③ 剪长直料时，被剪掉的部分应位于剪刀的左边，且应使其向上弯曲，以便于剪切。

④ 剪大圆或大圆弧时，应顺时针剪切；剪小圆或小圆弧时，应逆时针剪切。

（2）要求。

① 掌握铁皮剪刀的使用方法。

② 掌握剪切镀锌钢板的正确操作方法。

③ 剪切时，切口断面应整齐、平直。

5）咬口的折边

（1）工艺操作。

① 风管应采取内平单咬口连接。

② 应将裁剪好的镀锌钢板放在固定在工作台上的垫铁上，用拍板拍制咬口一边。

③ 再用拍板拍制咬口另一边。

（2）要求。

① 掌握拍板的使用方法。

② 掌握拍制咬口的正确操作方法。

③ 注意拍制咬口时，要使折边宽窄一致且宽度应符合要求。

6）卷圆和折方

（1）工艺操作。

① 卷圆：首先在工作台上固定圆形垫铁，再将加工好咬口的板料放在垫铁上，用手将板材压制成圆弧形。

② 折方：首先在工作台上固定槽钢垫铁，再将加工好咬口的板料放在垫铁上，使画好的折方线与槽钢的边对齐，最后用拍板将板材打成直角并修整出棱角使表面平整。

（2）要求。

掌握卷圆和折方的正确操作方法。

7）咬口

（1）工艺操作。

① 将加工好的咬口的两边扣好，先用拍板将两边和中间压实。

② 再用拍板依次将咬口压实。

③ 然后用咬口套将咬口压平。

④ 最后用拍板修整风管，保证圆度。

（2）要求。

① 咬口压实时不能出现含半咬口和张裂等现象。

② 掌握咬口的操作方法。

3．实训安排

（1）放样操作的演示与介绍。

（2）放样操作的练习。

（3）剪切操作的演示与介绍。

（4）剪切操作的练习。

（5）咬口折边操作的演示与介绍。

（6）咬口折边操作的练习。

（7）卷圆和折方操作的演示与介绍。

（8）卷圆和折方操作的练习。

（9）咬口操作的演示与介绍。

（10）咬口操作的练习。

4．实训成绩考评

放样	10分
剪切	20分
咬口折边	20分
卷圆和折方	20分
咬口	10分
实训报告	20分

实训9　风管的安装

1．实训目的

通过实训加强对通风与空调系统的了解，进一步掌握通风与空调系统的组成、安装程序，熟悉风管加工的制作方法，风管的连接方法。

2．实训内容及步骤

（1）绘制风管的展开图样，学习风管的剪切、板材的咬口及焊接。

（2）认识风管法兰，学习风管法兰的制作、安装。

（3）风管法兰的连接，风管的安装就位。

（4）风管的检测。风管系统安装完毕后，必须进行强度及严密性检测，检测合格后方能交付下道工序。风管检验以主、干管为主。

① 风管的强度试验。应在1.5倍工作压力下进行强度试验。若风管接口处无开裂，则表明风管强度试验合格。

② 风管严密性的检测方法有漏光检测法和漏风量检测法两种。在加工工艺得到保证的前提下，低压系统可采用漏光检测法，按系统总量的5%抽检，且不得少于一个系统。若检测不合格，应按规定抽检率做漏风量检测。对于中压系统风管的严密性检测，应在系统漏光检测合格后，对系统进行漏风量的抽查检测，抽检率为20%，且不得少于一个系统。高压系统风管的严密性检测为对其全部进行漏风量检测。

被抽查进行严密性检测的系统，若检测结果全部合格，则视为通过；若有不合格，则应再加倍抽查，直至全数合格为止。

- 漏光检测法：对于一段长度的风管，在周围漆黑的环境下，将一个电压不高于36V，

功率为 100W 以上的带保护罩的灯泡在风管内从风管的一端缓缓移向另一端，若在风管外能观察到光线射出，则说明有较严重的漏风，此时应做好记录，以备修补。对系统风管的密封性检测宜分段进行。当采用漏光检测法时，低压系统风管以每 10m 接缝漏光点不大于 2 处，且 100m 接缝漏光点平均不大于 16 处为合格；中压系统风管以每 10m 接缝漏光点不大于 1 处，且 100m 接缝漏光点平均不大于 8 处为合格。

- 漏风量检测法：漏风测试装置由风机、连接风管、测压仪表、节流器、整流栅及风量测定装置等组成。系统漏风量测试可整体或分段进行。试验前先将连接风口的支管取下，将风口等所有开口处密封。然后利用试验风机向风管内鼓风，使风管内静压上升到规定压力并保持，此刻进风量等于漏风量。该进风量用设置于风机与风管间的孔板和压差计来测量。风管内的静压则由另一台压差计测量。最后测试结果为漏风量小于相应系统允许的漏风量时，该系统才能算是合格的。

3．实训注意事项

（1）在风管图样上应画出咬口连接余量。

（2）法兰内径应大于风管外径 1～2mm。

（3）应按设计图纸要求安装风管及部件，且要求有一定的平直度。

（4）应正确安装检测设备，正确读取漏风量，并进行记录；漏光处应做标记。

4．实例成绩考评

根据现场操作水平及接线质量确定考试成绩，平时表现及出勤情况也在成绩评定中占一定份额。分值分布如下。

图样正确、尺寸准确	20 分
法兰及垫圈安装正确	20 分
风管安装位置、标高正确	30 分
实训报告	30 分

知识梳理与总结

本章第一部分主要介绍了通风与空调系统的概念、分类、基本图式、系统组成及应用。通风与空调系统按照空气处理设备集中程度不同分为集中式、半集中式、分散式三种，其中集中式系统常用的形式有直流式系统、一次回风系统、二次回风系统、封闭式系统；半集中式系统常用的形式有风机盘管加新风系统、诱导器系统等。

本章第二部分主要介绍了通风与空调系统施工的安装工艺。整个通风与空调系统需要经过选材，管道及管件、部件加工、支架的制作与安装，风管的连接及风管加固，风管、部件及设备的安装、系统强度及严密性试验、系统调试等工序才能完成安装。

本章第三部分主要是通风与空调系统的安装实训，希望通过实训来提高学生的动手能力，使其积累不少实践经验。

习　题　7

1．通风系统分哪几类？

2．空调系统分哪几类？

3．集中式空调系统的组成是什么？

4．风管的连接方法有哪几种？圆形、矩形风管无法兰连接有哪几种形式？

5．风管加固的方法有哪几种？

6．风管安装完毕后，如何进行严密性检测？

7．柔性短管应设置在何部位？

8．防火阀作用及设置部位？其安装有何要求？

9．常用通风机有哪几种？简述其安装程序。

10．风管系统调试的内容有哪些？

学习情境8 防腐与保温工程

教学导航

教	知识重点	管道及设备的除污方法，熟悉各种保温材料、保温结构
	知识难点	常用涂料的涂覆方法
	推荐教学方式	结合实训进行讲解
	建议学时	6 学时
学	推荐学习方法	结合工程实物对所学知识进行总结
	必须掌握的专业知识	1．管道和附件的保温层、防潮层及保护层的施工方法 2．手工除锈的方法
	必须掌握的技能	1．能进行手工除锈、涂刷防锈漆和面漆，能使用工具进行喷漆 2．能完成管道和管件的保温操作

任务 8.1　管道及设备的防腐

金属管道及设备的腐蚀主要是指材料在外部介质影响下所产生的化学腐蚀和电化学腐蚀，这会使材料发生破坏和质变。碳钢管或设备的腐蚀在管道工程中是最常见的腐蚀。

影响腐蚀的因素包括材料的性能、空气湿度、环境中的腐蚀介质、土壤的腐蚀性和电化学性等。

在给水、排水、供热、通风、空调等系统中，常因为管道被腐蚀而引起漏水、漏气，在输送有毒、易燃、易爆炸的介质时，还会污染环境，甚至造成重大事故，因此，应对管道做防腐处理。常用的防腐措施包括正确选用管材、涂覆保护层、添加衬里、电化学保护及电镀等。

8.1.1　管道及设备常用的防腐涂料

涂料主要由液体材料、固体材料和辅助材料三部分组成。将涂料涂覆在管道、附件及设备的表面上构成薄薄的液态模层，干燥后附着于表面可起到防腐保护的作用。

1．涂料的分类

目前涂料的种类繁多，按其构成可分为油脂、天然树脂、酚醛树脂、沥青、醇酸树脂、乙烯树脂、丙烯树脂、环氧树脂、橡胶等。

涂料的辅助材料按用途不同可分为稀释剂、防潮剂、催干剂、脱漆剂和固化剂等。

2．涂料的作用

（1）防腐保护。涂覆在管道或设备上的涂料可防止或减缓金属管材和设备的腐蚀，延长其使用年限。

（2）区别介质的种类。可用不同颜色的涂料代表不同的介质。

（3）美观装饰。由于漆膜表面光亮美观，故可按需要选择不同的色彩来改变周围环境的色调。

3．常用涂料

涂料按其作用可分为底漆和面漆，一般选用底漆打底，再用面漆罩面。防锈漆和底漆都有防腐的作用，也都可以用于打底，但底漆的颜料成分高、对物体表面的附着力强，可以打磨，而防锈漆主要起耐水、耐碱等作用。

（1）防锈漆。防锈漆包括红丹防锈漆、铁红油性防锈漆、铁红酚醛防锈漆、铝粉铁红酚醛醇酸防锈漆等。

（2）底漆。底漆有 7108 稳化型带锈底漆、G06-1 铁红醇酸底漆、G06-4 铁红环氧底漆及 F06－9 铁红纯酚醛防锈漆等。

（3）沥青漆。沥青漆有 L50-1、L01-6 沥青漆和 L04-2 铝粉沥青漆等。它常用于地下管道的防腐。

（4）面漆。面漆有各色厚漆、调和漆、银粉漆、各色酚醛调和漆、生漆等。它一般用来罩光和盖面，用于表面保护和装饰。

8.1.2　管道及设备的防腐施工

1．防腐施工的技术要求

（1）施工条件。在室内防腐施工的适宜温度为 20～30℃，相对湿度不宜大于 65%。在室外施工时应有防风、防火、防冻、防雨、防尘等措施，气温不宜低于 5℃，不宜高于 40℃，相对湿度不宜大于 85%；对管道表面应进行严格的防锈、除灰土、除油脂、除焊渣处理；表面处理合格后，应在 3 小时内涂刷第一层漆，并控制好涂装的间隔时间和漆膜厚度；按照安全技术规程的要求，施工区域要配备良好的通风和除尘设备，以防止中毒事故和火灾的发生。

（2）对基体材料的要求。基体材料表面必须平整，不得有明显的斑疤、褶皱、裂缝和夹渣等缺陷。同时必须除尽锈皮、油垢和损坏的旧漆。铸件的结构组织必须致密，不允许有气泡、孔隙、砂眼、裂缝等缺陷。处理后的表面应严格保持干燥和洁净。待基体表面处理符合上述要求后，应尽快涂上底漆。若天气潮湿，时间更应缩短。若表面不合格，应重新进行处理。

2．清洗、吹扫

一般钢管和设备表面总有各种污物，如灰尘、污垢、油渍、锈斑等，这些污物会影响防腐涂料对金属表面的附着力和防腐性能。为了增加油漆的附着力和防腐效果，在涂刷底漆前，必须将管道或设备表面的污物清除干净，并保持干燥。金属表面的处理方法有手工方法、机械方法和化学方法三种。在选取以上方法进行金属表面处理前，应先对系统进行清洗、吹扫。

（1）清洗。清洗适用于清除钢表面的可溶污物。用溶剂、乳剂或碱清洗剂等清洗钢表面，可以除掉所有可见的油、油脂、灰土、润滑剂和其他可溶污物。但是清洗不能除掉锈、氧化皮、氯化物、硫化物、焊药等无机物。在工艺管道和设备中，凡是输送或存储液体介质的管道和设备，其一般设计要求都包括进行水冲洗。水冲洗要连续进行，一直到合格为止。

清洗前应用刚性纤维刷或钢丝刷除掉钢表面上的松散物，刮掉附在钢表面上的浓厚的油或油脂。

（2）吹扫。在工艺管道中，凡是输送气体介质的管道一般都需采用空气吹扫，吹扫忌油管道时要使用不含油的气体。

3．管道及设备的除锈

管道及设备表面的原有铁锈将直接影响防腐层与基体表面的黏合附着能力及涂膜的寿命。

除锈的方法有手工方法、机械方法和化学方法三种。目前，喷砂处理是常用的机械方法。

（1）手工除锈。一般使用刮刀、手锤、钢丝刷、砂布及砂纸等手工工具来磨刷管道表面的铁锈。此方法适用于一些小的物件表面及没有条件用机械方法进行处理的设备表面，这种方法劳动强度大、效率低，但在劳动力充足，机械设备不足时，尤其是在管道安装工程中仍有优势，因此还被经常使用。

（2）机械除锈，指利用机械动力的冲击力的冲击摩擦作用除去管道表面的锈蚀，适用于大型金属表面的处理。它具体分为喷砂除锈、风动钢丝刷除锈、管子除锈机除锈等。

4．防腐涂料的涂覆方法

（1）手工涂刷。用刷子将涂料均匀地刷在管道和设备的表面上。涂刷的操作程序为自上而下，自左到右纵横涂刷。

（2）喷涂。喷涂法是指用喷枪将涂料喷成雾状液，在被涂物面上分散沉积的一种涂覆法。它的优点是工效高，施工简易，涂膜分散均匀，平整光滑。其缺点是涂料的利用率低，施工中必须采取良好的通风和安全预防措施。对施工现场上的漆雾用抽风机抽出为宜。一般只有干燥快的涂料才适合于喷涂施工，否则会产生涂膜挂得薄而不均的现象。

任务 8.2　管道的保温

为减少输热管道及其附件向周围环境传递热量，或周围环境向输冷管道传递热量，防止低温管道和设备外表面结露，应在管道或设备外表面包覆保温材料来达到保温的目的。具体而言，保温的主要目的有以下几个。

（1）减少热（冷）量损失，提高用热（冷）的效能。

（2）改善劳动条件，保证操作人员安全。

（3）防止设备和管道内液体冻结。

（4）防止设备或管道外表面结露。

（5）防止介质在输送中温度降低。

（6）防止火灾。

（7）防止气体冷凝。

8.2.1　保温材料

凡是导热系数小并具有一定耐热能力的材料都可以用做保温材料。供暖管道及管件所用的保温材料，其导热系数不应超过 0.12W/（m・K）。

1．保温材料的分类

保温材料一般是轻质、疏松、多孔的纤维状材料。

保温材料按其成分不同分为有机材料和无机材料两大类。供暖管道及管件保温用的材料多为无机保温材料，包括水泥珍珠岩、泡沫混凝土、玻璃纤维、矿渣棉、岩棉、聚氨酯等。低温保冷工程多用有机绝热材料，包括聚苯乙烯泡沫塑料、聚氨基甲酸酯、聚氨酯泡沫塑料、毛毡、羊毛毡等。

保温材料按其形状不同可分为松散粉末、纤维状、粒状、瓦状和砖等几种。

保温材料按照施工方法可分为湿抹式保温材料、填充式保温材料、绑扎式保温材料、包裹及缠绕式保温材料和浇灌式保温材料。

（1）湿抹式：将石棉、石棉硅藻土等保温材料加水调和成胶泥涂抹在热力设备及管道的外表面上。

（2）填充式：在设备或管道外面做成罩子，其内部填充绝热材料。

（3）绑扎式：先将一些预制保温板或管壳放在设备或管道外面，然后用铁丝绑扎，外面再涂保护层材料。

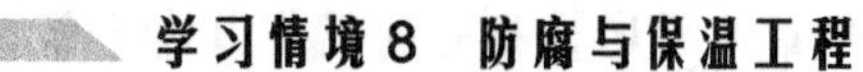

（4）包裹及缠绕式：将保温材料做成毡状或绳状，直接包裹或缠绕在被绝缘的物体上。

（5）浇灌式：将发泡材料在现场灌入被保温的管道、设备的模壳中，经现场发泡成保温层结构；也可以直接喷涂在管道、设备的外壁上，瞬时发泡，从而形成保温层。

1）蛭石及其制品

蛭石及其制品具有轻质、绝热、吸音、无毒、不燃烧、无味、防火等特性。水泥膨胀蛭石制品具有体轻、导热系数小、施工方便及经济耐用等特点。

2）珍珠岩及其制品

珍珠岩呈多孔颗粒状，体轻却有优良的保温性能。它具有无腐蚀、不燃烧、保温、绝热的特点，广泛应用于供暖管道及管件的保温工程中。

（1）水泥膨胀珍珠岩制品。它具有密度小、导热系数低、承压能力高、施工方便和经济耐用等特点。

（2）水玻璃膨胀珍珠岩及其制品。水玻璃膨胀珍珠岩制品的技术性能如表 8-1 所示。

表 8-1 水玻璃膨胀珍珠岩制品的技术性能表

密　度（kg/m^3）	抗压强度（kPa）	常温导热系数 W/（m·K）	最高使用温度（℃）	重量吸水率（96 小时）（%）	吸　湿　率（相对湿度 93%～100%中 20 天）（%）
200～300	600～1 200	0.044～0.052	650	120～180	17～23

3）玻璃纤维及其制品

玻璃纤维具有密度小、导热系数低、吸声性能好、耐酸、抗腐蚀、不虫蛀、吸水率小、化学稳定性好、无毒无味、耐振动、价格低廉等特点，是目前广泛应用于供暖管道及其管件的保温材料之一。玻璃纤维根据用途不同可制成板、管壳、棉毡等多种样式。

4）岩棉及其制品

岩棉及其制品是一种新型的保温材料，具有质轻、导热系数小、吸声性能好、不燃、绝热性能和化学稳定性好等特点。

5）聚氨酯泡沫塑料

聚氨酯泡沫塑料具有多孔性、质轻、无毒、不易变形、柔软、弹性好、隔热保温性好、透气性好、防尘、不虫蛀、不发霉、吸油等特性。硬质泡沫塑料本身是可燃的，抗火性能较差，但添加有阻燃剂和协效剂等后制成的泡沫体具有良好的防火性能，能达到遇火不自燃，离火自行熄灭的要求。

6）辅助材料

目前常用的辅助材料有铁皮、铁丝网、钢带、绑扎铁丝、石油沥青油毡、玻璃布、沥青等。

2．对保温材料的要求

（1）导热系数小。导热系数越小，则保温效果越好。

（2）密度小。多孔性的保温材料的密度小，可以减轻架空敷设的管道的支撑构架的荷载，

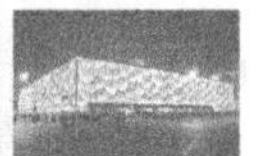

节约工程费用。

（3）具有一定的机械强度。保温材料的抗压强度不应小于 0.3MPa，只有这样才能保证保温材料及制品在本身自重及外力作用下不产生变形或破坏。

（4）吸水率小。保温材料吸水后保温性能会变差，因此在选用保温材料时应当注意这一点。

（5）不易燃烧且耐高温。保温材料在高温作用下，不应改变性能，更不能着火燃烧。尤其是对温度较高的过热蒸汽管道进行保温时，应选用耐高温的保温材料。

（6）施工方便和价格低廉。为了满足保温工程施工方便的要求，应尽可能就地、就近取材，以减少运输过程中的损坏和运输费用，从而节约投资。

8.2.2 保温结构及施工方法

1. 保温结构的组成

保温结构是由防锈层、保温层、防潮层（对保冷结构而言）、保护层、防腐蚀及识别标志层等组成的。

（1）防锈层。管道或设备在进行保温之前，必须在表面涂刷防锈漆。

（2）保温层。保温层在防锈层的外面，是保温结构的主要部分，其所用材料如前所述。

（3）防潮层。在保温层外面要做防潮层，目前防潮层所用的材料有沥青及沥青油毡、玻璃丝布、聚乙烯薄膜、铝箔等。防潮层的作用是防止水蒸气或雨水渗入保温材料，以保证材料良好的保温效果和使用寿命。

（4）保护层。保护层设在保温层或防潮层外面，主要用于保护保温层或防潮层不受机械损伤。保护层常用的材料有石棉石膏、石棉水泥、金属薄板及玻璃丝布等。

（5）防腐蚀及识别标志层。保温结构的最外面为防腐蚀及识别标志层，用于防止或保护保护层不被腐蚀，也可识别管道的类别。

2. 保温结构的施工方法

（1）涂抹法。涂抹法保温适用于石棉粉，硅藻土等不定形的散状材料。应将这些材料按一定的比例用水调成胶泥涂抹于需要保温的管道设备上。这种保温方法整体性好，保温层和保温面结合紧密，且不受被保温物体形状的限制。

涂抹法多用于热力管道和热力设备的保温，其保温结构如图 8-1 所示。施工时应分多次进行，为增加胶泥与管壁的附着力，第一次可用较稀的胶泥涂抹，厚度为 3～5mm。待第一层彻底干燥后，再用干一些的胶泥涂抹第二层，厚度为 10～15mm。以后每层涂沫厚度均为 15～25mm，且均应在前一层完全干燥后进行，直到达到要求的厚度为止。

涂抹法不得在环境温度低于 0℃的情况下进行，以防胶泥冻结。为加快胶泥的干燥速度，可在管道或设备内通入温度不高于 50℃的热水或蒸汽。

（2）绑扎法。绑扎法适用于预制保温瓦或板块料。应用镀锌铁丝将材料绑扎在管道的壁面上。这是目前国内外热力管道保温最常用的一种保温方法，其结构如图 8-2 所示。

绑扎的铁丝（根据保温管直径的大小变化）一般为直径 1～1.2mm 的镀锌铁丝，绑扎的间距不应超过 300mm，并且每块预制品至少应绑扎两处，每处绑扎的铁丝不应少于两圈。其接头应放在预制品的接头处，以便将接头嵌入接缝内。

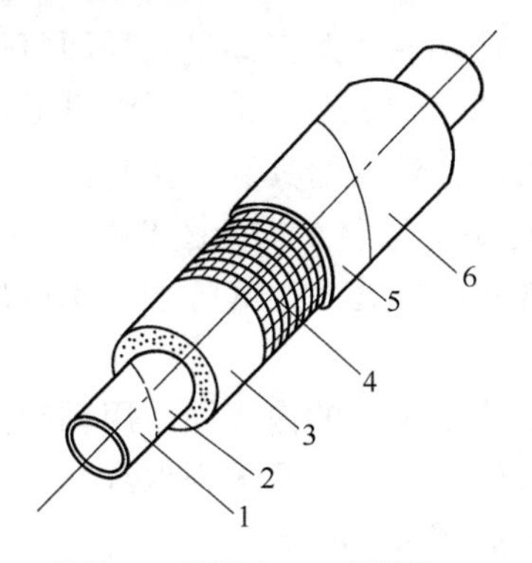

1—管道；2—防锈漆；3—保温层；
4—铁丝网；5—保护层；6—防腐漆

图 8-1　涂抹法保温结构

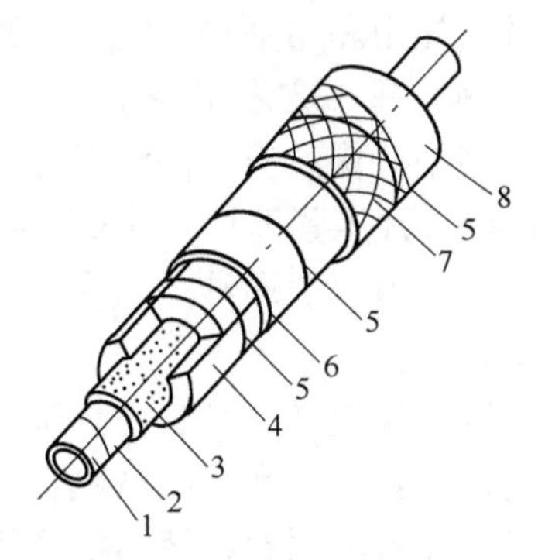

1—管道；2—防锈漆；3—胶泥；4—保温材料；
5—镀锌铁丝；6—沥青油毡；7—玻璃丝布；8—防腐漆

图 8-2　绑扎法保温结构

（3）粘贴法。首先将黏结剂涂刷在管壁上，然后将保温材料粘贴上去，再用黏结剂代替灰浆勾缝粘结，最后加设保护层，保护层可采用金属保护壳或缠玻璃丝布。粘贴保温结构如图 8-3 所示。

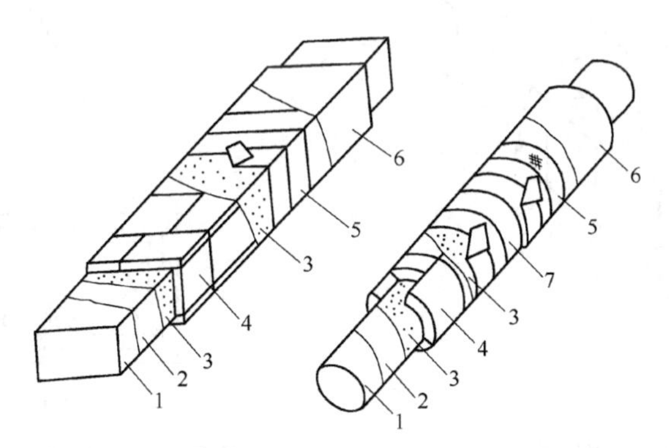

1—风管（水管）；2—防锈漆；3—黏结剂；4—保温材料；5—玻璃丝布；6—防腐漆；7—聚乙烯薄膜

图 8-3　粘贴保温结构

（4）钉贴法。钉贴法保温是采用保温钉代替黏结剂将泡沫塑料保温板固定在风管表面上的。这种方法操作简便、工效高。

使用的保温钉形式较多，有铁质的，有尼龙的，也有用一般垫片的，用自锁垫片的，还有用白铁皮现场制作的等，如图 8-4 所示。

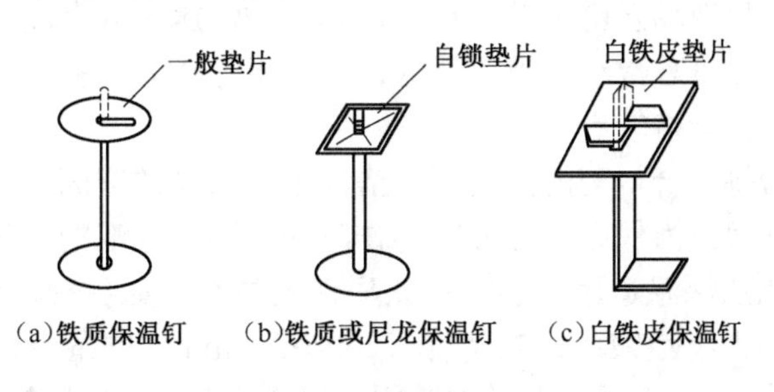

（a）铁质保温钉　（b）铁质或尼龙保温钉　（c）白铁皮保温钉

图 8-4　保温钉

施工时，先用黏结剂将保温钉粘贴在风管表面上，粘贴的间距应满足：顶面每平方米不少于4个；侧面每平方米不少于6个；底面每平方米不少于12个。粘上保温钉后，只要用手或木方轻轻拍打保温板，保温钉便会穿过保温板而露出。然后给其套上垫片，并将外露部分扳倒（自锁垫片压紧即可），即可将保温板固定住。钉贴法保温结构如图8-5所示。这种方法的最大特点是省去了黏结剂。为了使保温板牢固地固定在风管上，其外表面也应用镀锌铁皮带或尼龙带包扎。

（5）风管内保温法。风管内保温就是指将保温材料置于风管的内表面，用黏结剂和保温钉将其固定，是粘贴法和钉贴法联合使用的一种保温方法。其目的是加强保温材料与风管的结合力，以防止保温材料在风力的作用下脱落，其结构如图8-6所示。

施工时，先将棉毡裁成块状。注意尺寸应准确，不能过大，也不能过小，一般应略有一点余量为宜。粘贴保温材料前，应先除去风管粘贴面上的灰尘、污物，然后将保温钉刷上黏结剂后按要求的间距粘贴在风管内表面上。待保温钉粘贴固定后，再在风管内表面上刷一层黏结剂后迅速将保温材料铺贴上，注意不要碰倒保温钉。最后将垫片套上。如为自锁垫片，套上压紧即可；如为一般垫片，套上压紧后将保温钉外露部分扳倒即可。

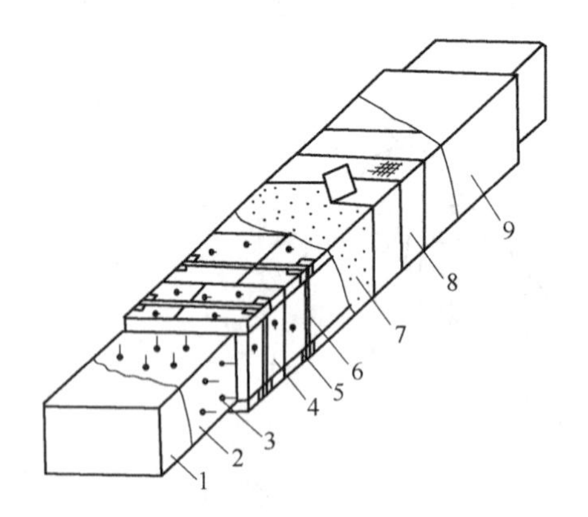

1—风管；2—防锈漆；3—保温钉；4—保温板；5—铁垫片；6—包扎带；7—黏结剂；8—玻璃丝布；9—防腐漆

图8-5　钉贴法保温结构

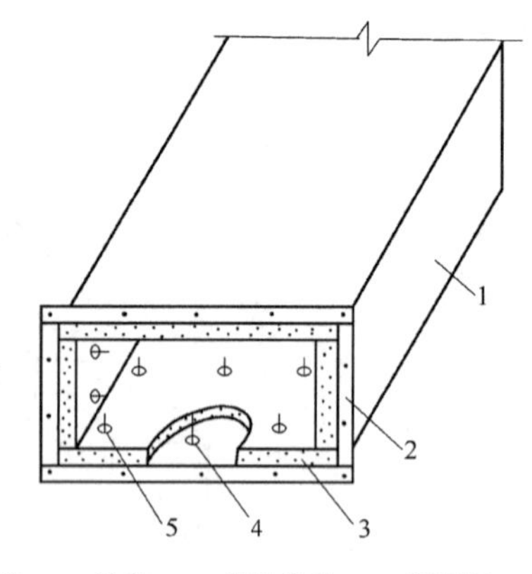

1—风管；2—法兰；3—保温棉毡；4—保温钉；5—垫片

图8-6　风管内保温结构

（6）喷涂法和灌注法。喷涂法用于聚氨酯硬质泡沫塑料的保温，是指用喷枪将混合均匀的液料喷涂于被保温物体的表面上。施工时，应将原料分成A、B两组。A组为聚醚和其他原料的混合液；B组为异氰酸酯。只要两组混合在一起，即起泡而生成泡沫塑料。

聚氨酯硬质泡沫塑料现场发泡工艺简单，操作方便，施工效率高，附着力强，不需要任何支撑件，没有接缝，导热系数小，吸湿率低，可用于－100℃～＋120℃的保温，但需要一定的专用工具或模具，其价格较贵。

灌注法施工就是指将混合均匀的液料直接灌注于要成型的空间或事先安置的模具内，经发泡膨胀而充满整个空间。为保证有足够的操作时间，要求发泡的时间应长一些。

（7）缠绕法。缠包法保温适用于卷状的软质保温材料（如各种棉毡等）。施工时需要将成卷的材料根据管径的大小裁减成适当宽度（200～300mm）的条带，以螺旋状包缠到管道上，如图8-7（a）所示。也可以根据管道的圆周长度进行裁减，以原幅宽对缝平包到管道上，如图 8-7（b）所示。不管采用哪种方法，均需边缠、边压、边抽紧，以使保温后的密度达到设计要求。

当保温层外径不大于 500mm 时，在保温层外面应用直径为 1.0～1.2mm 的镀锌铁丝绑扎，其间距应为 150～200mm，禁止以螺旋状连续缠绕。当保温层外径大于 500mm 时，还应加镀锌铁丝网缠包，再用镀锌铁丝绑扎牢。

（8）套筒法。套筒式保温就是指将矿纤维材料加工成型的保温筒直接套在管道上。施工时，只要将保温筒上的轴向切口扒开，借助矿纤材料的弹性便可将保温筒紧紧地套在管道上，其结构如图 8-8 所示。

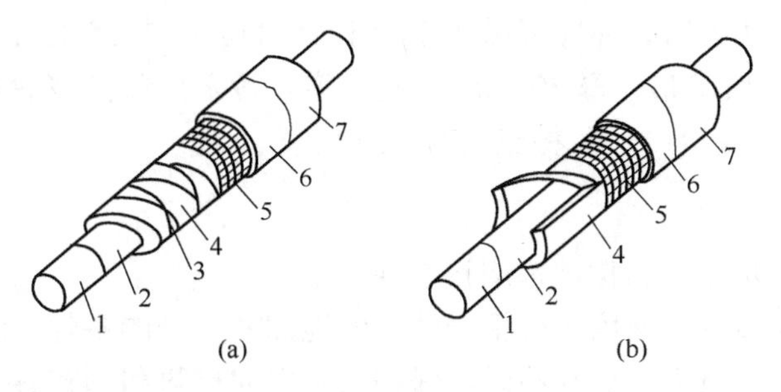

1—管道；2—防锈漆；3—镀锌铁丝；4—保温毡；5—铁丝网；6—保护层；7—防腐漆

图 8-7　缠绕法保温结构

3．对保温层施工的技术要求

凡垂直管道或倾斜角度超过 45°，长度超过 5m 的管道，应根据保温材料的密度及抗压强度，设置不同数量的支撑环（托盘），一般每 3～5m 设置一个，其形式如图 8-9 所示。图中的径向尺寸 *A* 应为保温层厚度的 1/2～3/4，以便将保温层托住。

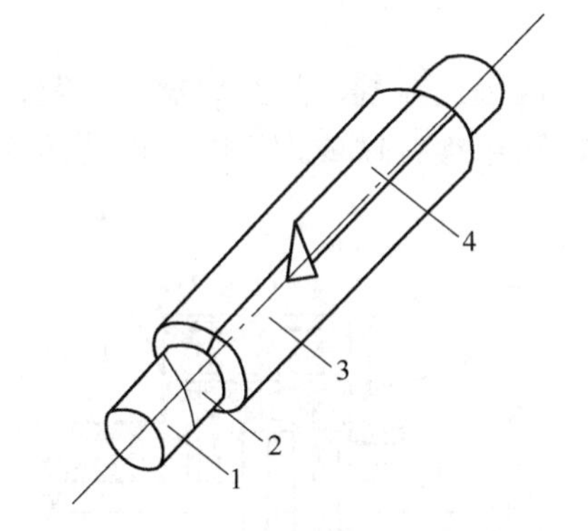

1—管道；2—防锈漆；3—保温筒；4—带胶铝箔带

图 8-8　套筒式保温结构

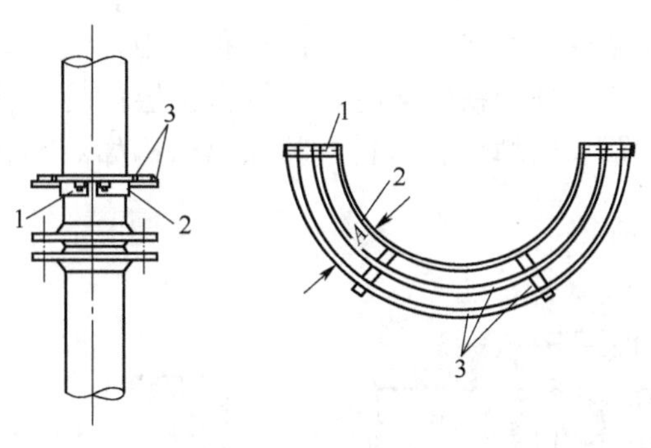

1—角钢；2—扁钢；3—圆钢

图 8-9　抱箍式支撑环

用保温瓦或保温后呈硬质的材料作为热力管道的保温时，应每隔 5～7m 左右留出间隙为 5mm 的膨胀缝。弯头处应留 20～30mm 的膨胀缝，膨胀缝内应用柔性材料填塞。设有支撑环的管道，膨胀缝一般设置在支撑环的下部。

当管道的弯头部分采用硬质材料保温时，如果没有成型预制品，应将预制板、管壳、弧形块等切割成虾米弯进行小块拼装。切块的多少应视弯头弯曲的缓急而定，最少不得少于 3 块。

4．防潮层的施工

对于保冷结构和敷设于室外的保温管道，需设置防潮层。目前用做防潮层的材料有沥青油毡和沥青胶或防水冷玻璃布及沥青玛蒂脂玻璃布等。

（1）沥青油毡防潮层的施工方法。先在保温层上涂沥青玛蒂脂（厚度为 3mm），再将沥青油毡贴在沥青玛蒂脂上（油毡搭接宽度为 50mm），然后用 17～18 号镀锌钢丝或铁箍捆扎油毡，每 300mm 捆扎一道，再在油毡上涂抹厚度为 3mm 的沥青玛蒂脂，最后将油毡密封起来。

（2）沥青胶或防水冷玻璃布及沥青玛蒂脂玻璃布防潮层的施工方法。先在保温层上涂抹沥青或防水冷胶料或沥青玛蒂脂（厚度均为 3mm），再将厚度为 0.1～0.2mm 的中碱粗格平纹玻璃布贴在沥青层上，其纵向、环向缝搭接不应小于 50mm，搭接处必须粘贴密封，然后用 16～18 号镀锌钢丝捆扎玻璃布，每 300mm 捆扎一道。待干燥后在玻璃布表面上再涂抹厚度为 3mm 的沥青胶或防水胶料，最后将玻璃布密封起来。

5．保护层的施工

不管是保温结构还是保冷结构，都应设置保护层。

用做保护层的材料很多，使用时应根据使用的地点和所处的条件，经技术经济比较后决定。材料不同，其结构和施工方法也不同。保护层常用的材料和形式有由沥青油毡和玻璃丝布构成的保护层；单独用玻璃丝布缠包的保护层；石棉石膏或石棉水泥的保护层；金属薄板加工的保护壳等。

8.2.3　法兰、阀门及管件的保温

在管道工程施工中经常用到各种器件，包括法兰、阀门、三通、四通、弯头等。法兰及阀门需要经常检修、更换。对这些器件进行保温时，必须考虑到保温结构容易拆卸及修复。

1．法兰的保温

法兰保温结构分为两种：一种是用预制保温瓦捆扎的，内填玻璃棉、超细玻璃棉等散状保温材料，外用铁丝绑扎，再做保护层；另一种是装卸式，即用镀锌铁或钢板网、铁丝网等做保护罩，内填保温材料。其保温结构如图 8-10 所示。

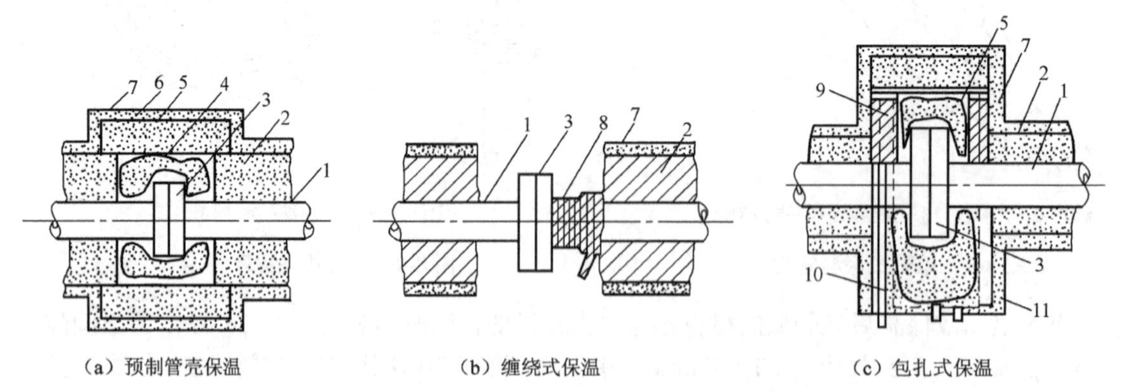

（a）预制管壳保温　（b）缠绕式保温　（c）包扎式保温

1—管道；2—管道保温层；3—法兰；4—法兰保温层；5—散状保温材料；
6—镀锌铁丝；7—保护层；8—石棉绳；9—制成环；10—钢带；11—石棉布

图 8-10　法兰保温结构

2．阀门的保温

与法兰的保温相同。也有的用胶泥涂抹，外用玻璃丝布或石棉布包扎。其保温结构如图 8-11 所示。

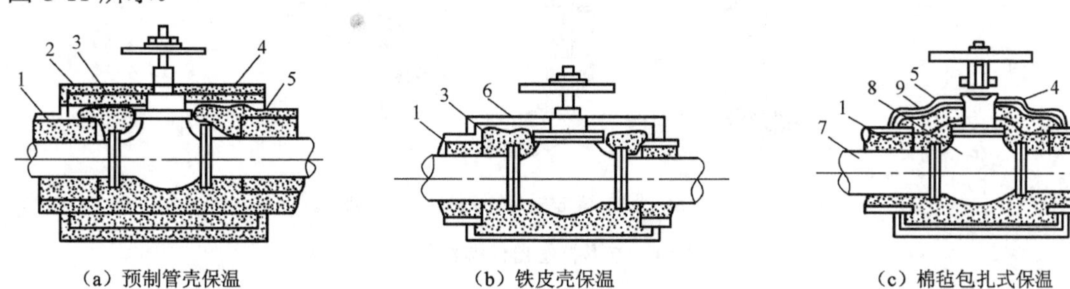

（a）预制管壳保温　　（b）铁皮壳保温　　（c）棉毡包扎式保温

1—管道保温层；2—绑扎钢带；3—填充保温材料；4—保护层；
5—镀锌铁丝；6—铁皮壳；7—管道；8—阀门；9—保温棉毡

图 8-11　阀门保温结构

3．管件的保温

管件的保温包括弯头、三通、四通、支架、吊架及方形补偿器的保温。这些管件在温度变化时伸缩较大，容易破坏保温结构。因此在伸缩最大的地方，应在保温层内嵌以 20～30mm 的石棉绳，或涂抹胶泥外包玻璃布。其保温结构如图 8-12～图 8-16 所示。

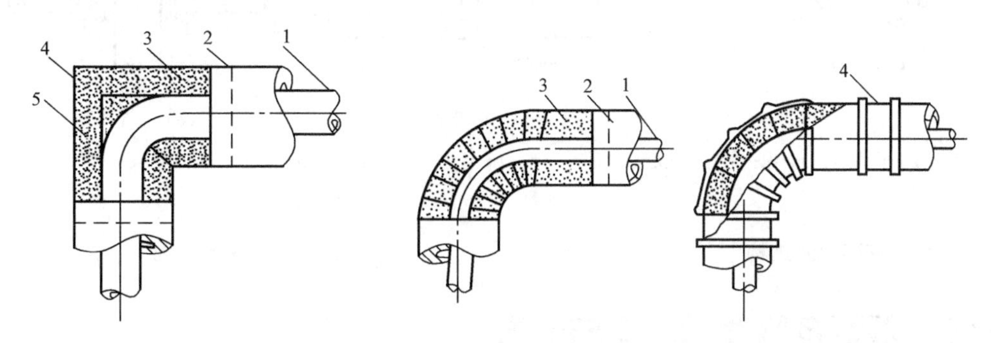

1—管道；2—镀锌铁丝；3—预制管壳；4—铁皮壳；5—填充绝热材料

图 8-12　弯管保温结构

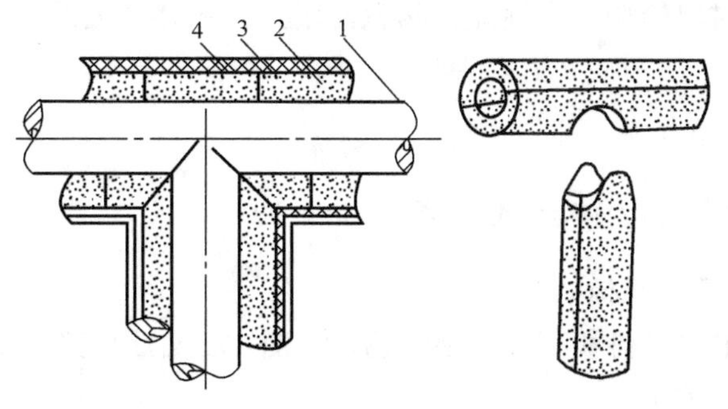

1—管道；2—保温层；3—镀锌铁丝网；4—保护层

图 8-13　三通保温结构

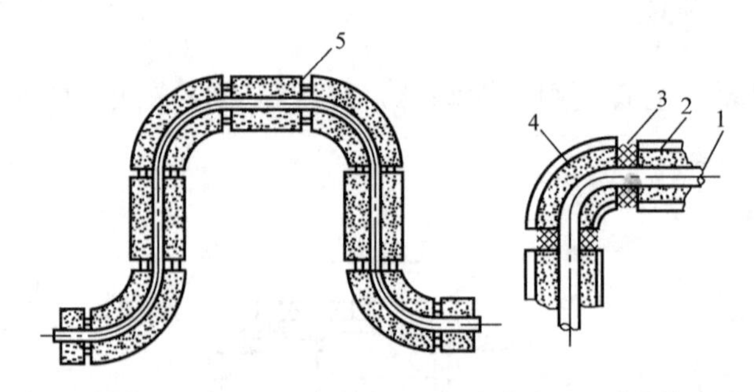

1—管道；2—保温层；3—填充层；4—保护壳；5—膨胀缝

图 8-14　方形补偿器保温结构

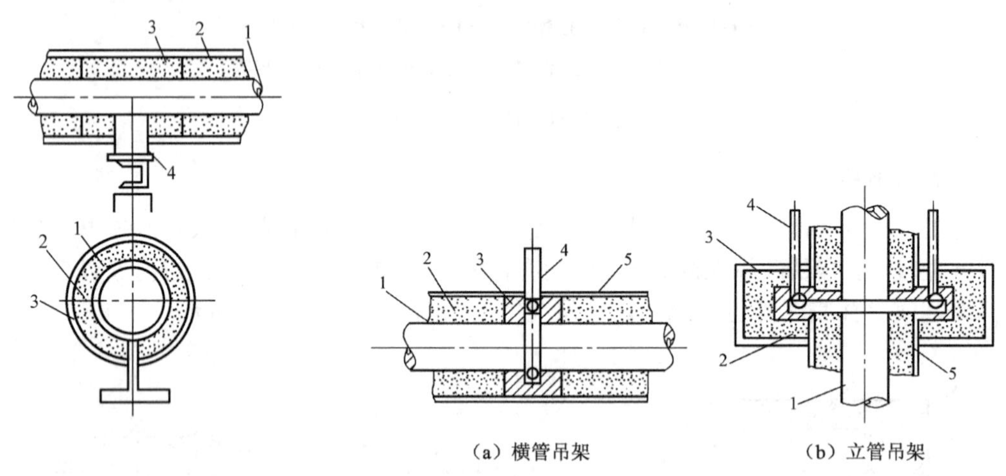

（a）横管吊架　　（b）立管吊架

1—管道；2—保温层；3—保护层；4—支架

图 8-15　支架保温结构

1—管道；2—保温层；3—吊架处填充状保温材料；4—吊架；5—保护层

图 8-16　吊架保温结构

实训 10　管道及附件的防腐与保温

1. 实训目的

了解防腐、保温材料的种类和性能，熟悉常用工具的使用要求，掌握防腐工程及主要保温结构的施工方法。

2. 实训内容及步骤

1）由指导教师作实训动员和安全教育

2）常用材料和工具的选择

（1）防腐工程的主要材料和工具包括防锈、溶剂、表面活性剂；刷子、砂纸、钢丝刷子、砂轮、刮刀、棉纱头、喷枪。

（2）保温工程的主要材料和工具包括水泥膨胀蛭石板、水玻璃膨胀珍珠岩、普通玻璃棉、岩棉、聚氨酯泡沫塑料、保温钉、铁皮、铁丝网、绑扎铁丝、石油沥青油毡、玻璃布、钳子、

剪刀、铁剪刀、刷子、聚氨酯预聚体（101胶）。

3）管道及设备的防腐

防腐前，首先要进行清洗，而清洗前首先应用钢丝刷除掉钢表面上的松散物，刮掉附在钢表面上的浓厚的油或油脂，然后用抹布蘸溶剂擦洗。

清洗干净后，首先用砂皮、钢丝刷子或废砂轮将物体表面的氧化层除去，然后再用有机溶剂（如汽油、丙酮、苯等）将浮锈和油污洗净，即可涂覆。

应用刷子、刮刀、砂纸和棉纱头等简单工具进行涂刷。

4）管道及附件的保温

可采用绑扎法、钉贴法来对管道进行保温。

（1）绑扎法：将镀锌铁丝绑扎在管道的壁面上，并错开横向接缝。如果一层预制品不能满足要求而采用双层结构时，双层绑扎的保温预制品应内外盖缝。如果保温材料为管壳，应将纵向接缝设置在管道的两侧。

（2）钉贴法：施工时先用黏结剂将保温钉粘贴在风管表面上（粘贴的间距应符合要求）。粘上保温钉后，只要用手或木方轻轻拍打保温板，保温钉便穿过保温板而露出。然后给其套上垫片，将外露部分用自锁垫片压紧即可将保温板固定了。

检验方法：保温材料的材质及规格必须符合设计和防火要求。保温层的端部和收头处必须作封闭处理，粘贴应牢固、无断裂，管壳之间的拼缝应用粘贴材料填嵌得饱满密实。

3．实训注意事项

（1）按操作规程进行操作。

（2）要遵守作息时间，服从指导教师的安排。

（3）认真进行每一工种的操作实训。

（4）实训结束后写出实训报告。

4．实训成绩考评

手工除锈	20分
对管道进行刷涂料防腐	20分
用绑扎法对管道进行保温	20分
用钉贴法对矩形风管进行保温	20分
写实训报告	20分

知识梳理与总结

本章主要介绍了水暖管道及设备安装中常用的防腐、保温材料的种类和施工方法。防腐是为了延长管道和设备的使用年限，维持系统正常工作。保温是为了减少热量或冷量的损失，提高供热效能。

习题8

1．涂刷防腐漆之前，管道应做何处理？目的是什么？

2．对金属管道及设备进行表面处理时，主要有哪几种方法？

3．涂料涂覆方法有哪几种？

4．在防腐工程中，除了涂刷涂料以外，还有哪些防腐措施？

5．管道保温的目的是什么？对保温材料有哪些要求？

6．保温结构有哪几种？

学习情境9 水暖及通风空调工程施工图

教学导航

教	知识重点	水暖及通风空调工程施工图的图例和制图标准
	知识难点	将复杂的施工图分解成若干简单的施工图
	推荐教学方式	按照施工图和标准图讲解识图方法
	建议学时	8学时
学	推荐学习方法	由浅到深、由简单到复杂地看懂水暖及通风空调工程施工图
	必须掌握的专业知识	水暖及通风空调工程施工图的组成、内容及识读方法
	必须掌握的技能	1．能够发现并解决施工图中存在的问题 2．能够按照施工图进行管道系统及其附件和设备的安装 3．能按照施工图编制工程预算

施工图是工程的语言，是编制施工图预算和进行施工最重要的依据，施工单位应严格按照施工图施工。水暖及通风空调工程施工图是由基本图和详图组成的。基本图包括管线平面图、系统图和设计说明等，并有室内和室外之分；详图包括各局部或部分的加工、安装尺寸和要求。

任务9.1　给水、排水施工图

9.1.1　给水、排水施工图的一般规定

给水、排水施工图应符合《给水排水制图标准》（GB/T 50106－2001）和《房屋建筑制图统一标准》（GB/T 50001－2001）中的规定。

1．比例

给水、排水施工图选用的比例应符合表9-1的规定。

表9-1　给水、排水施工图常用比例

名　称	比　例	备　注
区域规划图 区域位置图	1：50 000、1：25 000、1：10 000 1：5 000、1：2 000	宜与总图专业一致
总平面图	1：1 000、1：500、1：300	宜与总图专业一致
管道纵断面图	纵向：1：200、1：100、1：50 横向：1：1 000、1：500、1：300	
水处理厂（站）平面图	1：500、1：200、1：100	
水处理构筑物、设备间、卫生间、泵房的平、剖面图	1：100、1：50、1：40、1：30	
建筑给水、排水平面图	1：200、1：150、1：100	宜与建筑专业一致
建筑给水、排水轴测图	1：150、1：100、1：50	宜与相应图纸一致
详图	1：50、1：30、1：20、1：10 1：5、1：2、1：1、2：1	

在管道纵断面图中，可根据需要对纵向与横向采用不同的组合比例；在建筑给水、排水轴测图中，如局部表达有困难时，该处可不按比例绘制；水处理流程图、水处理高程图和建筑给排水系统原理图均不按比例绘制。

2．标高

（1）标高应以“m”为单位，一般应注写到小数点后第三位。小区或庭院（厂区）给水、排水施工图中可注写到小数点后第二位。

（2）室内工程应标注相对标高；室外工程宜标注绝对标高，当无绝对标高资料时，可标注相对标高，但应与总图专业一致。

（3）压力管道应标注中心线标高；沟渠和重力流管道宜标注沟（管）内底标高。

（4）沟渠和重力流管道的起讫点、转角点、连接点、变坡点、变尺寸（管径）点及交叉点应标注标高；压力管道中的标高控制点、不同水位线处、管道穿外墙和构筑物的壁及底板等处应标注标高。

（5）管道标高在平面图和轴测图中的标注如图 9-1 所示，在剖面图中的标注如图 9-2 所示。

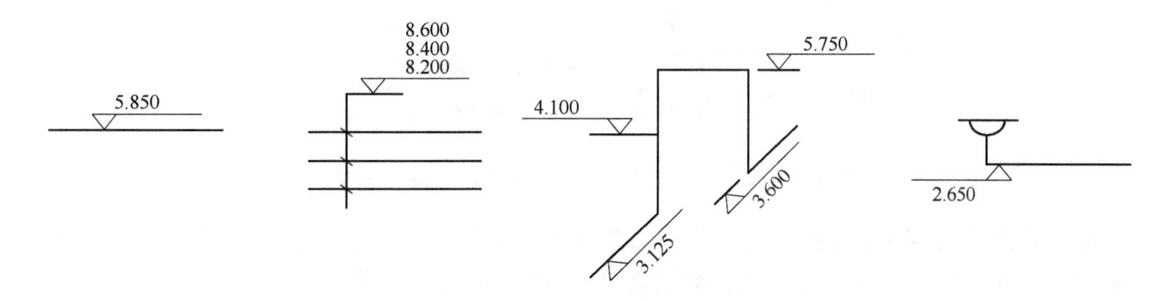

图 9-1　管道标高在平面图和轴测图中的标注

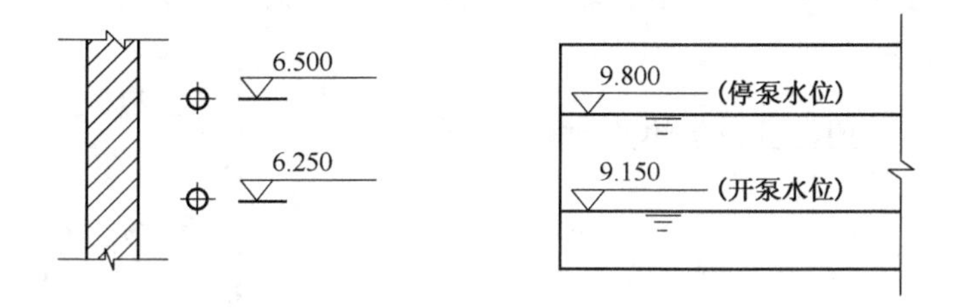

图 9-2　管道及水位标高在剖面图中的标注

3．管径

管径应以“mm”为单位；水煤气输送钢管（镀锌或非镀锌）、铸铁管等管材的管径宜用公称直径“*DN*”表示（如 *DN* 15、*DN* 50）；无缝钢管、焊接钢管（直缝或螺旋缝）、铜管、不锈钢管等管材的管径宜用“外径×壁厚”表示，并在前面加“*D*”(如 *D*108×4、*D*159×4.5 等)；塑料管材的管径宜按产品标准的方法表示。

管径的标注方法如图 9-3 所示。

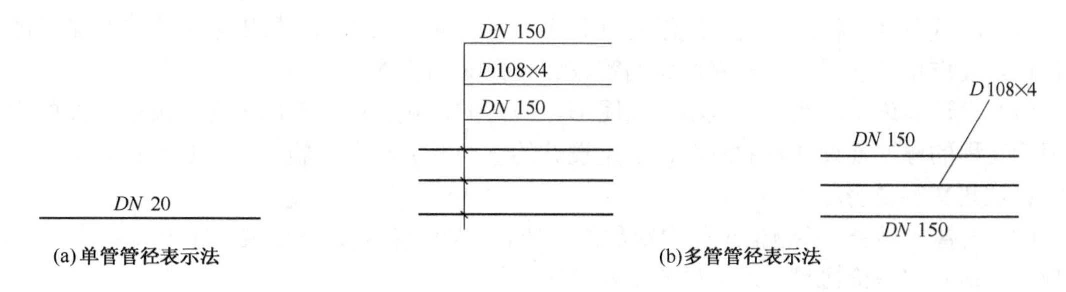

图 9-3　管径的标注方法

4．编号

为便于识图，管道应按系统加以标记和编号，给水系统一般以每一条引入管为一个系统，排水管一般以每一条排出管为一个系统。当建筑物的给水引入管或排水排出管的数量超过 1 根时，宜进行分类编号。编号表示方法是在直径为 12mm 的圆圈内过圆心画一水平线，水平线上用汉语拼音字母表示管道类别，下用阿拉伯数字编号，如图 9-4 所示。

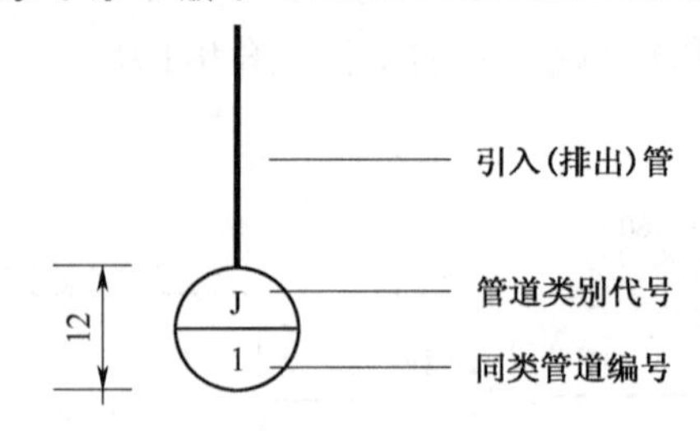

图 9-4　给水引入（排水排出）管的编号表示方法

对于建筑物内穿越楼层的立管，当其数量超过 1 根时宜进行分类编号。平面图上的立管一般用小圆圈表示，如 1 号排水立管标记为“WL-1”，如图 9-5 所示。

在总平面图中，当给水、排水附属构筑物的数量超过 1 个时，宜进行编号；当给水、排水机电设备的数量超过 1 台时，宜进行编号，并应有设备编号与设备名称对照表。

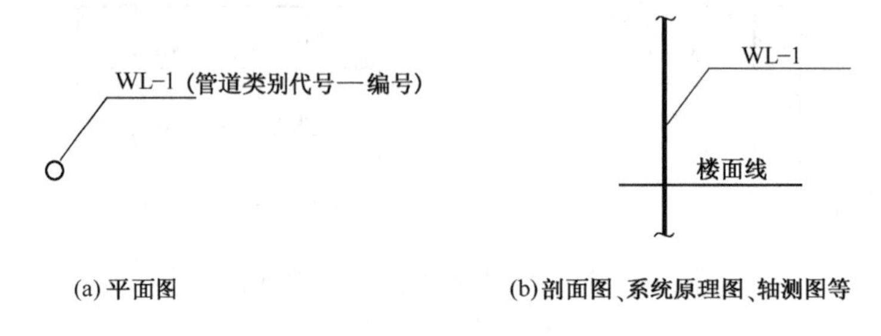

图 9-5　立管的编号表示法

9.1.2　给水、排水施工图的组成和内容

给水、排水施工图包括室内给水、排水施工图，小区或庭院（厂区）给水、排水施工图两部分。

1．室内给水、排水施工图的组成和内容

（1）图纸目录：将全部施工图纸进行分类编号，并填入图纸目录表格中，作为施工图一并装订。其作用是便于施工技术档案的管理和识图时的查找。

（2）设计和施工说明。凡是不能以图形、符号的形式表达清楚的内容，需用必要的文字来表明工程的概况及设计者的意图，这是设计的重要组成部分。施工单位必须认真阅读、严格执行这些文字说明。

（3）设备材料表：将施工过程中用到的主要材料和设备列成明细表，标明其名称、规格、数量、产地及参考价格等，以供做施工预算时选用。

（4）给水、排水系统平面图。平面图是施工图的主要部分，其阐述的主要内容有给水、排水设备，卫生器具的类型和平面位置，管道附件的平面位置，给水、排水系统的出入口位置和编号、地沟位置及尺寸，干管和支管的走向、坡度和位置，立管的编号、位置及管道安装方式等。

（5）给水、排水系统轴测图。轴测图用来表达管道及设备的空间位置关系，可反映整个系统的全貌。轴测图的主要内容有给水、排水系统横管、立管、支管、干管的编号、走向、

坡度、管径，管道附件的位置和种类，管道和卫生设备的标高和空间相对位置等。

轴测图宜按45°正面斜轴测投影法绘制；管道的编号、布置方向应与平面图一致，并按比例绘制。当局部管道按比例不易表示清楚时，该处可不按比例绘制。

（6）节点图与大样图。对设计施工说明和上述图纸都无法表示清楚，又无标准设计图可供选用的设备、器具安装图及非标准设备制造图，或设计者自己创新按放大比例绘制的施工图需绘制节点图与大样图。要求其编号与其他施工图一致。

节点图与大样图也叫节点详图，在室内给水、排水系统中经常使用，是平面图、轴测图等施工图纸的重要辅助性图纸。

（7）标准图。标准图有全国统一标准和地方标准图，即省标和国标之分。标准图是施工图的一种，具有法令性，是设计、监理、预算和施工质量检查的重要依据，设计者必须执行。设计时不再重复制图，只需选出标准图号即可。

2. 小区或庭院（厂区）给水、排水施工图的组成及内容

（1）平面图，也是小区的总平面图。其主要内容有小区道路、建筑物和构筑物的分部、地形标高、等高线的分布；用粗线条重点表示的市政给水、排水干管的平面位置；小区给水、排水管道的平面位置、走向、管径、标高、管线长度；小区给水、排水构筑物的平面位置、编号，如室外消火栓井、水表井、阀门井、管道支墩、排水检查井、化粪池、雨水口及其他污水局部处理构筑物等。

管网平面布置图应以管道布置为重点，一般用中实线画出建筑物外墙轮廓线，用粗实线画出给水管道，用粗虚线画出排水管道，用细实线画出其余地物、地貌、道路，绿化可省略不画；检查井用直径2～3mm的小圆表示。

（2）管道纵断面图：是指在某一部位沿管道纵向垂直剖切后的可见图形，用于表明设备和管道的立面形状、安装高度及管道和管道之间的布置与连接关系。

管道纵剖面图由图样和资料两部分构成。前者用剖面图表示，后者在管道剖面图下方的表格中分项列出。其项目名称有干管的管径、埋设深度、地面标高、管顶标高、排水管的水面标高、与其他管道及地沟的距离和相对位置、管径、管线长度、坡度、管道转向及构筑物编号等。

（3）详图。室外给水、排水详图主要反映的是各给水、排水构筑物的构造、管道的连接方法、附件的做法等，一般有标准图可供选用。

9.1.3　给水、排水施工图的常用图例

给水、排水施工图图例详见《给水排水制图标准》（GB/T 50106—2001）。现摘录常用图例，如表9-2所示。

表9-2　给水、排水施工图常用图例

序号	名　称	图　例	备　注
管道图例			
1	生活给水管	——J——	
2	热水给水管	——RJ——	

续表

序号	名　称	图　例	备　注
3	热水回水管	—— RH ——	
4	中水给水管	—— ZJ ——	
5	循环给水管	—— XJ ——	
6	循环回水管	—— Xh ——	
7	热媒给水管	—— RM ——	
8	热媒回水管	—— RMH ——	
9	蒸汽管	—— Z ——	
10	凝结水管	—— N ——	
11	废水管	—— F ——	可与中水源水管合用
12	压力废水管	—— YF ——	
13	通气管	—— T ——	
14	污水管	—— W ——	
15	压力污水管	—— YW ——	
16	雨水管	—— Y ——	
17	压力雨水管	—— YY ——	
18	膨胀管	—— PZ ——	
19	保温管		
20	多孔管		
21	地沟管		
22	防护套管		
23	管道立管	XL-1 平面　XL-1 系统	X：管道类别 L：立管 1：编号
24	伴热管		
25	空调凝结水管	—— KN ——	
	管道附件		
1	刚性防水套管		
2	柔性防水套管		
3	波纹管		
4	可曲挠橡胶接头		
5	管道固定支架		

续表

序号	名　称	图　例	备　注
6	立管检查口		
7	清扫口	平面　系统	
8	通气帽	成品　铅丝球	
9	雨水斗	YD-1 平面　YD-1 系统	
10	排水漏斗	平面　系统	
11	圆形地漏		通用。如无水封，地漏应加存水弯
12	挡墩		
13	Y形除污器		
	管道连接		
1	法兰连接		
2	承插连接		
3	活接头		
4	管堵		
5	法兰堵盖		
6	弯折管		表示管道向后及向下弯转90°
7	三通连接		
8	四通连接		

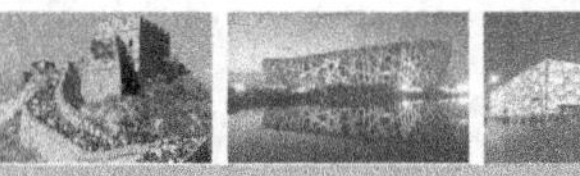

续表

序号	名　称	图　例	备　注
9	盲板		
10	管道丁字上接		
11	管道丁字下接		
12	管道交叉		在下方和后面的管道应断开
	阀门		
1	闸阀		
2	角阀		
3	截止阀	*DN*≥50　*DN*<50	
4	电动阀		
5	减压阀		
6	旋塞阀	平面　系统	
7	底阀		左侧为高压端
8	球阀		
9	电磁阀	M	
10	止回阀		
11	疏水器		

续表

序号	名称	图例	备注
给水配件			
1	放水龙头		左侧为平面，右侧为系统
2	皮带龙头		左侧为平面，右侧为系统
3	洒水（栓）龙头		
4	化验龙头		
5	肘式龙头		
6	脚踏开关		
7	混合水龙头		
8	旋转水龙头		
9	浴盆带喷头混合水龙头		
消防设施			
1	消火栓给水管	—— XH ——	
2	自动喷水灭火给水管	—— ZP ——	
3	室外消火栓		
4	室内消火栓（单口）	平面 系统	白色为开启面
5	室内消火栓（双口）	平面 系统	

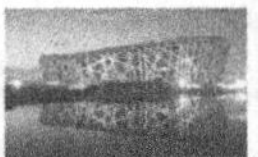

续表

序号	名　称	图　例	备　注
6	水泵接合器		
7	自动喷洒头（开式）	平面 系统	
8	自动喷洒头（闭式）	平面 系统	下喷
9	自动喷洒头（闭式）	平面 系统	上喷
10	自动喷洒头（闭式）	平面 系统	上、下喷
11	侧墙式自动喷洒头	平面 系统	
12	侧喷式喷洒头	平面 系统	
13	雨淋灭火给水管	—— YL ——	
14	水幕灭火给水管	—— SM ——	
15	水炮灭火给水管	—— SP ——	
	卫生设备及水池		
1	立式洗脸盆		
2	台式洗脸盆		
3	挂式洗脸盆		
4	浴盆		
5	化验盆、洗涤盆		
6	带沥水板洗涤盆		不锈钢制品

续表

序号	名　称	图　例	备　注
7	盥洗槽		
8	污水池		
9	妇女卫生盆		
10	立式小便器		
11	壁挂式小便器		
12	蹲式大便器		
13	坐式大便器		
14	小便槽		
15	淋浴喷头		
仪表			
1	温度计		
2	压力表		
3	压力控制器		
4	水表		

案例1　某单元式住宅给水、排水施工图的识读

识图时应首先看设计说明，以掌握工程概况和设计者的意图。应分清图中的各个系统，从前到后将平面图和系统图反复对照来看，以便相互补充和说明，建立全面、系统的空间形象；对卫生器具的安装还必须辅以相应的标准图集。给水系统可按水流方向从引入管、

干管、立管、支管、到卫生器具的顺序来识读；排水系统可按水流方向从卫生器具排水管、排水横管、排水立管到排出管的顺序识读。应注意以系统为单位进行识读，且各系统不能混读。

某六层单元式住宅给水、排水施工图如图9-6～图9-10所示，下面以西二单元为例进行说明。

1．设计施工说明

设计施工说明及图例见施工图首页，如图9-6所示。

2．室内给水施工图的识读

如图9-7所示为某住宅楼的地下室给水、排水平面图，左下角为指北针，地下室标高为－2.200m，地下室无用水设备，⑥～⑫轴线为一单元三户，在⑨～⑩轴线间有2号给水引入管一根，进到楼梯间后分两路分别进入两侧集中表箱；由左侧集中表箱引出两组管束，一组向西到⑦轴线，转向北到Ⓓ轴线，向上引出给水立管JL3向楼上供水；另一组管束向南到Ⓐ轴线，向上引出给水立管JL4向楼上供水；由右侧集中表箱引出一组管束，向东到⑪轴线，转向北到Ⓓ轴线，向上引出给水立管JL5向楼上供水。

如图9-8所示为一至六层住宅给水、排水平面图，在⑥～⑫轴线间为一个单元三户住宅，每户卫生间和厨房为用水房间，在每户厨房分别设有给水立管和一个洗涤盆，在每户卫生间设有一个洗脸盆和一组坐便器。

如图9-9所示为卫生间给水、排水平面图，3＃卫生间由给水立管JL4引出支管转向北给厨房洗涤盆供水，继续向北到Ⓒ轴线转向西给卫生间的洗脸盆供水，继续向西给坐便器供水。

如图9-10所示为给水系统图，从给水系统图可看出该给水系统为生活给水系统，采用下行上给式供水方式，引入管J2位于建筑物±0.000以下2.200m处，进入外墙后标高降为－2.500m，再前行分两路进入楼梯间两侧集中表箱，引入管管径为de50；由集中表箱分出三组横管，标高为－2.800m，然后向上成为对应的三组立管JL3、JL4和JL5，每组立管为六根，分别向楼上六层供水（每层一根），连接各层供水支管，厨房到卫生间的支管直埋入地面面层内，到用水设备处上翻到地面上0.250m，由支管接到各用水设备。

3．室内排水施工图的识读

由图9-7可以看出，西二单元的排出管分别沿轴线⑥、⑦、⑪、⑫向北排出，排出管编号分别为P4、P5、P6和P7，排出管P4向南分别接通向楼上的排水立管PL4、PL6、PL7，排出管P5接通向楼上的排水立管PL5，排出管P6接通向楼上的排水立管PL8，排出管P7向南接通向楼上的排水立管PL9。

由图9-8可以看出，西二单元排水立管PL4在⑥轴线2'＃卫生间的墙角处；排水立管PL5在⑦轴线与Ⓓ轴线相交的厨房墙角处；排水立管PL6在⑦轴线3＃卫生间的墙角处；排水立管PL8在⑪轴线和Ⓓ轴线相交的厨房墙角处；排水立管PL9在⑫轴线2＃卫生间的墙角处；排水立管PL7在⑧轴线与Ⓐ轴线相交的厨房墙角处，并在六层楼下200mm处沿轴线Ⓐ向东到轴线Ⓐ与轴线⑩相交的厨房墙角处翻向上由排水立管PL7'伸出屋面。

给水、排水设计说明

一、给水设计

1. 本设计按《建筑给水排水设计规范》(GB50015－2003) 进行设计。
2. 冷水设计流量J1=J2=1.3L/s，入口所需压力J1=0.31MPa。
3. 生活给水管道：集中表前采用PVC－U给水塑料管，粘接，压力等级为10MPa；集中表后管道采用铝塑复合管，铝塑管出地下室地面后集中设于套管内，做法见市标“Y2003S01”。
4. 阀门：集中表前采用塑料球阀，集中表后采用铜质球阀。
5. 管道穿楼板及墙处均设套管，穿楼板处的套管做法见“辽2002S302(39)”；穿墙处的套管做法见“辽2002S302(38)”。
6. 敷设在地下室不采暖房间内的给水管道做保温处理，做法见辽“94S101(2)Ⅲ型”，保温层厚为40mm。
7. 给水管道不得穿越烟道及通风道，给水塑料管道的最大支撑间距见“辽2002S302(4)”。
8. 给水塑料管道管卡、支架安装见“辽2002S302(41~42)”。
9. 给水系统标高均为管道中心标高，管径标注为外径。
10. 室内给水管道试验压力为工作压力的1.5倍，但不得小于0.6MPa；生活给水系统管道在交付使用前必须冲洗和消毒，并经有关部门取样检验，符合《生活饮用水标准》方可使用。
11. 给水塑料管安装见《建筑给水硬聚氯乙烯管道设计与施工验收规程》(CECS 41—92)。
12. 未尽事宜，见《建筑给水排水及采暖工程施工质量验收规范》(GB50242—2002)。

二、排水设计

1. 本设计按《建筑给水排水设计规范》(GB50015—2003)进行设计。
2. 排水管道采用排水塑料管，承插粘接接口。
3. 管道穿楼面做法见“辽2002S303(15)Ⅰ”型，穿屋面做法见“辽2002S303(15)Ⅱ型”。
4. 排水通气管放大一号，采用镀锌钢管，高出屋面100mm、室内300mm，排水管道通气帽大样图见“辽94S201(51)”。
5. 排水立管安装见“辽2002S303(21)”。
6. 立管每层需设伸缩节，位置为每层第一个支管下部，安装见“辽2002S303(16)a、c”。
7. 敷设在地下室不采暖房间内的排水管道做保温处理，做法见辽“94S101(23)Ⅲ型”，保温层厚40mm。
8. 排水通气管不得与烟道及通风道连接，排水塑料管道最大支撑间距见“辽2002S303(3)”。
9. 排水塑料管道支架安装见“辽2002S303(17~19)”，排水管道穿地下室外墙处设刚性防水套管，安装见“辽2002S303(15)”。
10. 钢筋混凝土圆形排水检查井及化粪池见外线设计。
11. 排水系统标高均为管内底标高，管径标注为外径。
12. 暗装或埋地的排水管道，在隐蔽前必须做灌水及通球试验，其灌水高度不低于底层地面高度，灌满水15分钟水面下降后，再灌满观察8分钟，液面不降、管道及接口无渗漏为合格。
13. 排水塑料管安装见《建筑排水硬聚氯乙烯管道工程技术规程》(CJJ/T 29—98)。
14. 未尽事宜，见《建筑给水排水及采暖工程施工质量验收规范》(GB50242—2002)。

图 例

图例	名称	图例	名称	图例	名称
—·—	生活给水管道		地漏	↑	通气槽
- - - -	排水管道		检查口		排水栓
	给水塑料,铜层球阀		清扫口		刚性防水套管
	水嘴		洗脸盆		洗涤盆
	坐便器				

注：本工程住宅面积为140.76m^2，建筑物之假定标高±0.000相当于绝对标高23.15m；本工程按照初装修标准设计，给水户内仅留一个给水点。

图9-6 某住宅给水、排水施工图首页

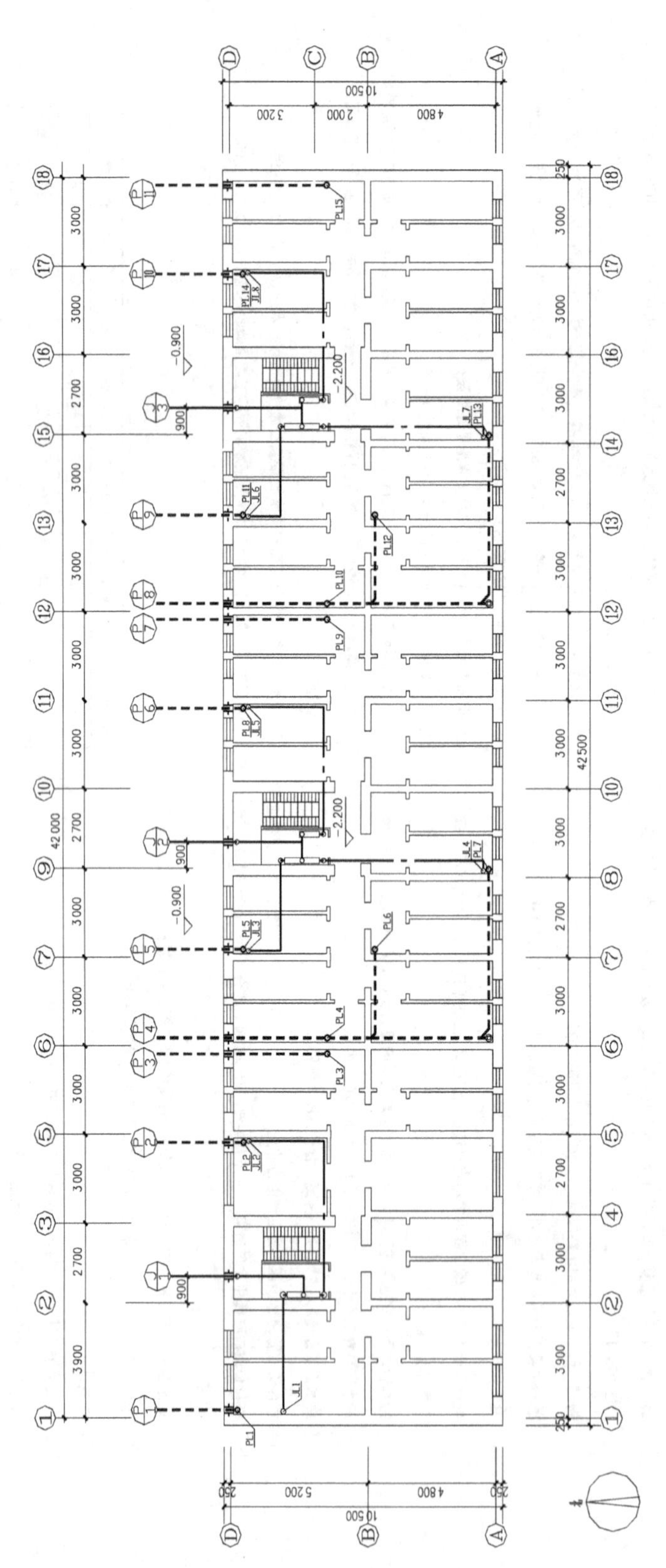

图9-7 某住宅的地下室给水、排水平面图

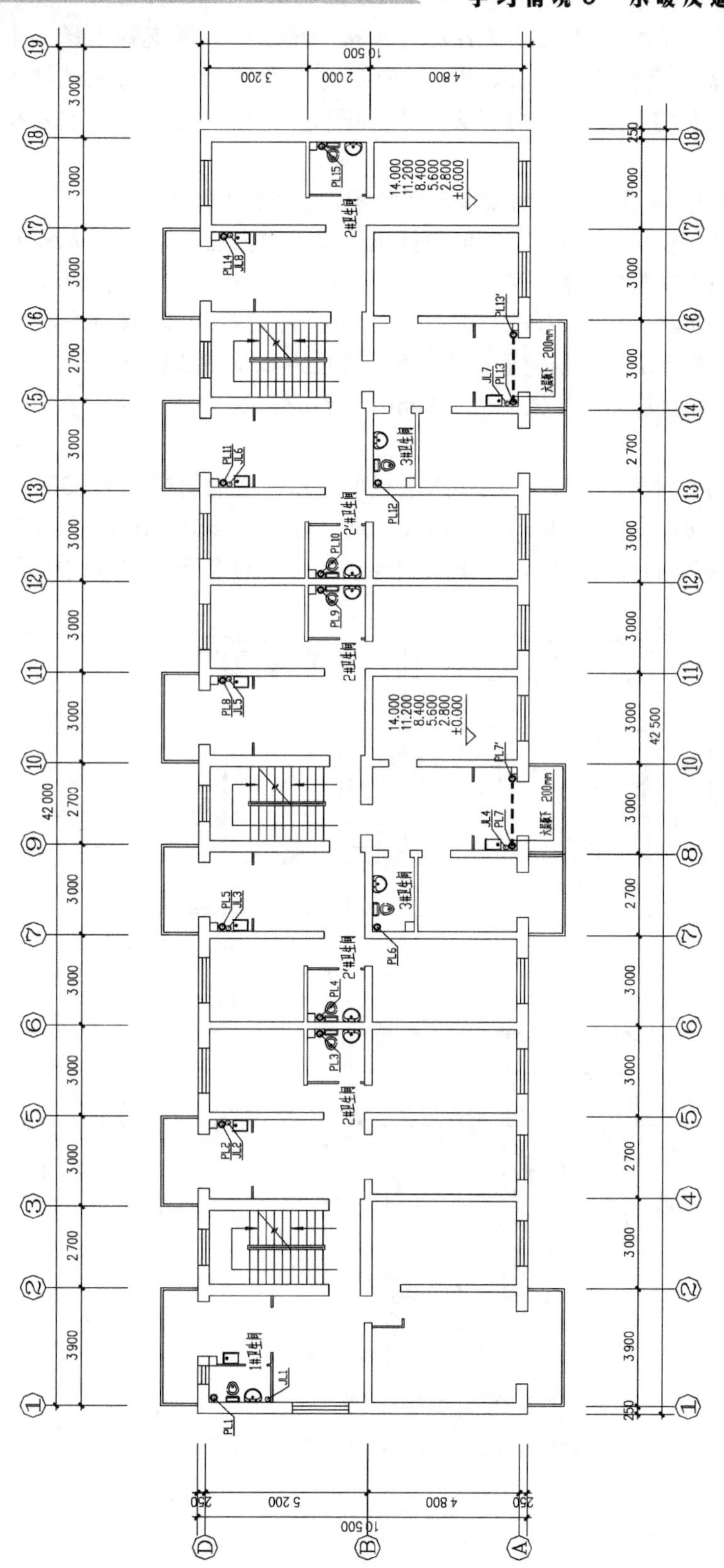

图9-8　某住宅一至六层给水、排水平面图

由图 9-8 可以看出排水立管 PL6 在各层分别接一横支管，横支管上接一个坐便器、一个地漏和一个洗脸盆；排水立管 PL5、PL7、PL8 分别负责一个厨房洗涤盆的排水；排水立管 PL4、PL9 分别负责 2'# 卫生间和 2# 卫生间的一个坐便器、一个地漏和一个洗脸盆的排水。

如图 9-11、图 9-12 所示为该住宅楼排水系统图。以 P4 排水系统为例，排出管为 de160，坡度 i=0.010，坡向室外，标高为−1.750m；排出管进入室内后向南行与排水立管 PL4、PL6 连接，管径变为 de110 后继续前行，左转接立管 PL7，坡度 i=0.020，转弯处设一清扫口。

排水立管 PL4 和 PL6 的管径为 de110，每层连接一根管径为 de110 的排水横管，每根横管上各连接一根管径为 de110 的坐便器排水支管、管径为 de50 的地漏和连有存水弯的洗脸盆排水短管，每根排水立管各伸出屋面以上 700mm，管口处设一个通气帽，在一层和六层的立管上各设一检查口。

排水立管 PL7 的管径为 de75，一层和六层设检查口，在六层楼板下 200mm 处沿外墙轴线左转后伸出顶层屋面以上 2 000mm，管口设一通气帽，伸顶立管编号为 PL7′；PL7 在每层连接一根管径为 de50 的排水横管，每根横管连接一根带有 S 形存水弯的排水短管。

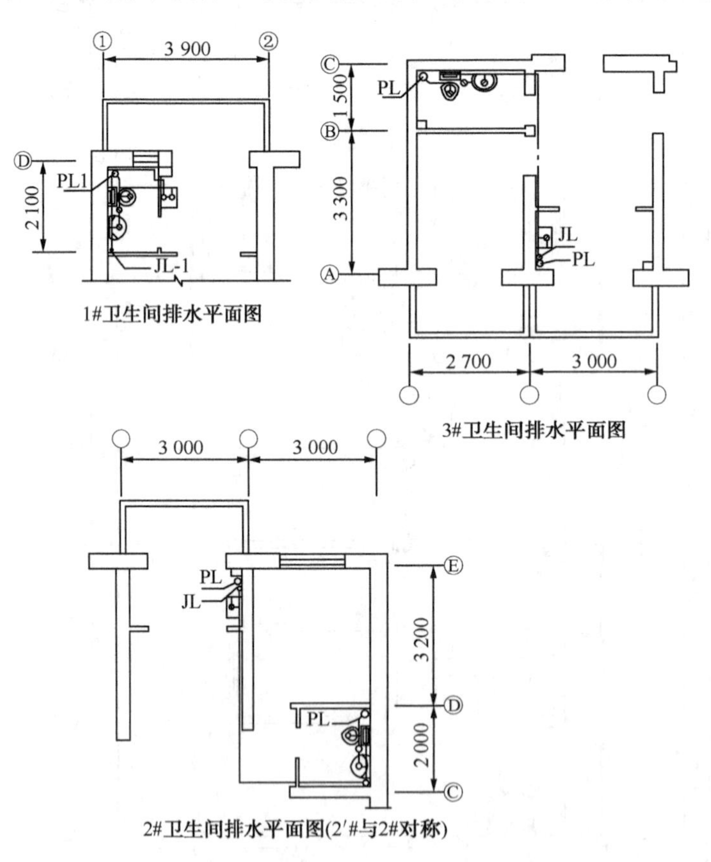

图 9-9　某住宅卫生间给水、排水平面图

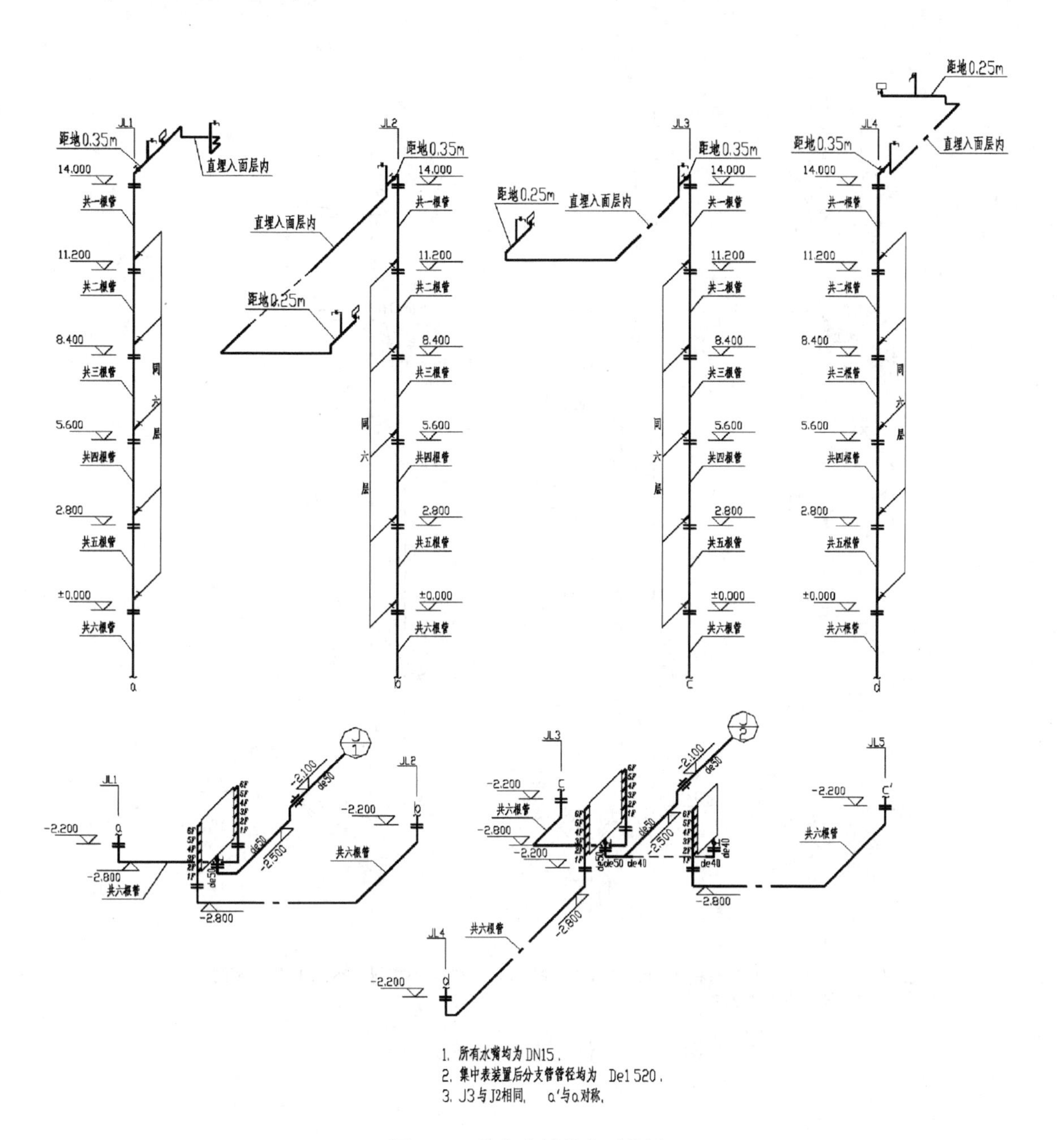

1. 所有水嘴均为 DN15.
2. 集中表装置后分支管管径均为 De1 520.
3. J3与J2相同，a'与a对称.

图 9-10　某住宅楼给水系统图

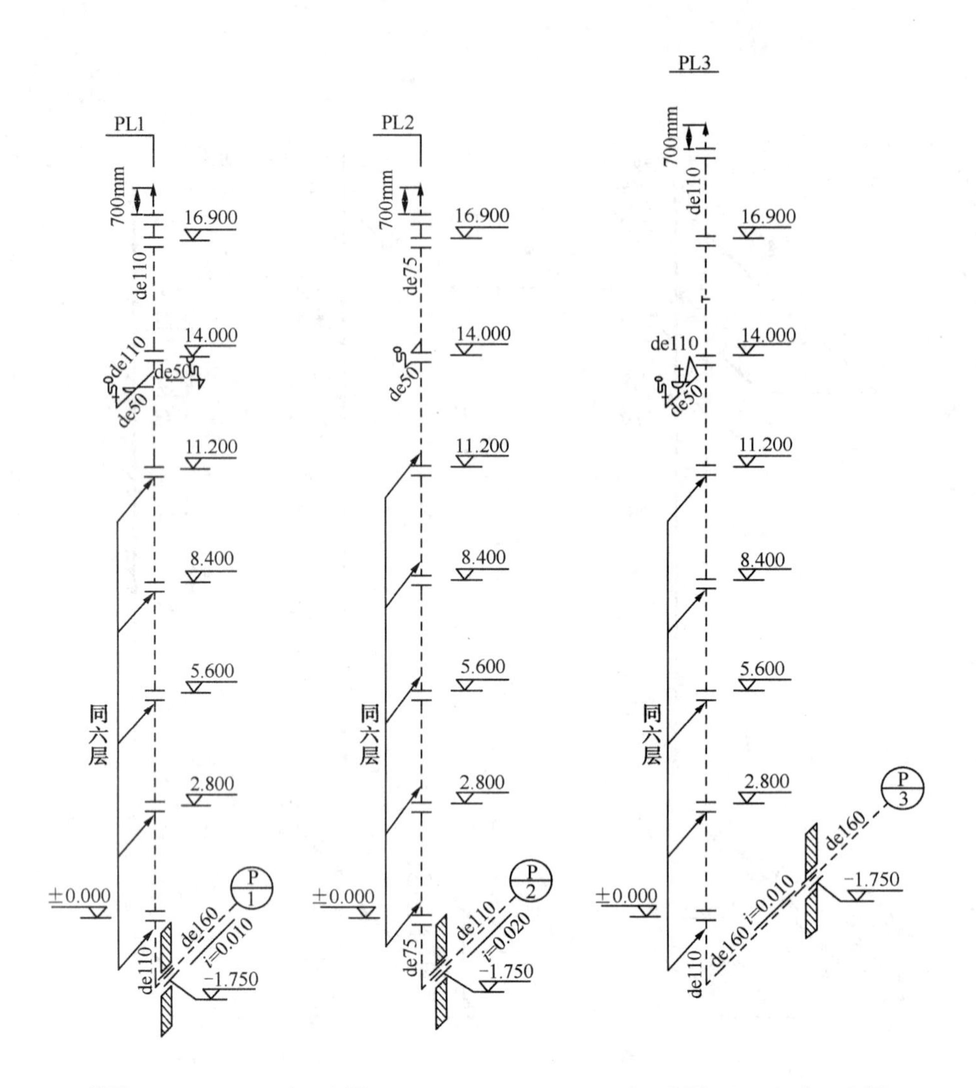

说明：1.P6、P10、P14与P1相同，P5、P9、P1、P7、P11、P15与P3相同，P8、P12与P4相同
2.所有地漏均为de50

图 9-11　某住宅楼排水系统图（一）

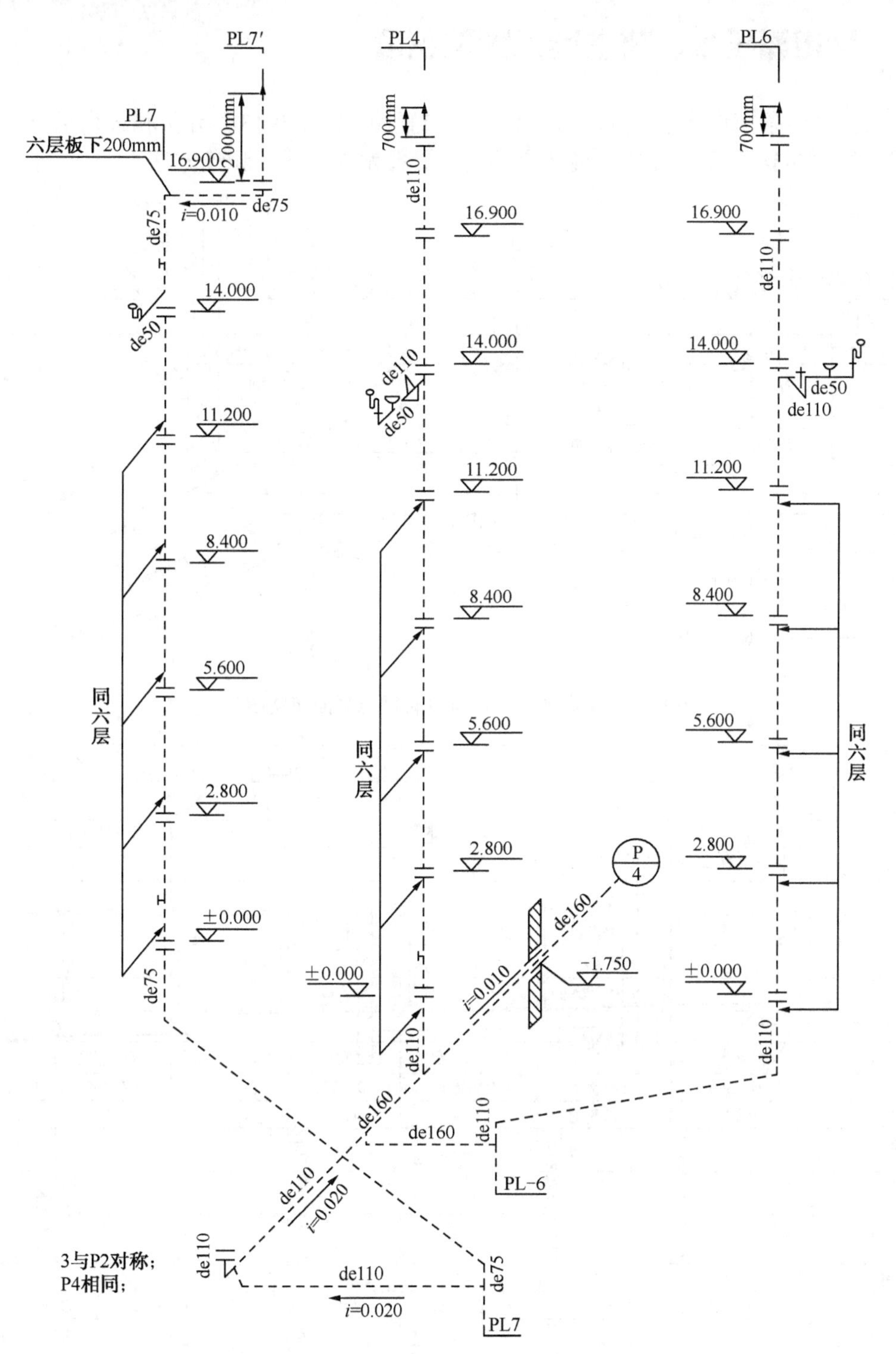

图 9-12　某住宅楼排水系统图（二）

案例 2　某街道给水、排水施工图的识读

现以某校区一条街道给水、排水管网总平面布置图（如图 9-13 所示）和该街道排水干管纵断面图（如图 9-14 所示）为例，说明室外给水、排水施工图的识读方法。

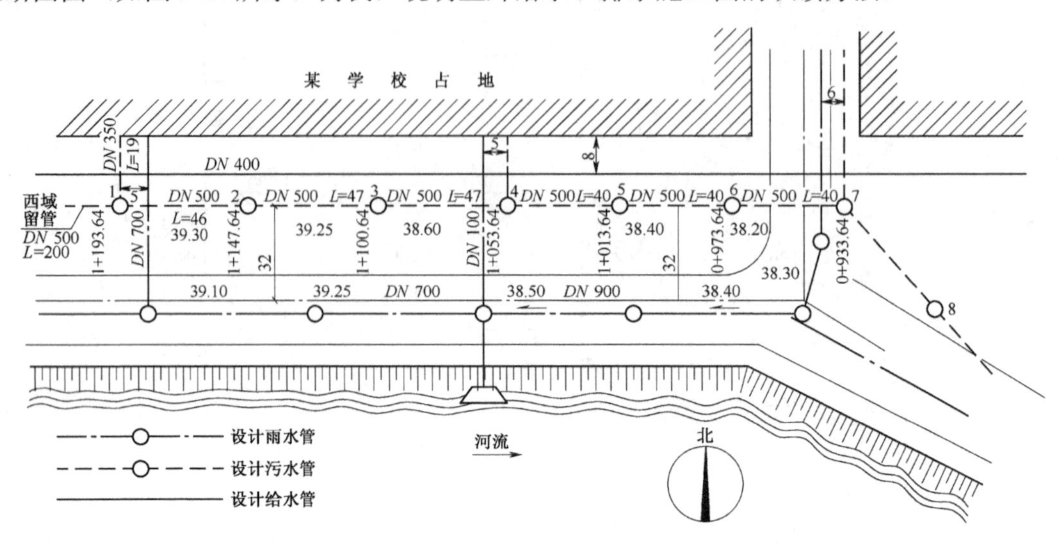

图 9-13　某街道给水、排水管网总平面布置图

井种 井号	TP1–402 1	TP1–402 2	TP1–402 3	TP1–402 4	TP1–402 5	TP1–402 6	TP1–402 7
设计地面标高	39.40	39.40	39.40	39.40	39.40		
自然地面标高	39.20	39.20	39.20	38.60	38.40	38.25	38.20
干管内底标高	34.700 34.800(东)	34.608	34.514	34.420 34.620(东)	34.340	34.260	34.180 34.380(东) 34.080
检查井号	1+193.64	1+147.64	1+100.64	1+053.64	1+013.64	0+973.64	0+933.64

管段	1—2	2—3	3—4	4—5	5—6	6—7	7以后
管径	DN 500	DN 500	DN 500	DN 500	DN 500	DN 500	DN 600
坡度	0.2%	0.2%	0.2%	0.2%	0.2%	0.2%	0.2%
水平距离	L=46	L=47	L=47	L=40	L=40	L=40	
水力元素	Q=76.9L/s	v=0.8m/s	h/D=0.52	Q=92.4L/s		v=0.83m/s	h/D=0.35

高程：39、38、37、36、35、34

设计雨水管　设计道路中心线　No1钻井：黏砂填土、轻黏砂、黏砂、中轻黏砂、粉砂　DN 400

设计雨水管　No2钻井：耕土、房碴土、粉砂　DN 300

设计雨水管　DN 300

管道平面示意图：1　2　3　4　5　6　7

图 9-14　某街道排水干管纵断面图

在管网总平面图上可以看到街道下面的设计给水管道、污水管道、雨水管道、排水检查井及给水阀门井的平面位置和相互关系，以及管径、管段长度、地面标高、指北针等。

在管道总断面图上，通常将管道剖面画成粗实线，将检查井、地面和钻井剖面画成中实线，其他分格线则采用细实线绘制。总断面图可以表达出检查井编号、高程、管径、坡度、地面标高、管底标高、水平距离及流量、流速和充满度（水深 h 和管径 D 的比值）；为了显示土的构造情况，剖面图上还给出了有代表性的钻井位置和土层构造剖面。还应注意不同管段之间设计数据的变化。例如，1 号检查井到 4 号检查井之间，干管设计流量 Q=76.9L/s，流速 v=0.8m/s，充满度 h/D=0.52；1 号钻井自上而下土层的构造分别为黏砂填土、轻黏砂、黏砂、中轻黏砂和粉砂。

识图时还应注意总平面图和纵断面图的相互对照。

任务 9.2　供暖施工图

供暖施工图分为室内和室外两部分。该施工图的组成同给水排水施工图。

9.2.1　供暖施工图的一般规定

1．比例

室内供暖施工图的比例一般为 1∶200、1∶100、1∶50。室外供热和锅炉房施工图的比例见表 9-3 的规定。

表 9-3　室外供热和锅炉房施工图的常用比例

图　名	比　例
锅炉房、热力站和中继泵站图	1∶20、1∶25、1∶30、1∶50、1∶100、1∶200
热网管线施工图	1∶5 000、1∶1 000
管线纵剖面图	沿垂直方向为 1∶50、1∶100；沿水平方向为 1∶500、1∶1 000
管线横剖面图	1∶10、1∶20、1∶50、1∶100
管线节点、检查室图	1∶20、1∶25、1∶30、1∶50
详图	1∶1、1∶2、1∶5、1∶10、1∶20

2．标高

水、汽管道的标高，如无特别说明均为管中心线标高，单位为“m”，如为其他标高应加以说明。标高应标注在管段的始、末端，翻身及交叉处，要能反映出管道的起伏与坡度变化。

3．管径

焊接钢管一律标注公称直径，并在数字前加“*DN*”；无缝钢管应标注“外径×壁厚”，并在数字前加“*D*”。例如，“*D*159×4”表示其外径为 159mm，而其壁厚为 4mm。管径的标注方法同室内给水、排水施工图。

4．系统编号

室内供暖系统的热力入口有两个或两个以上时应进行编号。编号由系统代号和顺序号组成，可以采用 8～10mm 中线单圈及内注阿拉伯数字的形式来表示；立管编号应同时标于首

层、标准层及系统图所对应的同一立管旁，如图9-15所示。对供暖立管进行编号时，应与建筑轴线编号区分开，以免引起误解，如图9-16所示。系统图中的重叠、密集处可断开引出绘制，相应的断开处宜用相同的小写拉丁字母注明。

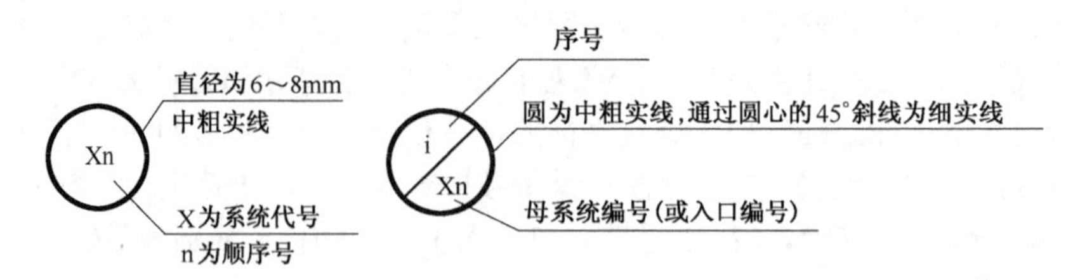

图9-15　系统代号、编号的画法

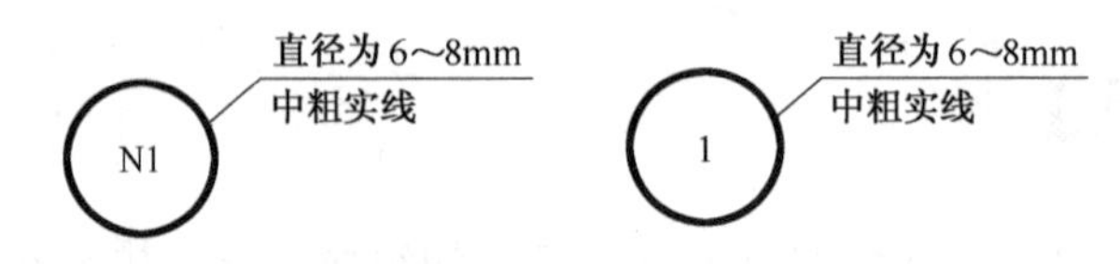

图9-16　供暖立管编号的画法

9.2.2　供暖施工图的组成及内容

1．室内供暖施工图的组成及内容

（1）图纸目录：为便于施工技术的档案管理和查找图纸，可将图纸分类、编号并装订成册，列出图名、类别、序号等。

（2）设计施工说明：主要用于说明设计者意图、建筑物的热负荷、热媒种类及参数、系统阻力、散热器的种类及安装要求、管道的敷设方式、管材及连接方法、管道及设备防腐保温的做法、水压试验的要求及选用的标准图集等用图形难以表达的内容。

（3）设备材料表。在该表中会列出主要材料和设备的用量、规格、产地及参考价格等。

（4）供暖平面图：包括首层、标准层和顶层的供暖平面图。其主要内容有热力入口的位置、干管和支管的位置、立管的位置及编号、室内地沟的位置和尺寸、散热器的位置和数量；阀门、集气罐、管道支架及伸缩器的平面位置、规格及型号等。

（5）供暖系统图。系统图采用单线条绘制，与平面图的绘制比例相同。系统图是表示供暖系统空间布置情况和散热器连接形式的立体透视图。

在系统图中应标注各管段管径的大小，水平管的标高、坡度、阀门的位置、散热器的数量及支管的连接形式。系统图对照平面图一起看可反映供暖系统的全貌。

（6）详图。供暖平面图和系统图难以表达清楚，而又无法用文字加以说明的问题，可以用详图表示，包括有关标准图和绘制的节点详图。

（7）标准图。标准图是施工图重要的组成部分，供热管、回水管与散热器之间的具体连接形式、详细尺寸和安装要求，采暖设备和附件的制作和安装、详细构造和尺寸的表达，一般都要用标准图反映出来。识图时必须具备与施工图纸标注相同的标准图集。

2．室外供热管网施工图的组成及内容

室外供热管网施工图一般由平面图、剖面图（纵剖面、横剖面）和详图等组成。

（1）室外供热管网平面图。它也是一张小区的总平面图，包括建筑物、道路、绿化带的位置和地面标高；室外地形标高、等高线的分布；热源或换热站的平面位置、供热管网的敷设方式；补偿器、阀门、固定支架的位置；热力入口、检查井的位置和编号等。

（2）室外供热管网剖面图。室外供热管网采用地沟或直埋敷设时，应绘制管线纵向或横向剖面图。由于它主要反映的是管道及构筑物纵、横立面的布置情况，并将平面图上无法表示的立体情况表示清楚了，所以它是平面图的辅助性图纸。在纵、横断面图中一般只绘制某些局部地段。剖面图主要包括地面标高、沟顶标高、沟底标高、管底标高、管径、坡度、管段长度、检查井编号和管道转向等内容；横剖面图主要包括地沟断面构造及尺寸、管道与沟间距、管道与管道间距、支架的位置等内容。

（3）室外供热管网详图。它是对局部节点或构筑物放大比例后绘制的施工图。管道可用单线条绘制，也可用双线条绘制。常见的有热力入口的详图等。

9.2.3　供暖施工图常用图例

供暖施工图常用图例可参见表 9-4 和表 9-5，也可按《暖通空调制图标准》（GB/T 50114）自行补充。其中表 9-4 为水、汽管道的代号，表 9-5 为供暖常用图例。

表 9-4　水、汽管道的代号

序号	代号	管道名称	备注
1	R	（供暖、生活、工艺用）热水管	1. 用粗实线、粗虚线区分供水、回水时，可省略代号 2. 可附加阿拉伯数字 1、2 区分供水、回水 3. 可附加阿拉伯数字 1、2、3、…表示不同参数的多种管道
2	Z	蒸汽管	需要区分饱和、过热、自用蒸汽时，可在代号前分别附加 B、G、Z
3	N	凝结水管	
4	P	膨胀水管、排污管、排气管、旁通管	需要区分时，可在代号后附加一位小写拼音字母，即表示为 Pz、Pw、Pq、Pt
5	G	补给水管	
6	X	泄水管	
7	XH	循环管、信号管	循环管为粗实线，信号管为细虚线。不致引起误解时，循环管也可为“X”
8	Y	溢排管	
9	L	空调冷水管	
10	LR	空调冷/热水管	
11	LQ	空调冷却水管	
12	n	空调凝结水管	

表 9-5　供暖常用图例

序号	名称	图例	备注
1	采暖供水（汽）管 采暖回（凝结）水管		
2	保温管		

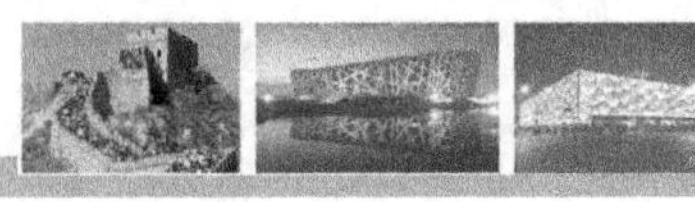

续表

序号	名　称	图　例	备　注
3	软管		
4	方形伸缩器		
5	套管伸缩器		
6	波形伸缩器		
7	弧形伸缩器		
8	球形伸缩器		
9	流向		
10	丝堵		
11	滑动支架		
12	固定支架		
13	散热器及手动放气阀	15　15　15	左为平面图画法，中为剖面图画法，右为系统图、Y轴侧图画法
14	集气罐、排气装置		左图为平面图
15	自动排气阀		
16	疏水阀		也称“疏水器”。在不致引起误解时，也可用 表示
17	节流孔板、减压孔板		在不致引起误解时，也可用 表示
18	除污器（过滤器）		
19	坡度及坡向	i=0.003或 i=0.003	坡度数值不宜与管道起、止点标高同时标注。标注位置同管径标注位置
20	板式换热器		

案例 3　某住宅采暖施工图的识读

某五层住宅采暖施工图如图 9-17～图 9-20 所示。其识图方法与室内给水、排水施工图相似。

该住宅采暖施工图的设计说明如图 9-17 所示。

该住宅的地下室采暖入口平面图如图 9-18 所示。该建筑有一层地下室，地下室地面标高为首层地面（±0.000）以下 2.200m，分三个单元，一梯两户，有 N1、N2、N3 三个热力入口，分别位于轴线③、⑨、⑭右侧 600mm 处；属供、回水双管式系统，供、回水干管从南侧进入外墙后转向左前行，分别在楼梯间两侧设置立管向楼上供暖，地下室无采暖设备。

该住宅一至五层采暖平面图如图 9-19 所示。其供暖方式为一户一阀单管水平串联式。在平面图上可看到各楼层每组散热器的平面位置和散热片的数量，以及采暖管道的位置和走向。

采暖系统图如图 9-20 所示。采暖供、回水进户管标高为-1.900m，管径为 *DN* 50，进户后分供、回水两对立管，管径为 *DN* 40；五层楼每户接出一对支管进入各户热表箱，表箱后支管以单管水平串联式连接各组散热器；五层户内支管管径为 *DN* 25，一至四层为 *DN* 20，室内采用铝塑复合管埋于面层内。

案例 4　某小区供暖施工图的识读

（1）平面图的识读。如图 9-21 所示为室外某小区供暖管道平面图。从该图上可看到供热水管和回水管是平行布置的。供暖管道从检查室 3 开始向右延伸至检查室 4，管径为 426mm，壁厚为 8mm，距离为 73.00m。经检查室 4 向右经补偿器井 6，向右前行 15.00m，再向前转 90°，并前行 9.00m，再向右转 90°，经 9.00m 后，向前转 90°，再向前至检查室 5，继续向前。从图 9-21 可以看出供暖管道系统的具体位置，如检查室 3 固定支架的坐标为：x=54 219.42m，y=32 469.70m。

（2）纵断面图的识读。如图 9-22 所示为室外某小区供暖管道纵断面图。以检查室为例，节点编号 J_{49} 距热源出口距离为 799.35m，地面标高为 150.21m，管底标高为 148.12m，检查室底标高为 147.52m；其他检查室的读法相同。

J_{49} 到 J_{50} 的距离为 73.00m，管道坡度为 0.008，左低右高，管径为 325mm，壁厚为 8mm，保温外径为 510mm；其他管段的读法相同。

在图 9-22 上还标有固定支座推力、标高、坐标、管道转向和转角等内容，识图时要注意。

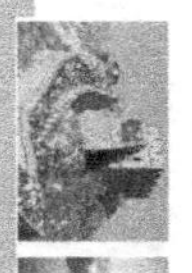
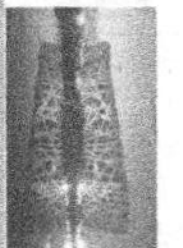

图纸目录

序号	图别	图号	图名	备注
1	水暖施	1	图纸目录 标准图统计表 采暖设计说明 给水、排水设计说明	
2	水暖施	2	地下室给水、排水出/入口平面图	
3	水暖施	3	一至五层给水、排水平面图	
4	水暖施	4	地下室采暖入口平面图	
5	水暖施	5	一至五层采暖平面图	
6	水暖施	6	采暖系统图	
7	水暖施	7	卫生间给水、排水详图， 给水、排水系统图	

标准图统计表

序号	类别	图集编号	图集名称	需用页次	备注
1	省标	辽94S101	给水工程安装		
2	省标	辽94S201	排水工程安装		
3	省标	辽94S301	卫生设备安装		
4	省标	辽2002S302	建筑给水塑料管、铝塑复合管管道安装图		
5	省标	辽2002S303	建筑排水塑料管管道安装图		
6	省标	辽92J201	屋面构造		
7	省标	辽2002T901	采暖管道设计安装图		
8	省标	辽2002T902	采暖设备安装图		
9	省标	辽2003T904	采暖设备及管道保温		
10	市标	LY99N01	住宅建筑采暖热表箱标准图集		
11	市标	LY2003S01	住宅建筑水表出户集中表设计安装图		

采暖设计说明

1. 本工程采暖形式为水平串联式，采暖热媒为85℃/60℃温水

Q_1=54.4kW　　　　H_1=6.0kPa

采暖热负荷 Q_2=60.8kW　　系统压力损失 H_2=5.8kPa

Q_3=54.4kW　　　　H_3=6.0kPa

建筑热指标 q=67.9W/m²

2. 采暖管道采用焊接钢管，管径小于40mm为丝接；管径大于40mm为焊接；阀门采用闸阀；入户管及设在管槽内的管道采用聚氨酯保温管，管槽做法见土建图；设在面层内的交联铝塑管不准有接头。
3. 明设管道及支架等刷樟丹一遍，银粉两遍；敷设在不采暖房间的管道用岩棉保温；做法见“辽2003T904/4”。
4. 管道穿墙处做铁皮套管，穿楼板、梁及剪力墙处做钢套管，安装见“辽20002T901/20～21”。
5. 水平管支架间距及安装见“辽2002T901/3”。
6. 采暖管道入户敷设形式、入口装置见外线设计。
7. 散热器采用铸铁翼型散热器，型号为TY2.8/5-5及TY2.8/3-5(a)，安装见“辽200T902/13～14”；散热器组对后，应进行水压试验，试验压力为0.75MPa，2～3min内不漏、压力不降为合格；散热器刷樟丹一遍，银粉两遍。
8. 采暖系统排气采用：每组散热器在运行方向出口侧上方设手动放风门一个。
9. 采暖系统安装完毕、管道保温前，应进行水压试验；试验压力应为系统顶点工作压力加0.10MPa，同时在系统顶点的试验压力不得小于0.30MPa；穿地下室外墙的采暖管道设刚性防水套管的安装见“辽94S101-60”。
10. 热表箱安装见“LY99N01”，热表箱距本层地面70mm，热表箱外形尺寸为750×600×260，预留洞口尺寸为790×640×260。
11. 未尽事宜，请按国标《建筑给水排水及采暖工程施工质量验收规范》(GB50242—2002)执行。

图9-17　某住宅采暖施工图首页

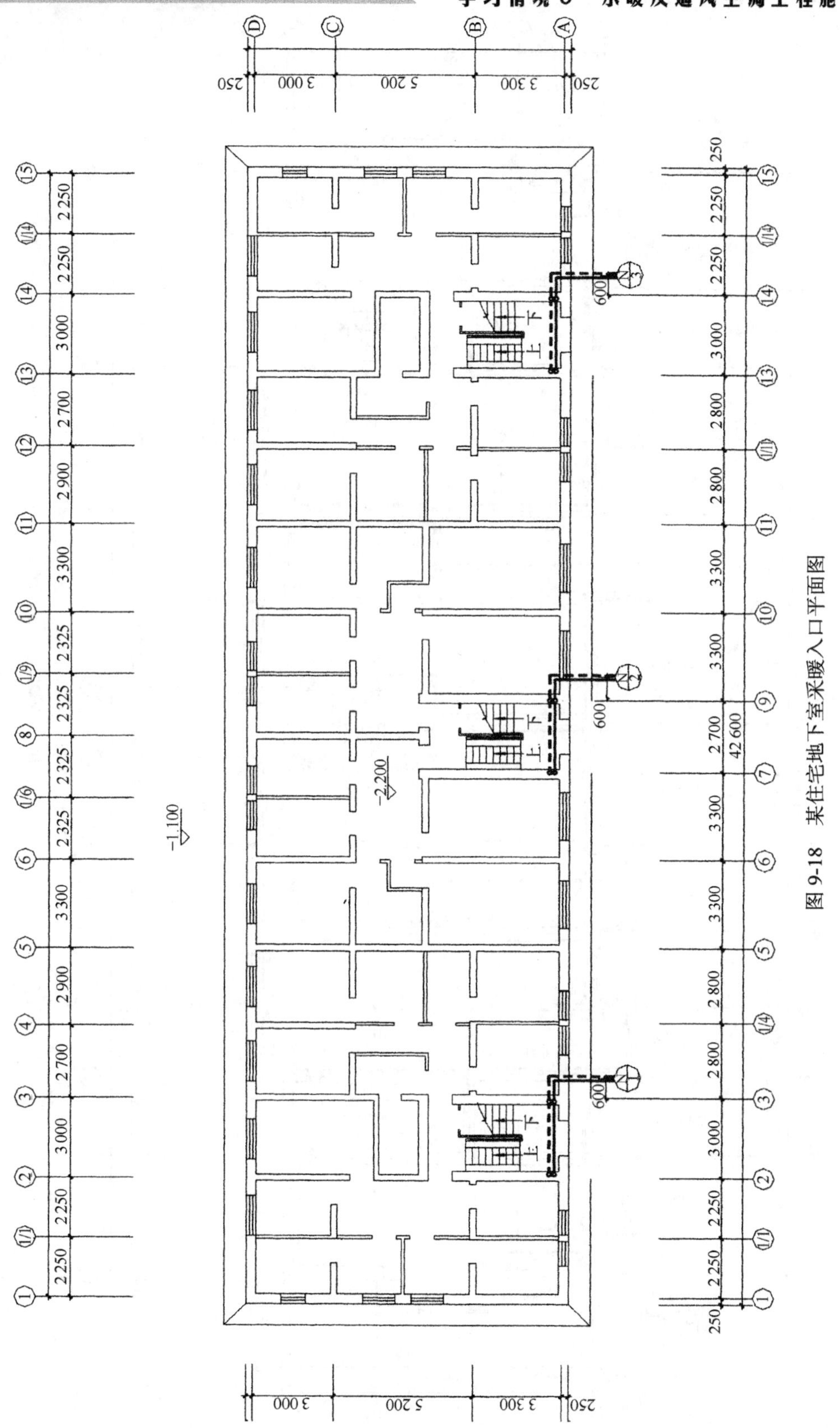

图 9-18 某住宅地下室采暖入口平面图

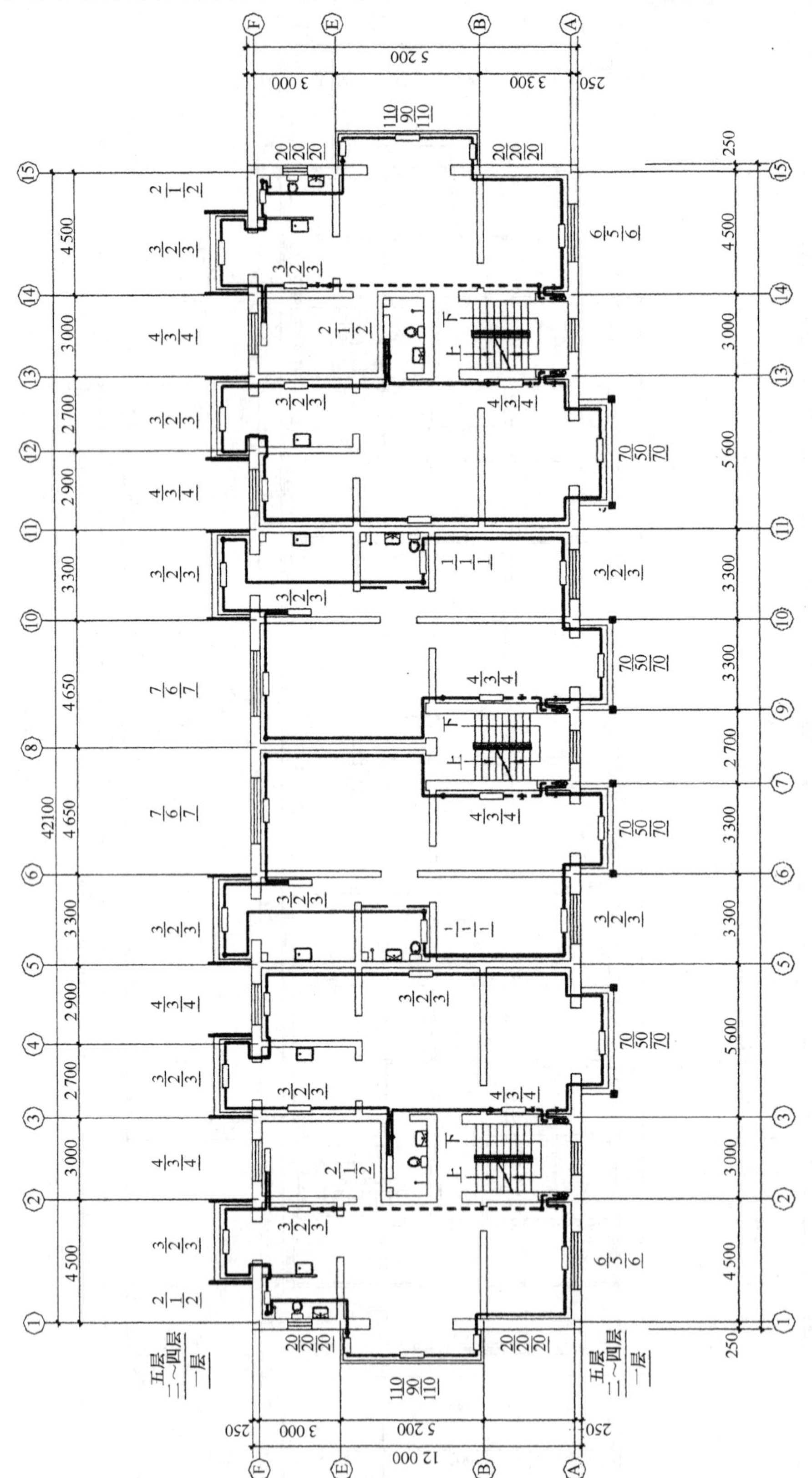

图9-19 某住宅一至五层采暖平面图

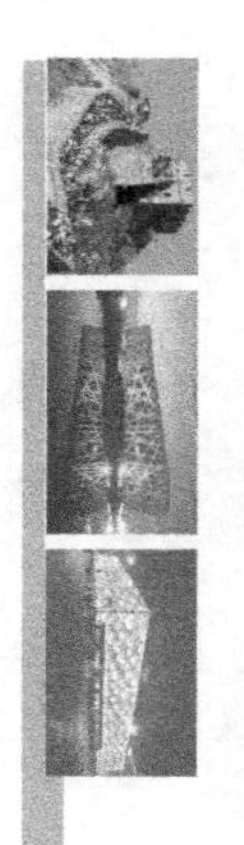

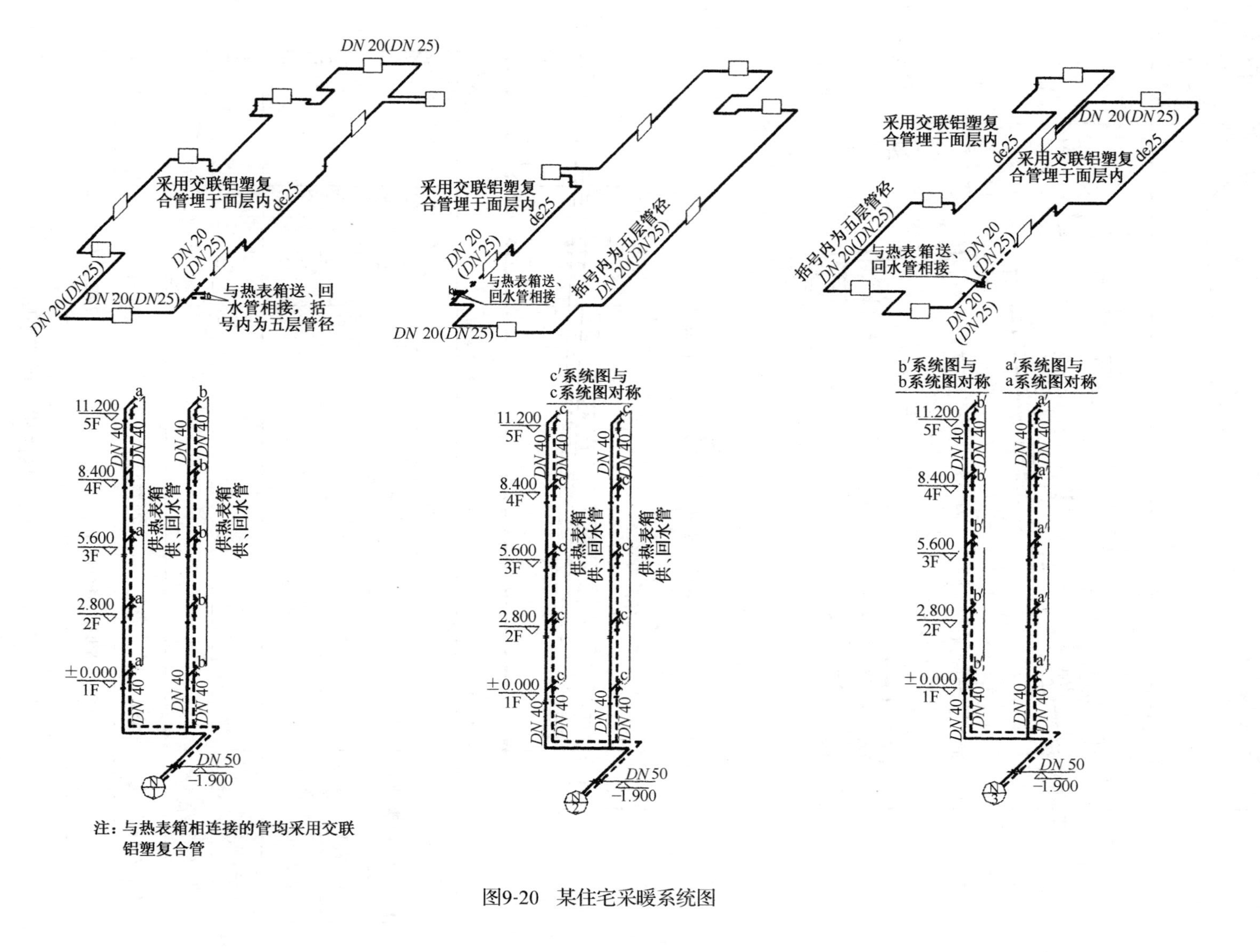

注：与热表箱相连接的管均采用交联铝塑复合管

图9-20 某住宅采暖系统图

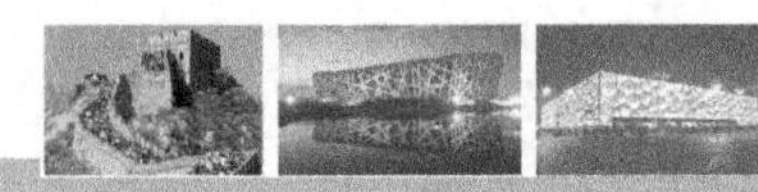

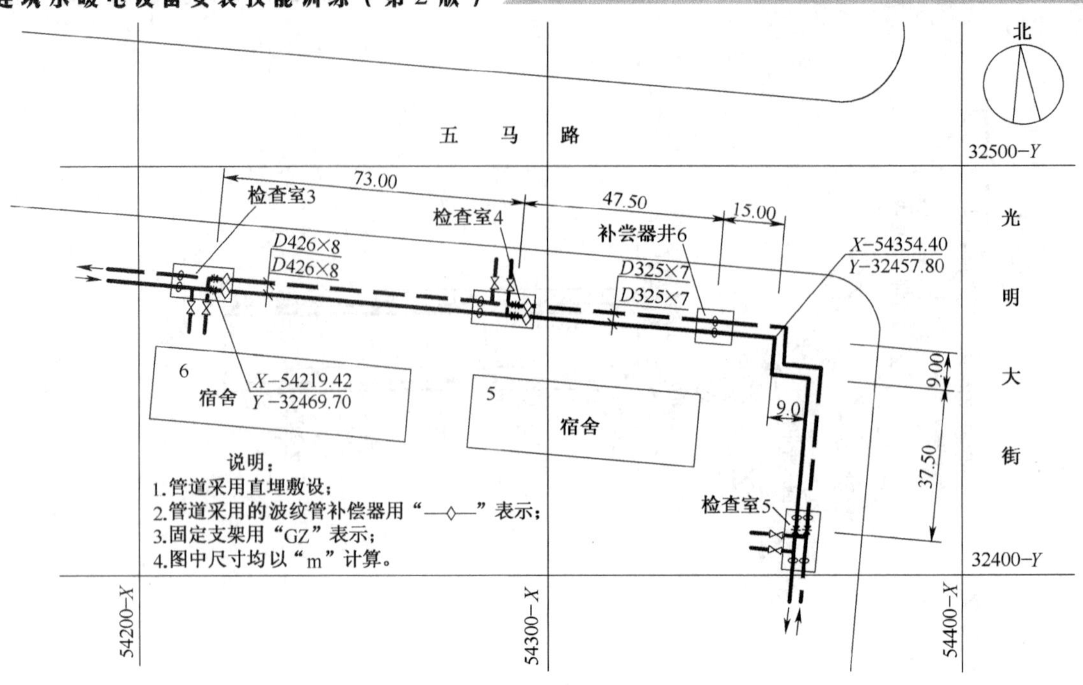

图 9-21　室外某小区供暖管道平面图

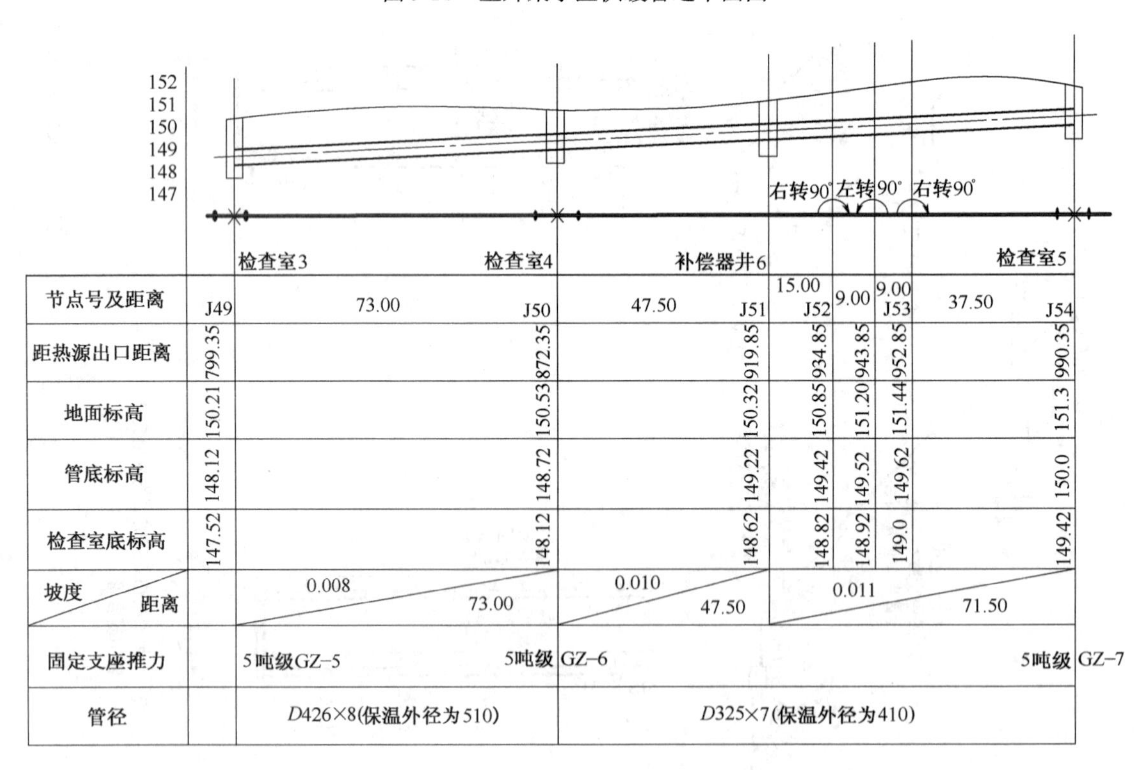

节点号及距离	J49	73.00	J50	47.50	J51	15.00	J52	9.00		9.00	J53	37.50	J54
距热源出口距离	799.35		872.35		919.85		934.85		943.85		952.85		990.35
地面标高	150.21		150.53		150.32		150.85		151.20		151.44		151.3
管底标高	148.12		148.72		149.22		149.42		149.52		149.62		150.0
检查室底标高	147.52		148.12		148.62		148.82		148.92		149.0		149.42
坡度/距离		0.008 / 73.00		0.010 / 47.50		0.011 / 71.50							
固定支座推力		5吨级GZ-5	5吨级GZ-6										5吨级GZ-7
管径		D426×8(保温外径为510)		D325×7(保温外径为410)									

图 9-22　室外某小区供暖管道纵断面图

任务9.3　通风空调系统施工图

通风空调系统施工图包括图文与图纸两部分。

图文部分包括图纸目录、设计施工说明和设备材料表。图纸目录和设备材料表的相关要求和内容同水暖系统施工图。

图纸部分由通风空调系统平面图、空调机房平面图、系统图、剖面图、原理图和详图等组成。详图和标准图的相关要求和内容在水暖系统施工图中已做过介绍，这里不再赘述。

9.3.1　通风空调系统施工图的一般规定

通风空调系统施工图应符合《给水排水制图标准》和《暖通空调制图标准》的有关规定。

通风空调系统施工图的比例宜按表9-6选用。

表9-6　通风空调系统施工图的常用比例

名　称	比　例
总平面图	1∶500、1∶1 000、1∶2 000
剖面图等基图	1∶50、1∶100、1∶150、1∶200
大样图、详图	1∶1、1∶2、1∶5、1∶10、1∶20、1∶50
工艺流程图、系统原理图	无比例

矩形风管的标高标注在风管底，圆形风管为风管中心线标高。圆形风管的管径用“ϕ”表示，如“ϕ120”，表示直径为120mm的圆形风管；矩形风管用断面尺寸“长×宽”表示，如“200×100”，表示长200mm、宽100mm的矩形风管。

9.3.2　通风空调系统施工图的组成及内容

1．设计施工说明

设计施工说明主要用于介绍：工程概况；系统采用的设计气象参数和室内设计计算参数，如室外设计计算温度、湿度、风速，室内设计计算温度、湿度和新风量标准等；系统的划分与组成；通风空调系统的形式、特点；风管、水管所用材料、连接方式、保温方法和系统试压要求；风管系统和水管系统的材料、加工方法、支架的安装要求、防腐要求；系统调试和试运行方法和步骤及采用的施工验收规范等。

2．通风空调系统平面图

通风空调系统平面图包括建筑物各层的通风空调系统平面图、空调机房平面图、制冷机房平面图、水系统平面图及空气处理设备平面布置图等。

（1）通风空调系统平面图。其主要内容包括风管系统的构成、布置、系统编号、空气流向及设备和部件的平面位置等，一般用双线条绘制；冷、热水管道、凝结水管道的平面布置、仪表和设备的位置、介质流向和坡度，一般用单线条绘制；空气处理设备的位置；基础、设备、部件的定位尺寸、名称和型号；标准图集的索引号等。

（2）空调机房平面图。其主要内容有冷水机组、冷冻水泵、冷却水泵、附属设备、空气处理设备、风管系统、水管系统和定位尺寸等。

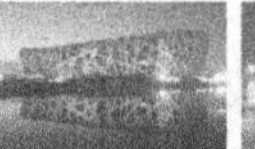

对于空气处理设备，应注明产品样本要求或标准图集所采用的空调器组合段代号、空调箱内风机、表面式换热器、加湿器等设备的型号、数量及设备的定位尺寸。风管系统一般用双线条绘制，水管系统一般用单线条绘制。

3．通风空调系统剖面图

剖面图常和平面图配合使用，剖面图上的内容应与平面图剖切位置上的内容对应一致，并标注设备的高度及连接管道的标高。剖面图主要有系统剖面图、机房剖面图、冷冻机房剖面图及空调器剖面图等。

4．通风空调系统图

系统图较复杂时，可单独绘制风管系统和水系统图，因其采用了三维坐标，所以在反映内容方面更形象、直观。系统图可用单线条绘制，也可用双线条绘制。其主要内容有系统的编号、系统中设备、配件的型号、尺寸、定位尺寸、数量及连接管道在空间的弯曲、交叉、走向和尺寸等。

5．空调系统原理图

原理图的内容主要包括：系统原理和流程；控制系统之间的相互关系；系统中的管道、设备、仪表、阀门及部件等。原理图不需按比例绘制。

9.3.3 通风空调系统施工图的常用图例

风道常用代号如表9-7所示。

表9-7 风道代号

代 号	风道名称	代 号	风道名称
K	空调风管	H	回风管（一、二次回风可附加“1”、“2”进行区别）
S	送风管	P	排风管
X	新风管	PY	排烟管或排风、排烟共用管道

通风空调系统施工图的常用图例如表9-8所示。

表9-8 通风空调系统施工图的常用图例

序号	名 称	图 例	备 注
风道、阀门及附件			
1	砌筑风、烟道		其余均为
2	带导流片弯头		
3	消声器消声弯管		也可表示为

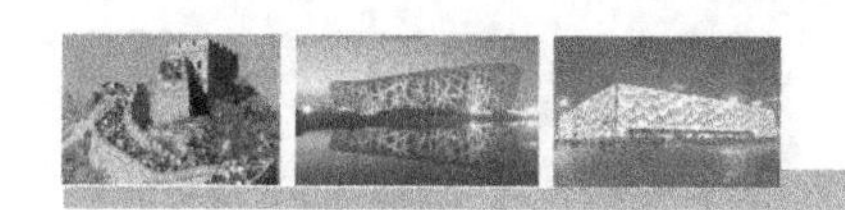

续表

序号	名　称	图　例	备　注
4	插板阀		
5	天圆地方		左接矩形风管，右接圆形风管
6	蝶阀		
7	对开多叶调节阀		左为手动，右为电动
8	风管止回阀		
9	三通调节阀		
10	防火阀	70°C	表示70℃动作的常开阀，若因图面小，可表示为 70℃，常开
11	排烟阀	φ 280℃　280℃	左为280℃动作的常闭阀，左为常开阀。若因图面小，表示方法同上
12	软接头	~	也可表示为
13	软管	或光滑曲线(中粗)	
14	风口（通用）	或	
15	气流方向		左为通用表示法，中表示送风，右表示回风
16	百叶窗		
17	散流器		左为矩形散流器，右为圆形散流器。散流器为可见时，虚线改为实线

续表

序号	名　称	图　例	备　注
18	检查孔测量孔	检 测 检 测	
空调设备			
1	轴流风机	或	
2	离心风机		左为左式风机，右为右式风机
3	水泵		左侧为进水，右侧为出水
4	空气加热、冷却器	+ − + −	左、中分别为单加热、单冷却，右为双功能换热装置
5	空气过滤器		左为粗效，中为中效，右为高效
6	电加热器		
7	加湿器		
8	挡水板		
9	窗式空调器		
10	分体空调器		
11	风机盘管		可标注型号如 FP-5
12	减振器		左为平面图画法，右为剖面图画法

9.3.4 通风空调施工图的识读方法与步骤

通风空调施工图是专业性很强的图纸，有着其自身的特点：施工图上采用了国家统一的图例符号来表示，阅读者应首先了解并掌握与图纸有关的图例符号所代表的含义；施工图中

的风管系统和水管系统（包括冷冻水、冷却水系统）虽然出现在同一张平、剖面图中，但在实际运行中具有相对独立性，因此看图时应先将风系统与水系统分开阅读，然后再综合阅读；风系统和水系统都有一定的流动方向，形成了一个往复的完整环路，读者可以从冷水机组或空调设备开始阅读，直至经过完整的环路又回到起点处；风管系统与水管系统在空间的走向往往是纵横交错的，在平面图上很难表示清楚，因此，要把平面图、剖面图和系统轴测图互相对照起来查阅，这样有利于读懂图纸；通风空调系统中的设备、风管、水管及许多配件的安装需要土建的建筑结构来容纳与支撑，因此在识图时应查阅土建相关的图纸，与土建密切配合。

（1）阅读图纸目录。根据图纸目录了解工程图纸的总体情况，包括图纸的名称、编号及数量等情况。

（2）反复阅读设计施工说明。通过阅读设计施工说明可充分了解设计者的意图和工程概况，包括设计参数、设备种类、系统的划分、选材、工程的特点及施工要求等，这是施工图中很重要的内容，也是首先要看的内容。

（3）从目录中确定并阅读有代表性的图纸。根据图纸编号找出有代表性的图纸，如总平面图、空调系统平面布置图、冷冻机房平面图、空调机房平面图。识图时，应先从平面图开始，然后再看其他辅助性图纸（如剖面图、系统轴测图和详图等）。

（4）辅助性图纸的查阅。由于有些内容是平面图无法表示清楚的（如设备、管道及配件的标高等），所以需要根据平面图上的提示和图纸目录找出相关辅助性图纸进行对照阅读，包括剖面图、立面图、系统轴测图和详图等。

（5）其他内容的阅读。在了解整个工程系统的情况下，应再进一步阅读施工设计说明、材料设备表及整套施工图纸，且对每张图纸要反复对照去看，要了解每一个施工安装的细节，从而达到完全掌握图纸的全部内容的目的。

案例5　某宾馆多功能厅空调系统施工图的识读

下面以某宾馆多功能厅的空调系统为例，来说明通风空调施工图的识读。

（1）空调系统施工图的识读。如图9-23～图9-25所示为某宾馆多功能厅空调系统的平面图、剖面图和风管系统图。

从这些图中可以看出空调箱设在机房内。下面从空调机房开始识读风管系统。在空调机房Ⓒ轴外墙上有一带调节阀的风管（新风管），其截面尺寸为630mm×1 000mm，空调系统的新风由此新风管从室外吸入室内。在空调机房②轴线内墙上有一消声器4，这是回风管，室内大部分空气由此消声器吸入回到空调机房内。空调机房有一空调箱1，从剖面图9-24可以看出，在空调箱侧下部有一接短管的进风口，新风与回风在空调房混合后，由此进风口吸入，再经冷（热）处理后，由空调箱顶部的出风口送至送风干管。

从图9-24的1—1剖面图可看出房间高度为6m，吊顶距地面高度为3.5m，风管暗装在吊顶内，送风口直接开在吊顶面上，风管底标高分别为＋4.250m和＋4.000m，气流方向为上送下回。

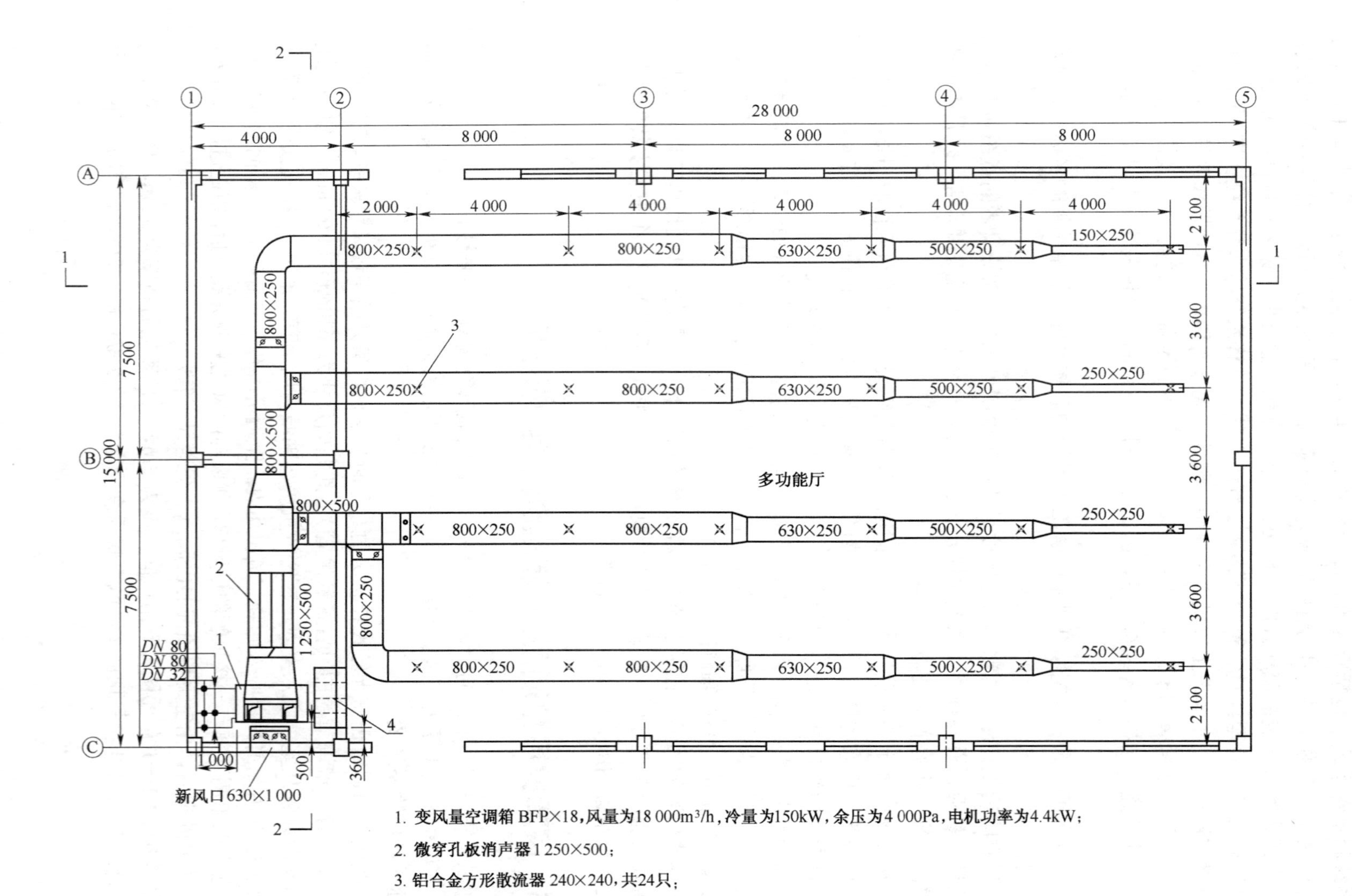

1. 变风量空调箱 BFP×18，风量为18 000m³/h，冷量为150kW，余压为4 000Pa，电机功率为4.4kW；
2. 微穿孔板消声器1 250×500；
3. 铝合金方形散流器 240×240，共24只；
4. 阻抗复合式消声器1 600×800，回风口。

图9-23 多功能厅空调系统的平面图

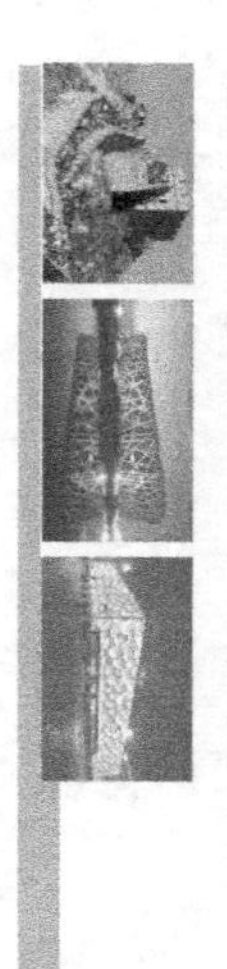

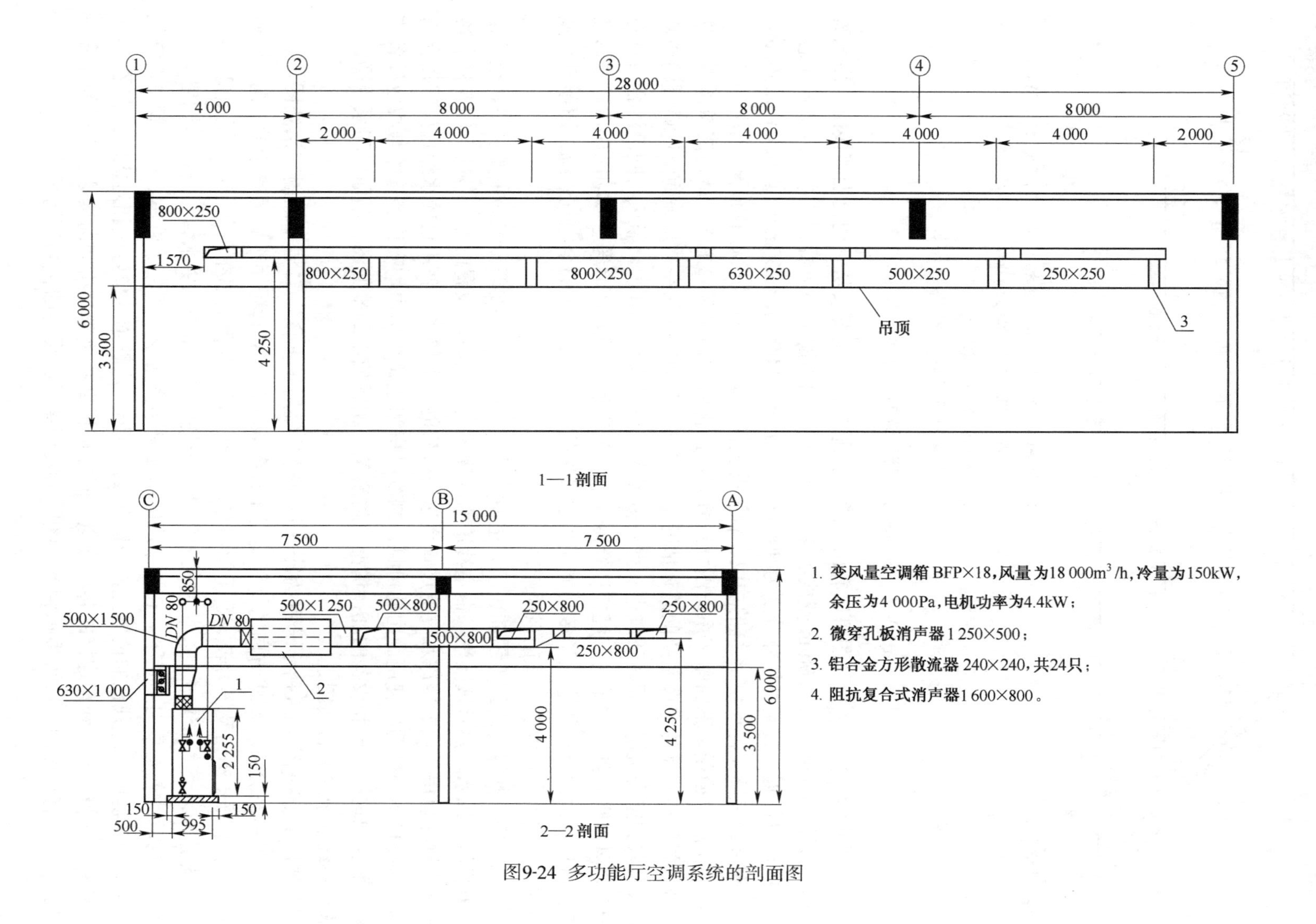

图9-24　多功能厅空调系统的剖面图

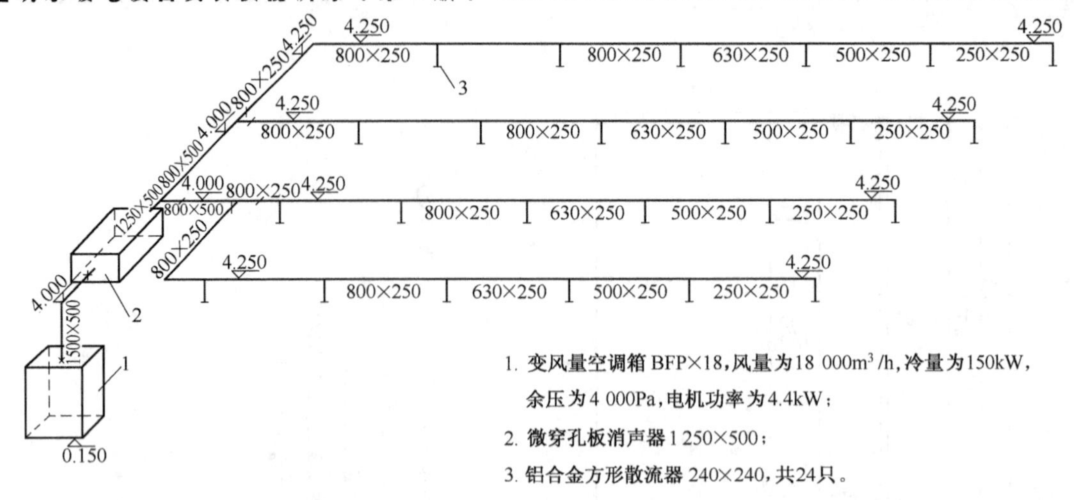

图 9-25 多功能厅空调系统的风管系统图

从图 9-24 的 2—2 剖面图可以看出，送风管通过软接头直接从空调箱上部接出，沿气流方向高度不断减小，从 500mm 变成了 250mm。从该剖面图上还可看到三个送风支管在总风管上的接口位置，其支管尺寸分别为 800mm×500mm、800mm×250mm、800mm×250mm。

图 9-25 完整地表示了系统的构成、管道的空间走向、标高及设备的布置等情况。

将上述平面图、剖面图和系统图分别看完后，再将它们对照起来看，就可清楚地看到这个带有新风和回风的空调系统的总体情况了。首先，多功能厅的空气从地面附近通过消声器 4 被吸入到空调机房，同时新风也从室外被吸入到空调机房。其次，新风与回风混合后从空调箱进风口吸入到空调箱内，经空调箱冷（热）处理后经送风管道送至多功能厅送风方形散流器风口，由此空气便进入了多功能厅。这显然是一个一次回风的全空气系统，即新风与室内回风在空调箱内混合一次的风系统。

（2）冷、热媒管道施工图的识读。空调箱是空气调节系统处理空气的主要设备，空调箱需要供给冷冻水、热水或蒸汽。制造冷冻水就需要制冷设备，设置制冷设备的房间叫做制冷机房，制冷机房制造的冷冻水要通过管道送到机房的空调箱中，使用过的水经过处理后会再回到制冷机房中供循环使用。由此可见，制冷机房和空调机房内均有许多管路与相应设备连接，而要把这些管子和设备的连接情况表达清楚，就要使用到平面图、剖面图和系统图。一般用单线条来绘制管线图。

如图 9-26～图 9-28 所示分别为冷、热媒管道底层平面图、二层平面图和系统图。

如图 9-26 所示，水平方向的管子是用单线条表示的，立管是用小圆圈表示的，向上、向下弯曲的管子、阀门及压力表等是用图例符号来表示的，且管道都在图样上加注了图例说明。

从图 9-26 可以看到从制冷机房接出的两根长的管子（即冷水供水管 L 与冷水回管 H）在水平转弯后，就垂直向上走了。在这个房间内还有蒸汽管 Z、凝结水管 N、排水管 P，它们都吊装在该房间靠近顶棚的位置上，与图 9-27 中调—1 管道的位置是相对应的。在图 9-26 中还有冷水箱、水泵和相连接的各种管道，同样可根据图例来分析和阅读这些管子的布置情况。由于没有剖面图，故可根据管道系统图来表示管道、设备的标高等情况。

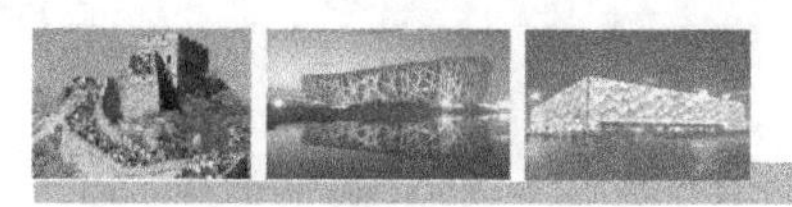

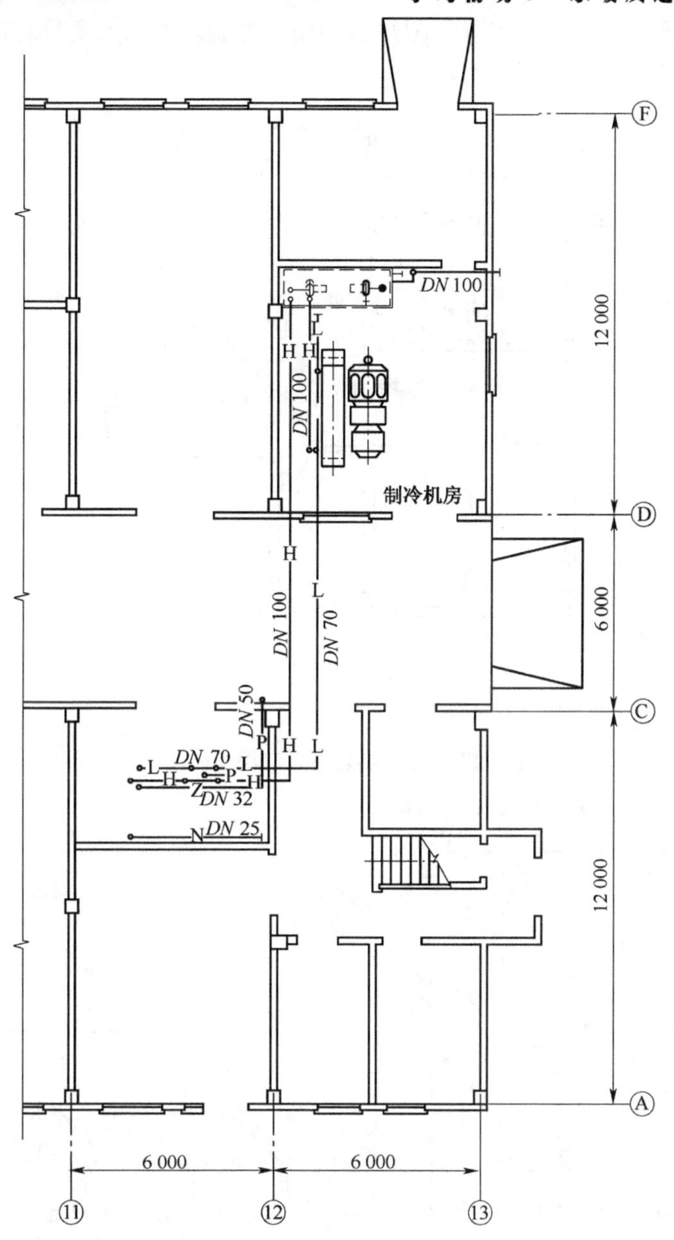

图 9-26　冷、热媒管道底层平面图

图 9-28 为表示管道空间方向情况的系统图。图中画出了制冷机房和空调机房的管路及设备布置情况，也表明了冷、热媒的工作运行情况。从调—1 空调机房和制冷机房的管路系统来看，从制冷机组出来的冷媒水经立管和三通进到空调箱，分出 3 根支管，2 根将冷媒水送到连有喷嘴的喷水管，另一根支管接热交换器，给经过热交换器的空气降温；从热交换器出来的回水管 H 与空调箱下的二根回水管汇合，用 *DN* 100 的管子接到冷水箱上，冷水箱中的水由水泵送到冷水机组进行降温。当系统不工作时，水箱和系统中存留的水都由排水管 P 排出。

总之，水暖、通风空调工程施工图的识读是一名专业技术人员综合能力的体现，它包含了各学科专业知识、理论知识、工程制图知识和施工经验。技术人员只有通过各种施工图的识读实训，才能具备较强的识图能力。

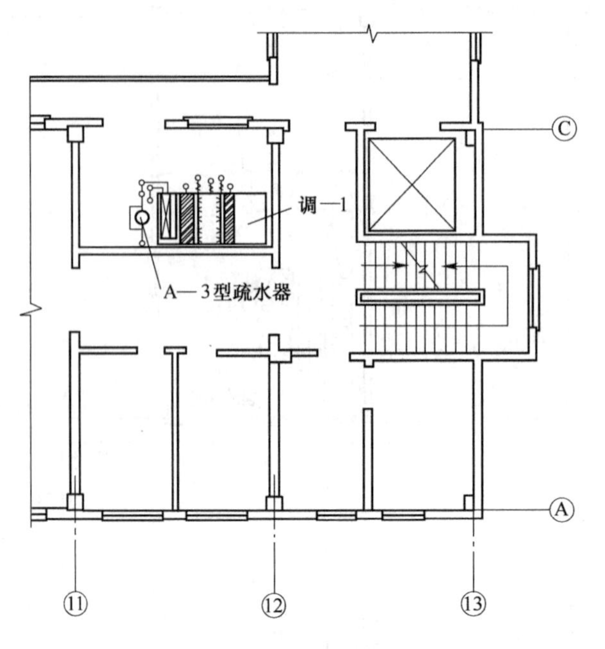

图 9-27　冷、热媒管道二层平面图

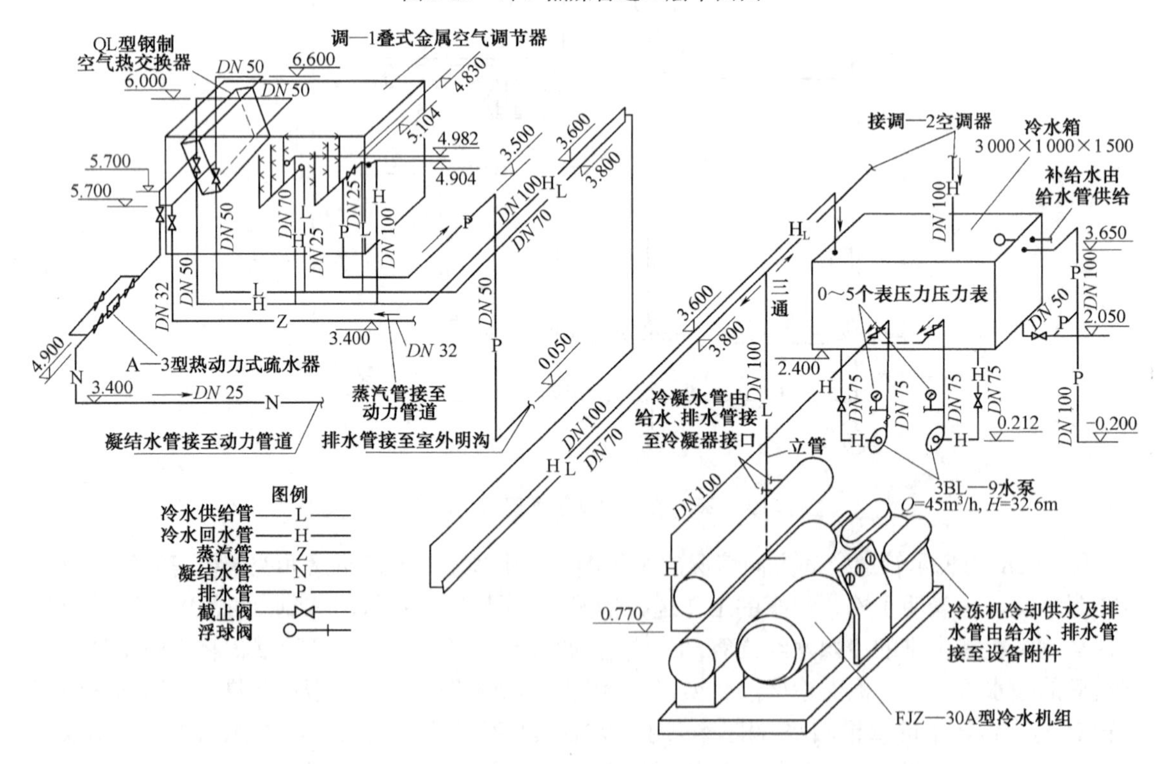

图 9-28　冷、热媒管道系统图

实训11　水暖及通风空调工程施工图的识读

1．实训目的

根据高等职业教育的培养目标需求，本实例的目的是提高学生的职业实践能力和适应工作的能力，并且通过具体的职业技术实践活动，帮助学生积累实际工作经验，突出职业教育的特色。通过本次实训，可使学生的识图能力有进一步的提高，可使其熟练掌握识图技能，为今后的学习乃至工作打下坚实的基础。

2．实训内容及步骤

1）准备施工图

为使学生能掌握新的设计技术、新的设计规范和施工验收规范、新工艺、新材料和新设备的应用，教师应尽量选择技术水平较高的设计院最新设计的不同建筑类别、不同难易程度的施工图纸，尽量选择在建的工程项目，以确保所学的知识是最新的。

2）识图方法

首先由教师对不同建筑类别、不同难易程度的给水、排水、采暖及通风空调施工图纸和工程概况进行介绍，同时要准备识读施工图所必需的标准图集和规范，然后按本章讲述的各类施工图的识读方法进行图纸的识读。

3）识图练习

教师应根据学生的基础情况将学生分成若干组，将不同难易程度的施工图纸分组，由浅入深地进行识读训练，以使不同层次的学生都能掌握识图的基本技能。

3．实训要求及注意事项

（1）按图纸类别分系统识图，一类图要反复对照多看几遍。
（2）找出图纸存在的问题及解决问题的方法。
（3）注意专业知识与工程实际的结合。
（4）结合标准图集和有关规范进行识读。
（5）总结各类施工图的识读方法。
（6）写出实训总结报告。

4．实训成绩考评

实训表现	10分
提出图纸中的问题	30分
解决实际问题	30分
实训报告	30分

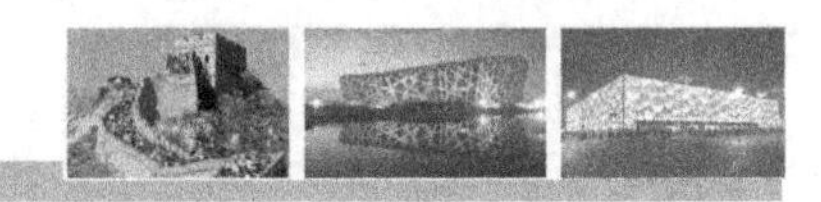

知识梳理与总结

本章主要介绍了水暖及通风空调系统施工图的种类、构成、内容及识图方法。

各系统一般多采用统一的图例符号表示，而这些图例符号一般并不反映实物的原形。因此，在识图前，应首先了解各种符号及其所表示的实物。

每个系统都是用管道来输送流体的，而且都有自己的流向，识图时可按流向来读。

各系统管道都是立体交叉安装的，只看管道平面图往往难以看懂，因此一般都采用系统图来表达各管道系统和设备的空间关系。两种图应互相对照阅读，这样更有利于识图。各设备系统的安装与土建施工是配套的，应注意其对土建的要求及各工种间的相互关系。

习题 9

1．给水、排水施工图由哪几部分组成？
2．供暖施工图和给水、排水施工图有哪些相同和不同之处？
3．如何识读水暖施工图？
4．通风空调系统施工图包括哪些内容？
5．怎样识读通风空调施工图？

学习情境10 电气工程常用材料和工具

教学导航

教	知识重点	电工工具的规格、种类和型号、性能及使用要求
	知识难点	电气工程常用材料的种类、性能及用途
	推荐教学方式	结合实物和图片进行讲解
	建议学时	6学时
学	推荐学习方法	结合工程实物对所学知识进行总结
	必须掌握的专业知识	1. 常用导线的种类及应用 2. 电工工具的使用要求
	必须掌握的技能	1. 能够正确选用电气工程材料 2. 能够正确使用常用电工工具及电动机具

任务 10.1 导电材料及应用

导线分为绝缘导线和裸导线。要求导线线芯的导电性能良好、机械强度大、质地均匀、表面光滑、耐腐蚀性能好；要求导线绝缘层的绝缘性能良好、质地柔韧、耐侵蚀，且具有一定的机械强度。

10.1.1 导线

1．裸导线

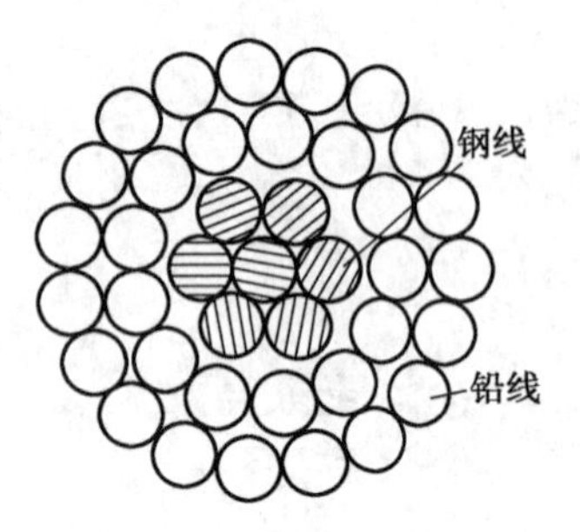

图 10-1 钢芯铝绞线

无绝缘层的导线叫做裸导线，一般用于在高、低压架空电力线路上输送电能。裸导线又分为硬裸导线和软裸导线。软裸导线主要用做电气装置的接线、元件的接线及接地线。裸导线的材料有铜、铝和钢。它按结构还可分为圆单线、扁线和绞线。绞线的种类比较多，有铝绞线（LJ）、硬铜绞线（TJ）、钢芯铝绞线（LGJ）、钢芯铝合金绞线（LHGJ）等。钢芯铝绞线是最常用的架空导线，其线芯是钢线，如图 10-1 所示。

硬裸导线的规格为（mm^2）：10,16,25,50,70,95,120,150,185,240,300,400,500,600 等。软裸导线的规格为（mm^2）：0.012,0.03,0.06,0.12,0.20,0.30,0.40,0.50,0.75,1.0,1.5,2.0,2.5,4,6,10,25,35,50,70,95,120,150,185,240,300,400,500,600,700 等。

2．绝缘导线

具有绝缘包层（间层或多层）的导线叫做绝缘导线。绝缘导线按线芯材料分为铜芯和铝芯；按线芯股数分为单股和多股；按结构分为单芯、双芯和多芯；按绝缘材料还可分为塑料绝缘导线和橡皮绝缘导线等。

绝缘导线的规格为（mm^2）：0.012,0.03,0.06,0.12,0.20,0.30,0.40,0.50,0.75,1.0,1.5,2.0,2.5,4,6,10,25,35,50,70,95,120,150,185,240,300,400,500,600 等。

绝缘导线的分类、型号说明及主要用途如表 10-1 所示。

表 10-1 绝缘导线的分类、型号说明及主要用途

分 类	型号名称	型号说明	主要用途
V-聚氯乙烯绝缘电线	BV	铜芯聚氯乙烯绝缘电线	适用于交流额定电压 4 500V/750V 及以下动力装置的固定敷设
	BLV	铝芯聚氯乙烯绝缘电线	
	BVR	铜芯聚氯乙烯绝缘软电线	
	BVV	铜芯聚氯乙烯绝缘聚氯乙烯护套圆形电线	
	BLVV	铝芯聚氯乙烯绝缘聚氯乙烯护套圆形电线	
	BVVB	铜芯聚氯乙烯绝缘聚氯乙烯护套平形电线	
	BV-105	铜芯聚氯乙烯耐高温绝缘电线	
VP-聚氯乙烯绝缘屏蔽电线	AVP	铜芯聚氯乙烯绝缘屏蔽电线	适用于交流电压 300/300V 及以下电器、仪表电子设备及自动化装置
	RVP	铜芯聚氯乙烯绝缘屏蔽软电线	
	RVVP	铜芯聚氯乙烯绝缘屏蔽聚氯乙烯护套电线	
	$RVVP_1$	铜芯聚氯乙烯绝缘缠绕屏蔽聚氯乙烯护套电线	

续表

分　类	型号名称	型号说明	主要用途
X-橡皮绝缘电线	BLXF	铝芯氯丁橡皮线，固定敷设用（适用于户外）	适用于交流额定电压 500V 及以下或直流电 1 000V 及以下的电气设备及照明装置
	BXF	铜芯氯丁橡皮线（用途同 BLXF）	
	BLX	铝芯橡皮线，固定敷设用	
	BX	铜芯橡皮线（用途同 BLX）	

（1）橡皮绝缘导线。橡皮绝缘导线可用于室内、外敷设，其长期工作温度不得超过 60°，额定电压不超过 250V 的橡皮绝缘导线用于照明线路。

例如：BLXF－6 表示导线截面积为 $6mm^2$ 的铝芯橡皮线；BX－4 表示导线截面积为 $4mm^2$ 的铜芯橡皮线。

（2）塑料绝缘导线。塑料绝缘导线具有耐油、耐腐蚀、防潮等特点，常用于电压 500V 以下室内照明线路，可穿管敷设及直接在墙上敷设。

例如，BV－16 表示导线截面积为 $16mm^2$ 的铜芯塑料线。

10.1.2　电缆

电缆是一种多芯导线，即在一个绝缘软管内裹有多根互相绝缘的线芯。电缆由导电线芯、绝缘层、保护层三部分组成。

1．电力电缆

电力电缆是用来输送和分配大功率电能的导线。无铠装的电力电缆适合在室内、电缆沟内、电缆桥架内和穿管敷设，但不可承受压力和拉力。钢带铠装电力电缆适于直埋敷设，能承受一定的压力，但不能承受拉力。电力电缆的结构如图 10-2 所示。

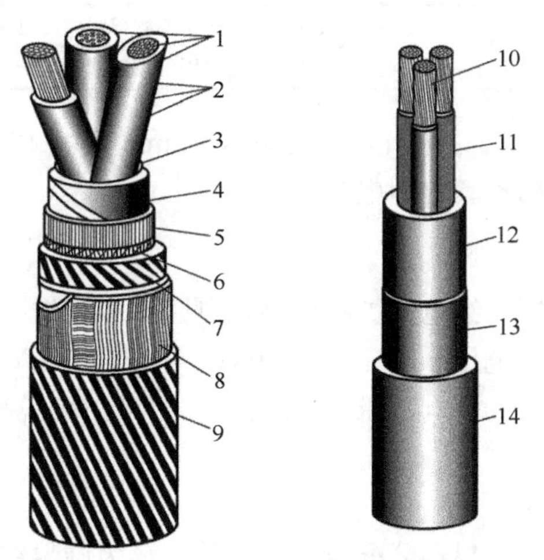

(a)油浸纸绝缘电力电缆　　(b)交联聚乙烯绝缘电力电缆

1—铝芯（或铜芯）；2—油浸纸绝缘层；3—麻筋（填料）；4—油浸纸（统包绝缘）；5—铝包（或铅包）；
6—涂沥青的纸带（内护层）；7—涂沥青的麻包（内护层）；8—钢铠（外护层）；9—麻包（外护层）；
10—铝芯（或铜芯）；11—交联聚乙烯（绝缘层）；12—聚氯乙烯护套（内护层）；13—钢铠（或铝铠）；14—聚氯乙烯外壳

图 10-2　电力电缆

电力电缆按绝缘材料的不同，分为油浸纸绝缘电力电缆和交联聚乙烯绝缘电力电缆。油浸纸绝缘电力电缆的额定工作电压有1kV,3kV,6kV,10kV,20kV和35kV六种。橡皮绝缘电力电缆的额定工作电压有0.5kV和6kV两种。

（1）导电线芯。通常采用高电导率的油浸纸绝缘电力电缆线芯的截面积分为2.5mm^2,4mm^2,6mm^2,10mm^2,16mm^2,25mm^2,35mm^2,50mm^2,70mm^2,95mm^2,120mm^2,150mm^2,185mm^2,240mm^2 等19种规格。线芯的形状很多，有圆形、半圆形、椭圆形等。当线芯面积大于25mm^{2}时，通常是采用多股导线绞合并压紧而成的，这样可以增加电缆的柔软性并使结构稳定。

（2）绝缘层。通常采用纸绝缘、橡皮绝缘、塑料绝缘等材料做绝缘层，其中纸绝缘应用最广，它具有耐压强度高、耐热性能好和使用年限长等优点。

（3）保护层。纸绝缘电力电缆的保护层分为内护层和外护层两部分。内护层用于保护电缆的绝缘不受潮湿和防止电缆浸渍剂外流，以及避免产生轻度的机械损伤。外护层用于防止电缆受到机械损伤和强烈的化学腐蚀。

我国常用的电力电缆的型号及名称如表10-2所示。

表10-2 电力电缆的型号及名称

型号		名称
铜芯	铝芯	
VV	VLV	聚氯乙烯绝缘聚氯乙烯护套电力电缆
VV_{22}	VLV_{22}	聚氯乙烯绝缘钢带铠装聚氯乙烯护套电力电缆
ZR-VV	ZR-VLV	阻燃聚氯乙烯绝缘聚氯乙烯护套电力电缆
ZR-VV_{22}	ZR-VLV_{22}	阻燃聚氯乙烯绝缘钢带铠装聚氯乙烯护套电力电缆
NH－VV	NH－VLV	耐火聚氯乙烯绝缘聚氯乙烯护套电力电缆
NH－VV_{22}	NH－VLV_{22}	耐火聚氯乙烯绝缘钢带铠装聚氯乙烯护套电力电缆
YJV	YJLV	交联聚乙烯绝缘聚乙烯护套电力电缆
YJV_{22}	$YJLV_{22}$	交联聚乙烯绝缘钢带铠装聚乙烯护套电力电缆

例如，$VV_{22}-4\times35+1\times10$表示4根截面积为35mm^{2}和1根截面积为10mm^{2}的铜芯聚氯乙烯绝缘钢带铠装聚氯乙烯护套电力电缆。

2. 控制电缆

控制电缆用于在配电装置、继电保护和自动控制回路中传送控制电流、连接电气仪表及电气元件等。控制电缆的运行电压一般在交流500V、直流1 000V以下，其线芯数为几芯到几十芯不等，截面积为1.5～10mm^2。控制电缆的结构与电力电缆相似。

10.1.3 母线

母线也称汇流排，是用来汇集和分配电流的导体，分为硬母线和软母线两种。软母线主要用在35kV及以上的高压配电装置中，或用做大型电气设备的绕组线及连接线。在高低压配电所、车间一般采用硬母线。

硬母线截面有槽形、管形和矩形等。其材料分为硬铜母线（TMY）和硬铝母线（LMY）。矩形母线的规格用标称尺寸表示，如表10-3所示。

表10-3 矩形母线的标称尺寸及计算截面积（mm^2）

宽度	厚 度 a(mm)								
b(mm)	3	4	5	6	8	10	12	15	20
10	30	40	50	60					
12	36	48	60	72					
15	45	60	75	90	120	150			
20	60	80	100	120	160	200	240		
25	75	100	125	150	200	250	300	375	
30	90	120	150	180	240	300	360	450	600
40	120	160	200	240	320	400	480	600	800
50	150	200	250	300	400	500	600	750	1 000
60		240	300	360	480	600	720	900	1 200
80			400	480	640	800	960	1 200	
100			500	600	800	1 000	1 200		
120				720	960	1 200	1 440		

任务10.2 绝缘材料

绝缘材料又称电介质，是一种不导电的物质。它一般分为两种：一种是有机绝缘材料；另一种是无机绝缘材料。有机绝缘材料有树脂、橡胶、塑料、棉纱、纸、蚕丝、人造丝等，多用于制造绝缘漆和绕组导线的被覆绝缘物。无机绝缘材料有云母、石棉、大理石、瓷器、玻璃等，多用于电机和电器的绕组绝缘、开关的底板及绝缘子等。

10.2.1 塑料和橡胶

1．塑料

塑料具有相对密度小、机械强度高、介电性能好、耐热、耐腐蚀、易加工等特点。塑料可分为热固性塑料和热塑性塑料。

热固性塑料主要用来制作低压电器、接线盒及仪表等部件。

热塑性塑料主要用做高频电缆、水下电缆等绝缘材料，可制成绝缘板、绝缘管等盛成型制品，也可制成低压电缆及导线的绝缘层和防护套等。

2．橡胶

橡胶分为天然橡胶和人工合成橡胶两种。它的特点是弹性大、不透气，不透水，且有良好的绝缘性能和机械强度。硫化后的橡胶可制成橡皮，还可用来制作绝缘零部件、导线绝缘层及橡皮包布等。

10.2.2 电瓷

电瓷是用各种硅酸盐和氧化物的混合物制成的。电瓷的性质是在抗大气作用上有极大的稳定性，很高的机械强度、绝热性和耐热性，且其表面不易产生静电。电瓷主要用于制造各种绝缘子、绝缘套管、灯座、开关、插座、熔断器等。

1. 低压绝缘子

（1）低压针式绝缘子。低压针式绝缘子用于绝缘和固定 1kV 及以下的电气线路，它的钢脚形式有木担直角、铁担直角和弯角三种。其外形如图 10-3 所示。

（2）低压蝶式绝缘子。低压蝶式绝缘子用于固定 1kV 及以下线路的终端、转角等，其外形如图 10-4 所示。

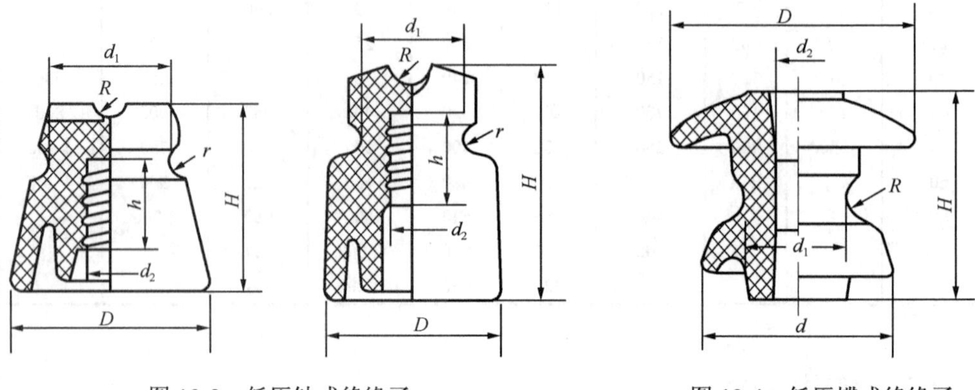

图 10-3　低压针式绝缘子　　　　图 10-4　低压蝶式绝缘子

（3）低压布线绝缘子。低压布线绝缘子用于绝缘和固定室内的低压配电线路和照明线路，有鼓形绝缘子和瓷夹两种。鼓形绝缘子的外形如图 10-5 所示，瓷夹的外形如图 10-6 所示。

2. 高压绝缘子

高压绝缘子用于高压架空线路的绝缘。

（1）高压针式绝缘子。它按电压等级分为 6kV,10kV,15kV,20kV,25kV,35kV 六种。电压越高其铁脚越长，瓷裙直径越大。其外形如图 10-7 所示。

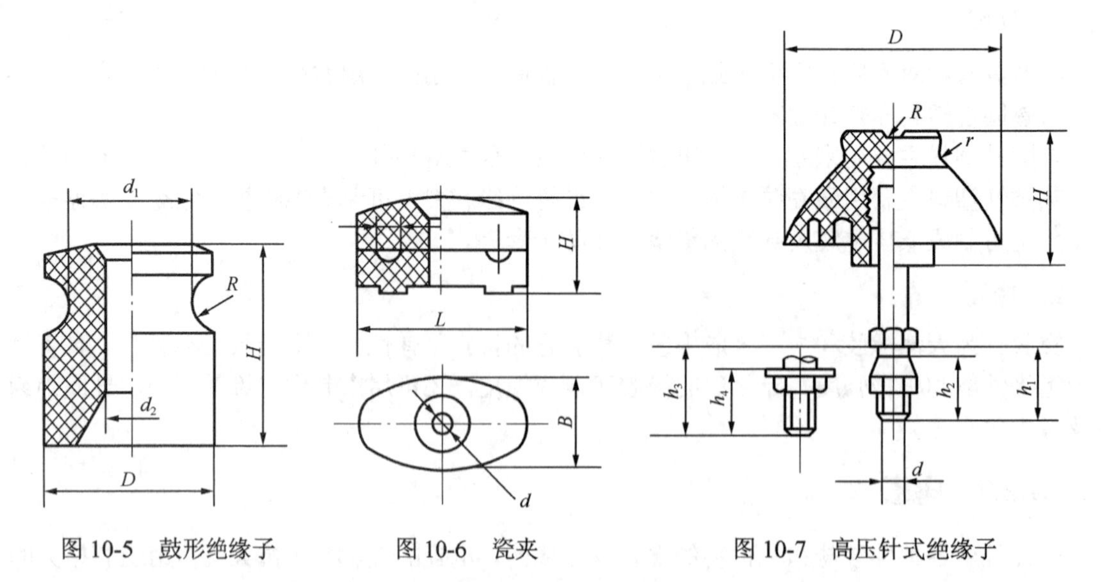

图 10-5　鼓形绝缘子　　　　图 10-6　瓷夹　　　　图 10-7　高压针式绝缘子

（2）高压蝶式绝缘子。高压蝶式绝缘子用于高压线路，其外形如图 10-8 所示。

（3）高压悬式绝缘子。高压悬式绝缘子用于悬挂高压线路，其上端固定在横担上，下端

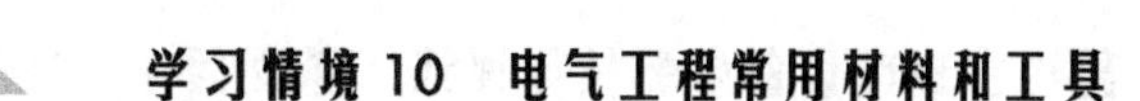

用线夹悬挂导线，可多个串接使用。其外形如图 10-9 所示。

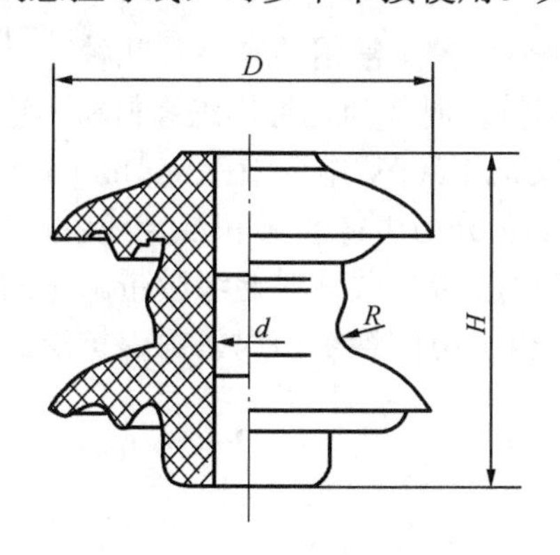

图 10-8　高压蝶式绝缘子

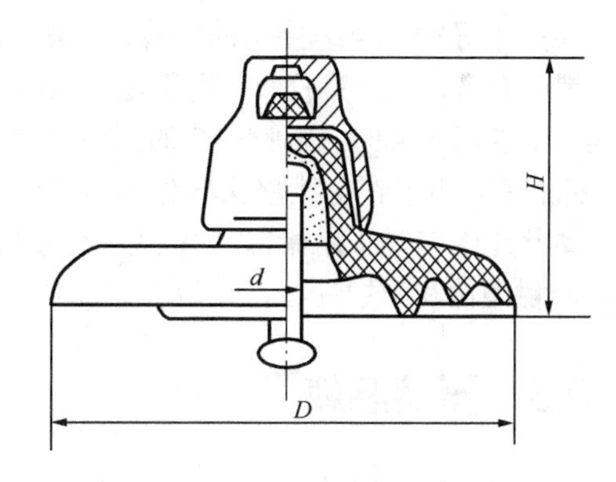

图 10-9　高压悬式绝缘子

3. 拉紧绝缘子和瓷管

拉紧绝缘子主要用于电杆拉线的对地绝缘，其外形如图 10-10 所示。

瓷管在导线穿过墙壁、楼板及导线交叉时起保护作用，可分为直瓷管、弯头瓷管和包头瓷管三种。

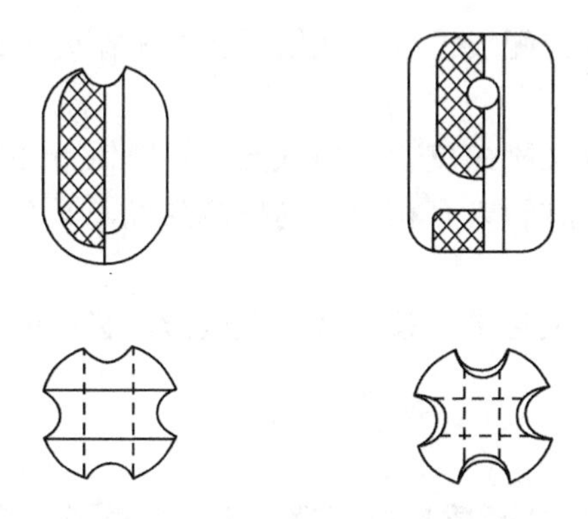

图 10-10　拉紧绝缘子

10.2.3　其他绝缘材料

1. 电工漆

电工漆分为浸渍漆和覆盖漆。浸渍漆用于提高线圈和零部件的绝缘性能和机械强度；覆盖漆用于形成保护层，以防产生机械损伤和受到气体、油类及化学制品等的侵蚀。

2. 绝缘油

绝缘油主要用来填充变压器、油开关、浸渍电容器和电缆等。绝缘油在变压器和油开关中起着绝缘、散热和灭弧的作用。在使用中，由于常受到水分、温度、金属混杂物、光线及设备清洗的干净程度等外界因素的影响，所以油的老化会加速。

3. 电工胶

电工胶有电缆胶和环氧树脂胶，可用来灌注电缆接头和漆管、电器开关及绝缘零部件。

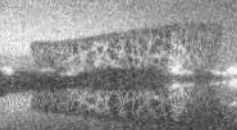

4．绝缘包带

它主要用于导线、电缆接头的绝缘。绝缘包带的种类很多，常用的有下列几种。

（1）黑胶布带，又称黑胶布，用于在低压电线、电缆接头时作为包缠用绝缘材料。它是在棉布上挂胶、卷切而成的。黑胶布带的耐电性要求为在交流 1 000V 电压下保持 1min 不击穿。

（2）橡胶带。用于在电线接头时作为包缠绝缘材料。它分为生橡胶带和混合橡胶带两种。

（3）塑料绝缘带。采用聚氯乙烯和聚乙烯制成的绝缘胶带叫做塑料绝缘胶带。它的绝缘性能较好，耐潮性和耐蚀性好，可以替代绝缘胶带。它也可用做绝缘防腐密封保护层。

任务 10.3　安装材料

10.3.1　常用导管

在配线施工中，为了使导线免受腐蚀和外来机械损伤，常将绝缘导线穿在导管内敷设。由金属材料制成的导管叫做金属导管，有水煤气管、金属软管、薄壁钢管等。由绝缘材料制成的导管叫做绝缘导管，有硬塑料管、半硬塑料管、软塑料管、塑料波纹管等。

1．金属导管

（1）水煤气管。焊接钢管在配线工程中适用于在有机械外力或轻微腐蚀气体的场所做明敷设或暗敷设。

（2）金属软管。金属软管又称蛇皮管，由双面镀锌薄钢带加工压边卷制而成，轧缝处有的加石棉垫，有的不加。金属软管既有相当好的机械强度，又有很好的弯曲性，常用于弯曲部位较多的场所和设备出口处。

（3）薄壁钢管。薄壁钢管又称电线管，其管壁较薄，管子的内、外壁涂有一层绝缘漆，适用于干燥场所的敷设。

2．绝缘导管

（1）PVC 硬质塑料管。PVC 硬质塑料管适用于民用建筑或室内有酸碱腐蚀性介质的场所。PVC 硬质塑料管的规格如表 10-4 所示。

表 10-4　PVC 硬质塑料管的规格

标准直径（mm）	16	20	25	32	40	50	63
标准壁厚（mm）	1.7	1.8	1.9	2.5	2.5	3.0	3.2
最小内径（mm）	12.2	15.8	20.6	26.6	34.4	43.1	55.5

（2）半硬塑料管。半硬塑料管多用于一般居住和办公室建筑等场所的电气照明，多采用暗敷设配线。

10.3.2　电工常用成型钢材

钢材具有质地均匀、抗拉、抗压、抗冲击等优点，且可切割、可焊、可铆、加工方便，

因此在电气安装工程中得到了广泛的应用。

1. 扁钢

扁钢可用来制作各种抱箍、撑铁、拉铁和配电设备的零配件、接地母线及接地引线等。

2. 角钢

角钢是钢结构中最基本的钢材，可单独构件或组合使用，广泛用于制作桥梁、建筑输电塔构件、横担、撑铁、接户线中的各种支架及电器安装底座、接地体等。

3. 工字钢

工字钢由两个翼缘和一个腹板构成。工字钢广泛用于制作各种电气设备的固定底座、变压器台架等。

4. 圆钢

圆钢主要用来制作各种金属、螺栓、接地引线及钢索等。

5. 槽钢

槽钢一般用来制作固定底座、支撑、导轨等。

6. 钢板

钢板分为镀锌钢板和不镀锌钢板。钢板可用于制作各种电器及设备的零部件、平台、垫板、防护壳等。

7. 铝板

铝板用来制作设备零部件、防护板、防护罩及垫板等。

10.3.3　常用紧固件

1. 操作面固定件

（1）塑料胀管。常采用塑料胀管加木螺钉的方法来固定较轻的构件。该方法多用于砖墙或混凝土结构，不需用水泥预埋。其具体操作是首先用冲击钻钻孔，并在孔中填入塑料胀管，然后靠拧紧木螺钉使胀管胀开，最后在拧紧后使元件固定在操作面上。

（2）膨胀螺栓。膨胀螺栓用于固定较重的构件。其使用方法与塑料胀管的固定方法相同。钻孔后将膨胀螺栓填入孔中，通过拧紧膨胀螺栓的螺母使膨胀螺栓胀开，拧紧螺母后，便可使元件固定在操作面上了。

（3）预埋螺栓。预埋螺栓用于固定较重的构件。预埋螺栓一头为螺扣，另一头为圆环或燕尾，可分别预埋在地面内、墙面和顶板内，通过螺扣一端拧紧螺母即可使元件固定。

2. 元件与元件间的固定件

（1）六角头螺栓。其一头为螺帽，另一头为丝扣螺母。将六角头螺栓穿在两元件之间通过拧紧螺母即可固定两元件。

（2）双头螺栓。其两头都为丝扣螺母。将双头螺栓穿在两元件之间，通过拧紧两端螺母即可固定两元件。

（3）自攻螺钉。它用于元件与薄金属板之间的连接。

（4）机螺钉。它用于受力不大，且不需要经常拆装的场合。其特点是一般不用螺母，而把螺钉直接旋入被连接件的螺纹孔中，以使被连接件紧密连接起来。

任务 10.4　常用工具

10.4.1　验电器

验电器是检验导线和电气设备是否带电的一种电工常用工具。

1．验电器的分类

（1）低压验电笔，简称电笔，有数字显示式和发光式两种。数字显示式测电笔（如图 10-11 所示）可以用来测量交流和直流电压。其测试范围是 12V，36V，55V，110V，220V。

发光式低压验电笔又分为钢笔式和螺丝刀式两种，如图 10-12 所示。

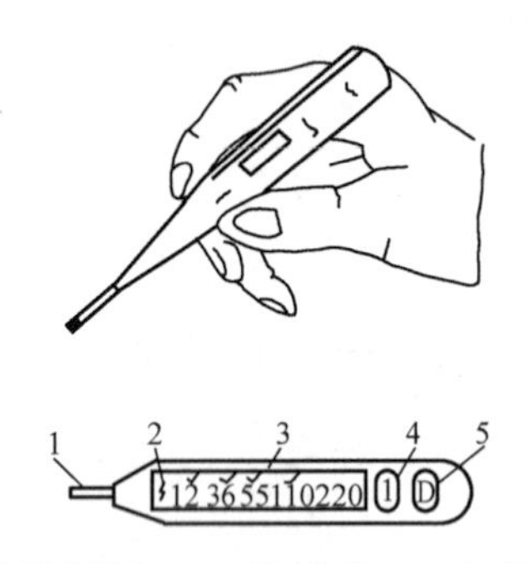

1—笔端金属体；2—电源信号；3—电压显示；4—感应测试钮；5—接触测试钮

图 10-11　数字显示式测试笔

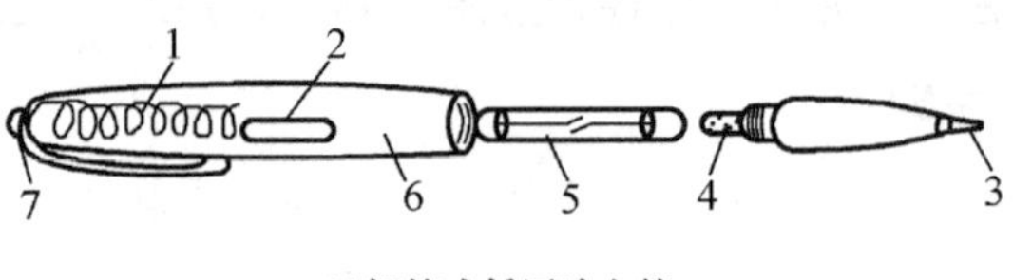

(a)钢笔式低压验电笔

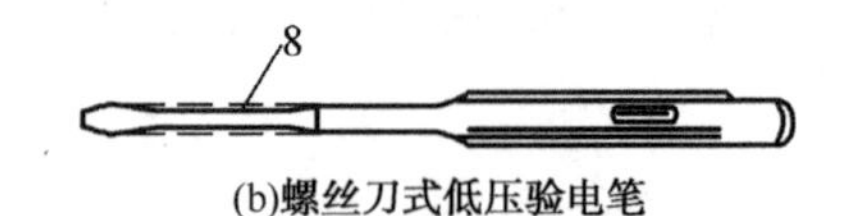

(b)螺丝刀式低压验电笔

1—弹簧；2—小窗；3—笔尖的金属体；4—电阻；5—氖管；6—笔身；7—笔尾的金属体；8—绝缘套管

图 10-12　低压验电笔

使用发光式低压验电笔时，必须按照图 10-13 所示的正确方法把笔握好。应用手指触及笔尾的金属体，使氖管小窗背光朝向自己。当用电笔测试带电体时，电流经带电体、电笔、人体到大地形成通电回路，只要带电体与大地之间的电位差超过 60V，电笔中的氖光就会发光。发光式低压验电笔可检测的电压范围为 60～500V。

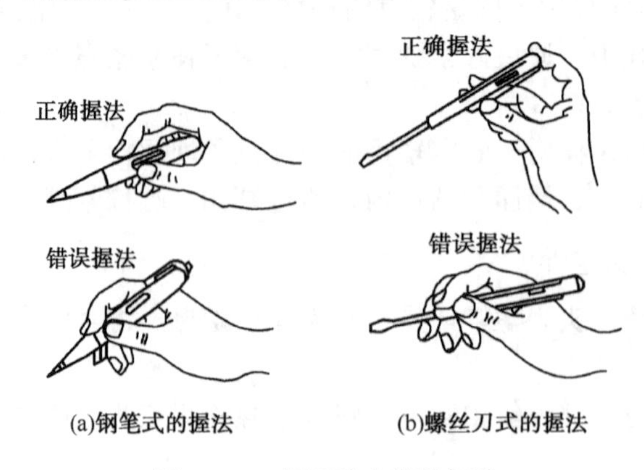

(a)钢笔式的握法　　(b)螺丝刀式的握法

图 10-13　低压验电笔的握法

（2）高压验电器，又称高压测电器。10kV 高压验电器由金属钩、氖管、氖管窗、固紧螺钉、护环和握柄组成，如图 10-14 所示。

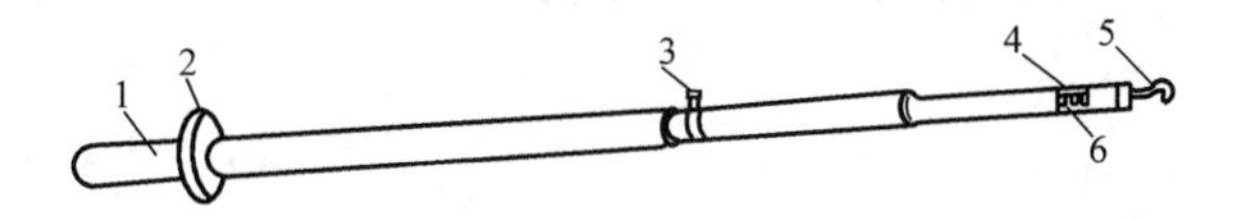

1—把柄；2—护环；3—固紧螺钉；4—氖管窗；5—金属钩；6—氖管

图 10-14　10kV 高压验电器

在使用高压验电器时，应特别注意手握部位不得超过护环，如图 10-15 所示。

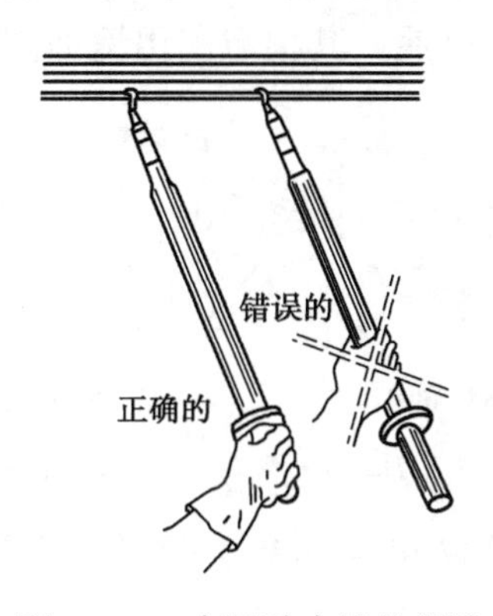

图 10-15　高压验电器的握法

2．低压验电笔的用途

（1）区别电压的高低。使用发光式低压验电笔测试时，可根据氖管发亮的强弱来估计电压的高低。一般当带电体与大地之间的电位差低于 36V 时，氖管不发光；当电位差在 60～500V 之间时，氖管发光，电压越高氖管越亮。

（2）区别直流电与交流电。当交流电通过验电笔时，氖管里的两个极会同时发亮；当直流电通过验电笔时，氖管里的两个电极只有一个发光。

（3）区别相线与零线。在交流电路中，当验电笔触及导线时，氖管发亮或显示电压数值的导线即为相线。

（4）区别直流电的正负极。把验电笔连接在直流电的正负极之间，氖管发亮的一端即为直流电的负极。

10.4.2　电工用刀、钳

1．螺丝刀

螺丝刀是一种紧固或拆卸螺钉的工具。

（1）螺丝刀的式样和规格。螺丝刀的式样分为一字形和十字形两种，如图 10-16 所示。

一字形螺丝刀常用的规格有 50mm，100mm，150mm 和 200mm 等规格，电工必备的是 50mm 和 150mm 两种。

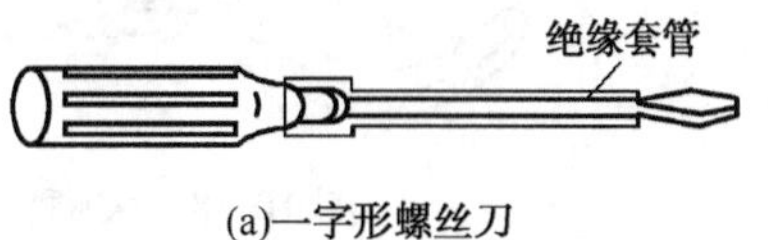

(a)一字形螺丝刀

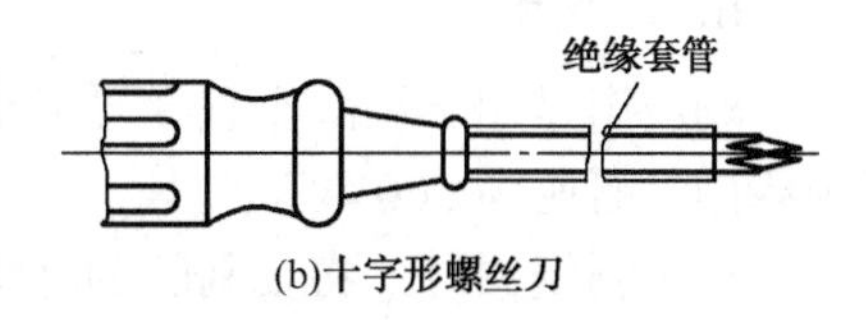

(b)十字形螺丝刀

图 10-16　螺钉旋具

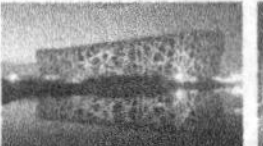
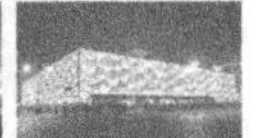

十字形螺丝刀专用于紧固或拆卸十字槽的螺钉。

（2）螺丝刀的使用要求。使用螺丝刀紧固或拆卸带电的螺钉时，手不得触及螺丝刀的金属杆，以免发生触电事故。在金属杆上应穿套绝缘管，以防止螺丝刀的金属杆触及皮肤或触及临近带电体。

2. 钢丝钳

钢丝钳有铁柄和绝缘柄两种，绝缘柄钢丝钳为电工用钢丝钳，常用的规格为 150mm、175mm 和 200mm 三种。

电工用钢丝钳由钳头和钳柄两部分组成，钳头由钳口、齿口、刀口和铡口四部分组成。它可用来弯绞或钳夹导线线头、紧固或起松螺母、剪切导线或剖削软导线绝缘层，也可用来铡切电线线芯、钢丝或铅丝等较硬金属。其构造和用途如图 10-17 所示。

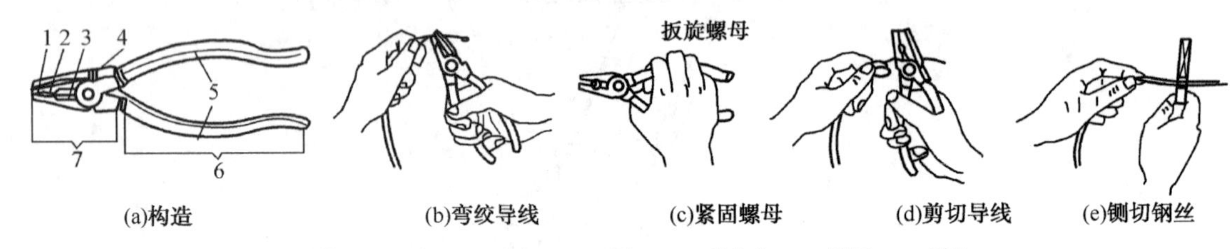

1—钳口；2—齿口；3—刀口；4—铡口；5—绝缘管；6—钳柄；7—钳头

图 10-17　电工用钢丝钳的构造和用途

3. 尖嘴钳

尖嘴钳的头部尖细，适用于在狭小的工作空间操作。尖嘴钳也有铁柄和绝缘柄两种。绝缘柄尖嘴钳的耐压为 500V，其外形如图 10-18 所示。

尖嘴钳用于剪断细小金属丝、夹持较小螺钉、垫圈、导线等元件。

4. 断线钳

断线钳又称斜口钳，其钳柄有铁柄、管柄和绝缘柄三种形式，其中电工用的绝缘柄断线钳的外形如图 10-19 所示，其耐压为 1 000V。断线钳是专供剪断较粗的金属丝、线材及电线电缆等用的。

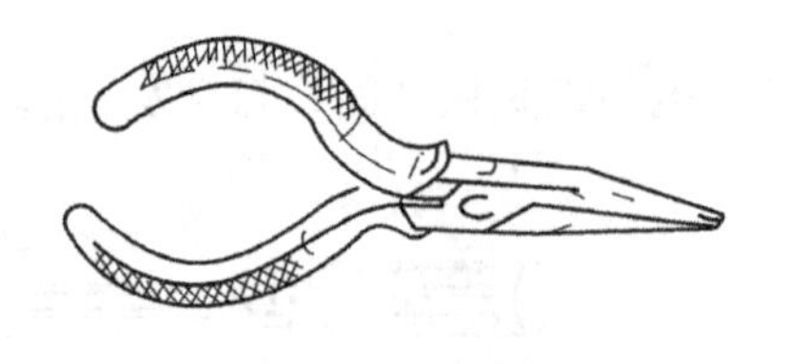

图 10-18　尖嘴钳

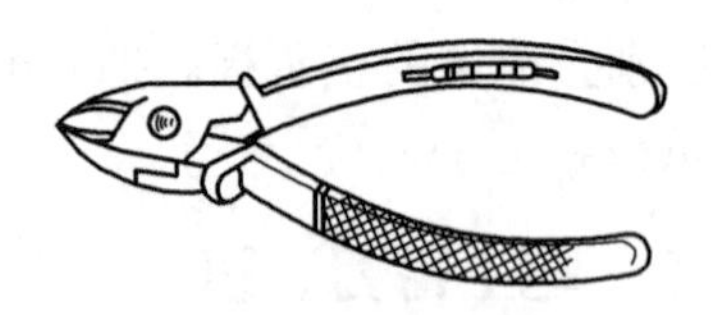

图 10-19　断线钳

5. 剥线钳

剥线钳是用于剥削小直径导线绝缘层的专用工具，其外形如图 10-20 所示。它的手柄是绝缘的，耐压为 500V。

使用剥线钳时，将要剥削的绝缘长度用标尺定好以后，把导线放入相应的刃口中，用手将钳柄一握，导线的绝缘层即被割破自动弹出。

6．电工刀

电工刀是用来剖削电线线头，切割木台缺口的专用工具。其外形如图 10-21 所示。

（1）电工刀的使用。使用时，应将其刀口朝外。剖削导线绝缘层时，应使其刀面与导线成较小的锐角，以免割伤导线。

（2）使用电工刀的安全知识。电工刀用毕，应随即将刀身折入刀柄中。在使用过程中应注意避免伤手。由于电工刀刀柄是无绝缘保护的，所以不能在带电导体或器材上剖削，以免触电。

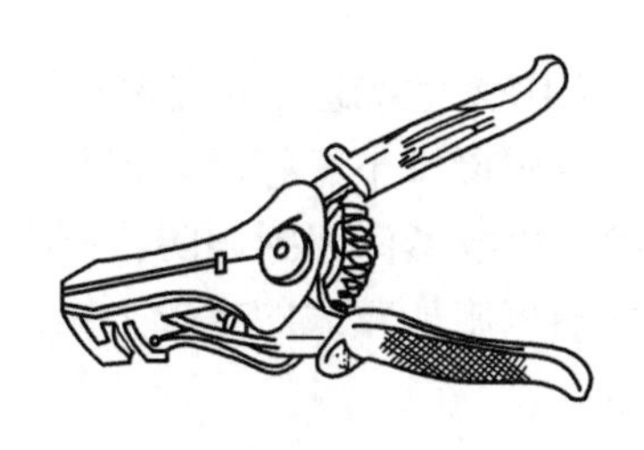

图 10-20 剥线钳

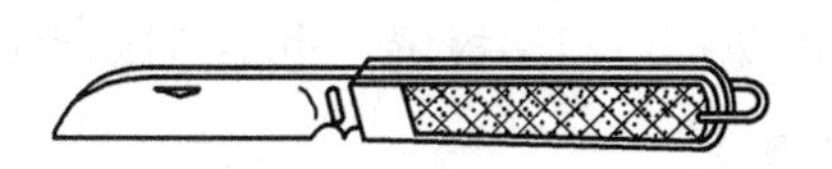

图 10-21 电工刀

10.4.3 其他电工工具

1．钢锯

常用的锯割工具是钢锯。钢锯由锯弓和锯条组成，用于锯割金属物件，如图 10-22 所示。

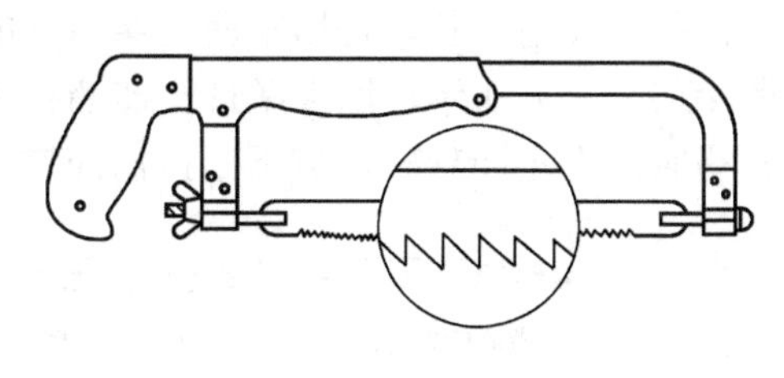

图 10-22 钢锯

2．手锤

如图 10-23（a）所示是钳工常用的手锤，其常用的规格有 0.25kg、0.5kg、1kg 等。锤柄长为 300～350mm。

3．凿子

凿子是凿削用的切削工具。常用的有如图 10-23（b）和图 10-23（c）所示的阔凿和狭凿两种。

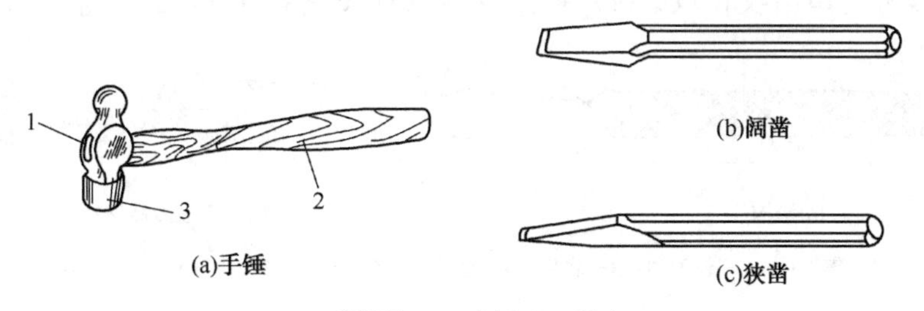

1—斜楔铁；2—木柄；3—锤头

图 10-23 手锤和凿削工具

4．活络扳手

活络扳手是用来紧固和起松螺母的一种专用工具，如图 10-24 所示。

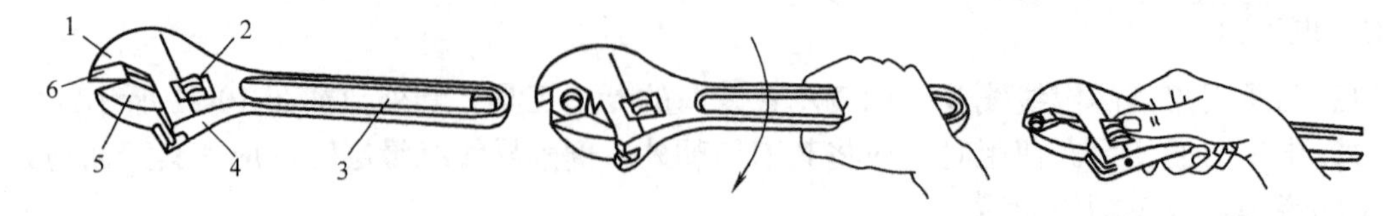

(a)活络扳手的构造　(b)扳较大螺母时的握法　(c)扳较小螺母时的握法

1—呆扳唇；2—蜗轮；3—手柄；4—轴销；5—活络扳唇；6—扳口

图 10-24　活络扳手

活络扳手的具体使用方法是：扳动大螺母时，需用较大力矩，手应握在近柄尾处，如图 10-24（b）所示；扳动小螺母时，需用力矩不大，但螺母过小易打滑，因此手应握在接近头部的地方，如图 10-24（c）所示。可随时调节蜗轮，以收紧活络扳唇防止打滑。活络扳手不可反用，以免损坏活络扳唇，也不可用钢管接长手柄来施加较大的扳拧力矩。

5．电工用凿

电工用凿可分为麻线凿、小扁凿和长凿等，其外形如图 10-25 所示。

（1）麻线凿，也叫圆榫凿，用于凿打混凝土结构建筑物的木榫孔。凿孔时，要用左手握住麻线凿，并要不断转动凿子，以使灰砂碎石及时排出。

（2）小扁凿。小扁凿是用来给砖墙上的方形木橘榫孔的。

（3）长凿。长凿是用来凿打穿墙孔的。用来凿打混凝土穿墙孔的长凿由中碳钢制成，如图 10-25（c）所示。用来凿打穿砖墙孔的长凿由无缝钢管制成，如图 10-25（d）所示。使用长凿时，应不断旋转，以不断排出碎屑。

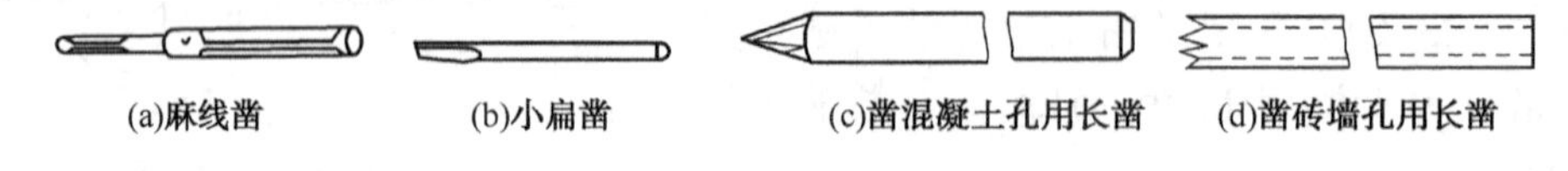

(a)麻线凿　(b)小扁凿　(c)凿混凝土孔用长凿　(d)凿砖墙孔用长凿

图 10-25　电工用凿

6．锉刀

常用的锉刀有平锉、方锉、三角锉、半圆锉和圆锉，如图 10-26 所示。

锉刀的齿纹分为单齿纹和双齿纹。锉削软金属时采用单齿纹，此外都采用双齿纹。

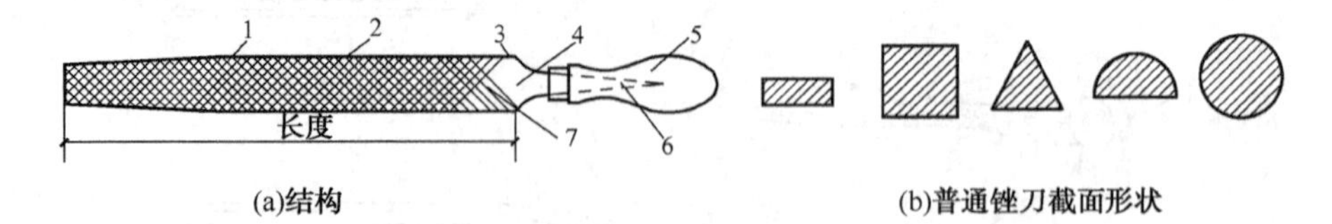

(a)结构　(b)普通锉刀截面形状

1—锉刀面；2—锉刀边；3—底齿；4—锉刀尾；5—木柄；6—锉刀舌；7—面齿

图 10-26　锉刀

7．射钉枪

射钉枪如图 10-27 所示。它是利用枪管内弹药爆发时的推力将钢钉射入钢板或混凝土构件中的。它主要用来安装电线电缆、电气设备及导线套管等。

8. 喷灯

喷灯是一种利用喷射火焰对工件进行加热的工具，常用来焊接铅包电缆的铅包层，大截面铜导线连接处的搪锡，以及其他电连接表面的防氧化镀锡等。喷灯的构造如图 10-28 所示。它分为煤油喷灯和汽油喷灯两种。

图 10-27　射钉枪

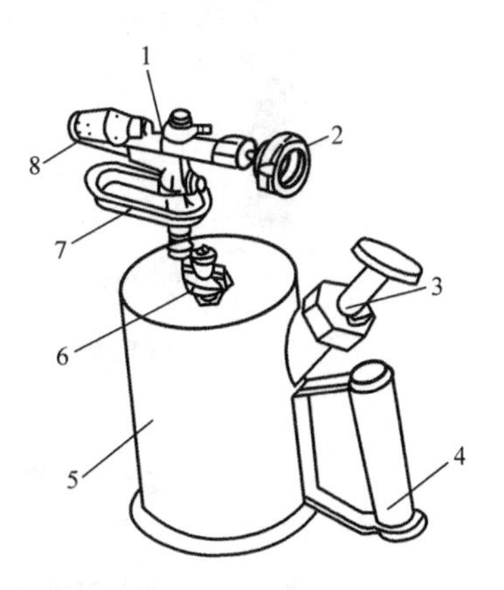

1—喷油针孔；2—放油调节阀；3—打气阀；4—手柄；5—筒体；6—加油阀；7—预热燃烧盘；8—火焰喷头

图 10-28　喷灯

9. 电钻

电钻如图 10-29（a）所示，用于一般金属工件的钻孔。电钻有两种：一种是手枪式；另一种是手提式。其常用的电压有 220V 和 36V 的交流电源。在潮湿环境应采用 36V 的电钻。当使用 220V 电钻时，应戴绝缘手套。

采用麻花钻头的电钻如图 10-29（b）所示。其柄部是用来夹持、定心和传递动力的。

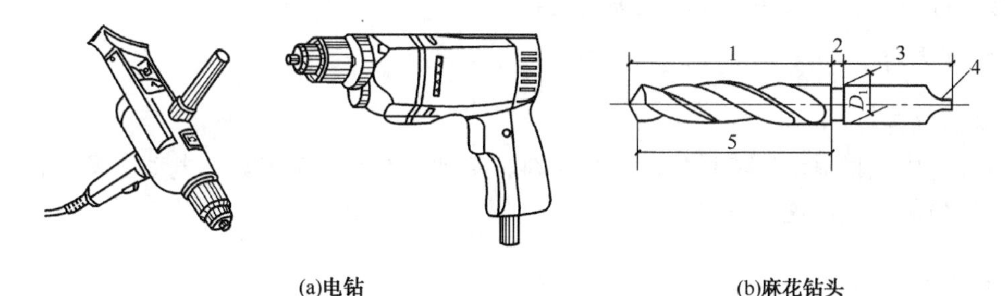

(a)电钻　　(b)麻花钻头

1—工作部分；2—颈部；3—柄部；4—扁尾；5—导向部分

图 10-29　钻孔设备和工具

10. 冲击电钻和电锤

冲击电钻是一种旋转带冲击的电钻，一般制成可调式结构，如图 10-30（a）所示。当调节环在旋转无冲击位置时，装上普通麻花钻头能在金属上钻孔；当调节环在旋转带冲击位置时，装上镶有硬质合金的钻头后能在砖石、混凝土等脆性材料上钻孔。

电锤如图 10-30（b）所示，是依靠旋转和捶打来工作的。其钻头是专用的电锤钻头，如

图 10-30（c）所示。与冲击钻相比，电锤需要的压力小，还可提高各种管线、设备的安装速度和质量，降低施工费用。

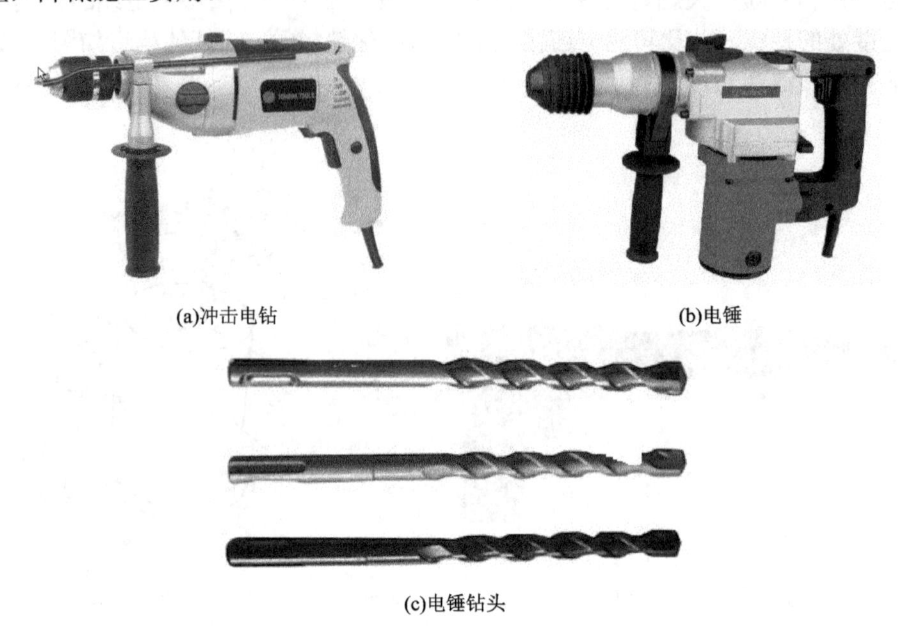

(a)冲击电钻　　(b)电锤

(c)电锤钻头

图 10-30　冲击电钻和电锤

实训 12　电气工程材料及工具的使用

1．实训目的

掌握电气工程常用的材料的性能及用途，并能正确选用材料；掌握电工工具的规格、种类和型号、性能、适用条件，并能正确使用。

2．实训内容

1）实训准备

准备各种电工材料、绝缘材料、安装材料、手动工具、电工工具、电动工具及相应出厂合格证、材质单、使用说明书等。

2）实训要求

（1）掌握各种材料、附件、工具的名称、规格和使用要求。

（2）能看懂设备的标牌和使用说明书及材料的合格证。

（3）参观电气系统典型工程。

3．实训安排

（1）实训时间安排可根据具体情况确定。

（2）指导教师示范、讲解安全注意事项及要求。

（3）观看。

（4）工具的使用。

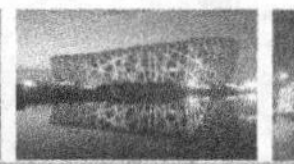

4. 实训成绩考评

（1）口试	20 分
（2）使用工具	40 分
（3）实训报告	20 分
（4）实训表现	20 分

知识梳理与总结

本章介绍了电气工程常用材料和电工工具。常用导电材料包括导线、电缆及母线等；绝缘材料有塑料、橡胶、电瓷、绝缘油、绝缘包带等；安装材料有金属导管、塑料导管、各种型材及常用的坚固零件；常用电工工具有验电器、电工刀、电工钳、活络板手、电钻等。

通过学习本章，学生应能掌握电气工程常用的材料的性能及用途，并能正确选用材料；掌握电工工具的规格、种类和型号、性能、适用条件，并能正确使用。

习题 10

1. 简述裸导线的分类和用途。
2. 常用导线的材料有哪些？
3. 说明电力电缆的作用，并说明普通电缆和钢带铠装电缆适用于什么场合？
4. 常用安装材料有哪些？
5. 导电材料分为哪几种？
6. 常用的绝缘材料有哪些？
7. 低压验电笔的作用是什么？
8. 电工钢丝钳的用途是什么？

学习情境11 变配电设备的安装

教学导航

教	知识重点	熟悉室内变电所的配电装置
	知识难点	1．变压器的安装要求 2．低压配电柜的安装要求
	推荐教学方式	结合实物和图片进行讲解
	建议学时	6学时
学	推荐学习方法	结合工程实物对所学知识进行总结
	必须掌握的专业知识	1．常用高压、低压电器的种类及安装要求 2．变压器的类型及用途
	必须掌握的技能	1．能进行低压配电屏的接线 2．能够安装高、低压电气设备

任务 11.1　建筑供配电系统

11.1.1　供配电系统的组成

电能由发电厂产生，经过长距离的输送后才到达电力用户。为减少输送过程的电能损失，一般把发电机发出的电压先用变压器升压，由于用户使用的电压相对很低，多为 380/220V，所以需要将升压后的电压降到所需电压值后再送达用户。这种由发电、变电、送配电和用电构成的一个整体即为电力系统。建筑供配电系统属于电力系统的一个组成部分。从发电厂到电力用户的发电、送电过程如图 11-1 所示。

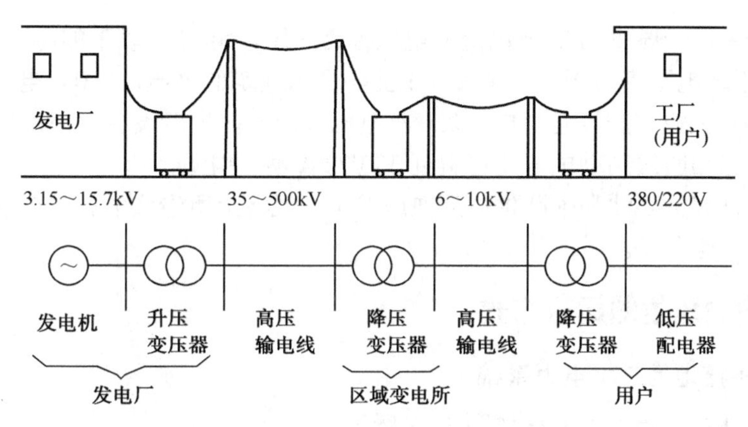

图 11-1　发电、送电过程

1．发电厂

发电厂是将其他形式的能量转换成电能的工厂，可分为火力发电厂、水力发电厂、风力发电厂及核能发电厂等。

2．变、配电所

变电所是接受电能和变换电压的场所，分为升压变电所和降压变电所。它主要由电力变压器的控制设备构成，是电力系统的重要组成部分。只接受电能并进行电能分配，而不改变电压的变电所则叫做配电所。

3．电力线路

电力线路用于输送电能，并将发电厂、变电所和电力用户联系起来。建筑供配电线路多为 380/220V 低压线路，分为架空线路和埋地电缆线路。

4．低压配电系统

低压配电系统由配电装置（配电盘）和配电线路组成。其配电方式分为放射式、树干式及混合式等，如图 11-2 所示。

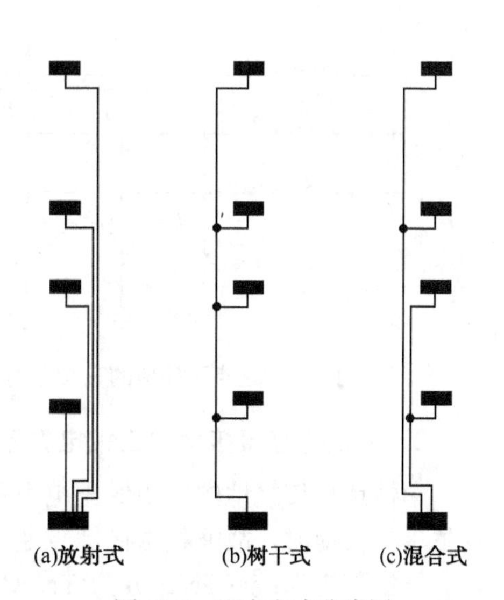

图 11-2　配电方式分类图

（1）放射式。放射式配电方式的各个负荷独立受电，供电可靠，但设备和材料的用量大，一般用于供电安全性要求高的设备。

（2）树干式。首先由变压器或低压配电箱（柜）低压母线上引出一条干线，沿这条干线走向再引出若干条支线，然后再将其引至各个用电设备。这种配电方式结构简单、投资和有色金属用量较少，但在供电可靠性方面不如放射式。它一般适用于对供电可靠性无特殊要求、负荷容量小、布置均匀的用电设备。

（3）混合式。它是放射式与树干式相结合的接线方式。其优缺点介于放射式与树干式之间。这种方式目前在建筑中应用广泛。

11.1.2 供电电压等级和电力负荷

在电力系统中，一般将1kV及以上的电压称为高压，将1kV以下的电压称为低压。6～10kV的电压用于送电距离为10km左右的工业与民用建筑的供电，380V电压用于向民用建筑内部动力设备或工业生产设备供电，220V 电压多用于向生活设备、小型生产设备及照明设备供电。采用三相四线制供电方式可得到380/220V两种电压。

电力负荷根据其重要性和中断供电后在政治上、经济上所造成的损失或影响分为一级负荷、二级负荷和三级负荷。

11.1.3 电力系统的运行方式

1. 中性点不接地的三相电力系统

中性点不接地的三相电力系统如图11-3所示。

2. 中性点经消弧线圈接地的三相电力系统

中性点经消弧线圈接地的三相电力系统如图11-4所示。

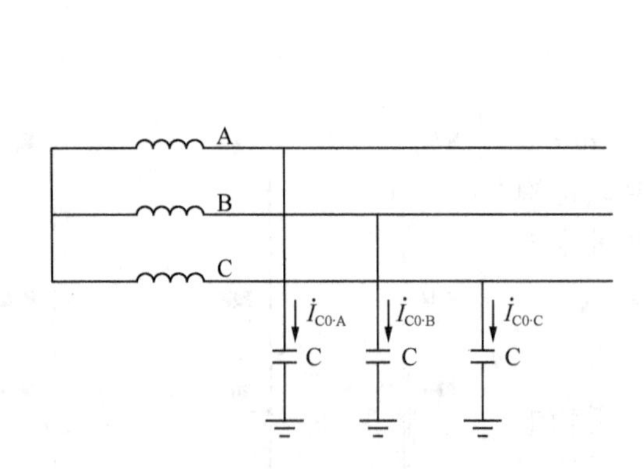

图11-3 中性点不接地的三相电力系统

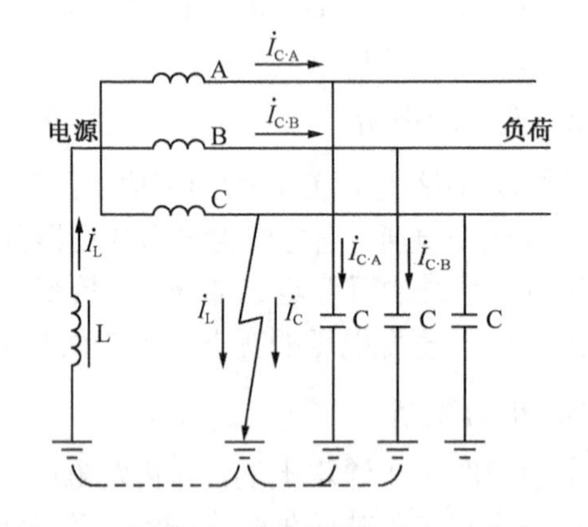

图11-4 中性点经消弧线圈接地的三相电力系统

3. 中性点直接接地的三相电力系统

中性点直接接地的三相低压电力系统是我国广泛采用的运行方式，如图11-5所示。当其发生单相接地时，故障相由接地点通过大地形成单回路，会使单相电流变得很大。

低压配电系统（TN）分为TN-C系统、TN-S系统和TN-C-S系统，从这些系统中分

别引出有中性线（N）、保护线（PE）或保护性中性线（PEN）。为确保供电安全，除电源中性点直接接地外，PE 线和 PEN 线还必须设置重复接地。低压配电系统（TN）如图 11-6 所示。

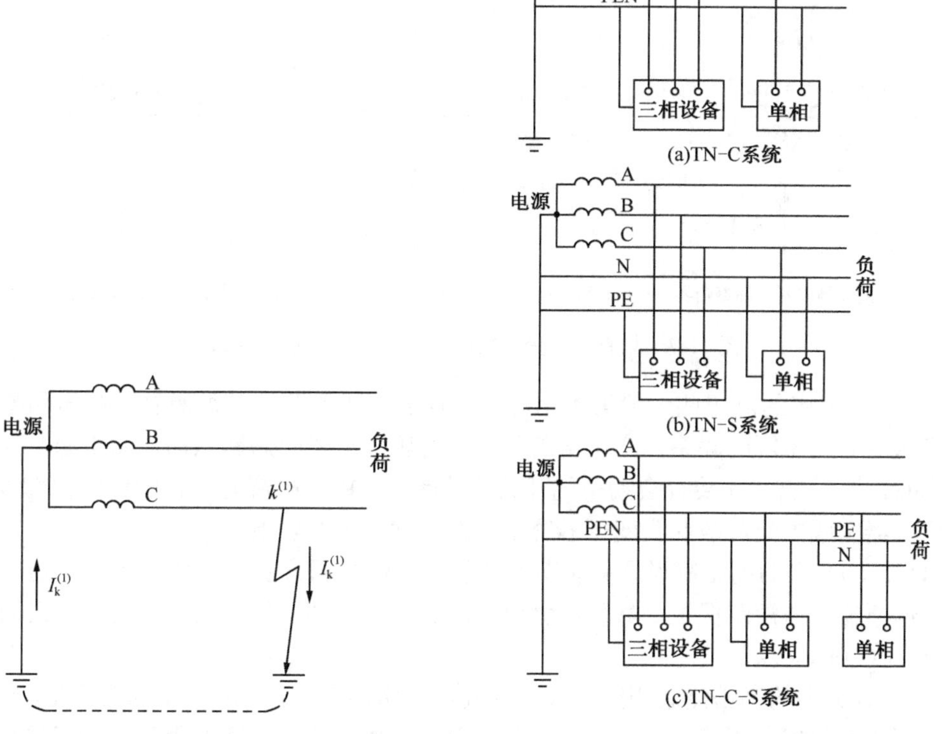

图 11-5　中性点直接接地的三相电力系统

图 11-6　低压配电系统（TN）

在 TN 系统中，电源有一点与地直接连接，电气装置的可导电外壳则通过 PE 线与该点连接。

（1）TN-C 系统：中性线与保护线合一。

（2）TN-S 系统：中性线与保护线分开。

（3）TN-C-S 系统：一部分中性线与保护线合一。

11.1.4　变电所主接线

变电所主接线是指由各种开关电器、电力变压器、母线、电力电缆、移相电容器等电器设备按一定次序相连接的接受电能并分配电能的电路。

1．只有一台变压器的变电所主接线

只有一台变压器的变电所一般容量较小、投资少、运行操作方便，但其供电可靠性差，且当高压侧和低压侧引线上的某一元件发生故障或电源进线停电时，整个变电所都要停电。这种接线方式只适用于三类负荷的用户，其主接线如图 11-7 所示。

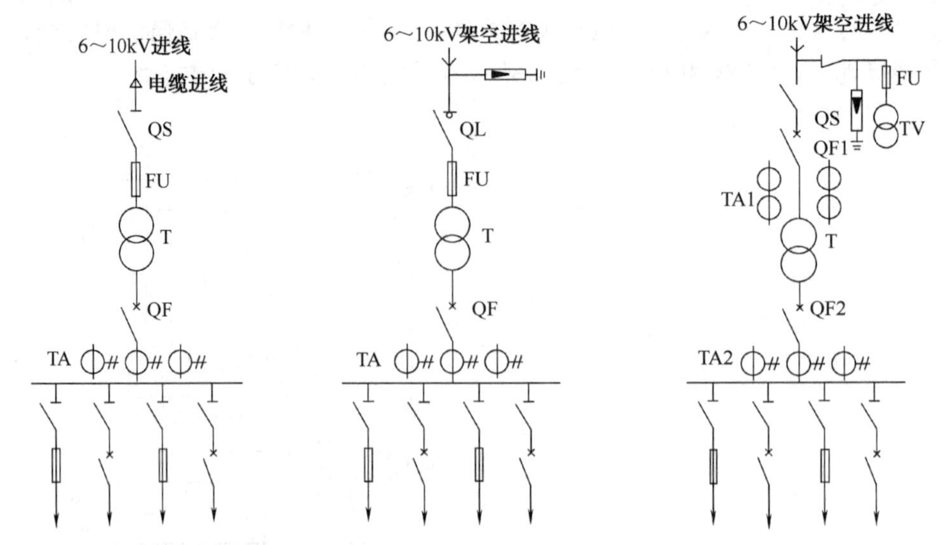

图 11-7　只有一台变压器的 6～10kV 变电所主接线

图 11-7（a）中的高压侧一般可不用母线，仅装设隔离开关和熔断器。高压隔离开关用于切断变压器与高压侧的联系，高压熔断器能在变压器故障时熔断从而切断电源。其低压侧电压为 380/220V，出线端装有自动空气开关或熔断器。由于隔离开关仅能切断 320kV·A 及以下的变压器空载电流，故此类变压器容量宜在 320kV·A 以下。

图 11-7（b）中的高压侧设置有负荷开关和高压熔断器，负荷开关用于正常运行时操作变压器，熔断器用做短路保护。其低压侧出线端装设有自动空气开关。此类变压器的容量可达到 560～1 000kV·A。

图 11-7（c）中的高压侧选用隔离开关和高压断路器来在正常运行时接通或断开变压器，隔离开关用于在检修变压器时隔离电源，装设于断路器之前。断路器用于切断正常及故障时的变压器与高压侧电流。其低压侧出线端仍装设有空气开关或熔断器。

2．有两台变压器的变电所主接线

对于一、二类负荷或用电量大的民用建筑或工业企业，应采用双回路线路或两台变压器的接线，这样当其中一路进线电源出现故障时，可以通过母线联络开关将断电部分的负荷接到另一路进线上去，从而保证用电设备继续工作。

在变电所高压侧主接线中，可采用油断路器、负荷开关和隔离开关作为切断电源的高压开关，如图 11-8 所示。其中图 11-8（a）中的高压侧无母线，当任一变压器需检修或出现故障时，变电所可通过闭合低压母线联络开关来恢复整个变电所的供电；图 11-8（b）中的高压侧设置有母线，当任一变压器需检修或出现故障时，通过切换可以很快恢复操作。

任务 11.2　室内变电所的布置

6～10kV 室内变电所主要由高压配电室、变压器室、低压配电室组成，其布置方式取决于各设备数量和规格尺寸，同时应满足设计规范的要求。

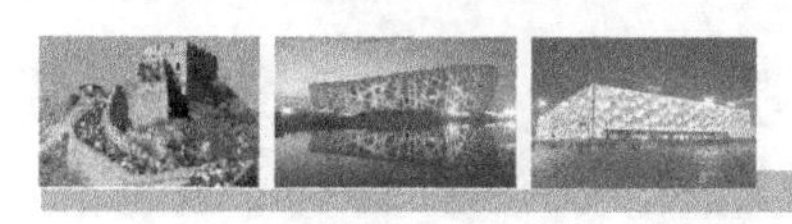

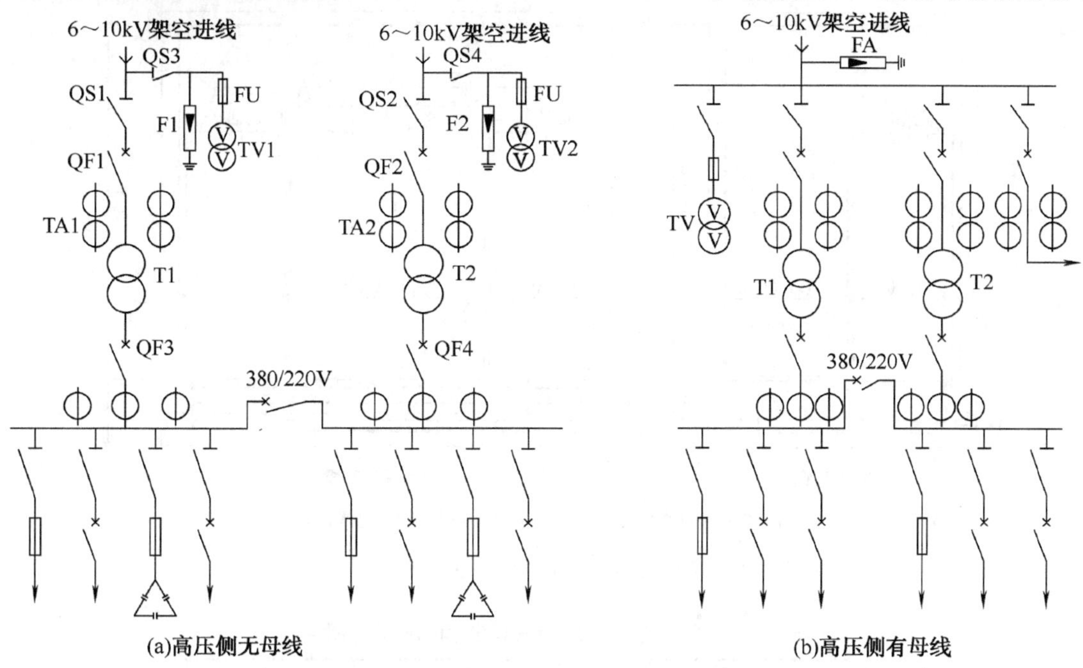

图 11-8　有两台变压器的 6～10kV 变电所主接线

11.2.1　高压配电室

高压配电室是安装高压配电设备的房间。当高压开关柜台数少时应采用单列布置；当高压开关柜台数多时应采用双列布置。其布置方式要考虑到开关柜的台数、型号及运行维护的安全和方便。

架空进出线时，进出线套管至室外地面的距离不低于 4m，进出线悬挂点距离地面的距离不低于 4.5m。固定式开关柜净空高度一般为 4.5m，手车式则为 3.5m 左右。

高压配电室的层高一般为 5m（架空进线）或不小于 4m（直埋电缆进线）。高压配电室内净长度≥柜宽×单列台数＋600mm，进深方向由高压开关柜的尺寸加操作通道决定。操作通道最小宽度在单列布置时为 1.5～2m，在双列布置时为 2～2.5m。

高压配电室的布置如图 11-9 所示。

11.2.2　变压器室

变压器室是安装变压器的房间。变压器室的高度与变压器的高度、进线方式和通风条件有关。根据通风要求，变压器室的地坪有抬高和不抬高两种。当地坪不抬高时，变压器放在混凝土地面上，变压器室高度一般为 3.5～4.8m；当地坪抬高时，变压器放在抬高地坪上，下面是进风洞，这样做通风散热效果好。

地坪抬高的高度一般有 0.8m、1.0m、1.2m 三种，变压器室的高度一般可增加至 4.8～5.7m。变压器外壳与变压器室四壁的距离不应小于表 11-1 中所列的数值。

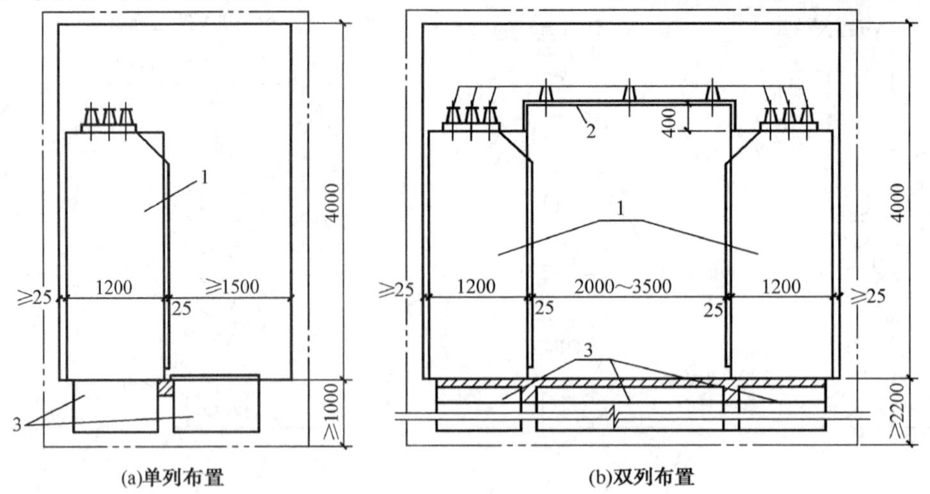

1—GG1A 型高压开关柜；2—高压母线桥；3—电缆沟

图 11-9　高压配电室剖面图（示例）

表 11-1　变压器至变压器室墙壁和门的最小距离

变压器容量（kV·A）	100～1 000	1 250 及以上
变压器与后壁、侧墙的距离（m）	0.6～0.8	0.8～1.0
变压器与门的距离（m）	0.8	1.0

变压器室的布置如图 11-10 所示。该变压器高压侧的负荷开关和熔断器用做控制及保护装置，通过电缆地下引入。该变压器室的结构特点是高压电缆从左侧引入，窄面推进，室内地坪不抬高，低压母线从右侧出线。

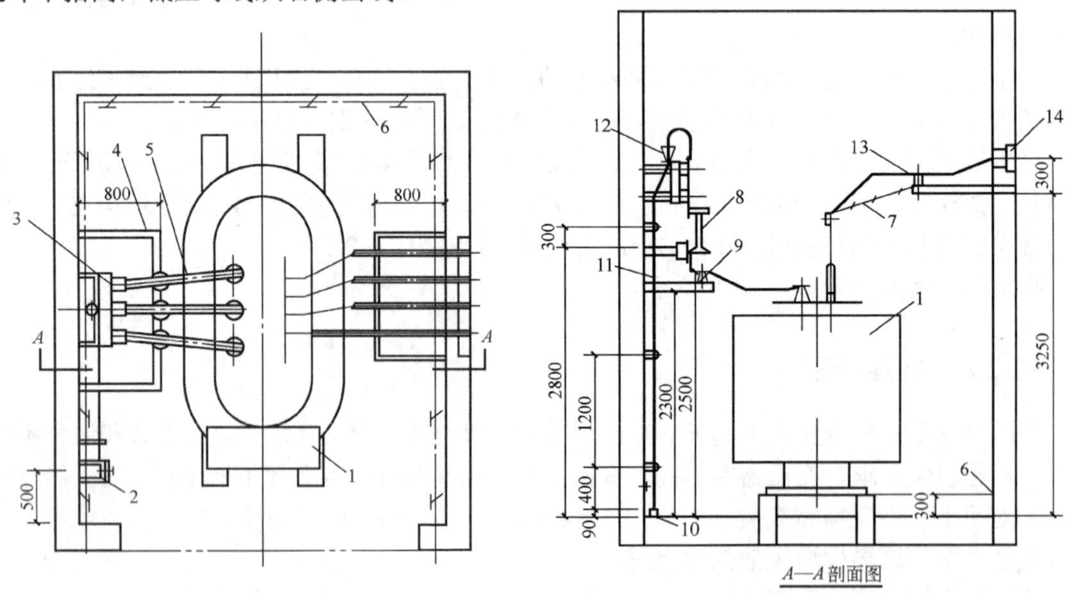

1—变压器；2—负荷开关操作机构；3—负荷开关；4—高压母线支架；5—高压母线；6—接地线（PE 线）；7—中性母线；8—熔断器；9—高压绝缘子；10—电缆保护管；11—高压电缆；12—电缆头；13—低压母线；14—穿墙隔板

图 11-10　变压器室的布置

11.2.3　低压配电室

低压配电室是安装低压开关柜的房间，其层高要求不低于 3.5m。当低压开关柜数量较少时，应采用单列布置，其安全通道的宽度不小于 1.5m；当低压开关柜数量较多时，应采用双列布置，其安全通道的宽度不小于 2m。为维修方便，低压配电屏应尽量离墙安装，其屏前屏后维护通道的最小宽度如表 11-2 所示。

表 11-2　低压配电室屏前屏后维护通道的宽度（mm）

配电屏形式	配电屏布置方式	屏前通道	屏后通道	配电屏形式	配电屏布置方式	屏前通道	屏后通道
固定式	单列布置	1 500	1 000	抽屉式	单列布置	1 800	1 000
	双列面对面布置	2 000	1 000		双列面对面布置	2 300	1 000
	双列背对背布置	1 500	1 500		双列背对背布置	1 800	1 000

低压配电室的剖面图如图 11-11 所示。图中的低压母线首先经穿墙隔板后进入低压配电室，再经过墙上的隔离开关和电流互感器直接接于配电屏母线上。屏前操作通道不小于 1.5m，屏后操作通道不小于 1m，配电室高度为 4m。为便于布线和检修，配电屏下面及后面均应设置电缆沟。

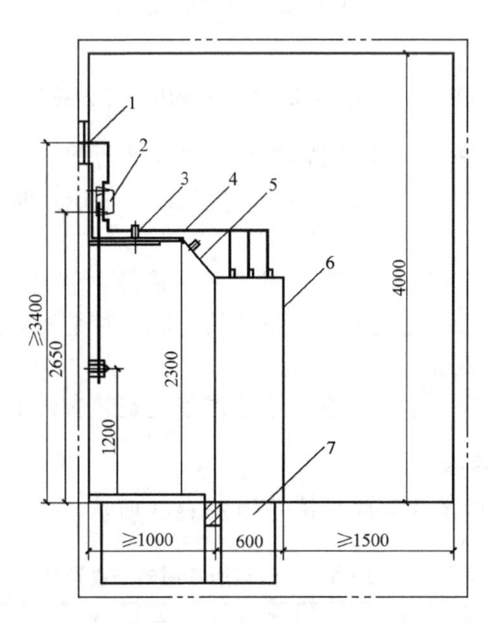

1—穿墙隔板；2—隔离开关；3—电流互感器；4—低压母线；5—中性母线；6—低压配电屏；7—电缆沟

图 11-11　低压配电室的剖面图

11.2.4　6～10kV 变电所的系统图及设备

1．6～10kV 变电所的系统图

如图 11-12 所示为一个 6～10kV 变电所的电气系统图。电源由 6～10kV 电网通过架空线路或电缆引入，经过高压隔离开关 QS 和高压断路器 QF 送到变压器 T。当负荷较小时，可采用隔离开关加熔断器的形式，也可采用负荷开关加熔断器的形式。室外变压器也可采用跌开

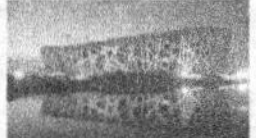

式熔断器来对高压侧进行控制。

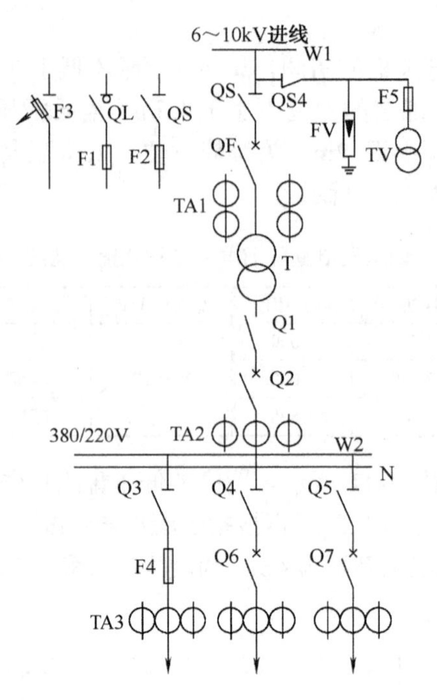

图 11-12　6～10kV 变电所的电气系统图

6～10kV 高压经变压器降为 400/230V 低压后进入低压配电室，再经过低压总开关（刀开关 Q1 和低压空气断路器 Q2）送入低压母线，然后经过低压熔断器和低压开关或其他开关设备送到各用电点。

本系统中的高、低压侧均装有电流互感器 TA1，高压侧装有电压互感器 TV，用于对线路进行保护及测量。由于三相供电线路中三条线的电流有时是相等的，所以图中只在其中两相装设了 TA1，而 TA2 在三相上均进行了装设。

为防止雷电波沿架空线侵入室内，在架空线进线处安装有避雷器。

2．6～10kV 变电所的设备

图 11-12 中常用的一次设备的名称及符号如表 11-3 所示。

表 11-3　6～10kV 变电所常用的一次设备

序号	名　称	符号	数量	常 用 类 型	备　注
1	电力变压器	T	1	S，SL	
2	隔离开关	QS	1	GW1，GN	
3	高压断路器	QF	1	DW，SN	
4	负荷开关	QL	1	FW，FN	
5	跌开式熔断器	F1	3	RW4	户外，小容量变压器
6	熔断器	F2	2	RN1	
7	熔断器	F3	1	RN3	保护电压互感器
8	电压互感器	TV	1		

续表

序号	名　称	符号	数量	常 用 类 型	备　注
9	电流互感器	TA1	2	LMQ	高压
10	电流互感器	TA2	3	LQG	低压
11	空气断路器	Q2	1	DW10	
12	刀开关	Q1	1	HD	
13	高压架空引入线	W1		LJ	大于 $25mm^2$
14	高压电缆引入线			ZLQ	
15	低压母线	W2		TMY，LMY	
16	高压避雷器	FV	3	FZ，FS	

任务 11.3　变压器的安装

变压器是变电所内的核心设备，起着变换电压等级的作用。

建筑供配电系统中常用的三相电力变压器有油浸式和干式之分。三相油浸式电力变压器如图 11-13 所示。

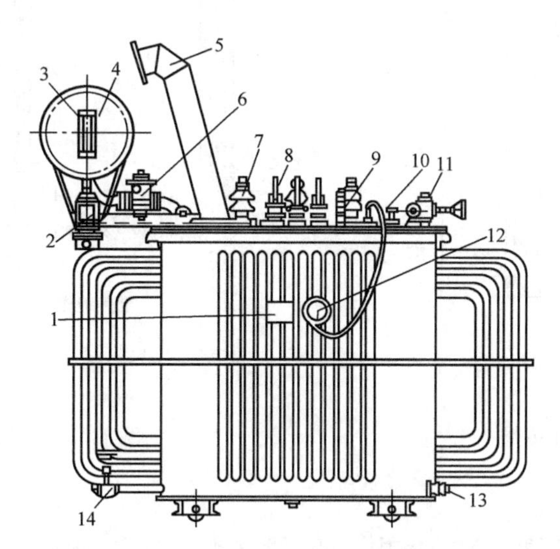

1—铭牌；2—干燥器；3—油标；4—储油器；5—防爆管；6—气体继电器；7—高压瓷套管；8—低压瓷套管；9—零线瓷套管；10—水银温度计；11—滤油油网；12—接点温度计；13—接地螺钉；14—放油阀

图 11-13　三相油浸式电力变压器

10kV 油浸式电力变压器的容量有 250kV・A，500kV・A，1 000kV・A，2 000kV・A，4 000kV・A，8 000kV・A，10 000kV・A 等。

变压器的型号的表示及含义如下。

相数	变压器特征	设计序号	—	额定容量（kV・A）	/	高压绕组电压等级 kV

例如，S7-560/10 表示油浸自冷式三相铜绕组变压器，其额定容量为 560kV•A，高压侧额定电压为 10kV。

11.3.1 变压器的安装要求

变压器的安装形式有杆上安装、户外露天安装、室内安装等。

1. 杆上安装

杆上安装（如图 11-14 所示）是指将变压器固定在电杆上，以电杆为支架离开地面架设。其安装要求为位置正确，附件齐全，油浸变压器油位正常，无渗油现象。

2. 户外露天安装

户外露天安装（如图 11-15 所示）是指将变压器安装在户外露天，固定在钢筋混凝土基础上。

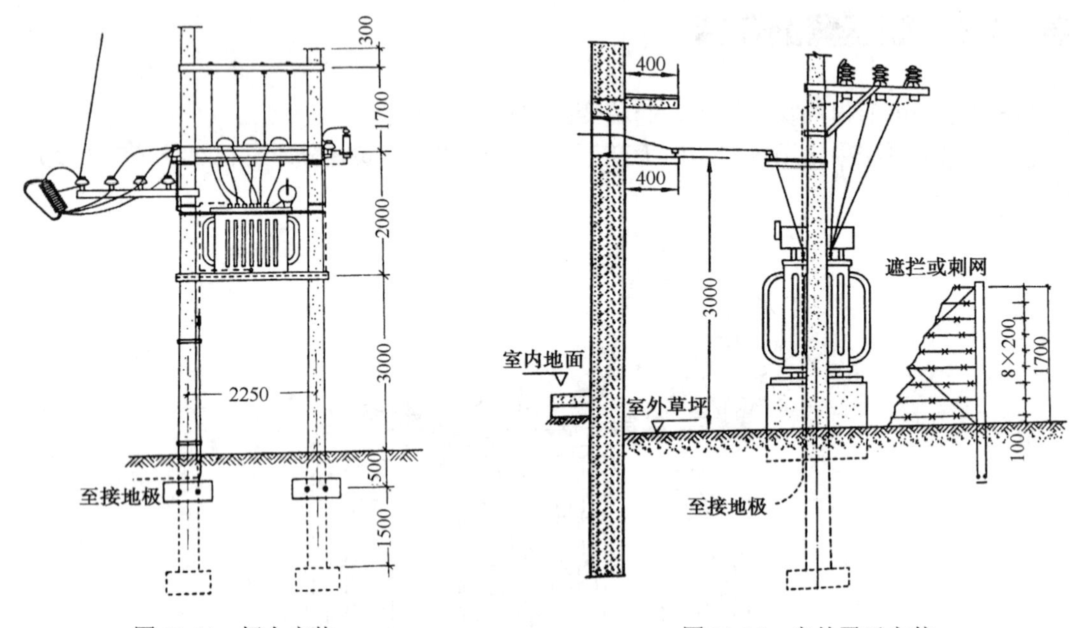

图 11-14　杆上安装　　图 11-15　户外露天安装

3. 室内安装

室内安装是指将变压器安装在室内。变压器安装应位置正确，附件齐全，油浸变压器油位正常，无渗油现象。母线中心线应与变压器套管中心相符，并要进行母线接触面的处理，确保接触面接触良好。

11.3.2 变压器的安装程序

变压器的安装应在建筑结构基本完工的情况下进行。其安装程序包括基础施工、变压器的吊装、变压器的高低压母线接线、接地线的连接等。变压器基础验收应合格，埋入基础的电气导管、电缆导管、进出变压器的预留线孔及相关预埋件应符合要求，变压器安装轨道应安装完毕，并符合设计要求。

变压器的安装工艺流程如下所示。

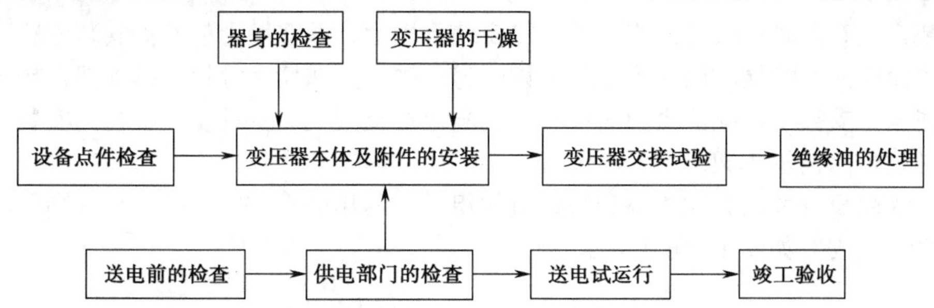

11.3.3　变压器的试验及试运行

1. 变压器的试验

对新装变压器进行试验的目的是验证变压器的性能是否符合要求。变压器试验的内容包括以下几方面。

（1）测量绕组连同套管的直流电阻。

（2）检查所有分接头的变压比。

（3）检查变压器的三相接线组别和单相变压器引出线的极性。

（4）测量绕组连同套管的绝缘电阻、吸收比或极化指数。

（5）绕组连同套管的交流耐压试验。

（6）测量与铁芯绝缘的各紧固件及铁芯接地线引出套管对外壳的绝缘电阻。

（7）非纯瓷套管的试验。

（8）绝缘油试验。

（9）有载调压切换装置的检查和试验。

（10）额定电压下的冲击合闸试验。

（11）检查相位。

2. 变压器的试运行

变压器在试运行前应做全面检查，确认符合条件后方可投入运行。

变压器的送电试运行：变压器第一次受电后，持续时间应不少于 10min，且无异常情况；进行 3～5 次全压冲击合闸后，应无异常情况；油浸变压器带电后应无渗油现象；变压器空载运行 24h 后应无异常现象。只有满足以上条件方可投入负荷试运行。

若变压器带电后 24h 无异常情况，便可办理验收手续了。验收时，应提交变更设计资料、产品说明书、试验报告单、合格证、安装图纸及安装调整记录等技术资料。

任务 11.4　高压电器的安装

11.4.1　高压隔离开关和负荷开关的安装

1. 高压隔离开关的安装

高压隔离开关用符号 QS 表示。高压隔离开关的主要功能是隔离高压电源，保证其他电器设备及线路的检修。其结构特点是断开后有明显的断开间隙。但由于隔离开关没有灭弧装置，所以不允许带负荷操作，否则可能发生严重的事故。

其安装方式有两种：一种是将开关直接安装于墙上，即在墙上的开关安装位置事先埋设 4 个开尾螺栓或膨胀螺栓，用来固定其本体；另一种是先在墙上埋设角钢支架，按开关安装孔的尺寸在角钢支架上钻孔，再用螺栓将开关固定在支架上。手动操作机构的安装与开关的安装一样必须使用角钢支架。

户内三级隔离开关由开关本体和操作机构组成，常用的有 GN 型等。户内高压隔离开关及其操作机构的安装如图 11-16 所示。

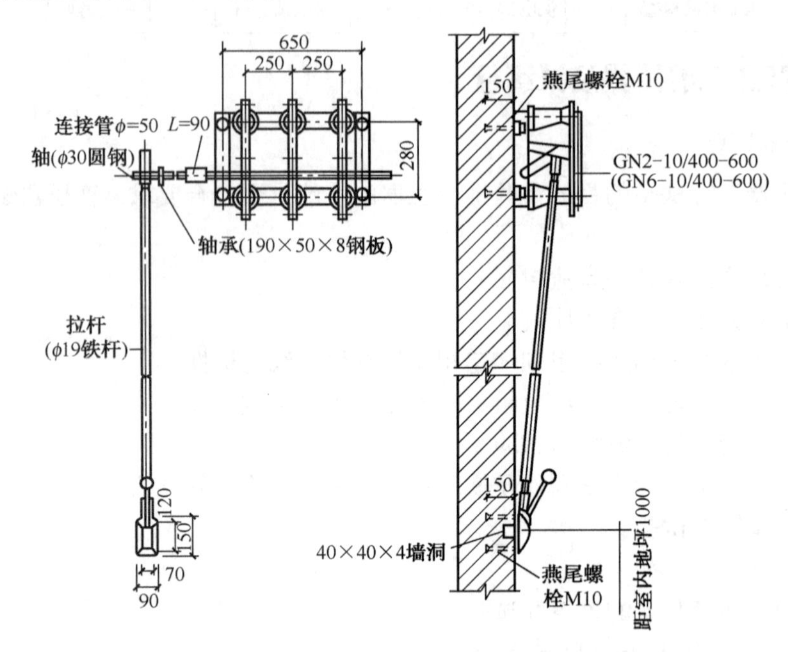

图 11-16　户内高压隔离开关及其操作机构的安装图

2．高压负荷开关的安装

高压负荷开关用符号 QL 表示。高压负荷开关有简单的灭弧装置。但其灭弧装置灭弧能力不高，只能用于切断正常负荷电流，不能切断短路电流，因此它一般需和高压熔断器串联使用。常用的户内高压负荷开关有 FN2 型和 FN3 型。户内高压负荷开关的安装如图 11-17 所示。

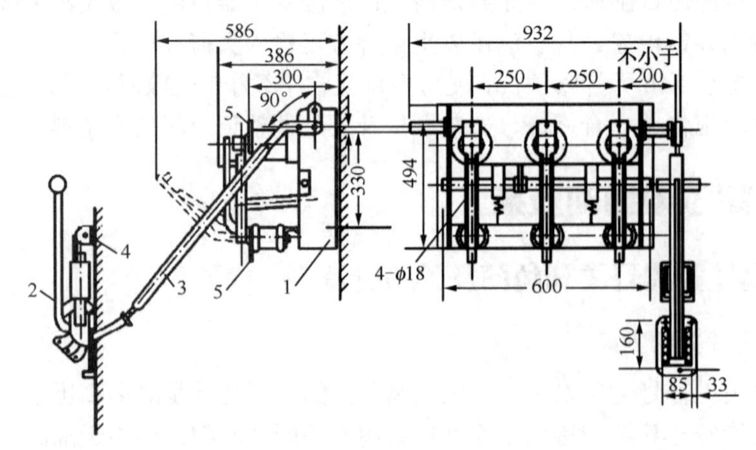

图 11-17　户内高压负荷开关的安装

高压隔离开关和高压负荷开关的安装施工程序如下所示。

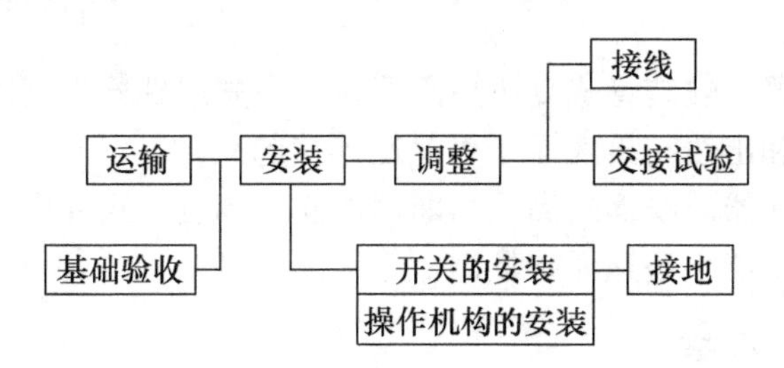

11.4.2　高压断路器和熔断器的安装

1．高压断路器的安装

高压断路器用符号 QF 表示。高压断路器不仅能通断正常的负荷电流，而且能接通和承受一定时间的短路电流，并能在保护装置作用下自动调闸，切除短路故障。高压断路器按照其灭弧介质的不同可分为油断路器、空气断路器等。其中使用较广泛的是油断路器，而在高层建筑内多采用真空断路器。油断路器的安装程序如下所示。

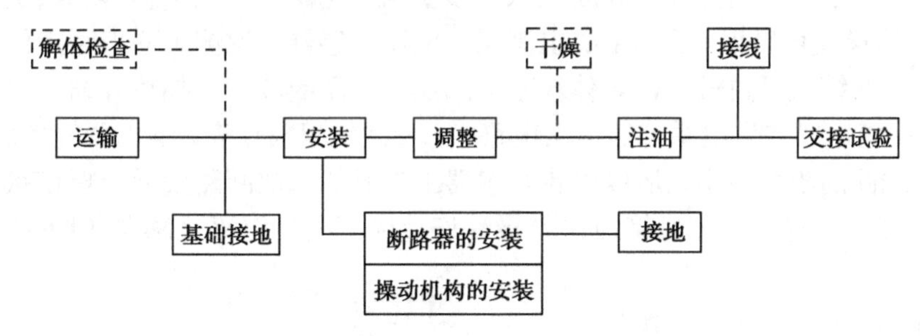

2．高压熔断器的安装

高压熔断器用符号 FU 表示。高压熔断器是一种保护装置。当电路中的电流值超过规定值一定时间后，熔断器熔体熔化，从而分断电流、断开电路。因此，熔断器的功能主要是对电路及电路中的设备进行短路保护，有的熔断器也具有过载保护功能。由于熔断器简单、便宜、使用方便，所以适用于保护线路、电力变压器等。高压熔断器如图 11-18 所示。

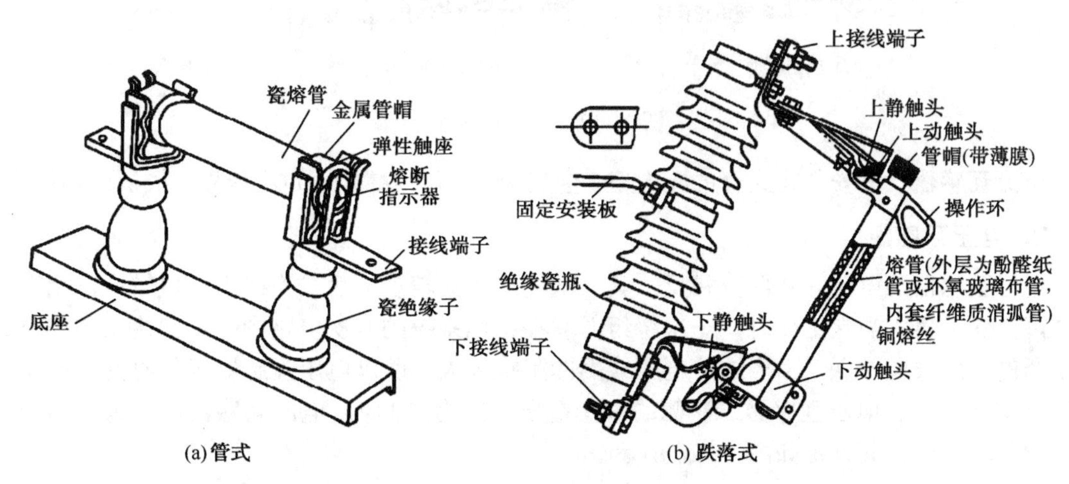

图 11-18　高压熔断器

高压熔断器按照其使用场合不同可分为：户内型，即管式熔断器；户外型，即跌落式熔断器。

（1）户内管式熔断器。安装管式高压熔断器时，应先用螺栓将其牢固地装在已固定好的支架上，再把高压进线和出线与接线端子可靠地连接起来。

（2）户外跌落式熔断器。跌落式高压熔断器的安装高度和尺寸应按图纸确定，其转动部分应灵活，熔管跌落时不能因碰撞而损坏。

11.4.3 互感器的安装

互感器是一种特殊的变压器。按照作用不同，它有电流互感器和电压互感器之分。使用互感器可以扩大仪表和继电器等二次设备的使用范围，并能使仪表和继电器与主电路绝缘。它既可避免主路的高电压直接引入仪表、继电器，又可防止仪表、继电器的故障影响主电路，从而提高了安全性和可靠性。

1. 电流互感器

电流互感器用于提供测量仪表和断电保护装置用的电源。电流互感器二次绕组的额定电流一般为 5A，这样就可以用一只 5A 的电流表与电流互感器二次侧串联来测量任意大的电流了。其特点是一次绕组匝数较少，导体较粗；二次绕组匝数较多，导体较细。电流互感器工作时，其一次绕组串联在供电系统的一次电路中，二次绕组与仪表、继电器等串联形成回路。由于这些电流线圈的阻抗很小，所以电流互感器工作时的二次回路接近于短路状态。注意电流互感器二次侧必须有一端可靠接地，且极性连接应正确。电流互感器如图 11-19 所示。

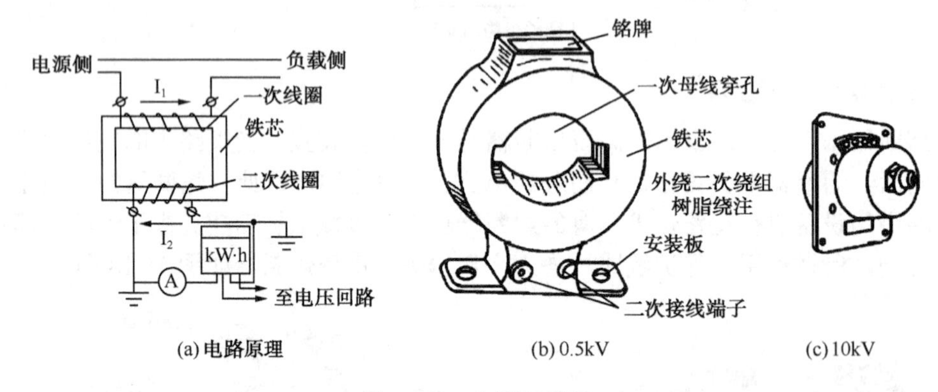

图 11-19　电流互感器

电流互感器一般安装在成套的配电柜、金属架上，可用螺栓固定在墙壁、楼板或钢板上。

2. 电压互感器

电压互感器与电流互感器正相反，其一次绕组匝数较多，而二次绕组匝数较少，相当于一个降压变压器。当它工作时，一次绕组并联在供电系统的一次电路中，二次绕组与仪表、继电器的电压线圈并联。由于这些电压线圈的阻抗较大，所以电压互感器工作时的二次绕组接近于空载状态。电压互感器二次侧的额定电压一般为 100V。电压互感器可分为单相和三相、户内和户外，其外形如图 11-20 所示。

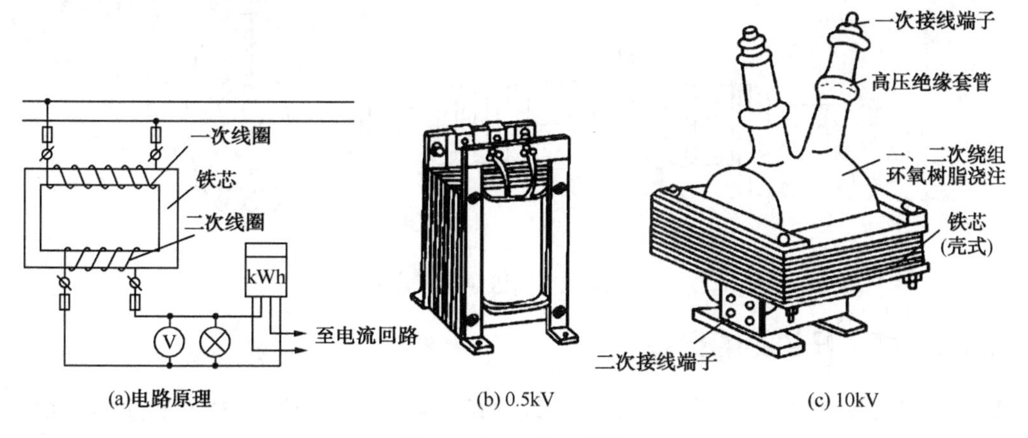

图 11-20　电压互感器

电压互感器一般安装在成套的配电柜内或直接安装在混凝土台上。

11.4.4　户内支持绝缘子和高压穿墙套管的安装

1．户内支持绝缘子的安装

支持绝缘子在变配电装置中，用于导电部分的绝缘和支持，其外形如图 11-21 所示。

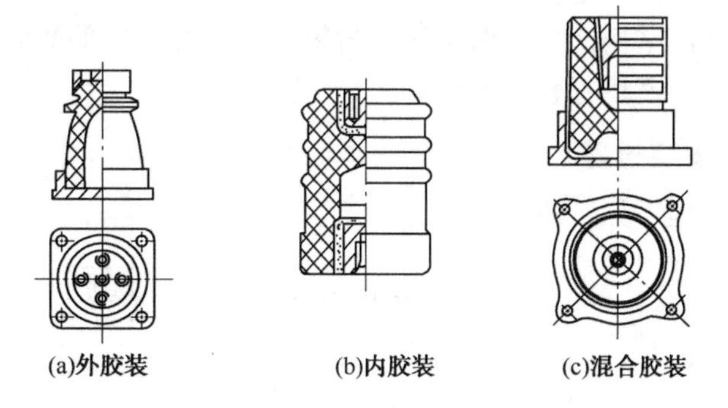

图 11-21　高压户内支持绝缘子

绝缘子在安装前应首先进行外观、规格及型号的检查，然后用 2 500V 摇表测其绝缘电阻或做交流耐压试验。电阻值不应低于 300MΩ。

支持绝缘子一般固定在墙上、金属支架或混凝土平台上。安装时，将绝缘子法兰孔套入基础螺栓或对准支架上的孔眼，套上螺帽拧紧即可。在安装过程中，要保证各个绝缘子在同一中心线上，以防止绝缘子损坏。安装完毕后要给其刷一层绝缘油漆。

2．高压穿墙套管的安装

高压穿墙套管和穿墙板是高低压引入（出）室内和导电部分穿越建筑物的连接件，由瓷套、安装法兰及导电部分组成。高压穿墙套管按额定电流、电压和机械强度可分为多种规格。其外形如图 11-22 所示。

套管可通过预埋在墙上的套管螺丝直接固定在墙上；也可先在土建施工时在墙上留孔，再将角铁框架装在孔上，用以固定钢板，最后将套管固定在钢板上。

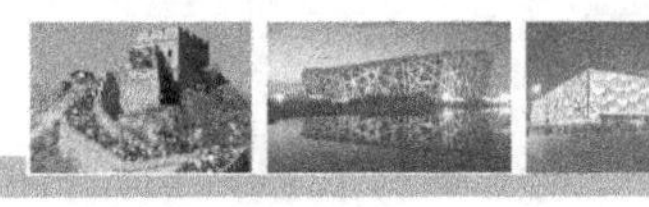

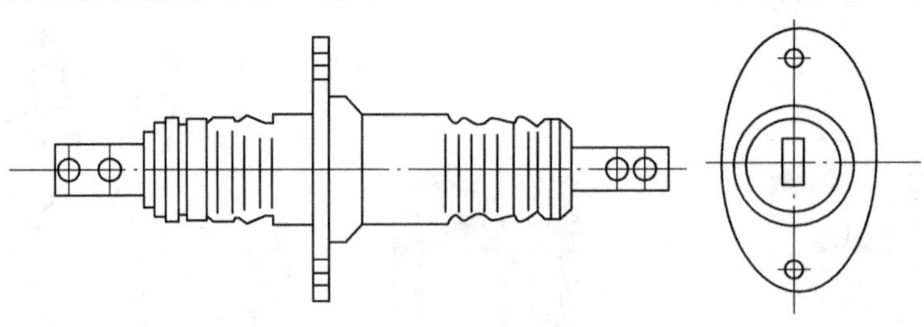

图 11-22 高压穿墙套管

11.4.5 高压开关柜的安装

高压开关柜是按一定的线路方案将一、二次设备组装在一个柜体内而成的一种高压成套配电装置，在变配电系统中用于保护和控制变压器及高压馈电线路。柜内装有高压开关设备、保护电器、监测仪表和母线、绝缘子等。

1. 高压开关柜的分类

常用的高压开关柜按元件的固定特点分为固定式和手车式两大类。固定式高压开关柜的电器设备全部固定在柜体内，手车式高压开关柜的断路器及操作机构装在可以从柜体拉出的小车上，便于检修和更换。

按照结构特点，高压开关柜分为开启式和封闭式。开启式高压开关柜的高压母线外露，柜内各元件间也不隔开，结构简单、造价低。封闭式高压开关柜的母线、电缆头、断路器和计量仪表等均被相互隔开，运行较为安全。

2. 高压开关柜的安装过程

高压开关柜的安装程序如下所示。

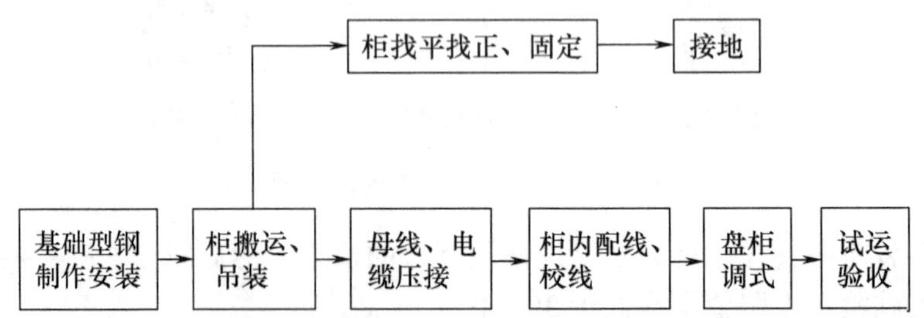

高压开关柜一般要安装在基础型钢之上。基础型钢一般采用的是槽钢。槽钢与混凝土基础之间连接的方式有以下两种。

（1）在进行混凝土施工前，根据槽钢固定的尺寸预埋地脚螺栓或预留螺栓安装孔洞，待混凝土强度达到安装要求后，再安放槽钢或先浇注螺栓于孔洞内，再安装槽钢。

（2）在进行混凝土施工前，首先预埋一块钢板，然后对槽钢与预埋钢板进行焊接。

高压开关柜的安装标高应符合设计图纸要求。

每台高压开关柜及基础型钢均应与接地母线连接。柜本体应有可靠、明显的接地装置；装有电器的可开启柜门，应用裸铜软导线与接地金属构件做可靠连接；柜漆层应完整无损，色泽一致；固定电器的支架应刷漆。

高压开关柜在送电后空载运行 24 小时无异常现象后，方可办理竣工验收手续，交建设

单位使用。同时，应提交各种技术资料。

基础槽钢的安装如图 11-23 所示。

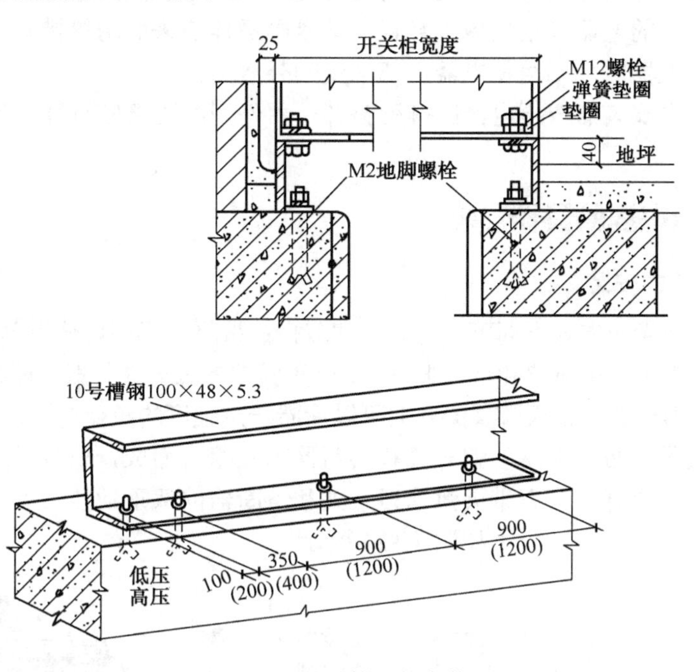

图 11-23　基础槽钢的安装图

任务 11.5　低压电器的安装

低压配电装置一般由线路控制设备、测量仪器仪表、低压母线及二次接线、保护设备、低压配电屏（箱、盘）等组成。其中线路控制设备主要有各种低压开关、自动空气开关、交流接触器、磁力启动器、控制按钮等；测量仪表指电流表、电压表、功率表、功率因数表及电度表等；保护设备指低压熔断器、继电器、触电保安器等。

11.5.1　低压电器安装的一般规定

低压电器的安装应按设计要求进行，并应符合《电气装置安装工程低压电器施工及验收规范》的规定。

低压电器在安装前应进行检查。首先应检查设备铭牌、型号、规格是否与设计相符；其次应检查设备外观有无缺陷，设备附件是否齐全。

当设计无明确规定时，一般落地安装的低压电器，其底部宜高出地面 50～100mm，其操作手柄中心与地面的距离为 1 200～1 500mm，其侧面操作的手柄与建筑物或设备的距离不宜小于 200mm。

低压电器的安装，一般应符合下列要求。

（1）安装固定低压电器时，应根据其不同的结构，采用支架、金属板、绝缘板将其固定在墙或其他建筑构件上。金属板、绝缘板应平整。

（2）当采用膨胀螺栓固定时，应按产品技术要求选择螺栓规格；其钻孔直径和埋设深度应与螺栓规格相符。

（3）紧固件应采用镀锌制品，螺栓规格应选配适当，电器的固定应牢固、平稳。

（4）有防震要求的电器应增加减震装置，其紧固螺栓应采取防松措施。

（5）固定低压电器时，不得使电器内部承受额外应力。

（6）成排或集中安装的低压电器应排列整齐；器件间的距离应符合设计要求，并应便于操作及维护。

11.5.2 低压电器的具体安装

1．低压刀开关的安装

低压刀开关按照操作方式不同可分为单投和双投；按极数不同可分为单极、双极和三极；按灭弧结构不同分为不带灭弧罩和带灭弧罩。不带灭弧罩的刀开关一般只能在无负荷的状态下操作，称之为隔离刀开关；带灭弧罩的开关可以通断一定强度的负荷电流，称之为负荷开关。

低压负荷开关是由带灭弧罩的刀开关和熔断器串联组合而成，外装封闭式铁壳或开启式胶盖的开关电器。这类开关具有带灭弧罩刀开关和熔断器的双重功能，可用做设备及线路的电源开关。刀开关（三相）的外形如图 11-24 所示。

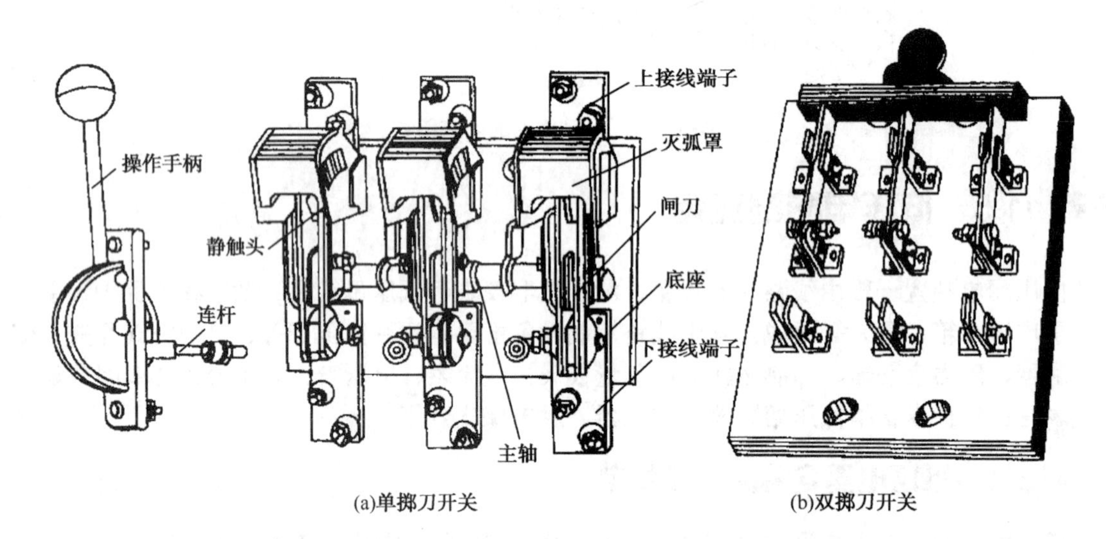

(a)单掷刀开关　　(b)双掷刀开关

图 11-24　三相刀开关

刀开关应垂直安装在开关板上，并使静触头在上方，以防止误合闸。

2．低压断路器的安装

低压断路器又称自动空气开关，具有良好的灭弧性能。其功能与高压断路器类似，既可带负荷通断电路，又能在短路、过负荷和失压时自动跳闸。

按结构形式分，它有塑料外壳式和框架式两种。塑料外壳式低压断路器的全部结构和导电部分都装设在一个外壳内，仅在壳盖中央露出操作手柄，供操作用。框架式断路器是敞开装设于塑料或金属框架上的，由于其保护方式和操作方式很多，安装地点灵活，所以又称这类断路器为万能式低压断路器。低压断路器的外形如图 11-25 所示。

低压断路器一般应垂直安装，且不宜安装在容易振动的地方。其灭弧罩应位于上部，裸露在外部的导线端子应加以绝缘保护；其操作机构调试应符合相关要求。

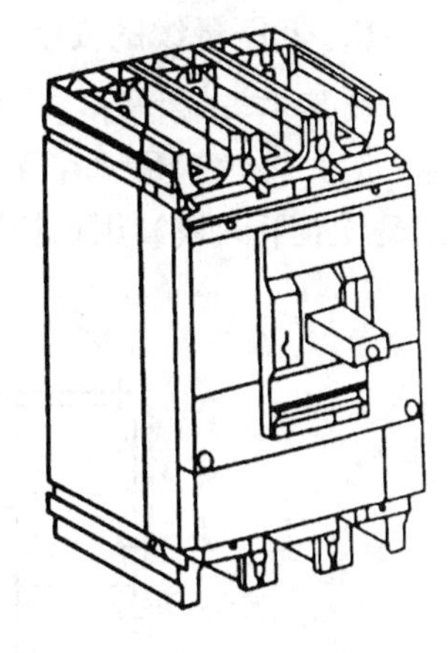

图 11-25　低压断路器的外形

3．低压熔断器的安装

低压熔断器是低压配电系统中的保护设备，用于保护线路及低压设备免受短路电流或过载电流的损害。

常用的低压熔断器有瓷插式、螺旋式、管式及有填料管式等。瓷插式熔断器由于熔丝更换方便，常用在交流 380/220V 低压电路中，作为电器设备的短路保护。填料管式熔断器内用石英砂做填料，其断流能力可达到 1 000A，保护性能好。低压熔断器的结构如图 11-26 所示。

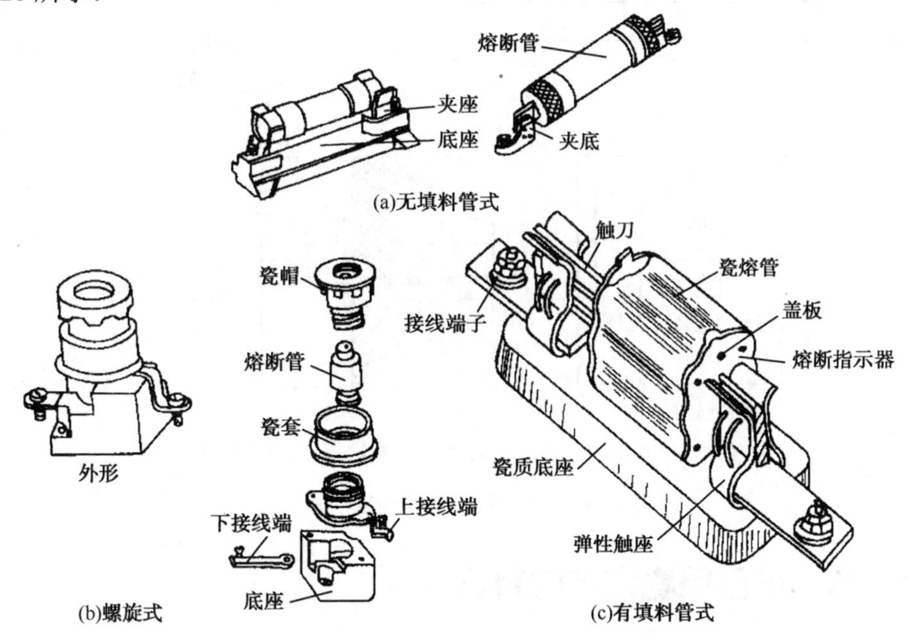

图 11-26　低压熔断器

熔断器的安装要求：熔丝的容量应与保护电气的容量相匹配；其安装距离应便于更换熔体，并应按接线标志进行接线。

4．低压配电屏的安装

低压配电屏适用在三相交流系统中，用做额定电压为 500V、额定电流为 1 500A 及以下的电力及照明配电。

低压配电屏按其结构形式不同可分为两大类，固定式和抽屉式。抽屉式配电屏是指将不同回路的电器元件放在不同抽屉内，当线路出现故障时，先将该回路抽屉抽出，再将备用抽屉换入。因此，这种配电屏的特点是更换方便，目前在高层建筑中应用较多。

低压配电屏的安装可参照高压开关柜的安装进行。一般低压配电屏安装在基础槽钢之上，基础槽钢之下是电缆沟。

5．低压母线的安装

其基本安装程序与高压母线相同，但局部做法有差异。低压母线穿墙时应做隔板。安装时，应先将角钢预埋在预留孔洞的四个角上，然后将角钢支架焊接在洞口预埋件上，再将绝缘板（上下两块）用螺栓固定在角钢支架上。低压母线穿墙隔板的做法如图11-27所示。

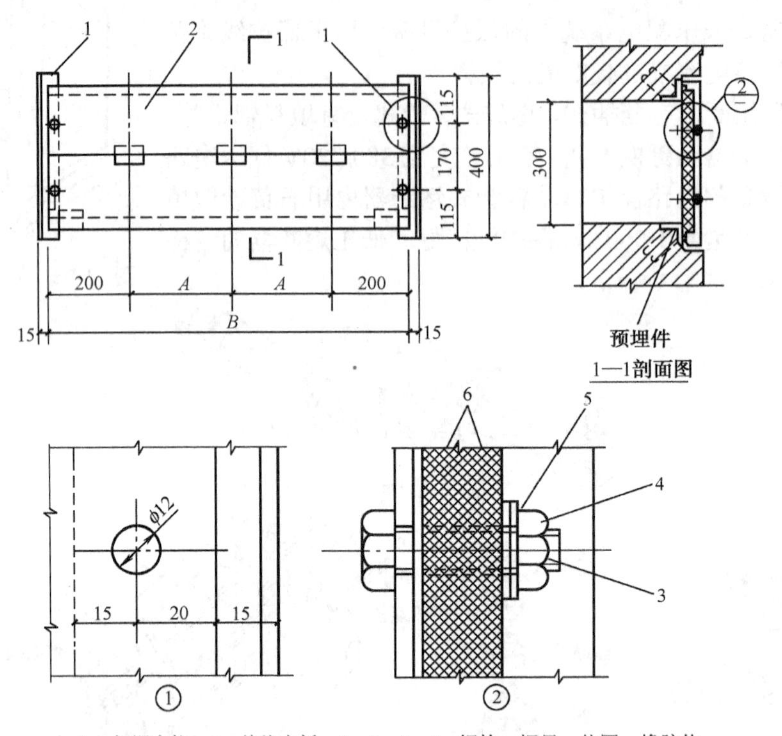

1—角钢支柱；2—绝缘夹板；3、4、5、6—螺栓、螺母、垫圈、橡胶垫

图11-27　低压母线穿墙隔板的做法

实训13　高、低压电器设备的接线

1．实训目的

通过实训熟悉高低压电器设备的常用种类，各电器设备的功能特点，不同种类电器设备的结构形式，变配电工程设备的组成及各设备之间的连接关系，变配电系统一次设备、二次设备的接线方法。

2．实训要求

（1）指导教师要做好安全用电的教育工作。

（2）实训应在教师的指导下完成。

3．实训内容及步骤

1）将高压架空导线引入高压配电室

（1）引入套管做法实训、高压母线与高压配电装置接线实训。

（2）电缆引入穿基础做法实训，电缆终端头做法实训。
（3）高压隔离开关及操作机构的安装；母线的架设、与变压器的接线。

2）低压母线穿墙隔板的安装

3）低压母线与低压配电屏的连接及低压配电屏的安装

4．实训注意事项

（1）高、低压母线之间应按照设计要求保持一定的距离。
（2）连接各导线时应注意同极相连接。
（3）注意不同互感器与主电路的接线方式，以及与测量、保护设备的接线方式。

5．实训成绩考评

设备安装是否正确	20分
一次设备连接是否符合设计要求	20分
母线间距是否满足设计要求	20分
二次设备接线是否正确	20分
总结报告情况	20分

知识梳理与总结

本章主要讲述了室内变配电室结构布置、常用主接线方式、变配电设备的安装程序及要求，高压电气和低压电气的种类和安装要求。在变配电室中一般包括三个主要部分，即变压器室、高压配电室、低压配电室。高压侧进线可通过电缆地下引入，也可架空引入，进入变电室后应按照电流的流向先后接入高压配电设备、变压器、低压配电设备，最后由低压配电设备引出馈线供用户使用。低压侧多为电缆引出。

变配电工程的安装程序为：施工准备→设备检验→设备的安装（包括变压器的安装、高低压屏柜的安装、开关设备的安装、套管及穿墙隔板的安装、电力电容器的安装、接地线的安装）→母线的安装→调试及试动作→供电局试运行前的检查→试运行→竣工验收。

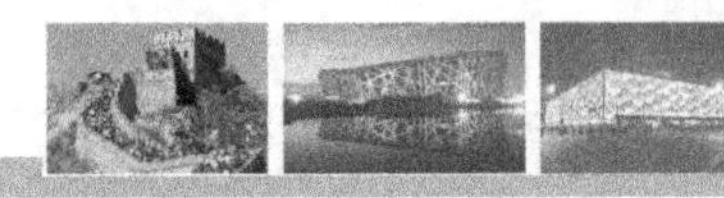

习题 11

1．简述变配电系统的组成。
2．室内变电所由几部分组成？变配电系统中有哪些高压开关设备？
3．简述高压开关柜安装程序。
4．简述变压器安装程序。
5．简述低压电器的分类及用途？
6．变配电系统中有哪些低压开关设备？
7．低压母线穿墙如何处理？
8．高压隔离开关在墙上安装的施工做法是什么？

学习情境12 配线工程

教学导航

教	知识重点	室内配线的方法、种类及要求
	知识难点	架空配线、电缆配线及其他配线方式和要求
	推荐教学方式	结合实际操作进行讲解
	建议学时	6学时
学	推荐学习方法	结合实训对所学知识进行总结
	必须掌握的专业知识	1. 绝缘导线的连接方法及工艺 2. 导管配线的施工工艺
	必须掌握的技能	1. 能够完成导管配线的操作 2. 能够完成绝缘导线的连接操作

任务 12.1　室内配线的施工要求及程序

称敷设在构筑物内的配线为室内配线。根据房屋建筑结构及要求的不同，室内配线又分为明配和暗配两种。其配线方法有导管配线、槽板配线、线槽配线及塑料护套线配线等。

12.1.1　室内配线的一般要求

室内配线工程的施工应按已批准的设计进行，并应在施工过程中严格执行《建筑电气工程施工质量验收规范》（GB 50303—2002），以保证工程质量。

（1）所用导线的额定电压应大于线路的工作电压。导线的绝缘应符合线路的安装方式和敷设环境条件。导线截面积应能满足供电质量和机械强度的要求，不同敷设方式下的导线允许最小截面积如表 12-1 所示。

（2）敷设导线时，应尽量避免接头，这是因为常常会由于导线接头质量不好而造成事故。若必须接头时，应采用压接或焊接，并应将接头放在接线盒内。

（3）导线在连接和分支处不应受机械力的作用，导线与电器端子的连接要牢靠压实。

（4）穿入保护管内的导线在任何情况下都不能有接头，必须接头时，应把接头放在接线盒、开关盒或灯头盒内。

（5）各种明配线应垂直或水平敷设，且要求横平竖直。一般导线水平高度距地距离不应小于 2.5m，垂直敷设时距离不应低于 1.8m，否则应加管槽保护，以防机械损伤。

（6）明配线穿墙时应采用经过阻燃处理的保护管保护，穿过楼板时应用钢管保护，其保护高度与楼面的距离不应小于 1.8m，但在装设开关的位置，其距离可与开关高度相同。

（7）入户线在进墙的一段应采用额定电压不低于 500V 的绝缘导线；穿墙保护管的外侧应有防水弯头，且导线应弯成滴水弧状后方可引入室内。

（8）电气线路经过建筑物、构筑物的沉降缝处应装设两端固定的补偿装置，导线应留有余量。

（9）配线工程施工结束后，应将施工中造成的建筑物、构筑物的孔、洞、沟、槽等修补完整。

表 12-1　不同敷设方式下的导线线芯允许最小截面积（mm^2）

敷 设 方 式	线芯最小截面积		
	铜 芯 软 线	铜　线	铝　线
敷设在室内绝缘支持件上的裸导线	—	2.5	4
2m 及以下	—	—	—
室内	—	1.0	2.5
室外	—	1.5	2.5
6m 及以下	—	2.5	4
12m 及以下	—	2.5	6
穿管敷设的绝缘导线	1.0	1.0	2.5
槽板内敷设的绝缘导线	—	1.0	2.5
塑料护套线明敷	—	1.0	2.5

12.1.2　室内配线的施工工序

室内配线施工的一般步骤如下所示。

（1）定位画线：根据施工图纸确定电器安装位置，导线敷设途径及导线穿过墙壁和楼板的位置。

（2）预埋预留：在土建抹灰前，给配线所有的固定点打好孔洞，并埋设好支持构件。最好是在土建施工时配合土建搞好预埋预留工作。

（3）装设绝缘支持物、线夹、支架或保护管。

（4）敷设导线。

（5）安装灯具及电器设备。

（6）测试导线绝缘，连接导线。

（7）校验、自检、试通电。

任务 12.2　导管的配线

把绝缘导线穿入保护管内的敷设就叫做导管的配线。导管的配线通常有明配和暗配两种。明配是指把导管敷设于墙壁、桁架等表面明露处，要求横平竖直、整齐美观、固定牢靠且固定点间距均匀。暗配是指把导管敷设于墙壁、地坪或楼板内等处，要求管路短、弯曲少、不外露，以便于穿线。目前，住宅建筑、民用建筑等多采用导管暗配线。

12.2.1　导管的选择

1．导管的材质

应根据敷设环境和设计要求来选择导管的材质和规格。常用的导管有水煤气管、薄壁钢管、塑料管（PVC 管）、金属软管和瓷管等。金属导管一般用于承受外力较大或易受机械损伤的部位，如地下的进户线处、明配线的地面处等。

2．导管的截面积

导管的选择应根据管内所穿导线的根数和截面积决定，一般规定管内导线的总截面积（包括绝缘层）不应超过管子截面积的 40%。

12.2.2　钢制导管的加工

1．除锈涂漆

对出厂未做防腐处理的钢管，为防止钢管生锈，在配管前应对管子进行除锈、刷防锈漆。其具体做法同水暖管道防腐的有关内容。

2．导管的切割与套丝

切割导管时严禁使用气割，应使用钢锯或电动无齿锯进行切割。连接导管与导管、接线盒及配电箱时，都需要在管子端部进行套丝。

3．弯曲

施工时要尽量减少管子弯曲给穿线和维护带来的困难。为便于穿线，应尽量少用弯头，且弯曲角度不应大于90°。弯曲管子时可采用弯管器、弯管机等。

为穿线方便，应在下列位置设置接线盒。

（1）管子长度超过30m，无弯曲时。

（2）管子长度超过20m，有一个弯时。

（3）管子长度超过15m，有二个弯时。

（4）管子长度超过8m，有三个弯时。

（5）暗配管两个接线盒之间不允许有四个弯。

12.2.3　导管的连接

（1）钢管不论是明设还是暗设，都应采用管箍连接，严禁对口熔焊连接。

（2）在管箍连接处，应用圆钢或扁钢作为跨接线焊在接头处，使管子之间有良好的电气连接，以保证安全接地。跨接线的规格有$\phi 6$、$\phi 8$、$\phi 10$的圆钢和25mm×4mm的扁钢。钢管连接处的接地如图12-1所示。

（3）钢管进入灯头盒、开关盒、接线盒及配电箱时，暗配管可采用焊接固定，明配管可采用锁紧螺母或护帽固定。

（4）塑料波纹管一般不需要连接，必要时可采用塑料管接头（如图12-2所示）连接。

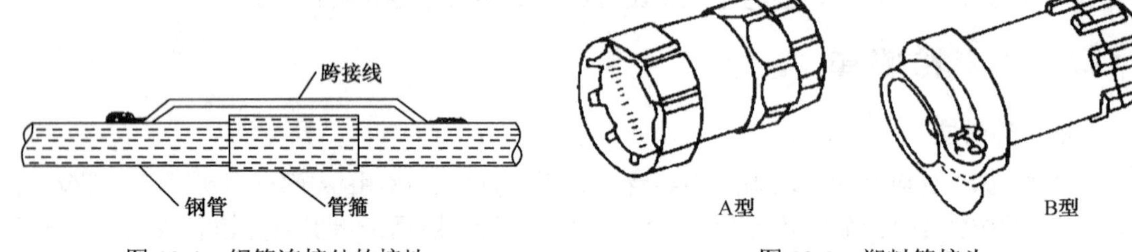

图12-1　钢管连接处的接地

图12-2　塑料管接头

12.2.4　导管的敷设

1．明设导管敷设工艺

不同材质的导管敷设工艺的细节略有不同，一般明配导管的施工工艺流程如下所示。

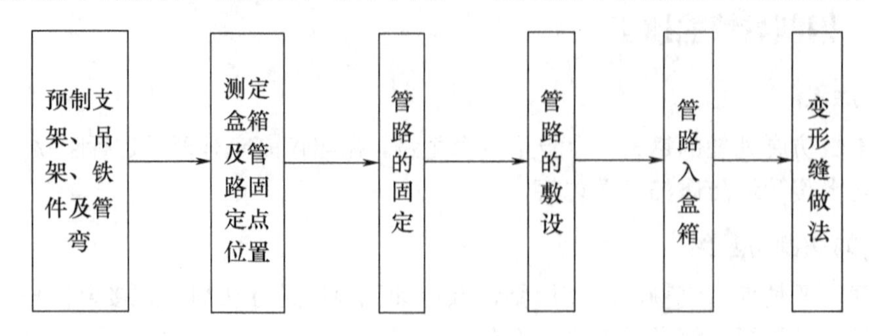

导管的固定方法有膨胀管法、预埋木砖法、预埋铁件焊接法、稳注法、剔注法、抱箍法。无论采用何种固定方法，均应先固定两端的支架、吊架，然后拉直线固定中间的支架、吊架。支架、吊架的规格应满足设计要求。当设计无规定时，应符合以下规定：扁钢支架不小于30mm×3mm；角钢支架不小于25mm×25mm×3mm；埋设支架时应有燕尾，埋设深度不小于120mm。管子的连接方法有阴阳插入法、套接法和专用接头套接法。

当管路通过建筑物变形缝时，应在两侧装设补偿盒，补偿盒之间的塑料管外应套钢管保护。导管经过伸缩缝时的补偿装置如图12-3所示。

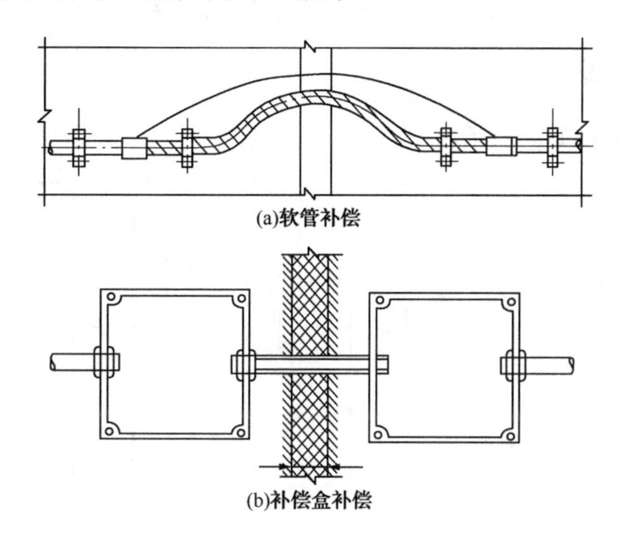

图12-3 导管经过伸缩缝时的补偿装置

2. 暗设导管敷设工艺

暗设导管的施工工艺流程如下所示。

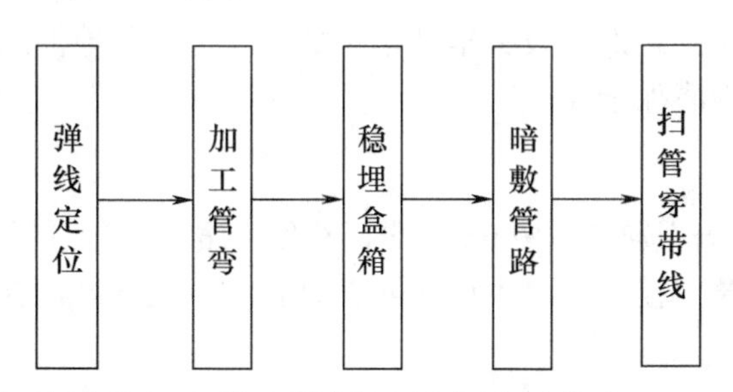

稳埋盒箱一般可分为砖墙稳埋盒箱和模板混凝土墙板稳盒。

在现浇混凝土构件内敷设导管时，可用钢丝将导管绑扎在钢筋上，也可先用钉子将导管钉在木模板上，再将管子用垫块垫起，用钢线绑牢，如图12-4所示。

暗配的管路，其埋设深度与建筑物、构筑物表面的距离不应小于15mm。地面内敷设的管子，其露出地面的管口距地面高度不宜小于200mm；进入配电箱的管路，其管口高出基础面的距离不应小于50mm。

管路敷设完毕后，应及时清扫线管，堵好管口，封好盒子口，为土建完工后穿线做好准备工作。

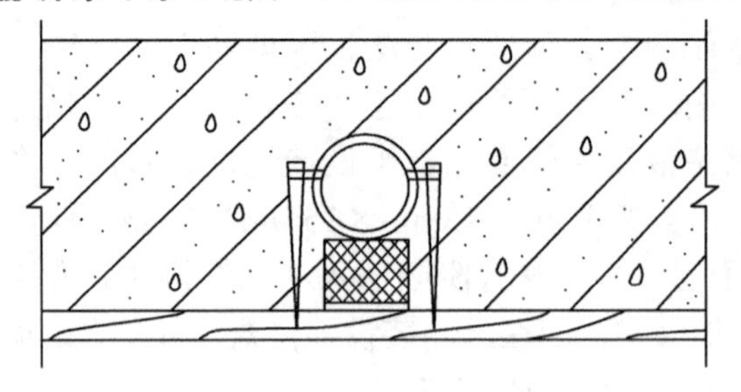

图 12-4　木模板上导管的固定方法

12.2.5　管内穿线

管内穿线的工艺流程如下所示。

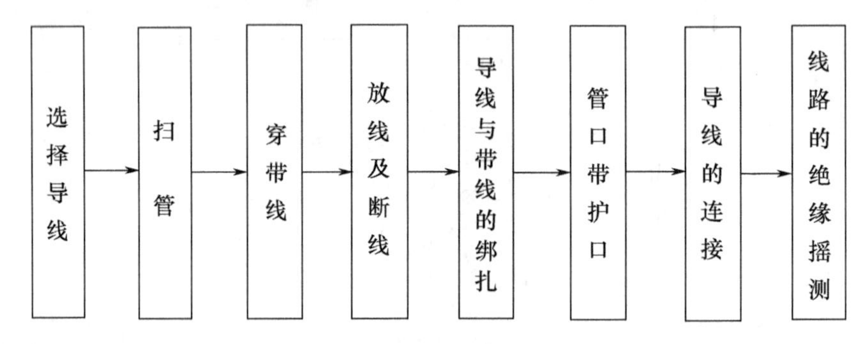

1. 选择导线

应根据设计图纸要求选择导线。进户线的导线宜使用橡胶绝缘导线。相线、中性线及保护线的颜色应加以区分，淡蓝色的导线为中性线，黄绿颜色相间的导线为保护地线。

2. 扫管

管内穿线一般应在支架全部架设完毕及建筑抹灰、粉刷及地面工程结束后进行。在穿线前应将管中的积水及杂物清除干净。

3. 穿带线

导线穿管时，应先穿一根ϕ1.2～ϕ2.0mm的钢丝作带线，在管路的两端均应留有10～15mm的余量。当管路较长或弯曲较多时，也可在配管时就将带线穿好。在所穿导线根数较多时，可以将导线分段结扎。

4. 放线及断线

放线时应将导线置于放线架或放线车上。剪断导线时，接线盒、开关盒、插座盒及灯头盒内的导线预留长度应为15cm；配线箱内导线的预留长度应为配电箱箱体周长的1/2；出户导线的预留长度应为1.5m。当共用导线在分支处时，可不剪断导线而直接穿过。

5. 管内穿线

（1）导线应在与带线绑扎后进行管内穿线。当管路较长或转弯较多时，在穿线的同时应往管内吹入适量的滑石粉。

（2）拉线时应由两人操作，由较熟练的一人送线，另一人拉线。两人的送拉动作要配合协调，不可硬送硬拉，以免将引线或导线拉断。

（3）导线穿入钢管时，管口处应装设护线套保护导线；在不进入接线盒（箱）的垂直管口，穿入导线后应将管口密封。

（4）同一回路的导线应穿于同一根钢管内。

（5）导线在管内不得有扭结及接头，其接头应放在接线盒（箱）内。

（6）管内导线（包括绝缘层在内）的总截面积不应大于管子内径截面积的40%。

6．线路的绝缘摇测

线路敷设完毕后，要进行线路绝缘电阻值的摇测，检验其是否达到设计规定的导线绝缘电阻值。照明电路一般选用500V、量程为0～500MΩ的兆欧表来进行摇测。

任务12.3 母线的安装

母线的安装工艺流程如下所示。

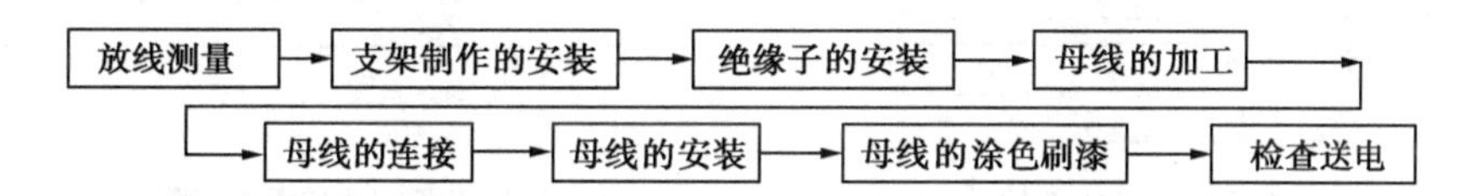

12.3.1 硬母线的安装

硬母线通常用做变配电装置的配电母线，一般多采用硬铝母线。当安装空间较小，电流较大或有特殊要求时，可采用硬铜母线。

1．支持绝缘子的安装

硬母线应用绝缘子支撑，母线的绝缘子有高压和低压两种。绝缘子在安装前要摇测其电阻，检查其外观，并进行螺栓及螺母的浇注，6～10kV的支持绝缘子在安装前应做耐压试验。

支持绝缘子一般安装在墙上、配电柜金属支架或建筑物的构架上，用以固定母线或电气设备的导电部分，并与地绝缘。

支架通常采用∠50×50的镀锌角钢或扁钢并根据设计施工图制作而成。支架一般埋设于建筑结构之上，埋入端开叉制成燕尾状，其埋入深度大于150mm。支架制作安装完毕后，应除锈刷防腐漆。绝缘子应安装于支架上，而绝缘子上应安装夹板或卡板。安装绝缘子时，上下要垫一个石棉垫。绝缘子支架的安装如图12-5所示。

绝缘子的安装包括开箱、检查、清扫、绝缘摇测、组合开关、固定、接地、刷漆。

2．穿墙套管和穿墙板的安装

穿墙套管主要用于10kV及以上电压的母线或导线的连接。穿墙套管的安装包括开箱、检查、清扫、安装固定、接地、刷漆。

高压母线穿墙施工：高压母线穿墙时应做套管（3个为一组）。安装穿墙套管时，应在墙上事先预留长方形孔洞，并在孔洞内装设角钢框架用以固定钢板，然后根据套管规格在钢板上开钻孔，最后将套管用螺栓固定在钢板上，每组用6套螺栓。穿墙套管的安装如图12-6所示。

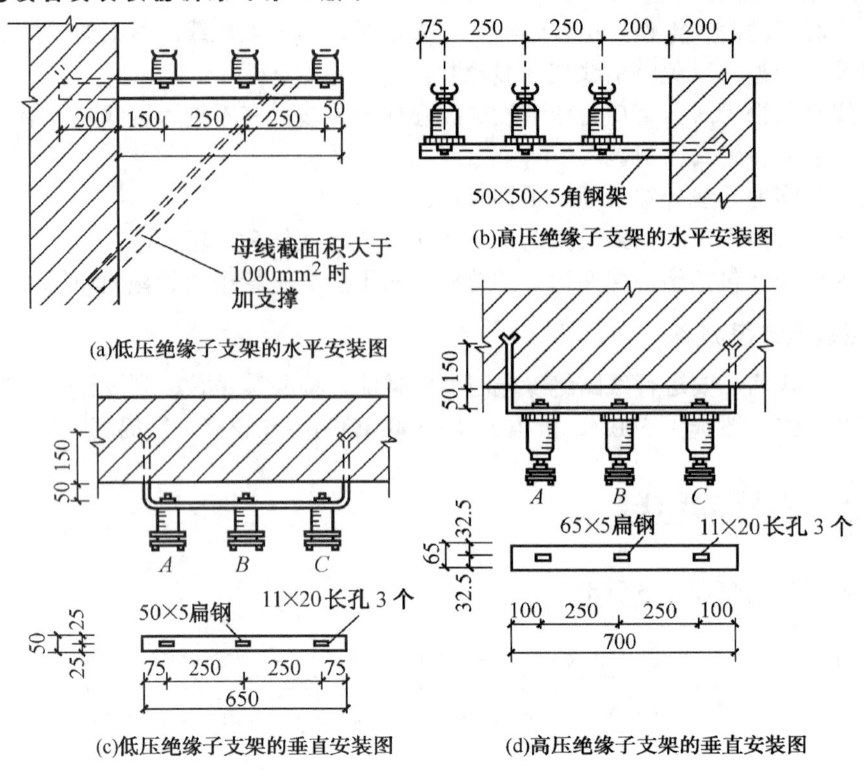

图 12-5　绝缘子支架的安装

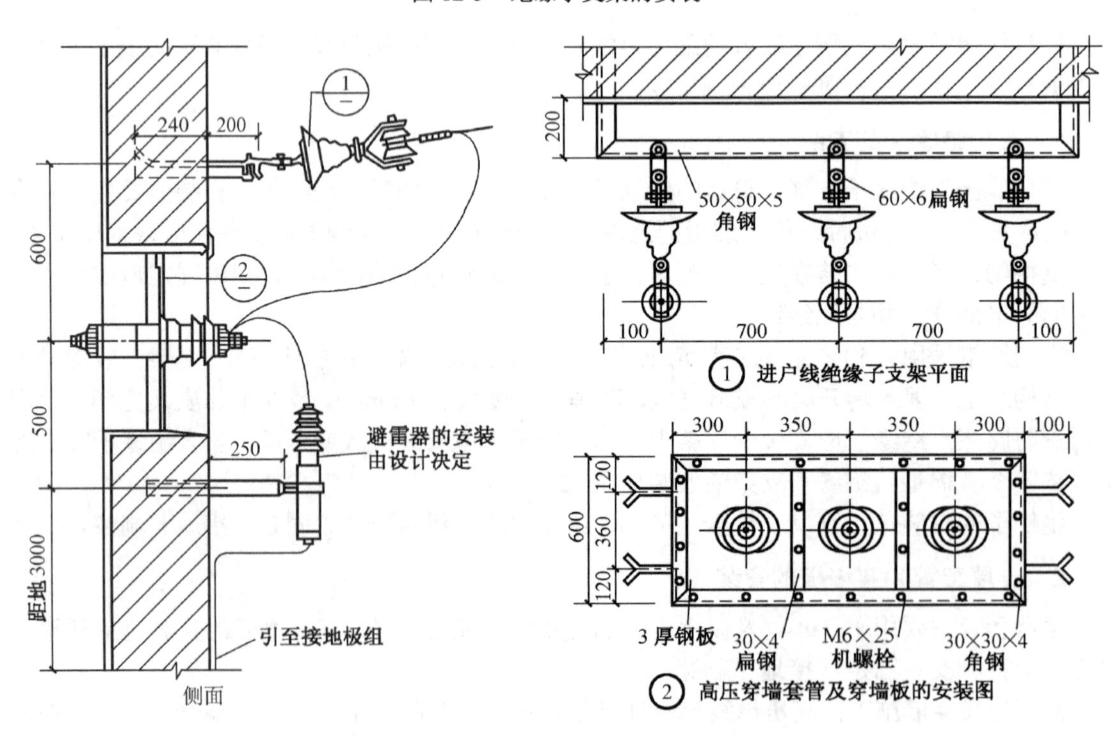

图 12-6　穿墙套管的安装

穿墙板主要用于低压母线，其安装与穿墙套管类似。穿墙板一般安装在土建隔墙的中心线上（或装设在墙面的某一侧）。低压母线穿墙板的安装如图 12-7 所示。

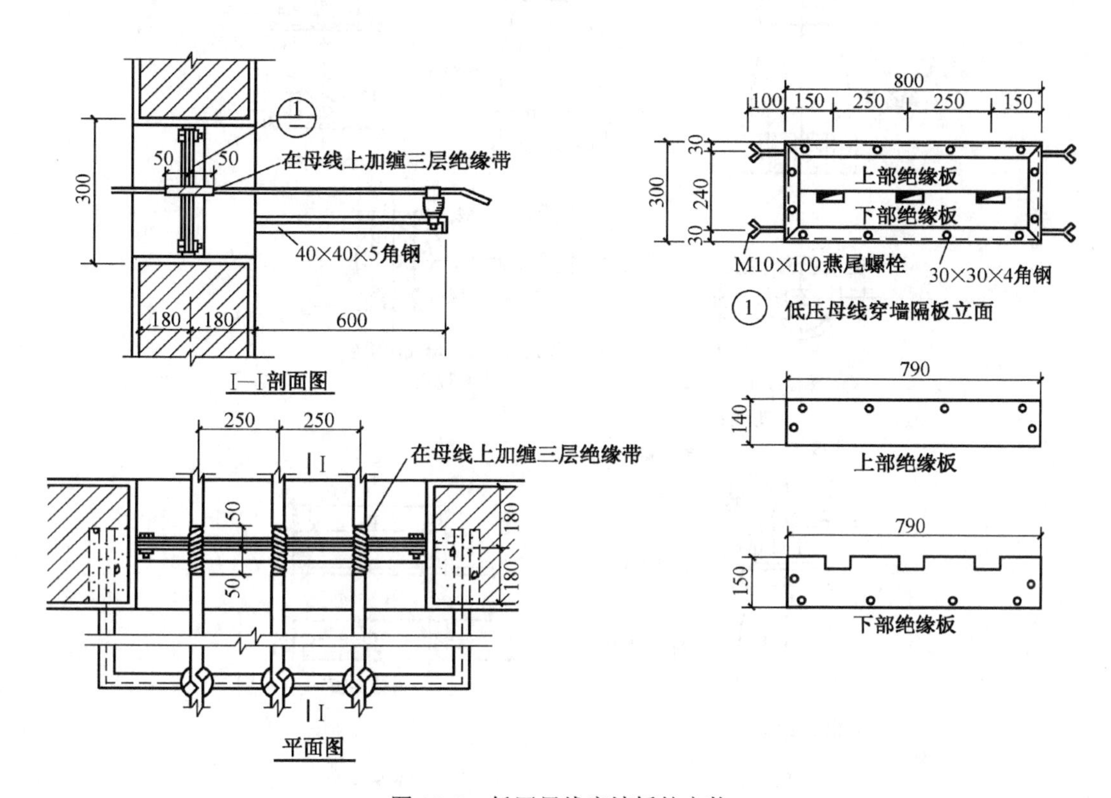

图 12-7　低压母线穿墙板的安装

3．硬母线的加工、连接与安装

硬母线在安装前应进行调直，使母线尽量减少弯曲。母线弯曲时应采用冷弯，不应进行热弯，并应采用专门的母线煨弯机进行弯曲。

母线的连接可采用焊接连接和螺栓连接的方式。母线螺栓的连接松紧度应适宜。

硬母线的安装包括平直、下料、煨弯、母线安装、接头、刷分相漆。母线的固定方法有螺栓固定、卡板固定和夹板固定。母线的安装固定如图 12-8 所示。

由于母线的装设环境和条件有所不同，为保证硬母线的安全运行和安装方便，有时还需装设母线补偿器和母线拉紧装置等设备。母线伸缩补偿器如图 12-9 所示。

《建筑电气工程施工质量验收规范》（GB50303—2002）中给出了母线的相序排列及涂色，当设计无要求时应符合下列规定：上、下布置的交流母线，由上至下排列为 A、B、C 相；直流母线正极在上，负极在下；水平布置的交流母线，由盘后向盘前排列为 A、B、C 相；直流母线正极在后，负极在前；面对引下线的交流母线，由左至右排列为 A、B、C 相；直流母线正极在左，负极在右。

母线的涂色为：交流，A 相为黄色、B 相为绿色、C 相为红色；直流，正极为赭色、负极为蓝色；在连接处或支持件边缘两侧 10mm 以内不涂色。

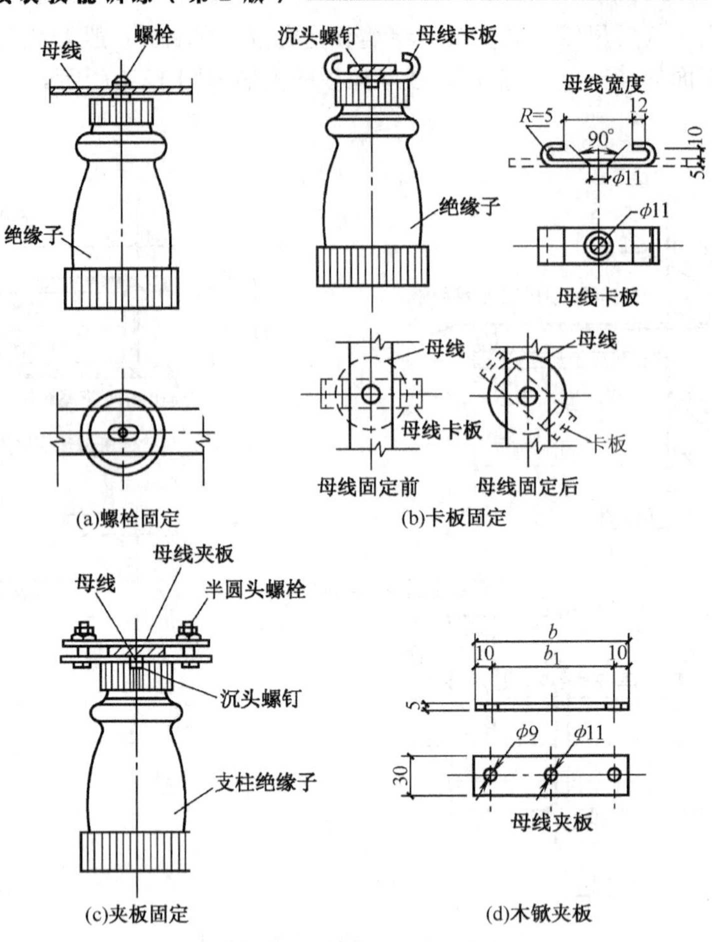

图 12-8　母线的安装固定

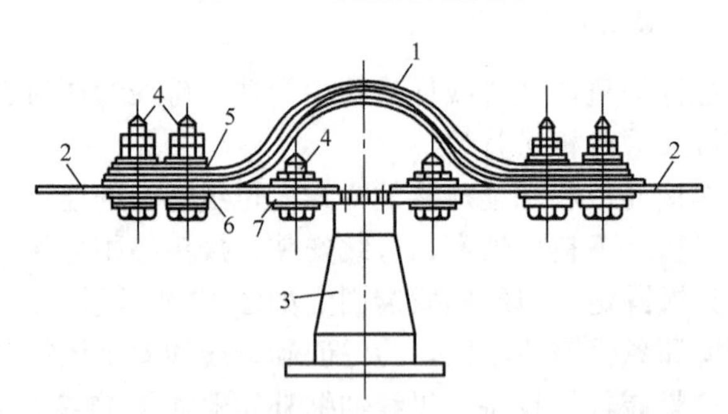

1—补偿器；2—母线；3—支持绝缘子；4—螺栓；5—垫圈；6—衬垫；7—盖板；8—螺栓

图 12-9　母线伸缩补偿器

12.3.2　封闭插接母线的安装

封闭式母线是一种以组装插接方式引接电源的新型电器配线装置，用于额定电压为380V，额定电流为2 500A及以下的三相四线配电系统中。封闭式母线是由封闭外壳、母线本体、进线盒、出线盒、插座盒、安装附件等组成的。

封闭式母线有单相二线制、单相三线制、三相三线、三相四线及三相五线制式，可根据需要选用。封闭硬母线可用做大型车间和电镀车间的配电干线。

封闭式母线的施工程序为：设备开箱检查调整→支架的制作安装→封闭插接母线的安装→通电测试检验。

1．母线支架的制作安装

封闭插接母线的固定形式有垂直和水平安装两种，其中水平悬吊式分为直立式和侧卧式两种。垂直安装有弹簧支架固定和母线槽沿墙支架固定两种。支架可以根据用户要求由厂家配套供应也可以自制，即采用角钢和槽钢制作。封闭插接母线直线段水平敷设或沿墙垂直敷设时，应用支架固定。

2．封闭插接母线的安装

封闭插接母线水平敷设时，其距地面的距离不应小于2.2m；垂直敷设时，其距地面的距离不应小于1.8m。母线应按设计要求和产品技术规定组装，且组装前应逐段进行绝缘测试。其绝缘电阻值不得小于0.5MΩ。封闭式插接母线应按分段图、相序、编号、方向和标志正确放置。封闭插接母线的安装如图12-10所示。

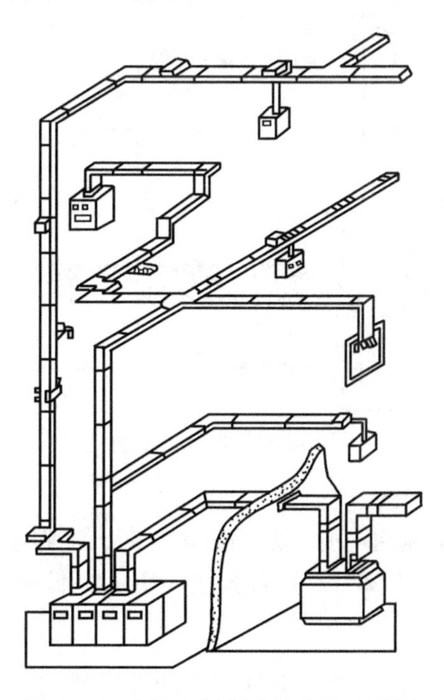

图12-10 封闭插接母线的安装示意图

3．通电测试检验

封闭插接母线安装完毕后，必须要进行通电测试检验。只有各项技术指标均满足要求后，方能投入运行。

任务 12.4　架空配线

12.4.1　线路结构

架空线路主要由电杆、横担、导线、绝缘子（瓷瓶）、避雷线（架空地线）、拉线、金具、基础、接地装置等组成。电杆的结构如图 12-11 所示。

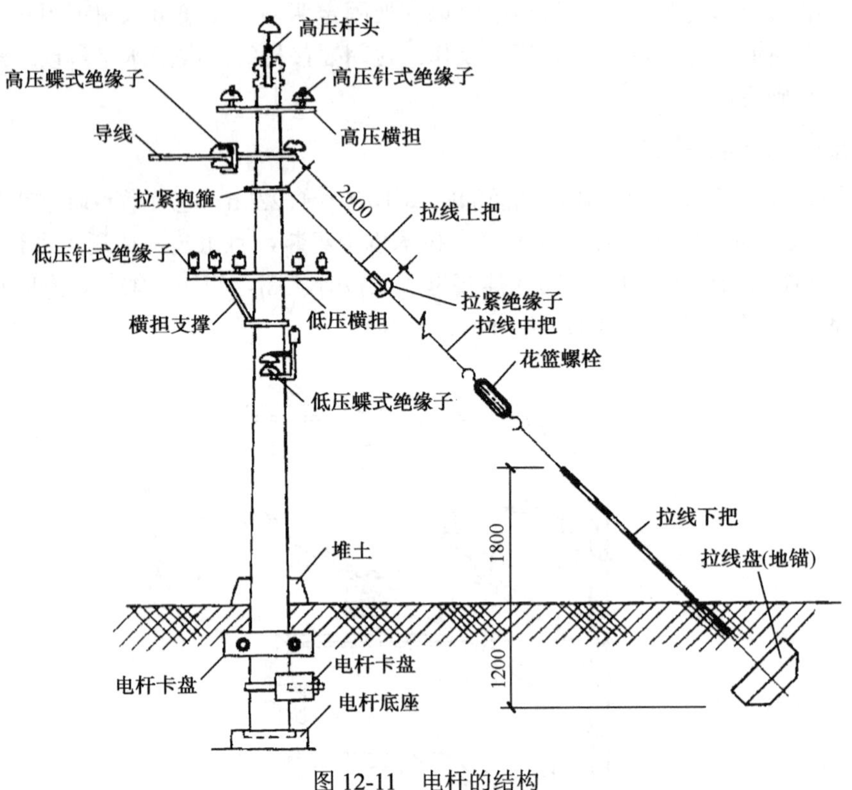

图 12-11　电杆的结构

1．导线

导线的作用是传导电流，输送电能。架空线路常采用的裸绞线的种类有：裸铜绞线（TJ）、裸铝绞线（LJ）、铜芯铝绞线（LGJ）和铝合金线（HLJ）。低压架空线也可采用绝缘导线。

2．绝缘子

绝缘子的作用是固定导线，并使带电导线之间及导线与接地的电杆之间保持良好的绝缘，同时承受导线的垂直荷重和水平荷重。

3．避雷线

避雷线的作用是把雷电流引入大地，以保护线路绝缘免遭大气高电位的侵袭。

4．金具

金具是用来固定横担、绝缘子、拉线、导线等的各种金属连接件，分为连接金具、横担固定金具和拉线金具，如图 12-12 所示。

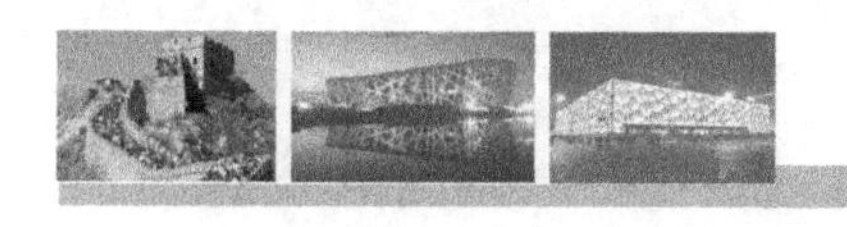

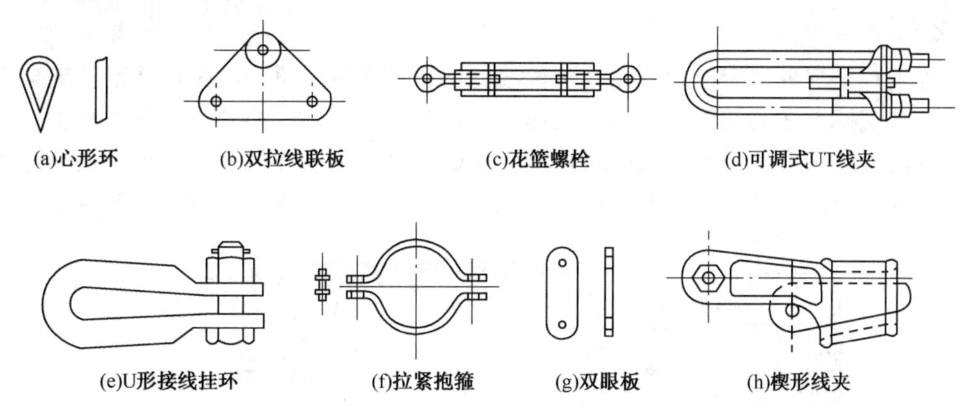

图 12-12　架空线路的金具

5. 电杆

电杆用来支持导线和避雷线，并使导线与导线间、导线与电杆间，以及导线与大地、公路、铁路等被跨物之间保持一定的安全距离。电杆按材质可分为木杆、金属杆和钢筋混凝土杆；按电杆在线路中的作用可分为直线杆、耐张杆、转角杆、终端杆、跨越杆和分支杆。

6. 横担

横担的作用是安装绝缘子、开关设备、避雷器等。低压横担根据安装形式可分为正横担、侧横担及合横担、交叉横担。横担的安装形式如图 12-13 所示。

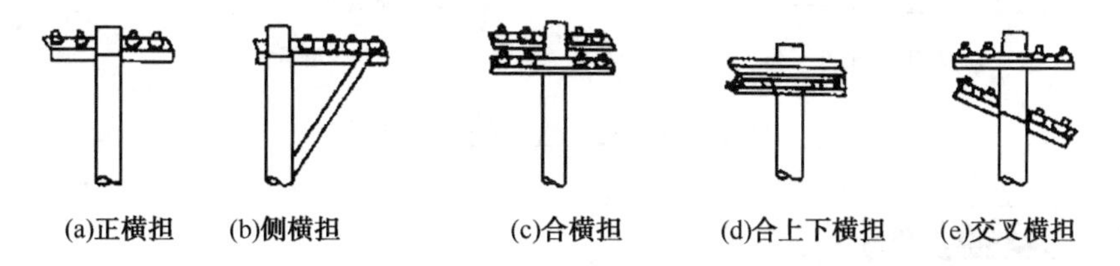

图 12-13　横担的安装形式

12.4.2　线路施工

架空配电线路施工的主要内容包括：线路路径的选择、测量定位、基础施工、杆顶的组装、立电杆、设拉线、导线的架设及弛度的观测、杆上设备的安装及架空接户线的安装等。

12.4.3　接户线及进户线

接户线及进户线是用户引接架空线路电源的装置，当接户距离超过 25m 时，应加装接户杆。

1. 接户线

接户线装置是指从架空线路电杆上引接到建筑物电源进户点前的第一个支持点的引接装置，它主要由接户电杆、架空接户线等组成。接户线分为低压接户线和高压接户线。低压接户线的绝缘子应安装在角钢横担上，装设应牢固可靠，导线截面积大于 $16mm^2$ 以上时应采用蝶式绝缘子。高压接户线的绝缘子应安装在墙壁的角钢支架上，并通过高压穿墙套管进入建筑物。

2. 进户线

进户线装置是户外架空电力线路与户内线路的衔接装置。进户线是指从室外支架引至建筑物内第一个支持点之间的连接导线。低压架空进户线穿墙时，必须采用保护套管，其伸出墙外部分应设置防水弯头；高压架空进户线穿墙时，必须采用穿墙套管。进户端支持物应牢固可靠，电源进口点的高度距地面不应低于 2.7m。架空进户线的安装如图 12-14 所示。

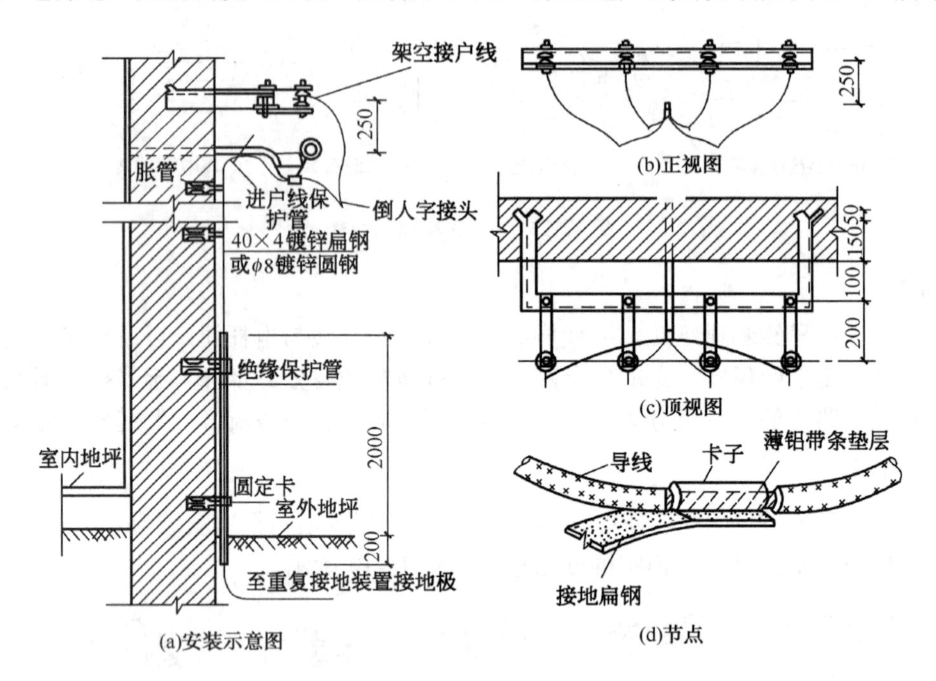

图 12-14　架空进户线的安装

任务 12.5　电缆配线

12.5.1　电缆的敷设方法

电缆的敷设方式有电缆直埋敷设、电缆隧道敷设、电缆沟内敷设、电缆桥架敷设、电缆排管敷设、穿钢管、混凝土管、石油水泥管等管道敷设，以及用支架、托架、悬挂方法敷设等。

1. 电缆直埋敷设

直埋敷设的电缆宜采用有外护层的铠装电缆。在无机械损伤的场所，可采用塑料护套电缆或带外护层的（铅、铝包）电缆。

电缆直埋敷设的施工程序为：检查电缆→挖电缆沟→电缆敷设→铺砂盖砖→盖盖板→埋标桩。

直埋敷设时，电缆埋设深度不应小于 0.7m；穿越农田时，其值不应小于 1m。在寒冷地区，电缆应埋设于冻土层以下。电缆沟的宽度应根据电缆的根数与散热所需的间距而定。电缆沟的形状一般为梯形。10V 及以下电缆沟的结构示意图如图 12-15 所示。

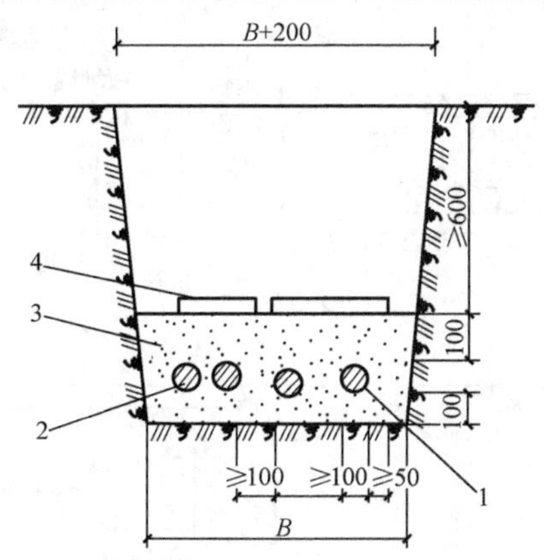

1—10kV 及以下电力电缆；2—控制电缆；3—砂或软土；4—保护板

图 12-15 10kV 及以下电缆沟的结构示意图

电缆进入建筑物时，所穿保护管应超出建筑物散水坡 100mm；电缆在拐弯、接头、终端和进出建筑物等地段应设明显的标志。

2．电缆沟内敷设

电缆在专用电缆沟或隧道内敷设是室内外常见的电缆敷设方法。电缆沟一般设在地面下，由砖砌成或由混凝土浇注而成，沟顶部应用混凝土盖板封住。

沟内电缆与热力管道的净距，平行时不应小于 1m，交叉时不应小于 0.5m。如不满足要求，应采取隔热保护措施。

电缆敷设在电缆沟或隧道的支架上时，应满足如下要求。

（1）高压电力电缆应放在低压电力电缆的上层。

（2）电力电缆应放在控制电缆的上层。

（3）强电控制电缆应放在弱电控制电缆的上层。

（4）若电缆沟或隧道两侧均有支架，则 1kV 以下的电力电缆与控制电缆应与 1kV 以上的电力电缆分别敷设在不同侧的支架上。

室内电缆沟如图 12-16 所示。

3．电缆桥架敷设

架设电缆的构架叫做电缆桥架。电缆桥架按结构形式分为托盘式、梯架式、组合式、全封闭式；按材质分为钢电缆桥架和铝合金电缆桥架。

电缆桥架是指金属电缆有孔托盘、无孔托盘、梯架及组合式托盘的统称。无托盘结构的电缆桥架如图 12-17 所示。

电缆桥架敷设的技术要求如下所示。

（1）电缆桥架（托盘、梯架）水平敷设时的距地高度一般不宜低于 2.5m；无孔托盘（槽式）桥架距地高度可降低到 2.2m。垂直敷设时，其值应不低于 1.8m。当距地高度低于上述高度时，应加金属盖板保护，但敷设在电气专用房间内的除外。

（2）电缆托盘、梯架经过伸缩沉降缝时，电缆桥架、梯架应断开，断开距离以 100mm 左右为宜。

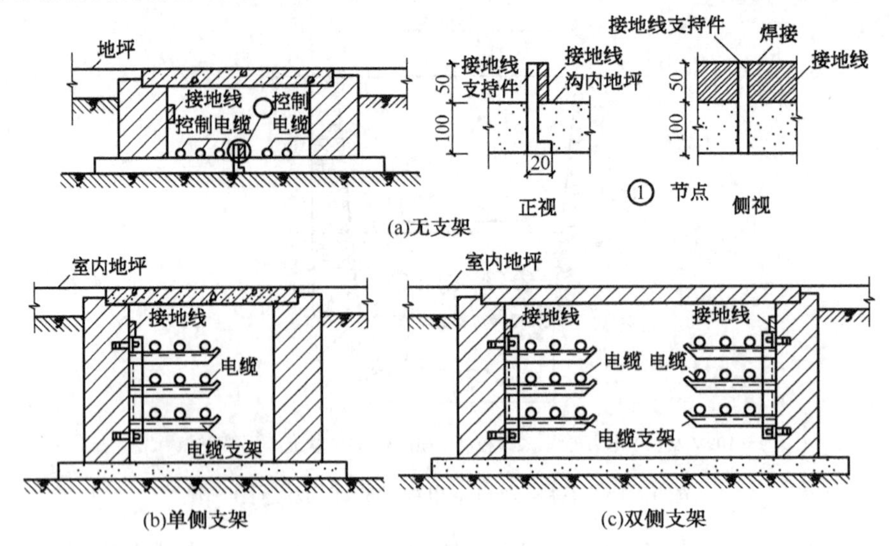

图 12-16　室内电缆沟

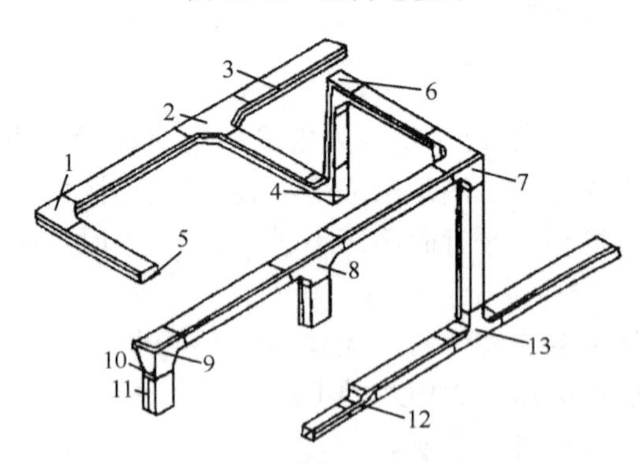

1—水平弯通；2—水平三通；3—直线段桥架；4—垂直下弯通；5—终端板；6—垂直上弯通；7—上角垂直三通；8—上边垂直三通；9—垂直右上弯通；10—连接螺栓；11—扣锁；12—异径接头；13—下边垂直三通

图 12-17　无托盘结构的电缆桥架示意图

（3）为保护线路运行安全， 1kV 以上和 1kV 以下的电缆、同一路径向一级负荷供电的双路电源电缆、应急照明和其他照明的电缆、强电和弱电电缆不宜敷设在同一层桥架上。

（4）电缆桥架内的电缆应在首端、尾端、转弯及每隔 50m 处，设置编号、型号、规格及起止点等标记。

12.5.2　电力电缆的连接

电缆敷设完毕后，各线段必须连接为一个整体。电缆线路两个首末端叫做终端，中间的接头则叫做中间接头。其主要作用是确保电缆密封、线路畅通。电缆接头处的绝缘等级应符合要求，以使其安全可靠地运行。电缆头外壳与电缆金属护套及铠装层均应良好接地。接地线截面积宜小于 $10mm^2$。

12.5.3 电缆的试验

电缆线路施工完毕后，必须测量绝缘电阻、进行直流耐压试验并测量漏电电流；电缆线路的相位要与电网相位相吻合。电缆经试验合格、办理交接验收手续后方可投入运行。

任务 12.6 其他配线工程

12.6.1 槽板配线

槽板配线就是指把绝缘导线敷设在槽板的线槽内，并将其上部用盖板盖住。槽板按材质分为木槽板和塑料槽板，其外形尺寸如图 12-18 所示。槽板配线为明敷设，整齐美观，造价低，适用于民用建筑、古建筑的修复及室内线路的改造。

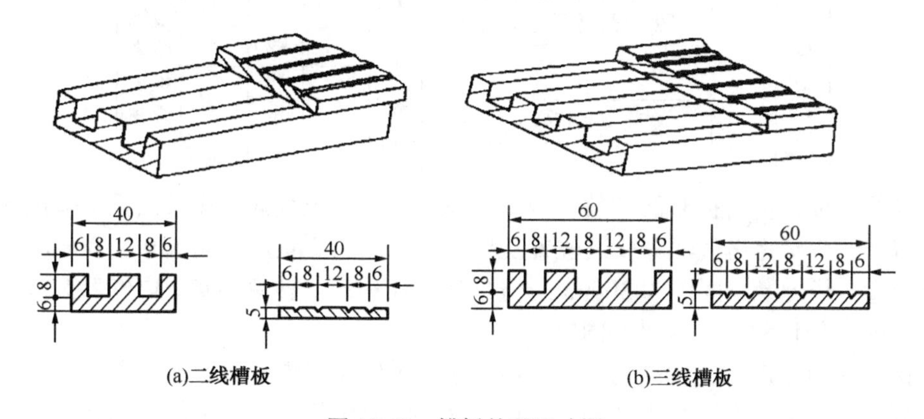

(a)二线槽板　　(b)三线槽板

图 12-18　槽板外形尺寸图

槽板的配线施工应在抹灰层和粉刷层干燥后进行，其基本程序如下所示。

（1）定位画线。槽板宜敷设于较隐蔽的地方，且应尽量沿墙房屋的线脚、横梁、墙角等处敷设，做到与建筑物线条平行或垂直。

（2）槽板底板的固定。固定底板时，应采用钉子或平头螺钉固定。三线底板每个固定点均应用双钉固定。在砖墙上固定槽板时，可用钉子把槽板钉在预先埋设的木砖上。在混凝土上，可利用预先埋好的弹簧螺栓来固定。在灰板墙和灰板条天棚上固定槽板时，可用钉子直接钉入其中。

（3）导线敷设。为了使导线在接头时便于辨认，接线正确，在一条槽板内应敷设同一回路的导线，在宽槽内应敷设同一相导线。所用绝缘导线的额定电压不应低于 500V。

导线在槽板内不得有接头、受挤压。如果必须接头时，应把接头放在接线盒或器皿盒内，接线盒应扣在槽板上。当导线敷设在灯具、开关、插座或接头处时，要预留出线头，其长度一般不小于 150mm，以便于连接。在配电箱及集中控制的开关板等处，则可按实际需要留出足够长度（一般为盘、板面的半周长）。穿过墙壁或楼板时，导线应穿入预先埋好的保护管内。

（4）盖板固定。盖板的固定与敷设导线应同时进行。盖板两端的固定点距离盖板端部的距离不应大于 30mm，中间固定钉与钉之间的距离宜在 300mm 以内。盖板接口与底板接口应

错开 20mm 以上，盖板的拼接在直线段盒 90° 转角处均应成 45° 斜口相接，接口应紧密。槽板终端要做封端处理。

对于塑料槽板盖板，只要将塑料盖板与底板的一侧相咬合后，向下轻轻一按，盖板另一侧与低槽即可咬合，盖板上就不再需要用钉子固定了。

12.6.2 塑料护套线配线

采用铝片线卡固定塑料护套线的配线方式叫做塑料护套线配线。塑料护套线多用于居住及办公等建筑室内电气照明及日用电气插座线路，可以直接敷设在楼板、墙壁等建筑物表面上，但不得在室外阳光直射的露天场所明敷设。

护套线的工艺流程图如下所示。

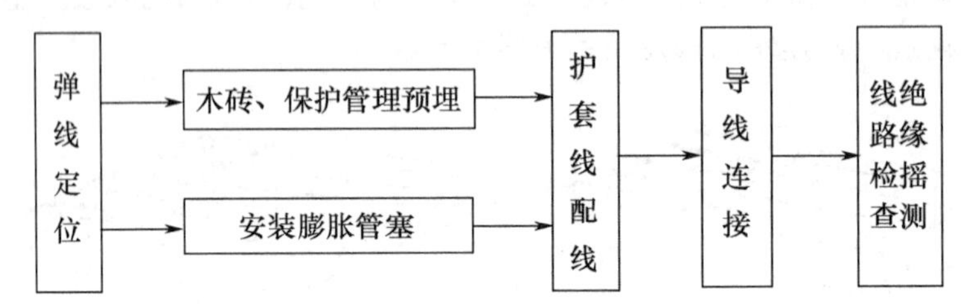

（1）弹线定位。塑料护套线的敷设应横平竖直。敷设导线前，先按照设计弹出正确的水平线和垂直线。应确定电气器具安装位置及导线起始点的位置，每隔 150～200mm 画出铝卡片的固定位置，线卡最大间距为 300mm。导线应在距终端、转弯中点、电气器具或接线盒边缘不大于 50mm 处设置铝片卡进行固定。

（2）铝卡片的固定。在木结构上，可用一般钉子钉牢铝卡片；在有抹灰层的墙上，可用鞋钉直接钉牢铝卡片；在混凝土结构上，可用粘接法固定铝卡片。为增加粘接面积，可利用穿卡底片，先把穿卡底片粘接在建筑物表面上，待黏结剂干固后，再穿上铝卡片。图 12-19 即表示出了铝卡片穿入底片的情况。

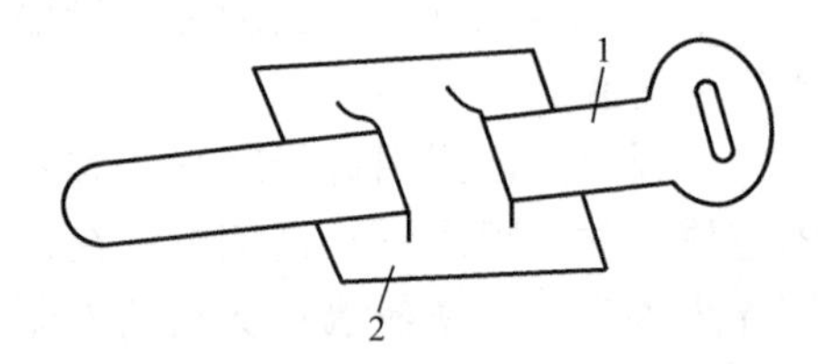

1—铝卡片；2—穿卡底片（粘于混凝土结构上）

图 12-19　铝卡片和穿卡底片

（3）塑料护套线的敷设。护套线穿过墙壁、楼板及距地面距离低于 1.8m 时，应加保护管。保护管可采用钢管、塑料管或瓷管。

（4）塑料护套线在分支接头和中间接头处应装置接线盒。护套线在进入接线盒或用于电气器具连接时，其护套层应引入盒内或器具内连接。在多尘和潮湿场所应采用密闭式盒。接头应采用焊接或压接。塑料护套线也可以穿管敷设或穿入预制混凝土楼板板孔内敷设。

（5）护套线穿过建筑物变形缝时，在缝的两端应可靠固定，并做成弯曲状及留有一定裕量。

12.6.3　线槽配线

1．金属线槽配线

金属线槽多由厚度为 0.5～1.5mm 的钢板制成。金属线槽配线一般适用于正常环境的室内场所明配，但不适用于有严重腐蚀的场所。施工时，线槽的连接应连续无间断，每节线槽的固定点不应少于两个，且应在线槽的连接处、线槽首端、终端、进出接线盒、转角处设置支转点（支架或吊架）。金属线槽还可采用托架、吊架等进行固定架设。金属线槽在墙上的安装如图 12-20 所示。

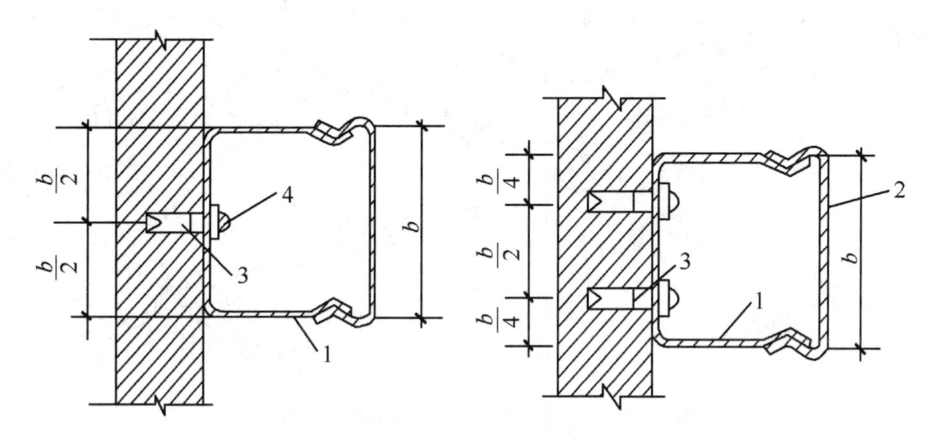

1—金属线槽；2—槽盖；3—塑料胀管；4—半圆头木螺钉

图 12-20　金属线槽的安装图

同一回路的导线应敷设在同一金属线槽内；线槽内导线的总截面积不应超过线槽内截面积的 20%，载流导线不应超过 30 根。金属线槽应可靠接地或接零，不能作为设备的接地体。

2．地面内暗装金属线槽配线

地面内暗装金属线槽配线是一种新型的配线方式。该配线方式是指将电线或电缆穿在经过特制的壁厚为 2mm 的封闭式金属线槽内，再直接敷设在混凝土地面、现浇钢筋混凝土楼板或预制混凝土楼板的垫层内，如图 12-21 所示。

地面内暗装金属线槽应采用配套的附件（如线槽）在转角、分支等处应设置分线盒；线槽的直线段长度超过 6m 时宜加装接线盒。线槽出现口与分线盒不得凸出地面，且应做好防水密封处理。金属线槽及金属附件均应镀锌。

由配电箱、电话分线箱及接线端子箱等设备引至线槽的线路，宜采用金属配线方式引入分线盒，或以终端连接器直接引入线槽。强、弱电线路应采用分槽敷设。线槽支架的安装示意图如图 12-22 所示。

无论是明装还是暗装的金属线槽均应可靠接地或接零，但不应作为设备的接地体。

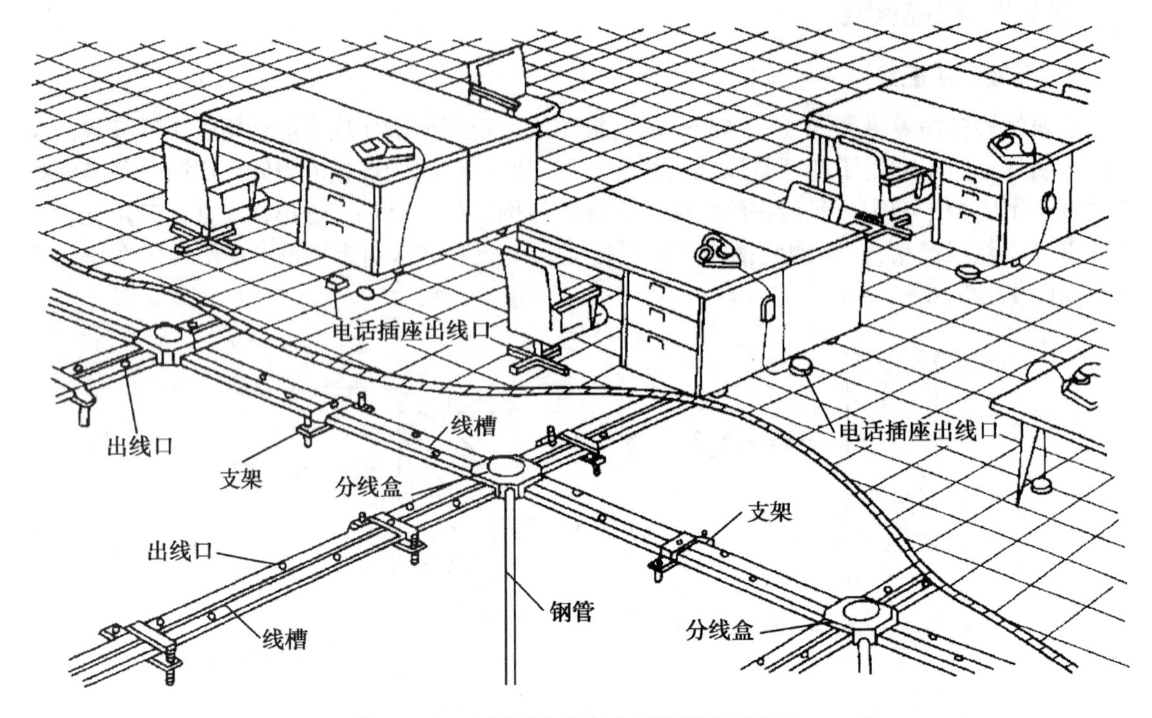

图 12-21 在地面内暗装金属线槽的示意图

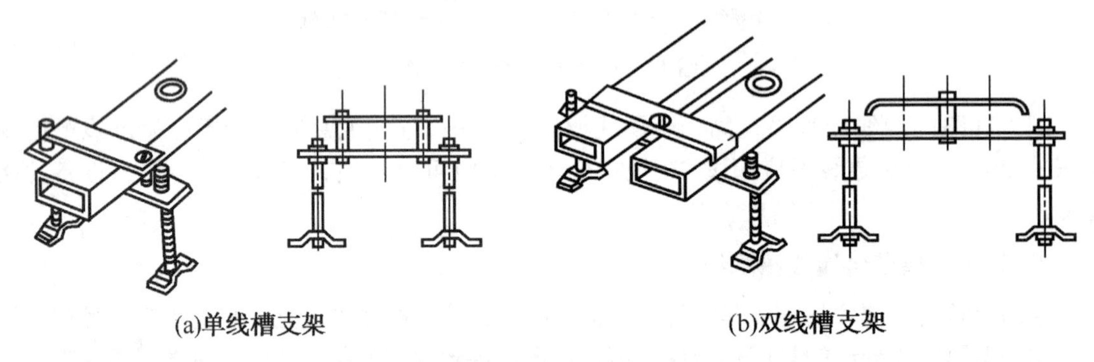

图 12-22 线槽支架的安装示意图

3. 塑料线槽配线

塑料线槽配线适用于正常环境的室内场所，特别是潮湿及酸碱腐蚀的场所，但在高温和易受机械损伤的场所不宜使用。

塑料线槽必须经阻燃处理，其外壁应有间距不大于 1m 的连续阻燃标记和制造厂标。强、弱电线路不应同敷于一根线槽内。线槽内导线的总截面积不应超过线槽内截面积的 20%，载流导线不应超过 30 根。

导线或电缆在线槽内不得有接头。分支接头应在接线盒内连接。塑料线槽配线在线路的连接、转角、分支及终端处应采用相应附件。塑料线槽一般为沿墙明敷设，如图 12-23 所示。

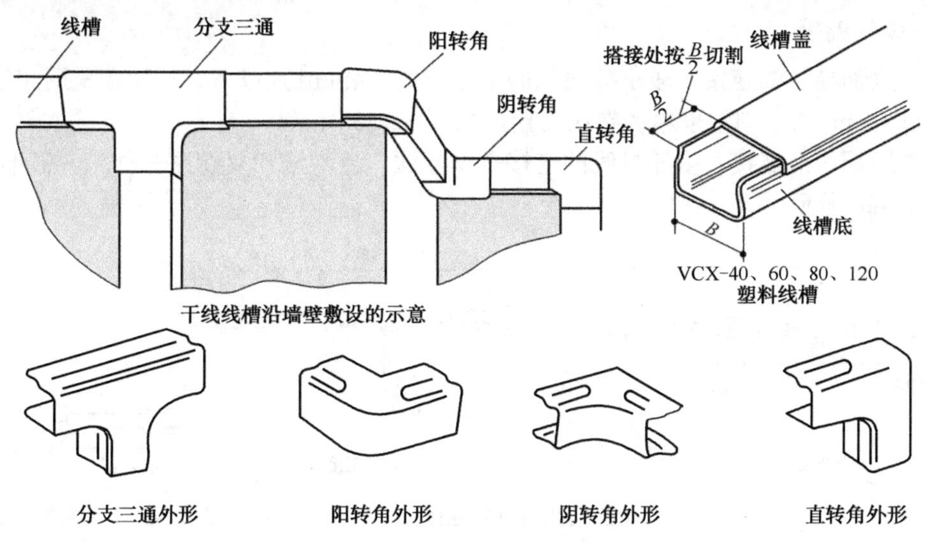

图 12-23　塑料线槽配线示意图

任务 12.7　绝缘导线的连接

导线与导线间的连接及导线与电器间的连接叫做导线的连接。在室内配线工程中应尽量减少导线接头，并应特别注意接头的质量。为了保证导线接头质量，当设计无特殊规定时，应采用焊接、压板压接或套管连接。导线连接应符合下列要求。

（1）接触紧密，连接牢固，导电良好，不增加接头处电阻。

（2）连接处的机械强度不应低于原线芯机械强度。

（3）耐腐蚀。

（4）接头处的绝缘强度不应低于导线原绝缘层的绝缘强度。

绝缘导线的连接程序为剥切绝缘层→线芯的连接（焊接或压接）→恢复绝缘层。

12.7.1　导线绝缘层的剥切及导线的连接

1．导线绝缘层的剥切方法

连接绝缘导线前，必须把导线端头的绝缘层剥掉，绝缘层的剥切长度随接头方式和导线截面的不同而异。绝缘层的剥切方法有单层剥法、分段剥法和斜削法三种，一般塑料绝缘线多采用单层剥法或斜削法，如图 12-24 所示。剥切绝缘时，不应损伤线芯。常用的剥削绝缘线的工具有电工刀、钢丝钳。一般 4mm^2 以下的导线原则上使用剥线钳。

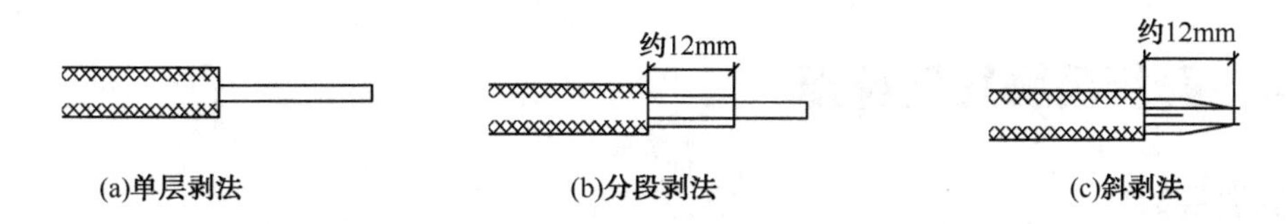

图 12-24　导线绝缘层的剥切方法

2．导线的连接

（1）单股铜导线的连接。较小截面积的单股铜线（$4mm^2$及以下）一般多采用绞法连接。截面积超过 $6mm^2$的，则常采用缠卷法连接，如图 12-25 所示。

（2）多股铜线的连接。多芯导线的连接有单卷法、缠卷法和复卷法三种。多根单股线的并接如图 12-26 所示。

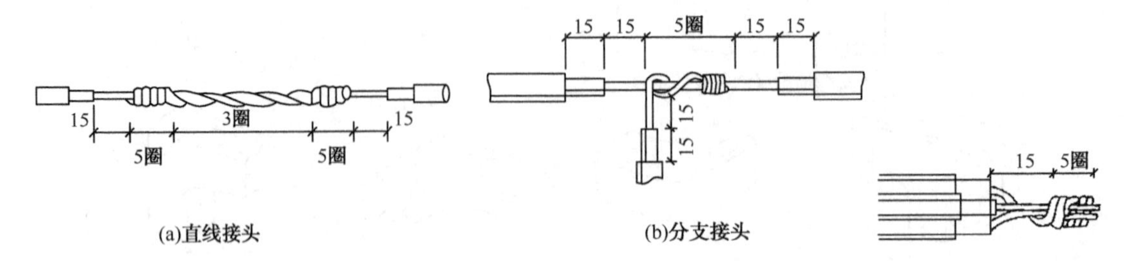

图 12-25　单股铜线的绞接连接　　　图 12-26　多根单股线的并接

（3）单股多根铜线在接线盒内的连接。三根以上单股导线的接线盒内并接在现场的应用是较多的。在进行连接时，应将连接线端相并合，在距导线绝缘层 15mm 处应在其中一根芯线的连接线端缠绕 5～7 圈后剪断，再把余线头折回压在缠绕线上。

铜导线的连接不论采用上述哪种方法，等导线连接好后，均应焊锡焊牢，以使熔解的焊剂流入接头处的各个部位，从而增加机械强度和导电性能，避免锈蚀和松动。

（4）单股铝导线的压接。在室内配线工程中，对 $10mm^2$及以下的单股铝导线的连接，主要采取的是以铝套管进行局部压接的方法。压接所使用的工具为压接钳。这种压接钳可压接 $2mm^2$、$5mm^2$、$6mm^2$、$10mm^2$四种规格的单股导线。

3．导线的绝缘恢复

所有导线线芯在连接好后，均应用绝缘带包缠均匀紧密，以恢复绝缘。其绝缘强度不应低于导线的原绝缘强度。经常使用的绝缘带有黑胶带、自粘性橡胶带、塑料带等。

12.7.2　导线与设备端子的连接

截面积在 $10mm^2$及以下的单股铜（铝）导线可直接与设备接线端子连接。

多股铝导线和截面积为 $2.5mm^2$以上的多股铜芯导线，在其线端与设备相连接时，应先装设接线端子（俗称线鼻子），然后再与设备相接。

铜导线接线端子的装接可采用锡焊或压接两种方法。铝导线接线端子的装接一般可使用气焊或压接方法。对于用铝板自制的铝接线端子多采用气焊法，对于用铝套管制作的接线端子则多采用压接法。

实训 14　穿线及导线的连接

1．实训目的

通过穿线、导线连接的技能训练，使学生能够进行实地的配线安装训练，并学习掌握工具设备的使用、穿线及导线连接的技能和绝缘的检测方法。

2．实训的内容及步骤

1）管内穿线

（1）穿引线钢丝及引线钢丝头部的做法。

（2）引线与导线结扎的做法。

（3）管内穿线的方法。

2）导线连接

（1）单芯铜导线的直线连接。

（2）单芯铜导线的分支连接。

（3）绝缘包扎。

（4）导线之间绝缘的检测。

3．实训注意事项

（1）为了防止在穿电缆时划伤电缆，管口应无毛刺和尖锐棱角。

（2）牵引线缆时，要尽量避免连接点散开。

（3）连接导线时应注意电工刀的使用方法，以减少伤害事故的发生。

4．实训成绩考评

引线钢丝头部的做法	20分
管内穿线的操作	20分
单芯铜导线的连接	20分
导线的绝缘包扎	20分
实训报告	20分

知识梳理与总结

本章主要讲述了室内配线工程的施工工序及要求、配管及管内穿线工程、母线的安装、架空配线、电缆配线、其他配线工程及绝缘导线的连接等内容。

导管配线分为明配线敷设与暗配线敷设。管内穿线的工艺流程一般为：选择导线→扫管→穿带线→放线及断线→管内穿线→绝缘摇测。

导线的连接（接头）基本步骤为：剥切绝缘层→线芯连接（焊接或压接）→恢复绝缘层。

导管暗配线及绝缘导线的连接等内容应用广泛，学生应加强实训内容的操作练习。

习题 12

1．简述室内配线的一般要求。
2．简述室内配线的施工工序。
3．简述室内导管配线的施工工艺。
4．简述硬母线的相序排列及颜色。
5．简述电缆敷设的方法。
6．简述槽板配线的施工过程。
7．简述护套线配线的施工过程。
8．简述导线连接的方法及要求。

学习情境13 电气照明工程

教学导航

教	知识重点	照明的基本知识和电光源的种类
	知识难点	常用灯具的性能和接线要求
	推荐教学方式	结合实物和实训进行讲解
	建议学时	6学时
学	推荐学习方法	结合工程实践对所学知识进行总结
	必须掌握的专业知识	照明装置及配电箱的安装要求
	必须掌握的技能	1．能够安装室内的灯具、插座、开关及配电箱 2．能够正确选用灯具、开关，并按要求接线

任务 13.1 灯具及照明线路

13.1.1 照明的基本知识

1．室内照明方式

（1）一般照明。灯具比较均匀地布置在整个工作场所，而不考虑局部对照明的特殊要求，这种人工设置的照明就叫做一般照明。

（2）局部照明。为满足某些部位对照度的特殊要求，在较小范围内或有限空间内设置的照明叫做局部照明，如写字台上设置的台灯及商场橱窗内设置的投光照明都属于局部照明。

（3）混合照明。由一般照明和局部照明共同组成的照明布置方式叫做混合照明。

三种照明方式如图 13-1 所示。

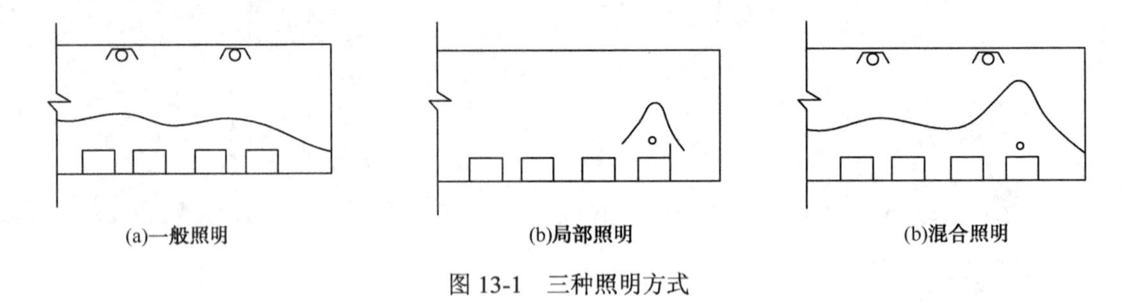

图 13-1　三种照明方式

2．照明的种类

（1）正常照明。满足工作场所正常工作的室内、外照明叫做正常照明。所有商场、居住的房间、办公室、教室、人行的走道及室外场地，都应设置正常照明。正常照明一般单独使用，也可与应急照明同时使用，但其控制线路必须分开。

（2）应急照明。因正常照明的电源发生故障而使用的照明叫做应急照明。它又可分为备用照明、安全照明和疏散照明等。

（3）警卫照明。对警卫区内重点目标的照明叫做警卫照明。一般对某些有特殊要求的厂区、仓库区及其他有警戒任务的场所应设置警卫照明。

（4）值班照明。在非工作时间供值班人员观察用的照明叫做值班照明。

（5）障碍照明。为了保障飞行物夜行安全而在高层建筑物或烟囱上装设的用于障碍标志的照明叫做障碍照明。为了保证行人及车辆的安全，在夜间道路的施工现场也要设置障碍照明。

（6）装饰照明。为美化和装饰某一特定空间，以及节日装饰和室内装饰而设计的照明叫做装饰照明。

（7）艺术照明。用不同的灯具、不同的投光角度和光色，营造出一种特定的空间气氛的照明叫做艺术照明。

13.1.2 电光源

1. 电光源的种类

（1）热辐射光源。利用电流将灯丝加热到白炽程度而辐射出可见光的原理制造而成的光源叫做热辐射光源，如白炽灯和卤钨灯等。

（2）气体放电光源。利用气体放电时发光的原理制造而成的光源叫做气体放电光源，如荧光灯、高压汞灯、钠灯、氙灯、金属卤化物灯及霓虹灯等。

2. 常见电光源

（1）普通白炽灯。普通白炽灯的结构如图 13-2 所示。其灯头形式分为插口式和螺口式两种。它一般适用于照度要求低，开关次数频繁的室内外场所。

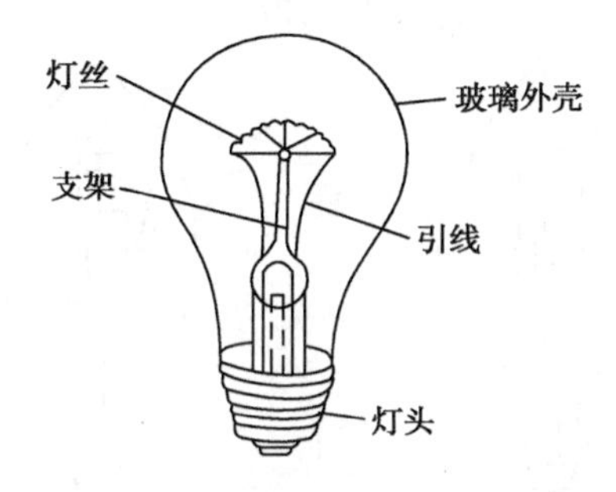

图 13-2　普通白炽灯的结构

普通白炽灯的规格有 15W，25W，40W，60W，100W，150W，200W，300W，500W 等，电压一般为 220V。

（2）卤钨灯。其工作原理与普通白炽灯一样，只是在灯管内充入惰性气体的同时加入了微量卤素物质，所以称之为卤钨灯。它包括碘钨灯、溴钨灯，其结构如图 13-3 所示。在白炽灯泡内充入微量的卤化物后，其发光效率比白炽灯高了 30%。它适用于体育场、广场、机场等场所。

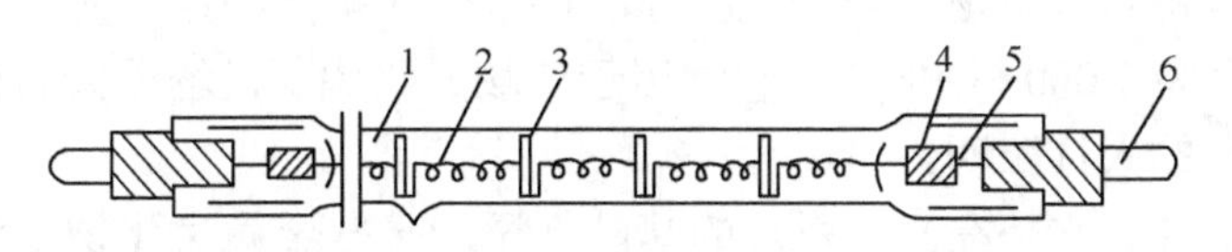

1—石英玻璃管；2—灯丝；3—支架；4—钼箔；5—导丝；6—电极

图 13-3　碘钨灯的结构

为了使卤钨循环顺利进行，卤钨灯必须水平安装，其倾斜角不得大于 4°。由于灯管功率大、点燃后表面温度很高，故它不能与易燃物接近，不允许采用人工冷却措施（如电风扇冷却），且勿溅上雨水，否则将影响灯管的寿命。

（3）荧光灯。荧光灯的构造如图 13-4 所示。荧光灯由镇流器、启辉器和灯管等组成，具有体积小、光效高、造型美观、安装方便等特点，有逐渐取代白炽灯的趋势。荧光灯管的类型有直管、圆管和异型管等。它按光色分为日光色、白色及彩色等。

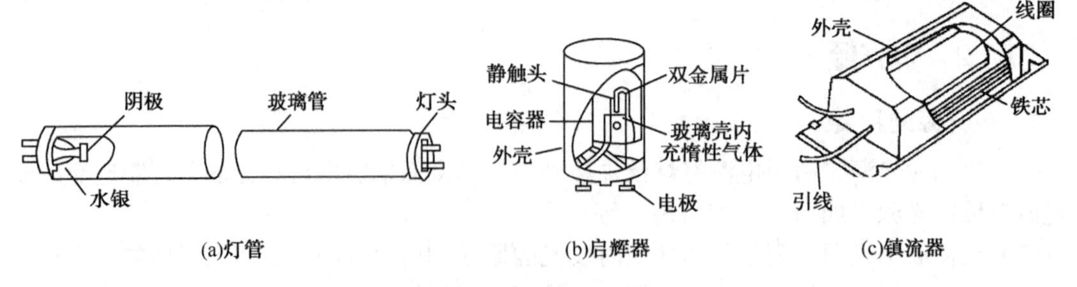

图 13-4　荧光灯的构造

（4）高压汞灯，也称高压水银灯。它是荧光灯的改进产品，靠高压汞气体放电而发光。它不需要启辉器，按结构分为自镇流和外镇流两种形式，如图 13-5 所示。自镇流式使用方便，不用安装镇流器，适用于大空间场所的照明，如车站、码头等。

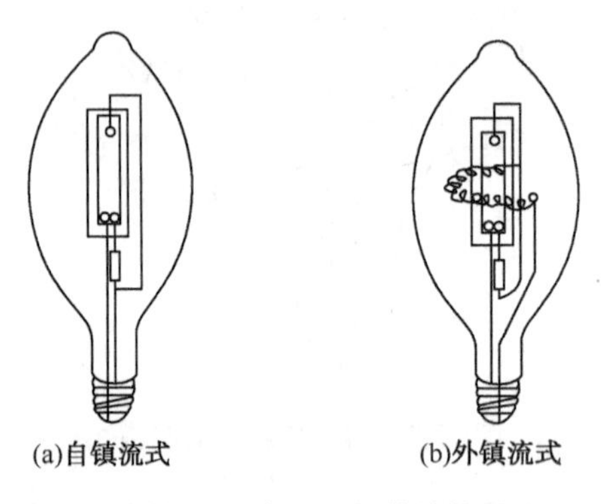

图 13-5　高压汞灯的结构

（5）钠灯。钠灯是在灯管内放入适量的钠和惰性气体后制成的，因此称之为钠灯。它分为高压钠灯和低压钠灯，具有省电、光效高、透雾能力强等特点。它常用于道路、隧道等场所的照明。

（6）氙灯。氙灯是一种弧光放电灯，管内充有氙气。它具有功率大、光效好、体积小、亮度高、启动方便等特点，点燃后会产生很强的接近于太阳光的连续光谱，故有“小太阳”的美称。其使用寿命为 1 000～5 000h。它常用于广场、码头、机场等大面积场所的照明，近些年也大量用于汽车的大灯照明。

（7）金属卤化物灯。它是在高压汞灯的基础上添加某些金属卤化物制成的。它依靠金属卤化物的循环作用，不断向电弧提供相应的金属蒸汽，提高管内金属蒸气的压力，有利于发光效率的提高，从而获得了比高压汞灯更高的光效和显色性。

（8）霓虹灯，又称氖气灯，是一种辉光放电光源。霓虹灯不用做照明用光源，常用于建筑、娱乐等场所的装饰彩灯。

13.1.3　常用照明灯具

灯具主要由灯座和灯罩组成。灯具的作用是固定和保护电源、控制光线方向和光通量，同时也有不可忽视的美观装饰作用。

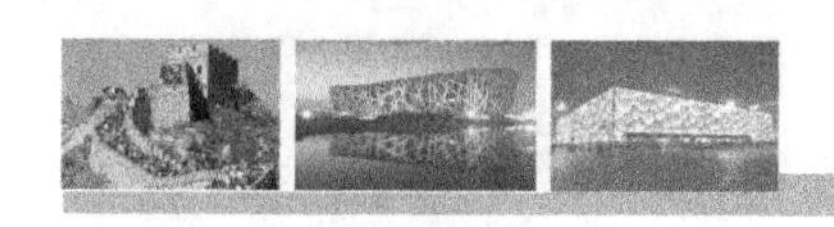

1. 灯具的分类

（1）灯具按结构分为开启型、闭合型、密闭型和安全型等，如图 13-6 所示。

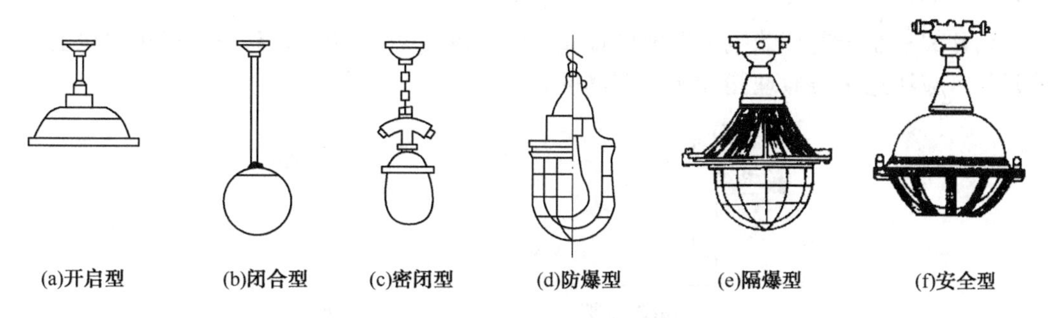

图 13-6 灯具按结构分类的灯型

（2）灯具按安装方式的分类如表 13-1 所示。

表 13-1 灯具按安装方式的分类

安装方式	特点
墙壁灯	安装在墙壁上、庭柱上，用于局部照明、装饰照明或没有顶棚的场所
吸顶式	将灯具吸附在顶棚面上，主要用于设有吊顶的房间。吸顶式的光带适用于计算机房、变电站等
嵌入式	适用于有吊顶的房间，灯具是嵌入在吊顶内安装的，可以有效消除眩光。它与吊顶结合能形成美观的装饰艺术效果
半嵌入式	将灯具的一半或一部分嵌入顶棚，其余部分露在顶棚外，介于吸顶式和嵌入式之间。它适用于顶棚吊顶深度不够的场所，在走廊处应用较多
吊灯	最普通的一种灯具安装形式，主要利用吊杆、吊链、吊管、吊灯线来吊装灯具
地脚灯	其主要作用是照明走廊，便于人员行走。它应用在医院病房、公共走廊、宾馆客房、卧室等
台灯	它主要放在写字台上、工作台上、阅览桌上，作为书写阅读使用
落地灯	它主要用于高级客房、宾馆、带茶几沙发的房间及家庭的床头或书架旁
庭院灯	其灯头或灯罩多数向上安装，灯管和灯架多数安装在庭、院地坪上，特别适用于公园、街心花园、宾馆及机关学校的庭院内
道路广场灯	它主要用于夜间的通行照明。它多用于车站前广场、机场前广场、港口、码头、公共汽车站广场、立交桥、停车场、集合广场、室外体育场等
移动式灯	它用于室内、外移动性的工作场所及室外电视、电影的摄影等场所
自动应急照明灯	它适用于宾馆、饭店、医院、影剧院、商场、银行、邮电、地下室、会议室、动力站房、人防工程、隧道等公共场所。它可以用做应急照明、紧急疏散照明、安全防灾照明等

2. 灯具的选择

选择灯具时，应首先满足使用功能和照明质量的要求，其次应考虑优先采用高效节能电光源和高效灯具，同时灯具应便于安装与维护，并且长期运行费用低。因此，灯具的选择应考虑配光特性、使用场所的环境条件、安全用电要求、外形与建筑风格的协调及经济性。

13.1.4 照明灯具的控制线路

1．一只开关控制一盏灯

一只开关控制一盏灯的电气照明图如图 13-7 所示。在该图中，开关只接在相线上，零线不进开关。应注意接线原理图和施工图的区别。

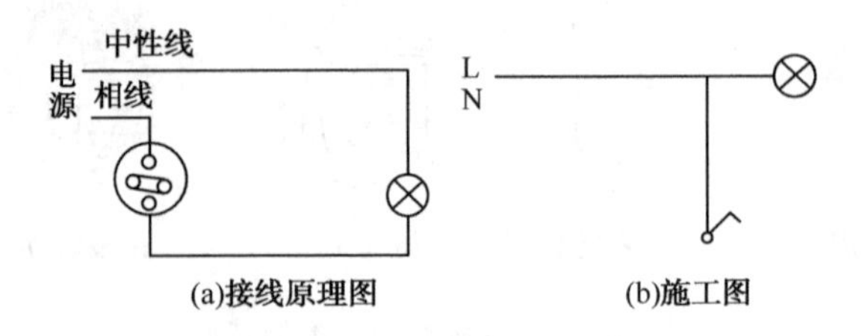

图 13-7　一只开关控制一盏灯

2．双控开关控制一盏灯

在不同的位置设置两只双控开关来同时控制一盏灯的开启或关闭，如图 13-8 所示。该线路常用于楼梯间及过道等处。

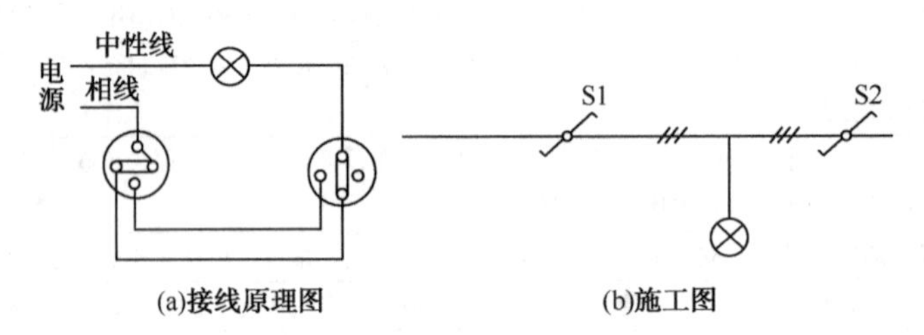

图 13-8　双控开关控制一盏灯

3．多开关控制一盏灯

用两只双控开关和一只三控开关在三处控制一盏灯，如图 13-9 所示。该线路用于需多处控制的场所。

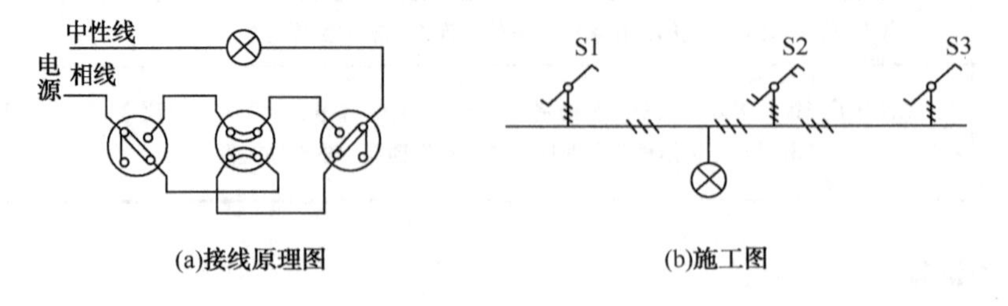

图 13-9　三只开关控制一盏灯

4．荧光灯的控制线路

荧光灯由镇流器、灯管和启辉器等附件构成，其控制线路如图 13-10 所示。

5．普通照明兼做应急疏散照明的控制线路

该线路为双电源、双线路控制线路，常应用于高层建筑楼梯的照明。

当发生火灾时，楼梯正常照明电源停电，而线路将强行切入应急照明电源供电，此时楼梯照明灯做疏散照明用，其控制原理如图13-11所示。

正常照明时，楼梯灯通过接触器的常闭触头供电，而应急电源的常开触头不接通，处于备用状态。当正常照明停电后，接触器得电动作，其常闭触头断开，常开触头闭合，应急电源投入工作，使楼梯灯成为火灾时的疏散照明。

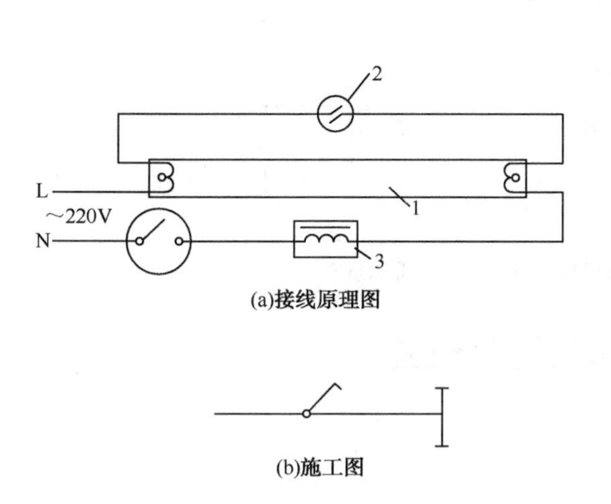

(a)接线原理图

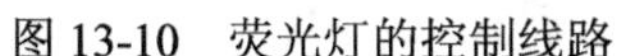

(b)施工图

图13-10　荧光灯的控制线路

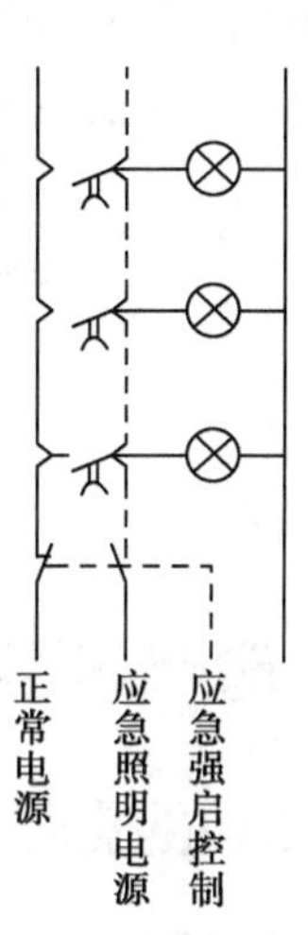

图13-11　普通照明兼做应急疏散照明的控制线路

任务13.2　室内照明配电线路

13.2.1　低压配电线路

通常称380/220V的线路为低压配电线路，用于将低压电输送和分配给用电设备。我国的室内照明供电线路通常采用380/220V、50Hz三相五线制（即由变压器的低压侧引出三根相线、一根零线和一根由配电箱接出的接地保护线）。供电相线与相线之间的电压为380V，可供动力负载使用；相线与零线之间的电压为220V，可供照明负载使用。

13.2.2　室内照明配电线路的组成

1．进户线

从外墙支架到室内总配电箱的这段线路叫做进户线。进户点的位置就是建筑照明供电电源的引入点。

2．照明配电箱

配电箱是接收和分配电能的电气装置。对于用电量小的建筑物，可以只安装一只配电箱；对于用电负荷大的建筑物（如多层建筑），可以在底层设置总配电箱，而在其他楼层设置分配电箱。在配电箱中应装有空气开关、断路器、电能计量表等。

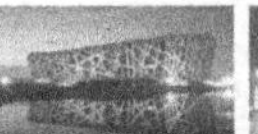

3．干线

从总配电箱引至分配电箱的一段配电线路叫做干线。其布置方式有放射式、树干式、混合式。

4．支线

从分配电箱引至室内用电设施的配电线路叫做支线，又称回路。支线的供电范围一般不超过20～30m，支线截面积不宜过大，一般为2.0～10mm²。

室内照明供电线路的组成如图13-12所示。

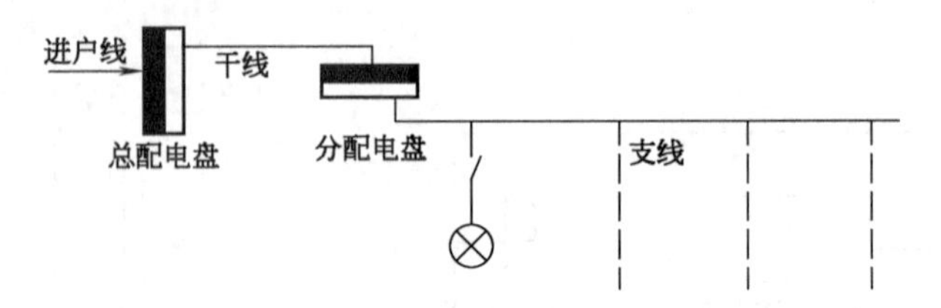

图13-12　室内照明供电线路的组成示意图

任务13.3　电气照明装置及用电设施的安装

13.3.1　灯具的安装

1．照明灯具安装的一般规定

（1）安装的灯具应配件齐全，无机械损伤和变形，油漆无脱落，灯罩无损坏；螺口灯头接线必须将相线接在中心端子上，将零线接在螺纹的端子上；灯头外壳不能有破损和漏电。

（2）照明灯具使用的导线线芯的最小允许截面积应符合表13-2的规定。

表13-2　照明灯具使用的导线线芯的最小允许截面积

安装场所及用途		线芯最小允许截面积（mm²）		
		铀芯软线	铜　线	铝　线
1．照明灯头线	（1）民用建筑室内	0.4	0.5	1.5
	（2）工业建筑室内	0.5	0.8	2.5
	（3）室外	1.0	1.0	2.5
2．移动式用电设备	（1）生活用	0.4	—	—
	（2）生产用	1.0		

（3）灯具安装高度应按施工图纸设计要求施工。若图纸无要求，则在室内其高度为2.5m左右，在室外其高度一般为3m左右；地下建筑内的照明装置应有防潮措施。

（4）嵌入顶棚内的装饰灯具应固定在专设的框架上，电源线不应贴近灯具外壳，灯线应留有余量，固定灯罩的框架边缘应紧贴在顶棚上，嵌入式日光灯管组合的开启式灯具、灯管应排列整齐。

（5）灯具质量大于3kg时，要将其固定在螺栓或预埋吊钩上，并不得使用木楔。每个灯具固定用的螺钉或螺栓不应少于2个。当绝缘台直径在75mm及以下时，可采用1个螺钉或螺栓固定。

（6）软线吊灯的灯具质量在 0.5kg 及以下时，可采用软电线自身吊装，大于 0.5kg 的灯具灯应使用吊链；吊灯的软线两端应做保护扣，两端芯线应搪锡。当装升降器时，要套塑料软管，并采用安全灯头；当采用螺口头时，相线要接于螺口灯头中间的端子上。

（7）除敞开式灯具外，其他各类灯具灯泡容量在 100W 及以上者应采用瓷质灯头；灯头的绝缘外壳不应有破损和漏电；带有开关的灯头，其开关手柄应无裸露的金属部分；装有白炽灯泡的吸顶灯具，其灯泡不应紧贴灯罩；当灯泡与绝缘台间的距离小于 5mm 时，灯泡与绝缘台间应采取隔热措施。

灯具的安装方式如图 13-13 所示。

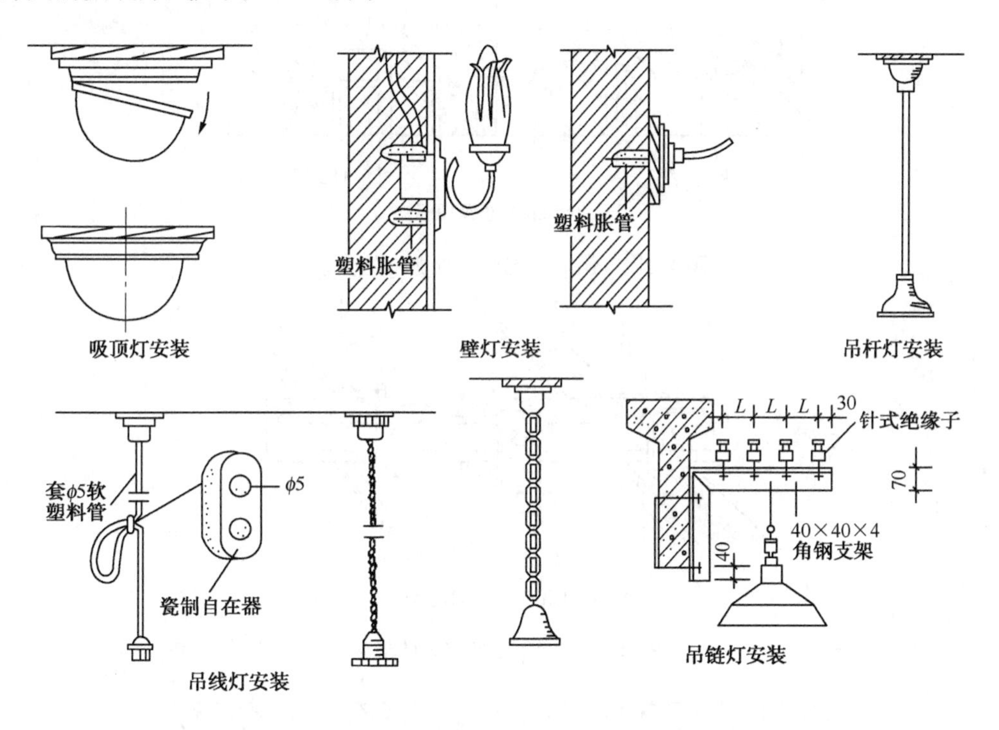

图 13-13　灯具的安装方式

2. 吊灯的安装

吊灯的安装包括吊线灯和吊链灯的安装，其主要配件有吊线盒、木台、灯座等。

（1）在混凝土顶棚上安装。此时要事先预埋铁件或置放穿透螺栓，还可以用胀管螺栓紧固，如图 13-14 所示。

（2）在吊顶上安装。将小型吊灯安装在吊棚上时，必须在吊棚主龙骨上设灯具紧固装置。其安装如图 13-15 所示。吊杆出顶棚面最好加套管，这样可以保证顶棚面板的完整；安装时一定要注意保证牢固性和可靠性。

3. 吸顶灯的安装

吸顶灯的安装包括圆球吸顶灯、半圆球吸顶灯及方形吸顶灯等的安装。

（1）在混凝土顶棚上安装。可以在浇筑混凝土前，根据图纸要求把木砖预埋在里面，也可以安装金属胀管螺栓，如图 13-16 所示。如果灯具底台直径超过 100mm，将其固定在预埋

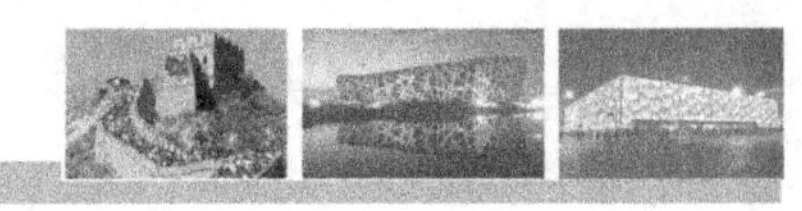

木砖上时，必须使用2个螺钉。圆形底盘吸顶灯紧固螺栓的数量不得少于3个；方形或矩形底盘吸顶灯紧固螺栓的数量不得少于4个。

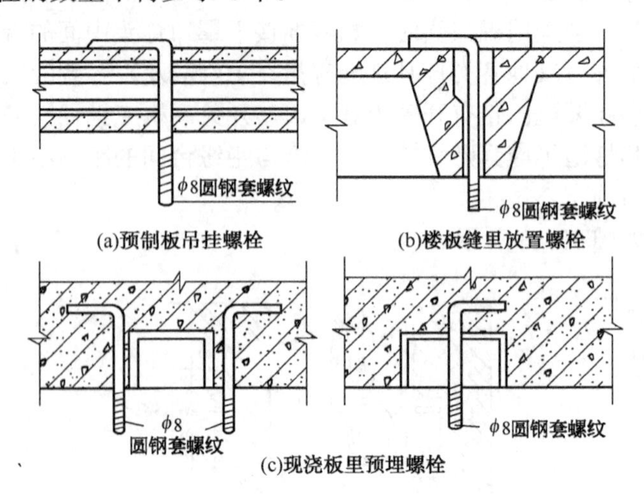

图13-14　吊灯在混凝土顶棚上的安装

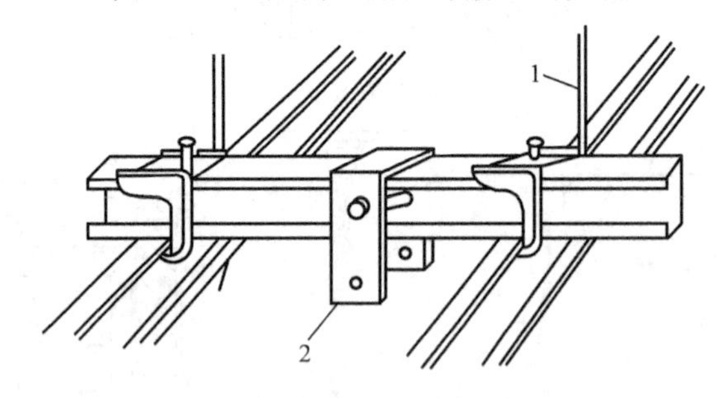

1—加设吊杆；2—固定吊灯

图13-15　吊灯在吊顶上的安装

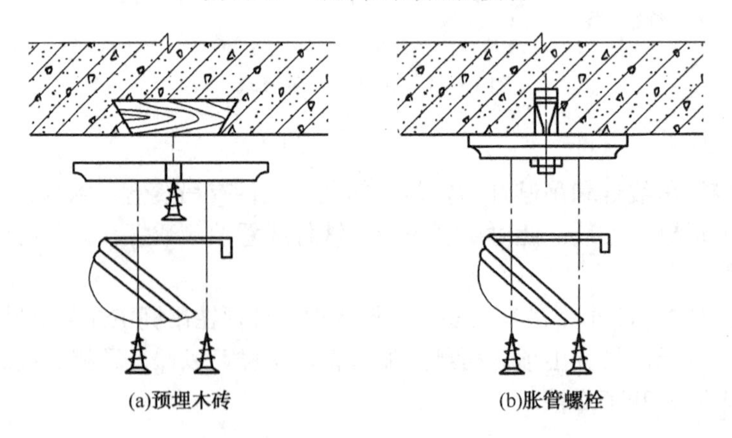

图13-16　吸顶灯在混凝土顶棚上的安装

（2）在吊顶上的安装。小型、轻型吸顶灯可以直接安装在吊顶棚上，但不得用吊顶棚的罩面板当做螺钉的紧固基面。安装时应在罩面板的上面加装木方，木方规格为60mm×40mm，木方要固定在吊棚的主龙骨上。安装灯具的紧固螺钉应拧紧在木方上，其安装情况如图13-17所示。

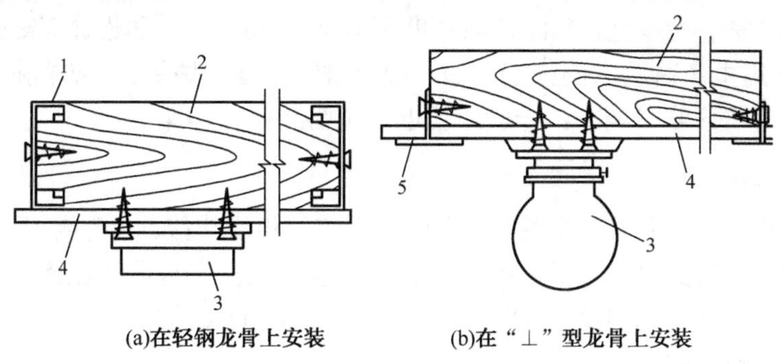

图 13-17　吸顶灯在吊顶上的安装

4．荧光灯的安装

荧光灯电路由灯管、镇流器和启辉器三个部分构成。安装时应按电路图正确接线；开关应装在镇流器侧；镇流器、启辉器、电容器要相互匹配。其安装工艺主要有两种：一种是吸顶式安装；另一种是吊链式安装。

5．壁灯的安装

壁灯可安装在墙上或柱子上。将其安装在墙上时，一般在砌墙时应预埋木砖，也可用膨胀螺栓固定；将其安装在柱子上时，一般先在柱子上预埋金属构件或用抱箍将金属构件固定在柱子上，然后再将壁灯固定在金属构件上。同一工程中成排安装的壁灯，其安装高度应一致。

6．嵌入式灯具的安装

嵌入式灯具应固定在专设的框架上，其导线不应贴近灯具外壳，且在灯盒内应留有余量。灯具边框应紧贴在顶棚上。

为保证用电安全，灯具的安装应符合《建筑电气工程施工质量验收规范》（GB50303－2002）的有关规定。

13.3.2　插座的安装

插座是各种移动电器的电源接口，分为单相双孔、单相三孔、三相四孔、安全型、防溅型插座等。

插座的安装程序为测位→画线→打眼→预埋螺栓→上木台→装插座→接线→装盖。

1．插座的安装要求

（1）住宅用户一律使用同一牌号的安全型插座，同一处所的插座安装高度宜一致；其距地面高度一般应不小于 1.3m，以防小孩用金属丝探试插孔面发生触电事故。

（2）车间及试验室的明暗插座，其一般距地面的高度不应低于 0.3m，特殊场所的暗装插座高度不应低于 0.15m，同一室内的插座安装位置高低差不应大于 5mm；并列安装的相同型号的插座的高度差不宜大于 0.5mm；托儿所、幼儿园、小学校等场所宜选用安全插座，其安装高度距地面应为 1.8m；潮湿场所应使用安全型防溅插座。

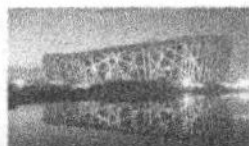

（3）住宅使用安全插座时，其距地面高度不应小于 200mm。如设计无要求，则安装高度可为 0.3m；对于用电负荷较大的家用电器（如电磁锅、微波炉等），应单独安装插座。住宅客厅安装窗式空调、分体空调时，一般应就近安装明装单相插座。

2. 插座的接线

对于单相双孔插座，其面对插座的右孔或上孔应与相线连接，左孔或下孔应与零线连接；对于单相三孔插座，其面对插座的右孔应与相线连接，左孔应与零线连接；单相三孔和三相四孔或五孔插座的接地或接零均应在插座的上侧；插座的接地端子不应与零线端子直接连接。插座的接线如图 13-18 所示。

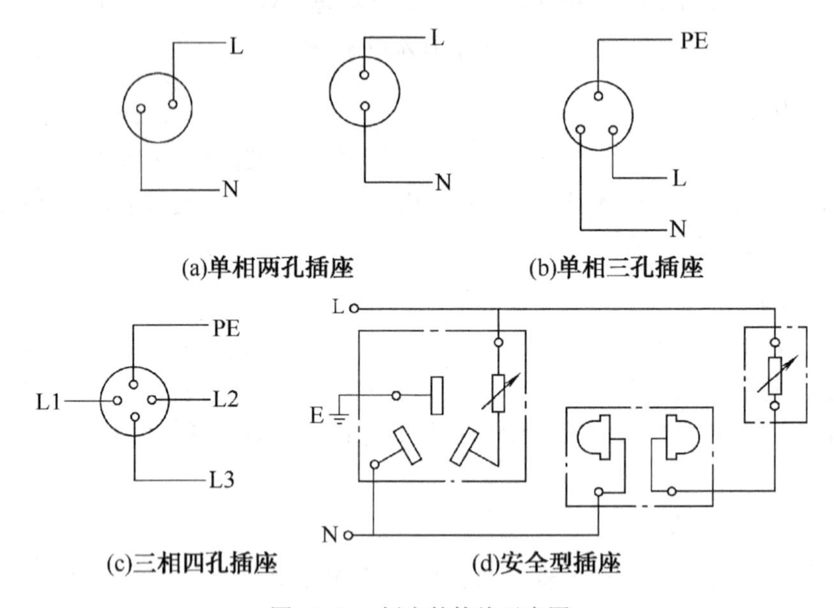

图 13-18　插座的接线示意图

住宅插座回路应单独装设漏电保护装置。带有短路保护功能的漏电保护器，应确保有足够的灭弧距离；电流型漏电保护器应通过试验按钮来检查其动作的可靠性。

13.3.3　灯开关的安装

灯开关的安装方式分为明装和暗装。灯开关的操作方式分为拉线式、扳把式、跷板式及声光控制式等。灯开关按控制方式分为单控开关、双控开关和电子开关等。

同一场所内开关的标高应一致，且应操作灵活、接触可靠；照明开关的安装位置应便于操作，各种开关距地面一般为 1.3m，开关边缘距门框为 0.15～0.2m，且不得安装在门的反手侧。翘板开关的扳把应上合下分，但双控开关除外；照明开关应接在相线上。

在多尘和潮湿场所应使用防水防尘开关；在易燃、易爆场所，开关一般应装在其他场所来控制，或使用防爆型开关；明装开关应安装在符合规格的圆方或木方上；住宅严禁装设床头开关或以灯头开关代替其他开关开闭电灯，且不宜使用拉线开关。

目前的住宅及民用建筑常采用了暗装跷板开关，其通断位置如图 13-19 所示。触摸开关、声控开关是一种自控关灯开关，一般安装在走廊、过道上，其距地高度为 1.2～1.4m。暗装

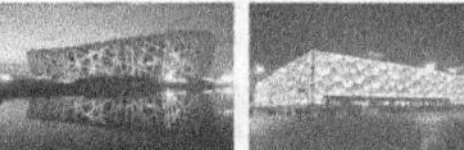

开关在布线时，考虑用户今后用电的需要，一般要在开关上端设一个接线盒，接线盒距顶棚约为 15～20cm。

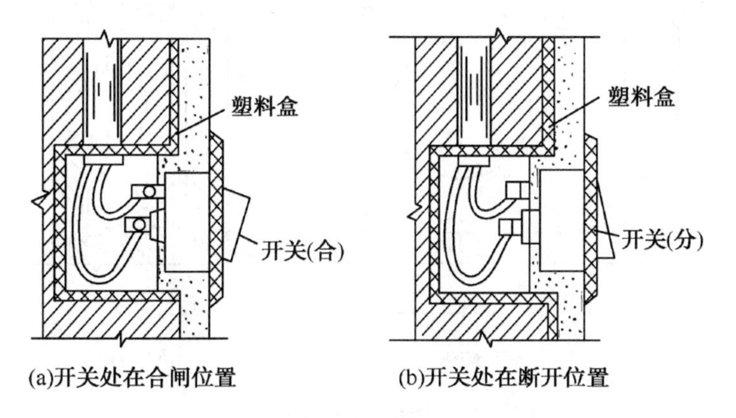

图 13-19　暗装跷板开关的通断位置

13.3.4　电铃及风扇的安装

1. 电铃的安装

电铃的规格按直径分为 100mm、200mm、300mm 等。

（1）室内明装。电铃可安装在绝缘木台上，也可用塑料胀管直接固定在墙上，如图 13-20 所示。

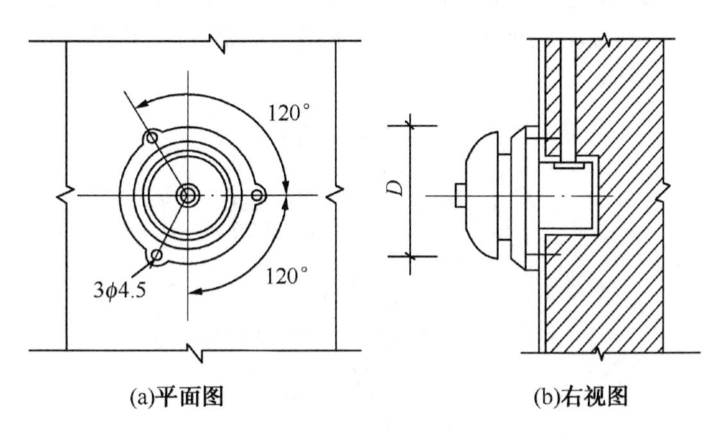

图 13-20　室内明装电铃

（2）室内暗装。电铃可装设在专用的盒（箱）内，如图 13-21 所示。电铃的安装高度，距顶棚不应小于 200mm，距地面不应低于 1.8m。

（3）室外安装。电铃应安装在防雨箱内，其下边缘距地面不应低于 3m。防雨箱可用木材或钢板制作而成。金属部件及与墙接触的部位均应进行防腐处理，通常采用的是涂油漆的方法。

电铃按钮（开关）应暗装在相线上，其安装高度不应低于 1.3m，并有明显标志。安装后应进行调试，以使电铃处于最佳工作状态。

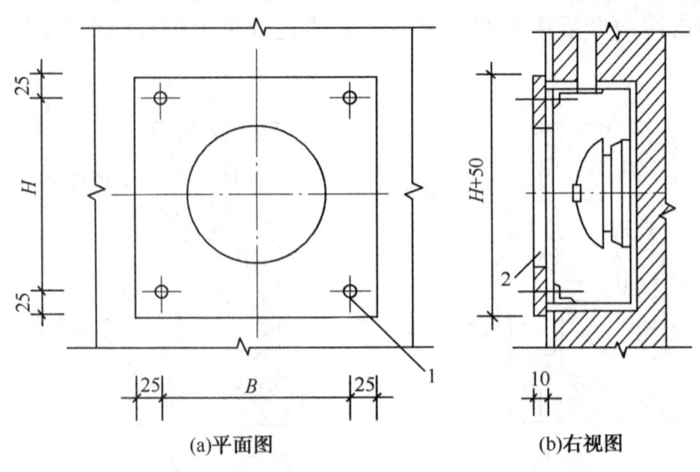

1一面板螺栓；2一喇叭布

图 13-21　室内暗装电铃

2. 风扇的安装

风扇分为吊扇、壁扇等。吊扇是住宅、民用建筑等公共场所中常见的设备。吊扇一般由叶片和电动机构成，其叶片直径规格分为 900mm，1 200mm，1 400mm，1 500mm 等，额定电压为 220V。

吊扇在安装前应预埋挂钩，并安装牢固。挂钩直径不应小于吊扇挂销钉的直径，且不小于 8mm；吊扇叶片距地高度不应小于 2.5m；要求接线正确，转动时无明显颤动和异常声响。吊扇的安装如图 13-22 所示。

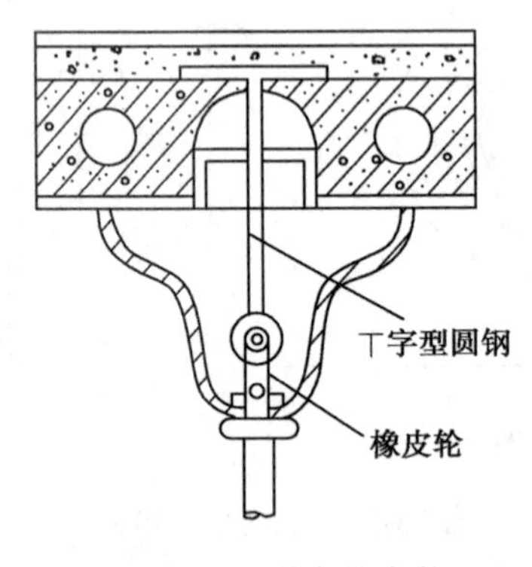

图 13-22　吊扇的安装

任务 13.4　配电箱的安装

13.4.1　配电箱的类型

配电箱（盘）是电气线路中的重要组成部分，根据用途不同可分为电力配电箱和照明配电箱两种，其安装方式分为明装和暗装；按产品划分有定型产品（标准配电箱、盘）、非定型成套配电箱（非标准配电箱、盘）及现场制作组装的配电箱。

13.4.2 配电箱的安装程序

在施工现场常使用厂家生产的定型成套配电箱，其安装程序为成套铁制配电箱箱体的现场预埋→导管与箱体的连接→安装盘面→装盖板（箱门）。如图 13-23 所示为几种常见配电箱的安装。

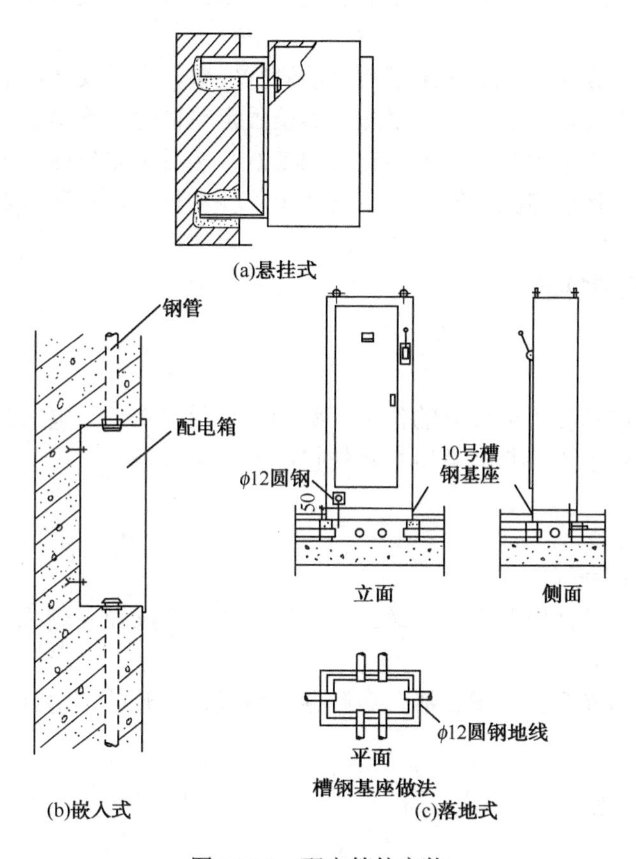

图 13-23 配电箱的安装

13.4.3 配电箱安装的一般规定

《建筑电气工程施工质量验收规范》（GB 50303－2002）对配电箱的安装要求如下所示。

（1）位置符合设计要求，部件齐全，箱体开孔与导管管径适配，暗装配电箱箱盖紧贴墙面，箱体涂层完整。

（2）配电箱不得采用可燃材料制作；箱内接线整齐，回路编号齐全，标识正确。

（3）照明配电箱安装高度为其底边距地面 1.5m；配电板安装高度为其底边距地面不应小于 1.8m。

（4）箱内配线整齐，无绞接现象。导线连接紧密，不伤线芯，不断股。垫圈下螺丝两侧压的导线截面积相同，同一端子上连接的导线不多于 2 根，防松垫圈等零件齐全。

（5）箱内开关动作灵活可靠，带有漏电保护的回路，漏电保护动作电流不大于 30mA，动作时间不大于 0.1s。

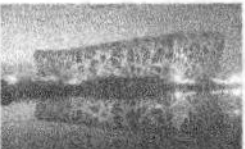

（6）照明配电箱内应设置零线（N）和保护地线（PE）汇流排，零线和保护地线经汇流排接出；配电箱导线引出板面时，均应套设绝缘管。

暗装配电箱应按图纸配合土建施工进行预埋。在土建施工中，到达配电箱安装高度时，应将箱体埋入墙内。箱体要放置平正，箱体放置后应用托线板找好垂直使之符合要求。对于宽度超过500mm的配电箱，其顶部要安装混凝土过梁；当箱宽度为300mm及以上时，在顶部应设置钢筋砖过梁，应选ϕ6mm以上钢筋，且不少于3根，以使箱体本身不受压。箱体周围应用砂浆填实。

明装配电箱须等待建筑装饰工程结束后才能进行安装。它可安装在墙上或柱子上。将其直接安装在墙上时应先埋设固定螺栓。用燕尾螺栓固定箱体时，燕尾螺栓宜随土建墙体施工预埋。将配电箱安装在支架上时，应先将支架加工好，然后将支架埋设固定在墙上，或用抱箍固定在柱子上，再用螺栓将配电箱安装在支架上，并调整其水平和垂直。

实训15　荧光灯接线

1．实训目的

了解日光灯的组成和各组成部分的作用，熟悉安全用电常识、电工常用工具及其使用方法，能排除灯具的一般故障，掌握常用灯具的接线和安装技能。

2．实训内容

1）准备电工工具和材料

（1）电工工具，包括低压验电笔、螺丝刀、钢丝钳、尖嘴钳、剥线钳、电工刀、手锤、活络扳手及冲击电钻等。

（2）材料，包括日光灯管、镇流器、启辉器、导线、灯开关、塑料胀塞、螺丝钉及绝缘胶带等。

2）日光灯的接线操作

3）灯具的安装

3．接线及安装要求

（1）正确选择工具及材料规格。

（2）导线连接正确，包绝缘胶带符合要求。

（3）开关连接及相序选择正确。

（4）灯具安装牢固、位置准确。

（5）注意用电安全。

4．实训安排（分组进行）

（1）指导教师作示范与介绍。

（2）学员准备电工工具和材料。

（3）分组进行日光灯接线练习。

（4）通电试验。

（5）指导教师设置故障，学生排除故障。

5. 实训成绩考评

日光灯及开关连接正确	20 分
通电试验（灯亮）	10 分
安全防护	10 分
故障排除	20 分
灯具安装	20 分
实训报告	20 分

知识梳理与总结

本章主要介绍了光源及灯具的种类、电气照明装置的安装及配电箱的安装。

电光源按发光原理一般可分为热辐射光源和气体放电光源。常见的热辐射光源有白炽灯、卤钨灯等；常见的气体放电光源有荧光灯、低压钠灯、高压汞灯、金属卤化物灯和霓虹灯等。

应优先采用高效节能灯具。

室内照明供电线路是由进户线、配电箱、干线、支线等组成的。

电气照明装置、配电箱与控制电器的安装是电气安装施工中的一个重要内容，应重点掌握灯具、插座、开关、照明配电箱等装置的安装方法。

习题 13

1. 照明方式有哪几种？各有什么特点？
2. 常见电光源有哪些？各适用于什么场所？
3. 灯具的安装方式有哪些？
4. 简述灯开关的安装要求。
5. 常见照明控制线路有哪些？各应用于什么场合？
6. 安装插座时应注意哪些问题？
7. 电铃的安装有哪些要求？
8. 配电箱的安装要求是什么？

学习情境14 电气动力工程

教学导航

教	知识重点	三相异步电动机的安装要求
	知识难点	电动机控制线路的安装要求
	推荐教学方式	结合实训进行讲解
	建议学时	6学时
学	推荐学习方法	结合工程实际对所学知识进行总结
	必须掌握的专业知识	1. 吊车滑触线的安装方法 2. 三相异步电动机的调试内容及要求
	必须掌握的技能	1. 能够正确安装小型电动机 2. 能够进行电动机主线路的接线

任务 14.1　吊车滑触线的安装

吊车是工厂车间常用的起重设备。常用的吊车有电动葫芦、桥式吊车和梁式吊车等。吊车的电源通过滑触线供给，即配电线经开关设备对滑触线供电，吊车上的集电器再由滑触线上取得电源。滑触线的电源集电器如图 14-1 所示。滑触线分为轻型滑触线、安全节能型滑触线、角钢或扁钢滑触线、圆钢或工字钢滑触线等。

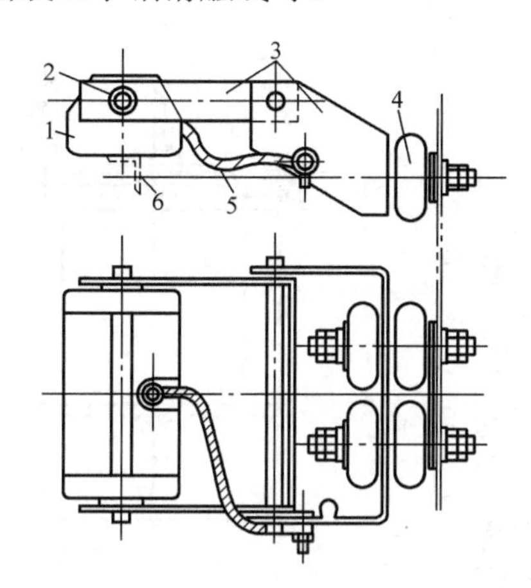

1—滑块；2—轴；3—卡板；4—绝缘子；5—软铜引线；6—角钢滑触线

图 14-1　滑触线的电源集电器

14.1.1　滑触线的安装要求

桥式吊车的滑触线通常与吊车梁平行敷设，设置于吊车驾驶室的相对方向上。而电动葫芦和悬挂梁式吊车的滑触线一般装在工字钢的支架上。

1．滑触线的安装准备工作

滑触线的安装准备工作包括定位、支架及配件的加工、滑触线支架的安装、托脚螺栓的胶合组装、绝缘子的安装等。

2．滑触线的加工安装

滑触线应尽可能选用质量较好的材料。滑触线连接处要保持水平，毛刺边应事先锉光，以免妨碍集电器的移动。

滑触线固定在支架上以后应能在水平方向自由伸缩。滑触线之间的水平和垂直的距离应一致。如滑触线较长，需在滑触线上加装辅助导线。当滑触线长度超过 50m 时应装设补偿装置，以适应由建筑物沉降和温度变化引起的变形。滑触线与电源的连接处应上锡，以保证接触良好。滑触线电源信号指示灯一般应采用红色的、经过分压的白炽灯泡，信号指示灯应安装在滑触线的支架或墙壁上等便于观察和显示的地方。

14.1.2　安装程序

吊车的滑触线的安装程序是：测量定位→支架的加工和安装→瓷瓶的胶合组装→滑触线

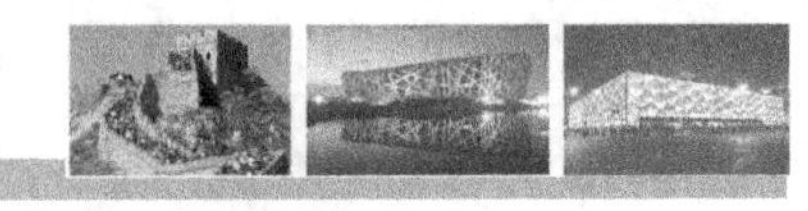

底的加工和架设→刷漆着色。角钢滑触线的安装如图14-2所示。角钢滑触线的固定如图14-3所示。

滑触线安装完毕后，应清除滑触线上的钢丝、焊渣等杂物。除滑触线与集电器接触面外，其余均应刷红丹漆和红色油漆各一道，红色油漆可起防腐和显示带电体的作用。

角钢滑触线在通电前必须进行绝缘电阻的测定。一般使用兆欧表分别测试三根滑触线对吊车钢轨（相对地）和滑触线之间（相与相）的绝缘电阻，其绝缘电阻值不应小于0.5MΩ。

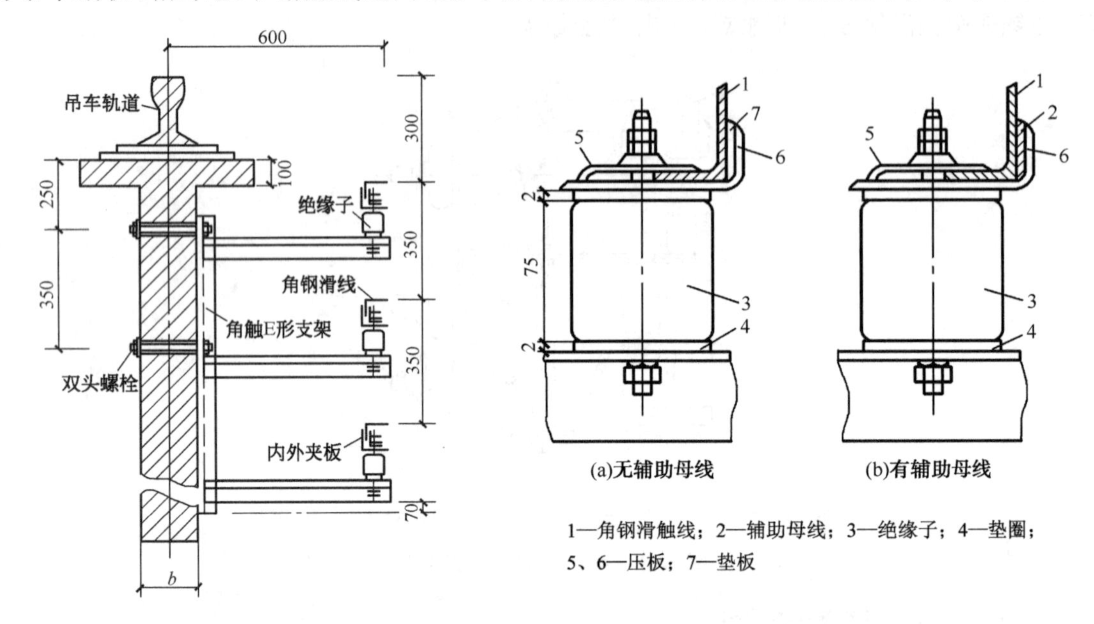

图14-2　角钢滑触线的安装

图14-3　角钢滑触线的固定

任务14.2　电动机的安装

利用电磁原理，实现机械能与电能之间相互转换的旋转机械统称电机。把机械能转换为电能的称为发电机；把电能转换为机械能的称为电动机。因此，电机是现代生产过程中的主要动力机械。

14.2.1　电动机的类型

电动机根据使用的电源不同可分为直流和交流电动机两种，其中交流电动机又可分为三相电动机、单相电动机、异步电动机和同步电动机等。

在建筑设备中广泛采用的是三相交流异步电动机，其构造如图14-4所示。对于三相鼠笼式异步电动机而言，凡中心高度为80～355mm，定子铁芯外径为120～500mm的称为小型电动机；凡中心高度为355～630mm，定子铁芯外径为500～1000mm的称为中型电动机；凡中心高度大于630mm，定子铁芯外径大于1000mm的称为大型电动机。本节主要介绍中、小型电动机的安装。

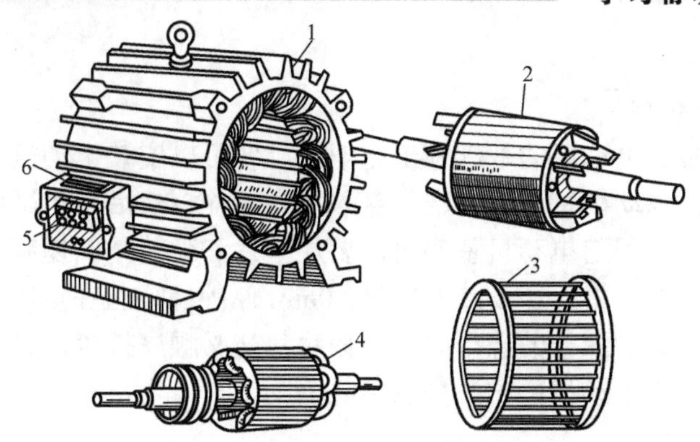

1—定子；2—笼形转子；3—金属笼；4—绕线转子；5—接线盒；6—铭牌

图 14-4 三相异步电动机的构造

14.2.2 电动机的安装要求

（1）电动机在安装前应仔细检查，符合要求方能安装。

（2）电动机在安装前的工作内容主要包括设备的起重、运输，定子、转子、机轴和轴承座的安装与调整工作，电动机绕组的接线，电动机的干燥等工序。

14.2.3 电动机的安装程序

电动机的安装程序是：电动机的搬运→安装前的检查→基础施工→安装固定及校正→电动机的接线→电动机的调试。

1. 电动机的基础施工

电动机的基础一般用混凝土或砖砌筑，其形状如图 14-5 所示。电动机的基础尺寸应根据电动机的基座尺寸确定。采用水泥基础时，如无设计要求，基础质量一般不应小于电动机质量的 3 倍。基础高出地面的值为 H=100～150mm，长和宽各比电动机基座宽 100mm。

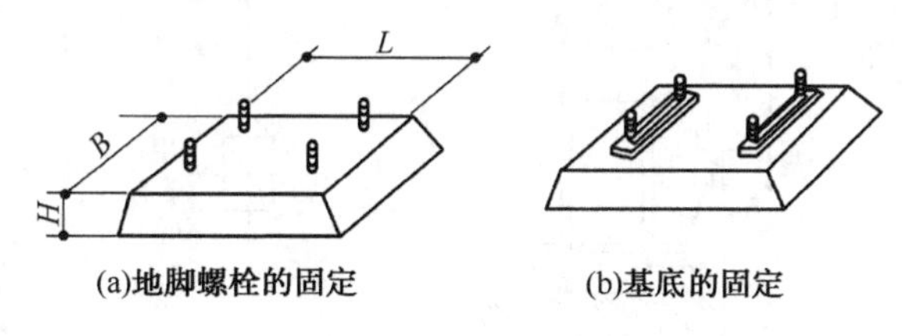

(a)地脚螺栓的固定　　(b)基底的固定

图 14-5 电动机的基础形状

在浇筑混凝土基础前，应预埋地脚螺栓或预留孔洞。安装 10kW 以下的电动机前，一般应在基础上预埋地脚螺栓。

安装 10kW 以上的电动机前，一般应根据安装孔尺寸在现浇混凝土上或砖砌基础上预留孔洞（100mm×100mm），以便等电动机底座安装完毕后进行二次灌浆，而地脚螺栓的根部应做成弯钩形或做成燕尾形。在安装电动机前，应检查基础上地脚螺栓预留孔的相互位置，铲平基础。

等 15 天养护期满后，方可安装电动机。对于固定在基础上的电动机，一般应有不小于

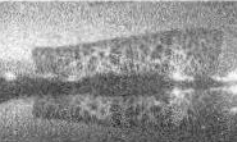

1.2m 的维护通道。

2. 电动机的安装及校正

（1）电动机的安装。电动机的基础施工完毕后，便可以安装电动机了。首先将电动机用钓装工具吊装就位，使电动机基础口对准并穿入地脚螺栓，然后用水平仪找平。找平时可用钢垫片调整水平。用螺母固定电动机基座时，要加垫片和弹簧垫圈以起防松作用。

对于有防振要求的电动机，在安装时应将 10mm 厚的橡皮垫在电动机基座与基础之间，以起到防振作用。紧固地脚螺栓的螺母时，应按对角交叉顺序拧紧，且各个螺母的拧紧程度应相同。用地脚螺栓固定电动机的方法如图 14-6 所示。

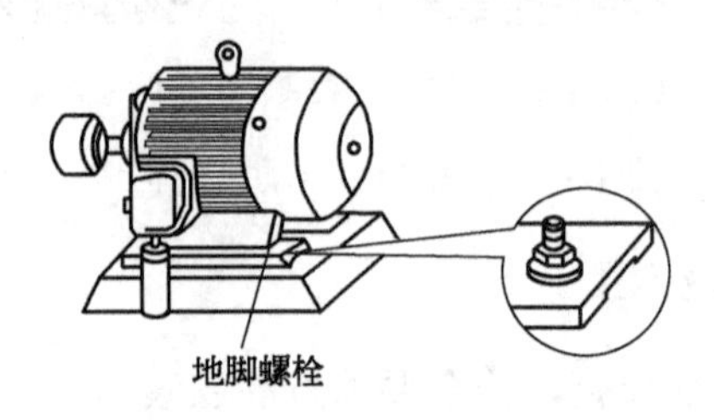

图 14-6　用地脚螺栓固定电动机

（2）传动装置的安装与校正。电动机的传动方式分为皮带传动、联轴器传动和齿轮传动。

① 皮带传动的校正（如图 14-7 所示）。皮带传动时，为了使电动机和它所驱动的机器正常运行，就必须使电动机皮带轮的轴和被驱动机器的皮带轮的轴保持平行，同时还要使两个皮带轮宽度的中心在同一直线上。

② 联轴器的校正。当电动机与被驱动的机械采用联轴器连接时，必须使两轴的中心线保持在一条直线上，否则电动机转动时将产生很大的振动，严重时会损坏联轴器，甚至扭弯、扭断电动机轴或被驱动机械的轴。

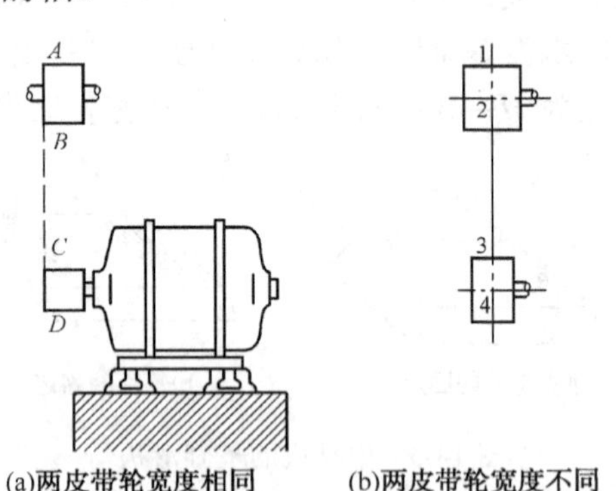

图 14-7　皮带传动的校正

③ 齿轮传动的校正。齿轮传动时必须使电动机的轴保持平行，且大小齿轮的啮合应适当。如果两齿轮的齿间间隙均匀，则表明两轴达到了平行。间隙大小可用塞尺进行检查。

3. 电动机的配管与接线

电动机的配线是动力配线的一部分，是指由动力配电箱至电动机的这部分配线，通常是采用管内穿线埋地敷设的方法来安装的，如图 14-8 所示。

当钢管与电动机间接连接时，在室内干燥场所，钢管端部宜在增设电线保护软管或可绕金属电线保护管后引入电动机的接线盒内，且钢管管口应包扎紧密；在室外或室内潮湿场所，钢管端部应增设防水弯头，导线应加套保护软管，应先经弯成滴水弧状后再引入电动机的接线盒。与电动机连接的钢管管口与地面的距离宜大于 200mm。电动机外壳须做接地连接。

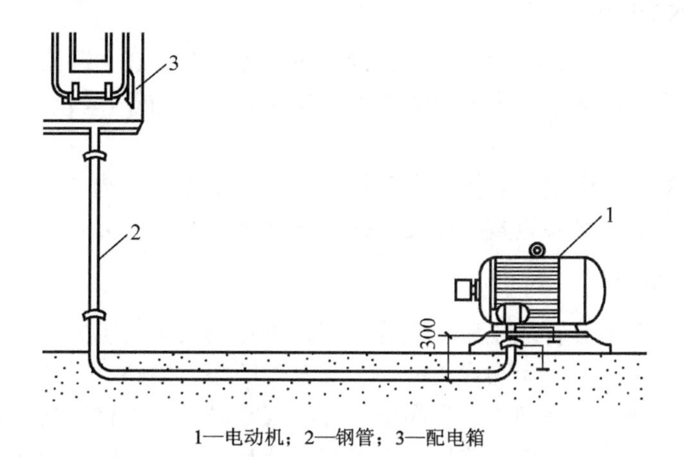

1—电动机；2—钢管；3—配电箱

图 14-8　钢管埋入混凝土内的安装方法

4．电动机的接线

电动机的接线在电动机的安装中是一项非常重要的工作，如果接线不正确，不仅电动机不能正常运行，还可能造成事故。接线前应首先核对电动机铭牌上的说明或电动机接线板上接线端子的数量与符号，然后根据接线图接线。当电动机没有铭牌或端子标号不清楚时，应先用仪表或其他方法进行检查，判断出端子号后再确定接线方法。电动机的接线如图 14-9 所示。在电动机接线盒内裸露的不同相导线间和导线对地间最小距离应大于 8mm，否则应采取绝缘防护措施。

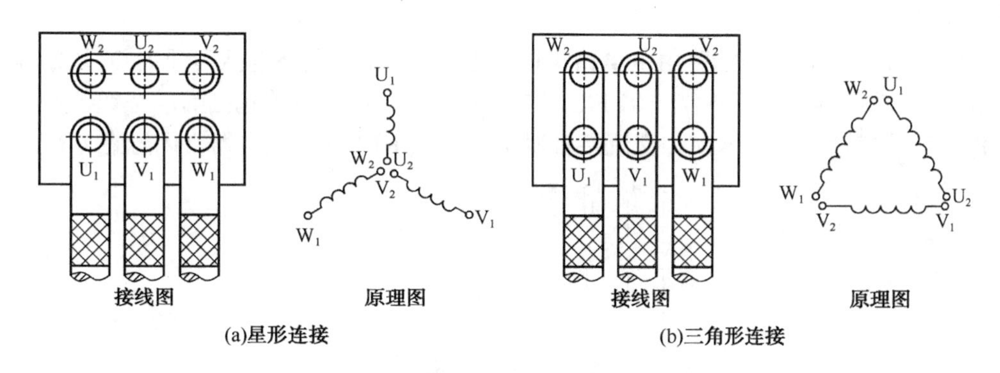

图 14-9　电动机的接线

5．电动机的试验

电压为 1 000V 以下，容量为 100kV·A 以下的电动机试验项目包括：测量绕组的绝缘电阻；测量可变电阻器、启动电阻器、灭磁电阻器的绝缘电阻；检查定子绕组极性及连接的正确性；电动机空载运行时应检测空载电流。

14.2.4 控制设备的安装

电动机的控制设备包括启动器、刀开关、低压断路器、熔断器、接触器和继电器等。

1．磁力启动器的安装

为了便于对单台电极进行控制，将接触器、热继电器组合在一起安装在一个铁盒里面，配上按钮就组成了磁力启动器。磁力启动器可以实现电动机的停、转控制及失压、欠压、过载保护。

安装磁力启动器前，应根据被控制电动机的功率和工作状态选择合适的型号。其安装工序为开箱→检查→安装→触头调整→注油→接线→接地。

2．软启动器的安装

软启动器是一种新型的智能化启动装置，它将单片机技术与电力半导体结合了起来，不仅实现了启动平滑、无冲击、无噪声的特性，还具有断相、短路、过载等保护功能。

安装软启动器之前，应仔细检查产品的型号、规格是否与电极的功率相匹配。安装时应根据控制线路图正确接线，并根据软启动器的容量选择相应规格的动力线。安装完毕可根据实际要求选择启动电流、启动时间等参数。

任务 14.3 电动机的控制

电动机的控制电路是由各种低压电器，如接触器、继电器、按钮等，按一定的要求连接而成的，其作用是实现对电力拖动系统的自动控制。

14.3.1 异步电动机的单向运行控制电路

1．电路的基本构成

如图 14-10 所示的控制电路由主电路和控制电路构成。主电路包括刀开关 Q、熔断器 FU、交流接触器 KM（主触头）、热继电器 FR 及异步电动机。控制电路包括启动按钮 SB_2 、停车按钮 SB_1、交流接触器线圈 KM、交流接触器常开触点 KM 及热继电器常闭触点 FR。

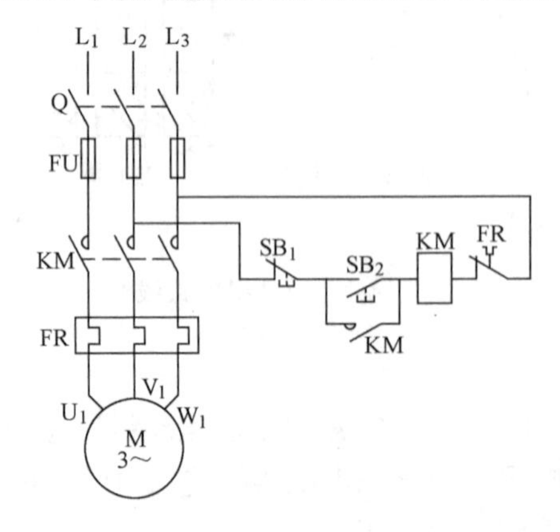

图 14-10 异步电动机的直接启动控制电路图

2．电路的工作原理

合上刀开关 Q，接通主电路电源，然后按下 SB_2，此时交流接触器线圈 KM 得电，使交流接触器常开主触点 KM 闭合，电动机得电启动运行，同时与 SB_2 并联的 KM 闭合，形成自锁。与启动按钮并联的辅助触点也被称做“自锁触点”。由于自锁触点的存在，当电网电压消失（如停电）又重新恢复时，电动机及其拖动的运行机构不能自行启动。若想重新启动电动机，必须再次按下控制按钮 SB_2，这样就避免突然失电后又来电使得电动机自启动而造成意外事故。

正常停车：按下停车按钮 SB_1，接触器线圈 KM 失电，使主电路及控制电路的 KM 回到正常状态，电动机停止运行。

3．电路的保护

该电路有以下几种保护：短路保护、过载保护、失（欠）压保护。当线路发生短路故障时，刀熔开关内的熔体熔化，从而切断主电路和控制电路；当电动机出现过载运行时，熔断器 FU 不熔断，但热继电器 FR 在电流的热效应作用下，经过一段时间（根据要求已经整定好的时间）使串联在控制电路中的常闭触点 FR 断开，这就相当于按下停止按钮 SB_1；当线路失压或者欠压时，交流接触器的线圈电压低于 380V，电磁吸力小于反作用弹簧的作用力，将使交流接触器的闭合触点断开，从而切除故障。

14.3.2　异步电动机的正、反转控制电路

在生产实际过程中，常常要求各种机械进行上下、左右及前后等相反方向的运动，这就要求电动机能够正、反方向旋转。只要把电动机定子绕组连接的三相电源任意两根相线对调，即可改变三相交流异步电动机的转动方向了。利用两个不同时工作的交流接触器即可完成上述任务。异步电动机的正、反转控制电路如图 14-11 所示。

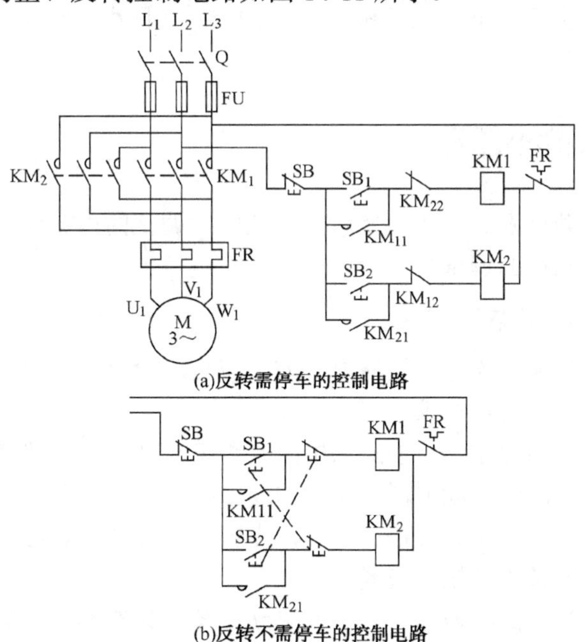

(a)反转需停车的控制电路

(b)反转不需停车的控制电路

图 14-11　异步电动机的正、反转控制电路图

在图 14-11（a）的主电路中，利用 KM_1 和 KM_2 两个动断辅助触点在控制电路中建立起了相互制约的作用，可使两个接触器不能同时工作，这种作用就叫做联锁。

图 14-11（a）电路的工作原理为：首先将负荷开关 Q 合闸，为电动机的正反转做准备。然后可进行以下步骤。

1．正向运行

按下 SB_1→接触器线圈 KM_1 通电
- 主触点 KM_1 闭合→电动机 M 正向运行
- 辅助触点 KM_{11} 闭合→自锁
- 辅助触点 KM_{12} 断开→切断 KM_2 电路，防止 KM_2 线圈得电

2．停止运行

按下 SB→接触器线圈 KM_1 失电
- 主触点 KM_1 断开→电动机 M 停转
- 辅助触点 KM_{11} 断开→触点复位
- 辅助触点 KM_{12} 闭合→为线圈 KM_2 通电作准备

3．反向运行

按下 SB_2→接触器线圈 KM_2 通电
- 主触点 KM_2 闭合→电动机 M 反向运行
- 辅助触点 KM_{21} 闭合→自锁
- 辅助触点 KM_{22} 断开→切断 KM_1 电路，防止 KM_1 线圈得电

这个控制电路的特点为：电动机正向转动时，若直接按下反转按钮 SB_2，电动机不会反转，必须先按下停车按钮 SB，然后再按下 SB_2 按钮，才能使电动机反转。因此，有些生产机械采常用如图 14-11（b）所示的控制电路。图 14-11（b）中的 SB_1 和 SB_2 是组合按钮，各串入一个联动的动合按钮和动转按钮。这个控制电路既保证了两个接触器的主触点 KM_1 和 KM_2 不会同时闭合，又可在不需按下停止按钮 SB，而直接按下另一个启动按钮的情况下使电动机反向转动。

任务 14.4　电动机的调试

电动机的调试是电动机安装工作的最后一道工序，调试的内容包括电动机、开关、保护装置、电缆等一、二次回路的调试。

1．电动机调试的具体内容

（1）电动机在试运行前的检查。接通电源前，应再次检查电动机的电源进线、接地线、与控制设备的连接线等是否符合要求。

（2）检查电动机绕组和控制线路的绝缘电阻是否符合要求，一般其值应不低于 0.5MΩ。

（3）扳动电动机转子时应转动灵活，无碰卡现象。

（4）检查转动装置，皮带不能过松、过紧，皮带连接螺丝应紧固，皮带扣应完好，无断裂和损伤现象，联轴器的螺栓及销子应紧固。

（5）检查电动机所带动的机器是否已做好启动准备，只有准备好后，才能启动。如果电动机所带动的机器不允许反转，应先单独试验电动机的旋转方向，使其与机器旋转方向一致

后，再进行联机启动。电动机的振动及温升应在允许范围内。

（6）电动机试车完毕，交工验收时应提交下列技术资料文件：变更设计部分的实际施工图；变更设计的证明文件；制造厂提供的产品说明书、试验记录及安装图样等技术文件；安装验收记录（包括干燥记录、抽芯检查记录等）；调整实验记录及报告。

2．电动机调试的方法

（1）电动机在空载情况下做第一次启动，并指定专人操作。空载运行 2h，并记录电动机空载电流。空载运行正常后，再进行带负荷运行。

（2）交流电动机带负荷启动时，一般在冷态时，可连续启动 2 次，每次启动时间间隔要超过 5min。在热态时，再启动 1 次。电动机在运行中应无杂音，无过热现象，电动机振动幅值及轴承温升应在允许范围之内。

实训 16　电动机控制

1．实训目的

通过实训掌握三相异步电动机正反转控制电路的正确接线方法，初步掌握简单控制电路的元件安装、测试、校验和排除故障的基本技能。

2．实训内容及要求

1）电动机的旋转方向

异步电动机的旋转方向取决于电源的相序。任意改变任意两相的相序，就会改变电动机的旋转方向。

2）电动机正反转控制的设备安装和接线

（1）控制电路。三相异步电动机的正、反转控制电路如图 14-11 所示，它主要由两个启动按钮、一个停止按钮、两个交流接触器、一个热继电器等组成。

（2）根据如图 14-11 所示的正、反转控制电路，熟悉掌握原理电路和安装接线图，弄清它们之间的相互关系。

3．实训仪器设备

（1）三相异步电动机　　1 台
（2）复合按钮（正、反、停）　　1 只
（3）交流接触器　　2 只
（4）热继电器　　1 只
（5）万用表　　1 块
（6）连接导线和工具

4．实验步骤

1）异步电动机的检查

先进行电动机的外观检查，然后进行绝缘电阻的检查。

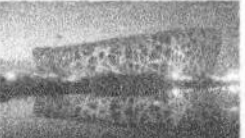

2）连接线路

按照如图 14-11 所示的接线图进行线路连接，先接主线路，再接控制线路。控制线路的布置应采用分色导线，以便检查和校对线路。要求布线正确合理、接线牢固、编号正确。

3）线路检查

线路连接好后，首先由每组内的同学分别对别人连接的线路进行互相检查，然后由指导教师再进行检查，以确认线路连接是否正确。

4）接通电源

先自行检查并确定线路连接正确，再经指导教师检查无误后，即可接通电动机三相电源。要求一次通电成功。

5）正转启动试验

按下正转启动按钮 SB_1，观察电动机控制电器的动作情况和电动机的旋转方向。

6）停止运行

按下停止按钮 SB_3，使电动机停止运行。

7）反转启动试验

按下反转启动按钮 SB_2，同时观察电动机控制电器的动作情况和电动机的旋转方向。

8）反转时直接正转启动

电动机在反转运行时，直接按下正转启动按钮 SB_1，观察电动机如何从反转状态直接过渡到正转运行状态。

9）拆线整理

（1）实训工作结束后，应立即切断三相交流电源。

（2）拆除控制线路和主线路。

（3）将各电器设备按规定位置安放整齐。

5．操作中的注意事项

（1）每个学生应在弄清和看懂接线图的情况下进行线路的连接。

（2）接线时，导线应顺螺钉旋紧方向固定拧牢靠，并严防导线短路。控制线路宜采用分束布置。

（3）实训时，应注意人身和设备安全。

6．实训成绩考评

布线接线	20 分
通电运转	20 分
故障分析	20 分
故障排除	20 分
实训报告	20 分

知识梳理与总结

本章主要介绍了吊车滑触线的安装、三相小型异步电动机的安装、电动机主线路和控制线路的连接与安装。

电动机安装的工作内容主要包括设备的起重、运输，定子、转子、轴承座和机轴的安装调整等钳工装配工艺，以及电动机绕组的接线。

在建筑机械的使用过程中，常要求电动机能够正、反方向旋转。对于三相交流异步电动机而言，可借助交流接触器通过控制线路改变定子绕组的相序来实现这一目标。

电动机的调试是电动机安装工作的最后一道工序，也是对安装质量的全面检查。低压电器的安装应按已批准的设计进行施工，并应符合有关规范的规定。

习题 14

1．吊车滑触线有哪些类型?
2．简述电动机的安装程序。
3．电动机的控制设备有哪些?
4．如何连接电动机的控制线路？
5．电动机的调试包括哪些内容？

学习情境15 防雷、接地与安全用电

教学导航

教	知识重点	掌握安全用电常识
	知识难点	建筑防雷和接地装置的组成及安装方法
	推荐教学方式	结合实训进行讲解
	建议学时	6学时
学	推荐学习方法	结合工程实际对所学知识进行总结
	必须掌握的专业知识	建筑物与设备设施接地装置的安装工艺
	必须掌握的技能	1．安装防雷、接地装置 2．接地装置的测试

任务 15.1　安全用电常识

15.1.1　雷电的危害

1．雷电的种类

由于雷云放电形式不同，可形成直击雷、感应雷和球形雷等。

2．雷电的破坏作用

（1）雷电流的热效应。雷电流的数值很大，当巨大的雷电流通过导体时，短时间内产生的大量热能可能会造成金属熔化、飞溅，从而会引起火灾或爆炸。

（2）雷电流的机械效应。雷电流的机械破坏力很大，可分为电动力和非电动机械力两种。电动力是指由于雷电流的电磁作用产生的冲击性机械力。而有些树木被劈裂，烟囱和墙壁被劈倒等，属于非电动机械力的破坏作用。

（3）跨步电压及接触电压。当雷电流经地面雷击点或接地体散入周围土壤时，离接地极越近，电位越高，离接地极越远，电位越低。当人跨步在接地极附近时，由于两脚所处的电位不同，在两脚之间就有电位差，这就是跨步电压。此电压加在人体上，就有电流流过人体，当电流大到一定程度时，人就会因触电而受到伤害。

（4）架空线路的高电位侵入。电力、通信、广播等架空线路受雷击时会产生很高的电位，继而产生很大的高频脉冲电流，该电流沿着线路侵入建筑物，会击穿电气设备绝缘，烧坏变压器和设备，引发触电伤亡事故，甚至会造成建筑物的破坏。

15.1.2　触电的方式

1．单相触电

单相触电是指人站在地面或接地导体上时，人体触及电气设备带电的任何一相所引起的触电，如图 15-1 所示。大部分触电事故是单相触电事故，其危险程度与中性点是否接地、电压高低、绝缘情况及每相对地电容的大小有关。

2．两相触电

两相触电是指人体的两个部位同时触及两个不同相序带电体的触电事故，如图 15-2 所示。不管中性点是否接地，由于施加于人体的是 380V 的线电压，所以这是最危险的触电方式，但其一般发生的机会较少。

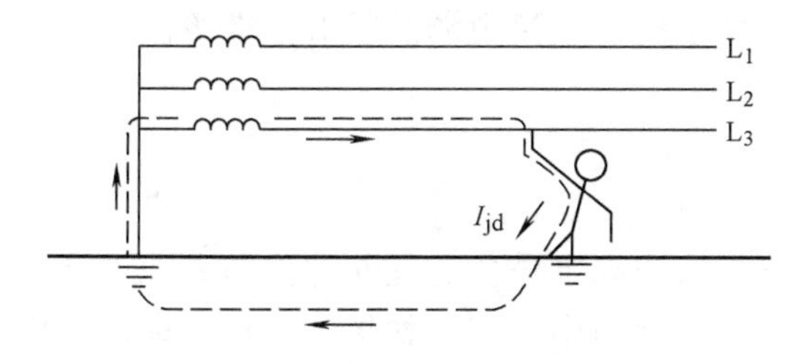

图 15-1　单相触电示意图

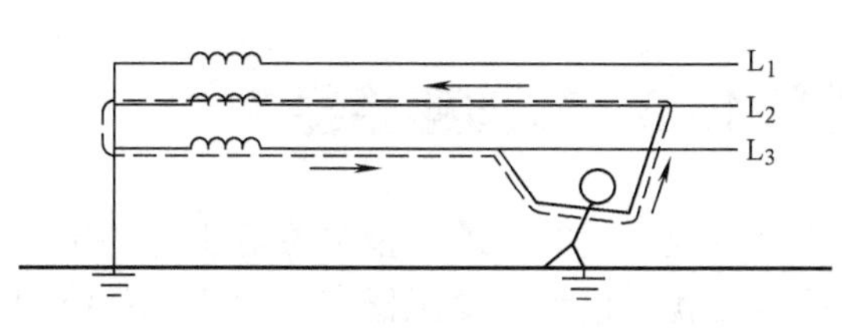

图 15-2　两相触电示意图

图 15-3　跨步电压触电

3．跨步电压触电

当电网的一相导线折断碰地，或电气设备绝缘损坏，或接地装置有雷电流通过时，就有电流流入大地，此时高压接地点的电位最高。如果人的双脚分开站立或走动，由于两脚之间的电位不同，双腿间就有电流通过，即使电流仅持续 2s 时间，也会使人遭受较严重的电击，如图 15-3 所示。

当设备外壳带电或带电导线落在地面时，应立即将故障地点隔离，不能随便触及，也不能在故障地点附近走动。已受到跨步电压威胁者应采取单脚或双脚并拢方式迅速跳出危险区域。

15.1.3　安全用电措施

1．电流对人体的伤害

电流通过人体后能使肌肉收缩从而造成机械性损伤。特别是当电流流经心脏时，对人的心脏损害极为严重。极小的电流便可引起心室纤维性颤动，从而导致死亡。

通过人体的电流越大，接触的电压越高，对人体的损伤就越大。交流电对人体的损害比直流大，不同频率的交流电对人体的影响也不同。电流通过人体的途径不同，对人体的伤害情况也不同。

2．具体安全用电措施

（1）安全电压。一般情况下，36V 电压对人体是安全的。可根据情况使用 36V、24V 或 12V 的安全电压。

（2）保护用具。应合理使用保护绝缘用具，如绝缘棒、绝缘钳、高压试电笔、绝缘手套、绝缘鞋等。

（3）防止接触带电部件。可采取电气绝缘、保证安全距离等措施。

（4）防止电气设备漏电伤人。可采取保护接地和保护接零措施。

（5）漏电保护装置。当发生漏电或触电事故后，可立即发出报警信号并迅速切断电源，以确保人身安全。

（6）安全教育。设置明显、正确和统一的标志是保证用电安全的重要因素。不要在电力线路附近安装天线、放风筝；发现电气设备起火时应迅速切断电源；在带电状态下，决不能用水或泡沫灭火器灭火；雷雨天气时不要在大树下躲雨、打手机等。

（7）触电急救措施。触电急救措施包括自救、使触电者脱离电源及医务抢救等。

任务 15.2　接地和接零

电气上所谓的“地”指电位等于零的地方。一般认为电气设备的任何部分与大地进行良好的连接就是接地；变压器或发电机三相绕组的连接点称为中性点，如果中性点接地，则称之为零点。由中性点引出的导线称为中线或工作接零。

15.2.1　故障接地的危害和保护措施

故障接地是一种供电系统或用电设备的非正常工作状态。当电网相线断线触及地面或电气设备绝缘损坏而漏电时，就有故障电流经触地点或接地体向大地流散，使地表面各点产生不同的电位。当人体经过漏电触地点或触及漏电设备时，就有电流从人身体的某部位通过，从而会给人造成生命危险。

为保证人身安全和电气系统、电气设备的正常工作，一般将电气设备的外壳通过接地体与大地直接连接。对供电系统采取保护措施后，如发生短路、漏电等故障时，系统会及时将故障电路切断，消除短路地点的接地电压，从而确保人身安全和用电设备免遭损坏。

15.2.2　接地的方式及作用

1．工作接地

为电气系统的正常运行需要，在电源中性点与接地装置做金属连接的方式称为工作接地。工作接地如图 15-4 所示。

2．重复接地

为尽可能降低零线的接地电阻，除变压器低压侧中性点直接接地外，将零线上一处或多处再次进行接地的方式称为重复接地。在供电线路每次进入建筑物处都应该做重复接地，如图 15-5 所示。

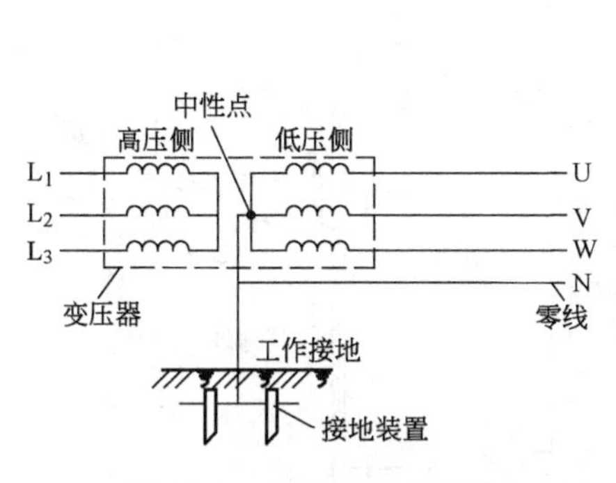

图 15-4　工作接地示意图

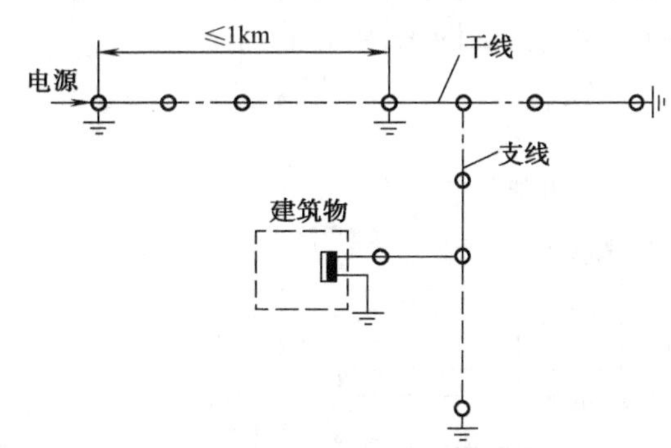

图 15-5　重复接地示意图

重复接地电阻一般规定不得大于 10 Ω，当与防雷接地合一时，其值不得大于 4Ω；漏电保护装置后的中性线不允许设重复接地。

3．保护接地

把电气设备的金属外壳及与外壳相连的金属构架用接地装置与大地可靠地连接起来，以保护人身安全的接地方式，叫做保护接地。其连线叫做保护线（PEN），如图 15-6 所示。保护接地一般用在 1kV 以下的中性点不接地的电路与 1kV 以上的电路中。

4．保护接零

把电气设备的金属外壳与电源的中性线用导线连接起来，叫做保护接零，简称接零。其连线叫做保护线（PE），如图 15-7 所示，当发生单相短路时，电流很大，自动开关可切断电

路，从而避免触电危险。

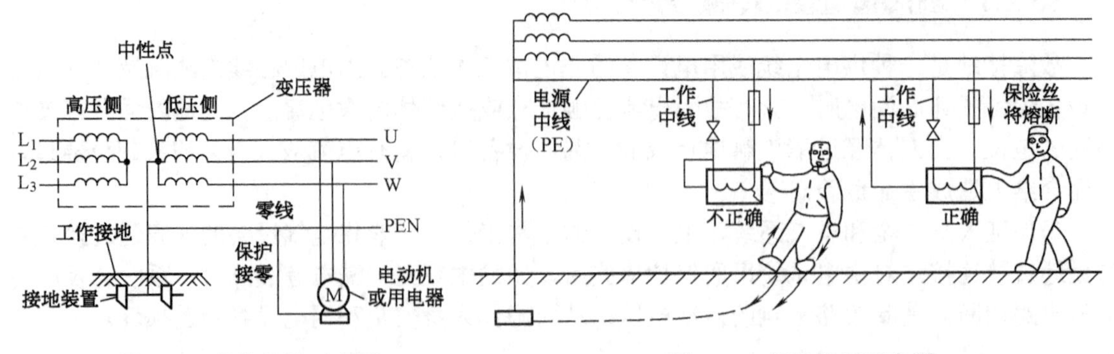

图 15-6　保护接地示意图

图 15-7　保护接零示意图

保护接零一般用在 1kV 以下的中性点接地的三相四线制电力系统中。目前供照明用的 380/220V 中性点接地的三相四线制电网中广泛采用了保护接零措施。

5．工作接零

单相用电设备为获取单相电压而接的零线称为工作接零。其连接线叫做中性线（N），与保护线共用的称为 PEN 线，如图 15-8 所示。

6．防雷接地

为避免建筑物及其内部的电器设备遭受雷电侵害，可使用防雷接地装置将雷电流迅速安全地引入大地，如图 15-9 所示。

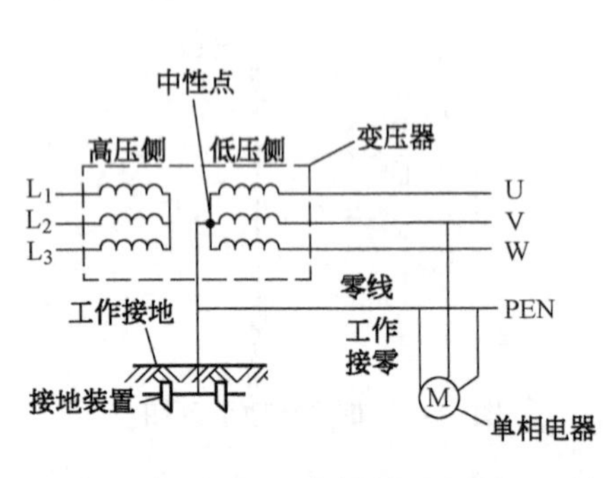

图 15-8　工作接零示意图

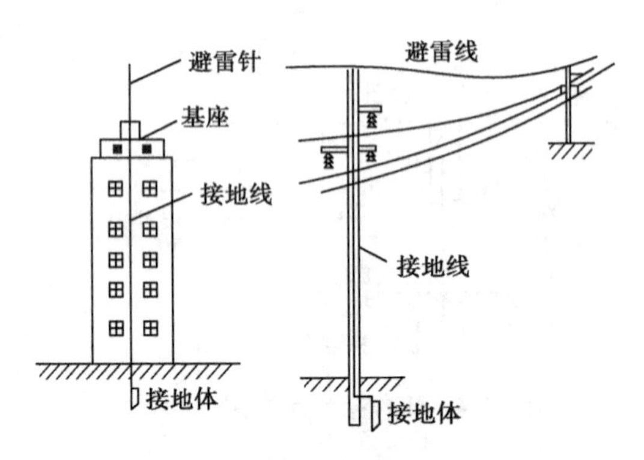

图 15-9　防雷接地示意图

任务 15.3　建筑防雷装置的安装

15.3.1　建筑防雷装置的构成

防雷装置主要由接闪器、引下线和接地装置组成。

1．接闪器

接闪器是指直接遭受雷击的避雷针、避雷带（线）、避雷网避雷器，以及金属屋面和金属构件等。接闪器用于接收雷电流。

2. 引下线

引下线是连接接闪器与接地装置的金属导体。它一般采用圆钢或扁钢制成，应优先使用圆珠钢。

3. 接地装置

接地装置是指接地体和接地线。它的作用是将引下线的雷电流通过接地体迅速流散到大地土壤中去。

（1）接地体。接地体是埋入土壤中或混凝土基础中做散流用的导体，可分为自然接地体和人工接地体。例如，直接与大地接触的各种金属构件、人工打入地下专做接地用的经过加工的各种型钢和钢管等都是接地体。

（2）接地线。接地线是指从引下线断接卡或换线处至接地体的连接导体。

15.3.2　建筑防雷装置的具体安装

1. 避雷针的安装

规范规定避雷接闪器的截面积不小于 100mm^2，采用扁钢时其厚度不应小于 5mm。防雷导线采用钢线时，其截面积应大于 16mm^2；采用铜线时，该值应大于 6mm^2。

避雷针一般用镀锌钢管或镀锌圆钢制成，其长度在 1m 以下时，圆钢直径不应小于 12m，钢管直径不应小于 20mm；当针长度在 1～2m 时，圆钢直径不应小于 16mm，钢管直径不应小于 25mm。烟囱顶上的避雷针，其圆钢直径不应小于 20mm，钢管直径不应小于 40mm。

（1）建筑物避雷针的安装。建筑物避雷针应和建筑物顶部的其他金属物体连成一个整体的电气通路，并与避雷引下线可靠连接。避雷针在山墙上的安装如图 15-10 所示，避雷针在屋面的安装如图 15-11 所示。避雷针用于保护细高的构筑物。

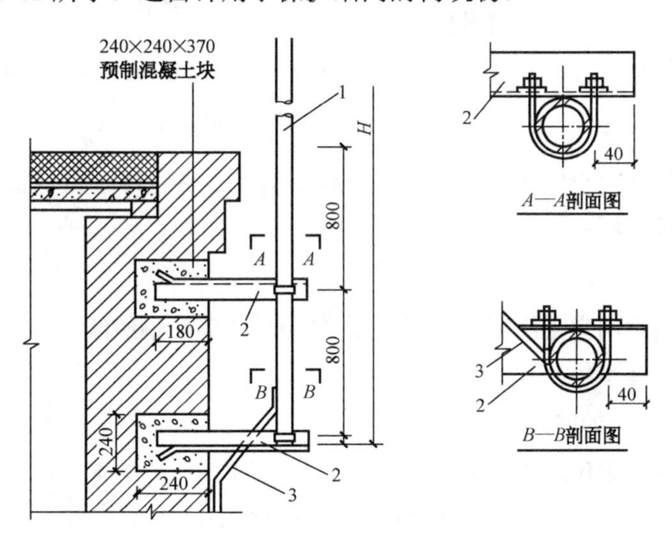

1—避雷针；2—支架；3—引下线

图 15-10　避雷针在山墙上的安装

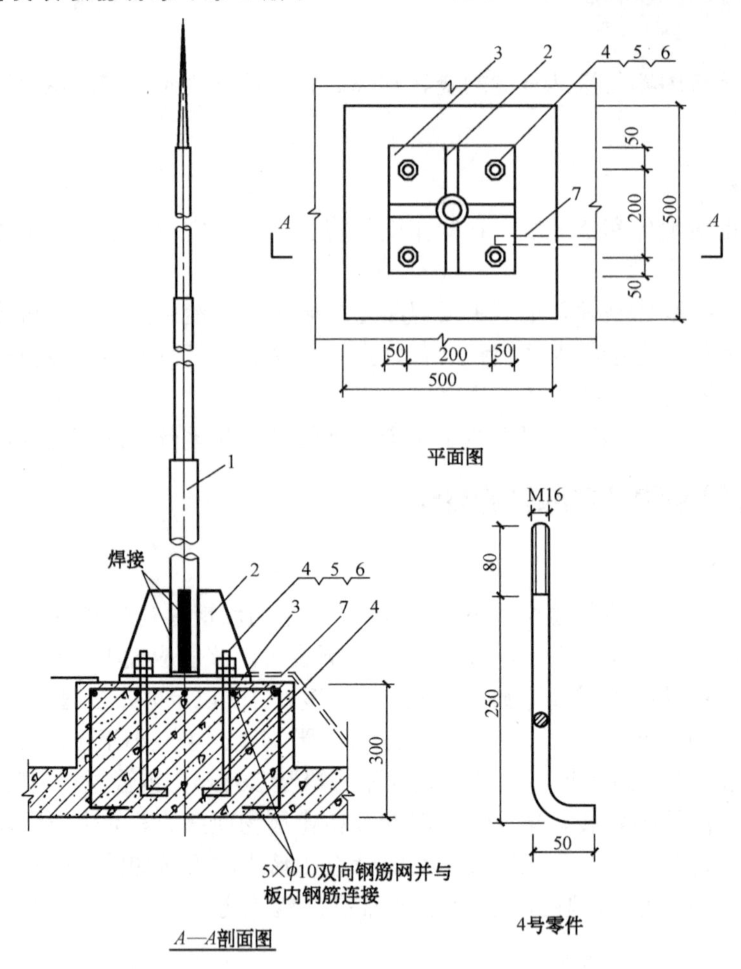

1—避雷针；2—肋板；3—底板；4—底脚螺栓；5—螺母；6—垫圈；7—引下线

图 15-11　避雷针在屋面的安装

不得在避雷针构架上设低压线路或通信线路。引下线安装要牢固可靠；独立避雷针的接地电阻一般不宜超过 10Ω。

2．避雷线的安装

架空避雷线和避雷网宜采用截面积不小于 35mm^2 的镀锌钢绞线，并架在架空线路上方，用以保护架空线路免遭雷击。

3．避雷带和避雷网的安装

避雷带和避雷网易采用圆钢和扁钢，优先采用圆钢。圆钢直径不应小于 12mm。扁钢截面积不应小于 100mm^2，其厚度不应小于 4mm。避雷带装应设在建筑物易遭雷击的部位，可采用预埋扁钢或预制混凝土支座等方法，将避雷带与扁钢支架焊为一体。避雷带和避雷网用于保护顶面面积较大的构筑物。

避雷带可在天沟、屋面、女儿墙上安装，如图 15-12 所示。避雷带可在层脊上安装，如图 15-13 所示。

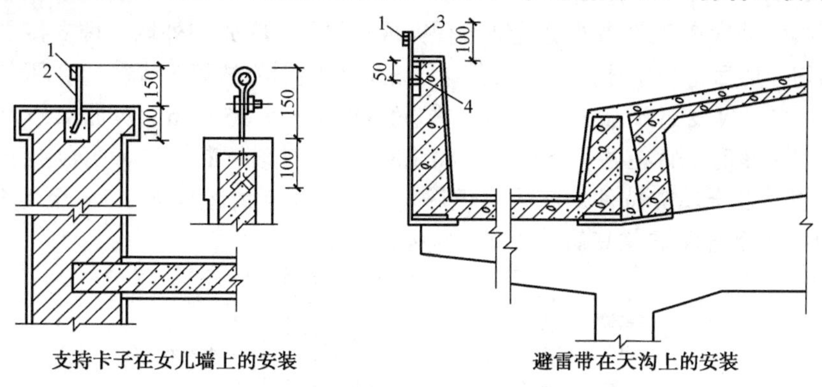

1—避雷带；2—支持卡子；3—支架；4—预埋件

图 15-12　避雷带在天沟、屋面、女儿墙上安装

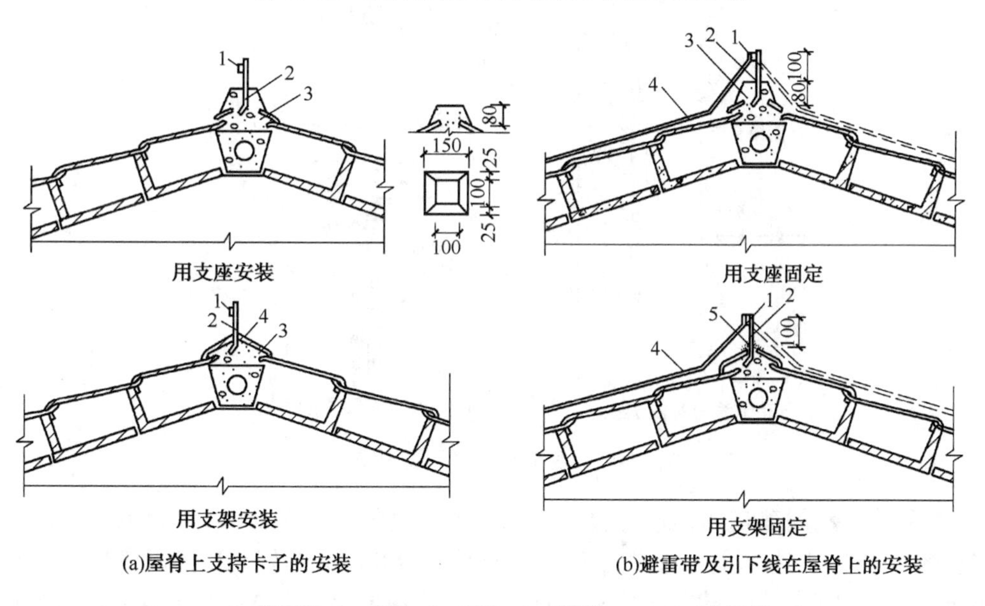

1—避雷带；2—支架；3—支座；4—引下线；5—1:3 水泥砂浆

图 15-13　避雷带在层脊上的安装

避雷网是在屋面上纵横敷设由避雷带组成的网格形状导体。高层建筑常将建筑物的钢筋连接成笼式避雷网。

4．避雷器的安装

避雷器装设在被保护物的引入端，其上端接在线路上，下端接地，用于保护电力线路。常用的避雷器有阀式避雷器、管式避雷器等。

5．引下线的安装

引下线是将雷电流引入大地的通道。引下线可用圆钢或扁钢两种制作而成。圆钢直径不应小于 8mm；扁钢截面积不应小于 48mm^2，其厚度不应小于 4mm。引下线分明敷和暗敷两种。引下线应沿建筑物外墙明敷，并经最短路径接地；建筑艺术要求较高者可暗敷，但其圆钢直径不应小于 10mm，扁钢截面积不应小于 80mm^2。

明敷引下线安装应在建筑物外墙装饰工程完成后进行。应先在外墙预埋支持卡子，且支持卡子间距应均匀，然后将引下线固定在支持卡子上，其固定方法可为焊接、套环卡固定等。支持卡子间距为：水平直线部分为 0.5～1.5m；垂直直线部分为 1.5～3m；弯曲部分为 0.3～0.5m。采用多根专设引下线时，宜在各引下线距地面 1.8m 以下处设置断接卡。明敷引下线应平直、无急弯，其坚固件及金属支持件均应采用镀锌材料，在引下线距地面 1.7m 至地面下 0.3m 的一段应加装塑料或钢管保护，其做法如图 15-14 所示。

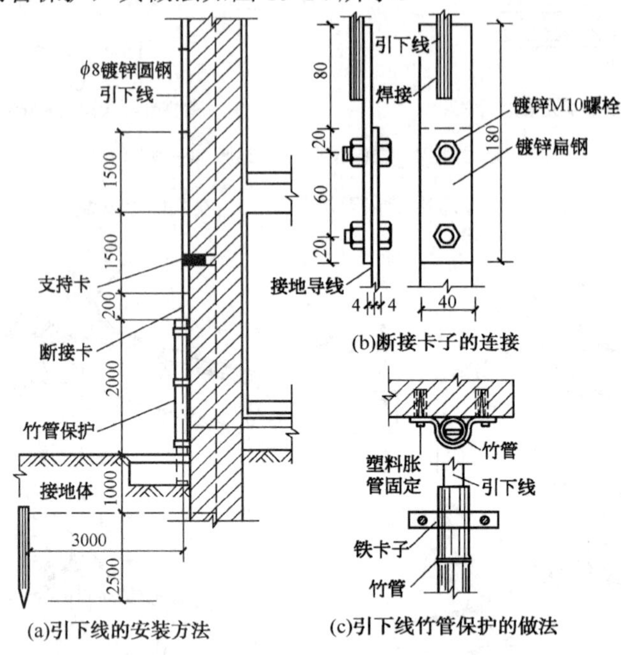

图 15-14　避雷装置引下线的安装

暗设引下线可利用建筑物钢筋混凝土中的主筋（直径不小于ϕ16）作为引下线，每条引下线不得少于两根。应按设计要求在主筋距室外地平 1.8m 处焊好测试点，搭接长度不应小于 100mm，并采用焊接；土建施工完后，应将引下线在地面以上 2m 的一段套管保护起来，并用卡子固定牢固。

任务 15.4　接地装置的安装

15.4.1　接地装置的具体安装

接地线与接地体总称接地装置。为使接地装置具有足够的机械强度和耐腐蚀性能，埋入地下的接地装置材料应为钢材，并热浸镀锌处理，其规格、尺寸要求如表 15-1 所示。

1. 垂直接地体的制作

埋于土壤中的人工垂直接地体宜采用角钢、钢管或圆钢；埋于土壤中的人工水平接地体宜采用扁钢或圆钢。圆钢直径不应小于 10mm；扁钢截面积不应小于 100mm^2，其厚度不应小于 4mm；角钢厚度不应小于 4mm；钢管壁厚不应小于 3.5mm。一般应按设计要求加工，材料可采用钢管或角钢，并按设计长度 2.5m 进行切割。

表 15-1　接地装置的最小允许规格、尺寸

种类、规格及单位		敷设位置及使用类别			
		地　上		地　下	
		室　内	室　外	交流电流回路	直流电流回路
圆钢直径/mm		6	8	10	12
扁钢	截面积/mm²	60	100	100	100
	厚度/mm	3	4	4	6
角钢厚度/mm		2	2.5	4	6
钢管管壁厚度/mm		2.5	2.5	3.5	4.5

钢管的下端应加工成一定的形状，如为松软土壤时，可切成斜面形或扁尖形；如为硬土质时，可将尖端加工成圆锥形，如图 15-15 所示。

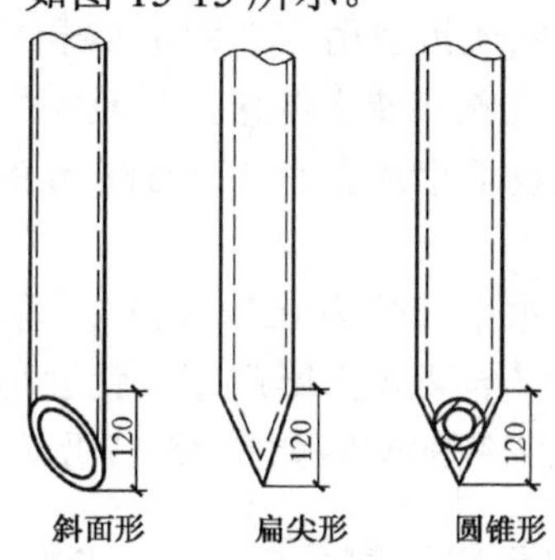

图 15-15　接地钢管加工成的形状

2．垂直接地体的安装

安装人工接地体时，应按设计施工图进行。安装接地体前，应先按接地体的线路挖沟，以便打入接地体和敷设连接接地体的扁钢。然后按设计规定测出接地网的线路，在此线路上挖掘出深为 0.8～1.0m、宽为 0.5m 的沟，沟的中心线与建（构）筑物的基础距离不得小于 2m。

（1）垂直接地体的安装。在将其打入地下时一般可采用打桩法。一人扶着接地体，另一人用大锤打接地体顶端。接地体与地面应保持垂直。

按设计位置将接地体打在沟的中心线上，接地体露出沟底面上的长度为 150～200mm（沟深为 0.8～1.0m）时，接地体的有效深度不应小于 2m，以使接地体顶端距自然地面的距离为 600mm，接地体间距一般不小于 5m。接地体的上端部可与扁钢（－40mm×4mm）或圆钢（ϕ16mm）相连，用于接地体的加固及用做接地体与接地线之间的连接板，其连接方法如图 15-16 所示。

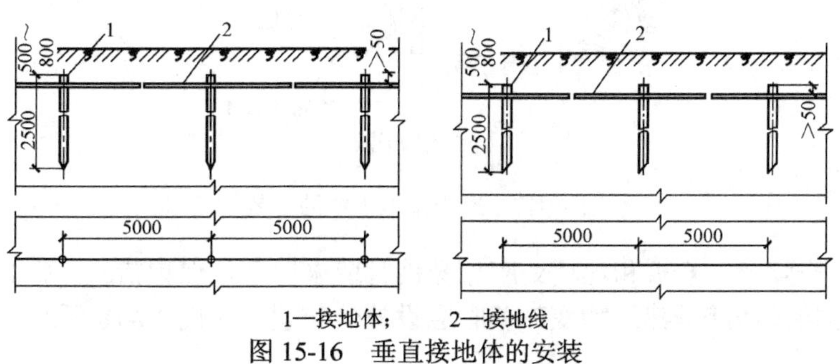

1—接地体；　2—接地线

图 15-16　垂直接地体的安装

接地体按要求打桩完毕后，即可进行接地体的连接和回填土了。

（2）水平接地体的安装。水平接地体的形式有带形、环形和放射形等，多用于环绕建筑四周的联合接地，常采用40mm×4mm的镀锌扁钢。当接地体沟挖好后，应侧向敷设在地沟内，顶部距地面埋设深度不应小于0.6m；多根接地体水平敷设时的间距不应小于5m。

3．接地线的安装

人工接地线包括接地引线、接地干线和接地支线。它一般采用镀锌扁钢或镀锌圆钢制作。移动式电气设备可采用有色金属作人工接地线，但严禁使用裸铝导线作接地线。

接地体间的扁钢的安装：接地体安装完毕后，可按设计要求敷设扁钢。应检查和调直扁钢后将其放置于沟内，再依次将扁钢与接地体焊接起来；扁钢应侧放而不可平放，扁钢应在接地体顶面以下约100mm处连接。

（1）接地干线的安装。接地干线通常选用截面积不小于12mm×4mm的镀锌扁钢或直径不小于 6mm 的镀锌圆钢。其安装位置应便于维修，并且不妨碍电气设备的维修，一般水平敷设或垂直敷设；接地干线与建筑物墙壁应留有10～15mm的间隙，水平安装离地面一般为250～300mm。

接地线支持卡子之间的距离：水平部分为0.5～1.5m；垂直部分为1.5～3.0m；转弯部分为 0.3～0.5m。设计要求接地的金属框架和金属门窗应就近与接地干线可靠连接，连接处应有防电化学腐蚀的措施。室内接地干线的安装如图15-17所示。

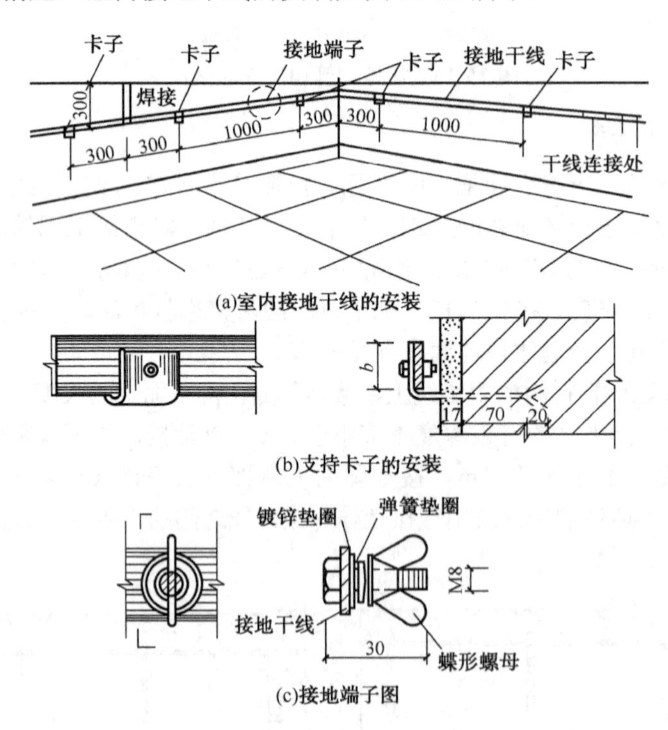

图15-17　室内接地干线的安装

接地线在穿越墙壁、楼板和地坪处应加套钢管或采取其他保护措施，钢套管应与接地线做电气连接；当接地线跨越建筑物变形缝时应设补偿装置，如图15-18所示。

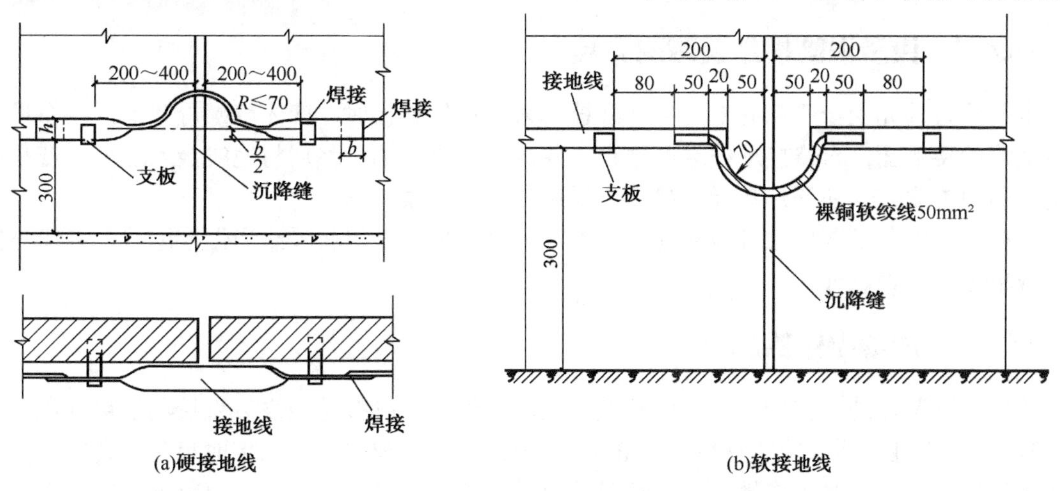

图 15-18　接地线通过伸缩缝和沉降缝的连接示意图

（2）接地支线的安装。每个电气设备的连接点必须有单独的接地支线与接地干线连接，不允许几根支线串联后再与干线连接，也不允许几根支线并联在干线的一个连接点上。接地支线与干线并联连接的做法如图 15-19 所示。

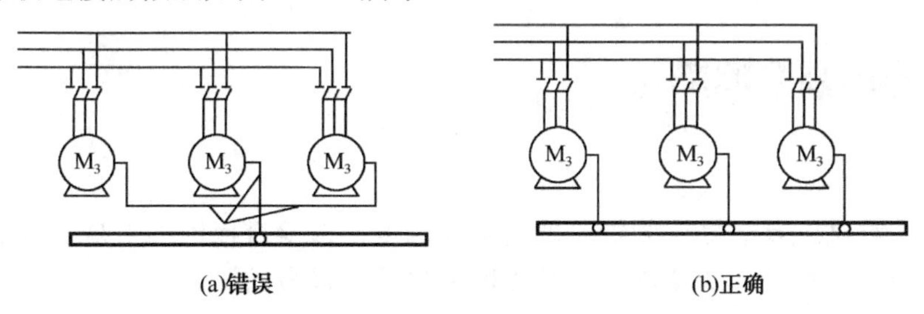

图 15-19　多个电气设备的接地连接示意图

连接接地支线与用电设备金属外壳或金属构架时，应采用螺钉或螺栓进行压接，若接地线为软线则应在两端装设接线端子，如图 15-20 所示。

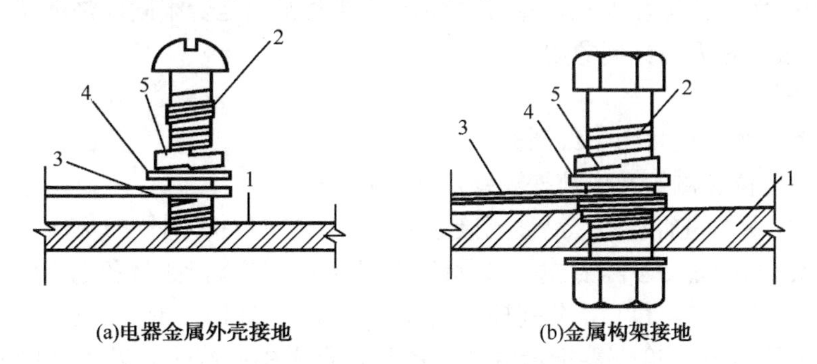

1—电气金属外壳或金属构架；2—连接螺栓；3—接地支线；4—镀锌垫圈；5—弹簧垫圈

图 15-20　通电设备金属外壳或金属构架与接地线的连接

接地支线与变压器中性点及外壳应采用多股铜绞线连接，并与接地干线用并沟夹连接起来。

15.4.2 设备设施接地装置的安装

电气设备外壳上一般都有专用接地螺栓，采用螺纹连接时，应先将螺母卸下，擦净设备与接地线的接触面；再将接地线端部搪锡，并涂上凡士林油；然后将地线接入螺栓，若是在有振动的地方安装，还需加垫弹簧垫圈；最后将螺帽拧紧。

所有电气设备都要单独埋设接地线，不可串联接地；不得将零线当做接地用，零线与接地线应单独与接地网连接。

15.4.3 接地电阻的测试

接地装置整体施工完毕后，常用接地电阻测量仪（俗称接地摇表）直接测量接地电阻。《建筑电气工程施工质量验收规范》（GB 50303－2002）中要求：人工接地装置或利用建筑物基础钢筋的接地装置必须在地面以上按设计要求位置设测试点。测试接地装置的接地电阻必须符合设计要求。

接地电阻应按防雷建筑的类别确定，接地电阻一般为 30Ω、20Ω、10Ω，在特殊情况下要求为 40Ω以下，具体数据按设计确定。当实测接电阻值不能满足设计要求时，可考虑采取置换土壤、增加接地体埋深及向土壤中加入降阻剂等措施降低接地电阻。

实训 17 接地装置的测试

1. 实训目的

接地装置的测试就是对接地装置接地电阻的测量，以检查接地电阻是否满足要求。应掌握接地电阻测量仪（摇表）的使用方法及接地电阻的测量方法。

2. 实训内容及步骤

（1）由专业老师对学生进行安全用电教育。

（2）准备实训器材：摇表、导线及电工用具等。

（3）对所测接地装置进行外观检查，主要检查接地连线是否牢固、油漆是否完好，连接零件是否齐备有效，有无锈蚀现象等。

（4）操作程序。

① 在地面上接线卡处将引下线断开。

② 将摇表的电位探测针和电流探测针用导线连好。

③ 按图 15-21 所示进行接线。沿被测接地极 E′，使电位探测针 P′ 和电流探测针 C′ 以直线形式彼此相距 20m 插入地中，且电位探测针 P′ 要插在于接地极 E′ 和电流探测针 C′ 之间。

④ 用导线将 E′、P′ 和 C′ 分别接于仪表上相应的端钮 E、P、C 上。

⑤ 将仪表水平放置，检查零指示器的指针是否指于中心线上，若不在中心线上可用零位调整器将其调整至中心线。

⑥ 将“倍率标度”置于最大倍数，慢慢转动发电机手柄，同时旋动“测量标度盘”，使零指示器的指针指于中心线。当零指示器指针接近平衡时，加快发电机手柄的转速，使其达到 120ppm 以上，调整“测量标度盘”，使指针指于中心线上。

⑦ 如果“测量标度盘”的读数小于 1，应将“倍率标度”置于较小的倍数，再重新调整“测量标度盘”，以得到正确的读数。

⑧ 当指针完全平衡在中心线上以后，用“测量标度盘”的读数乘以倍率标度，所得结果即为所测的接地电阻值。

3．应注意的问题

（1）当“零指示器”的灵敏度过高时，可使电位探测针插入得浅一些；若其灵敏度不够时，可沿电位探测针和电流探测针注水使之湿润。

（2）测量时，接地线路要与被保护的设备断开，以便得到准确的测量数据。

（3）当接地极 E′ 和电流探测针 C′ 之间的距离大于 20m，电位探测针 P′ 的位置插在 E′ 、C′ 之间的直线几米以外时，其测量的误差可以不计；但当 E′ 、C′ 间的距离小于 20m 时，则应将电位探测针正确插于 E′ 、C′ 直线中间。

（4）当用 0～1/10/100Ω规格的接地电阻测量仪测量小于 1Ω的接地电阻时，应将 E 的连接片打开并分别用导线连接到被测接地体上，以消除测量时连接导线电阻附加的误差，如图 15-22 所示。

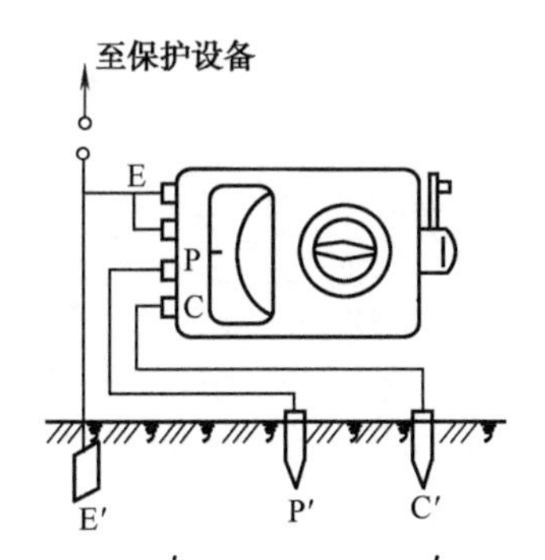

E′—被测接地体；P′—电位探测针；C′—电流探测针

图 15-21　接地电阻的测量接线

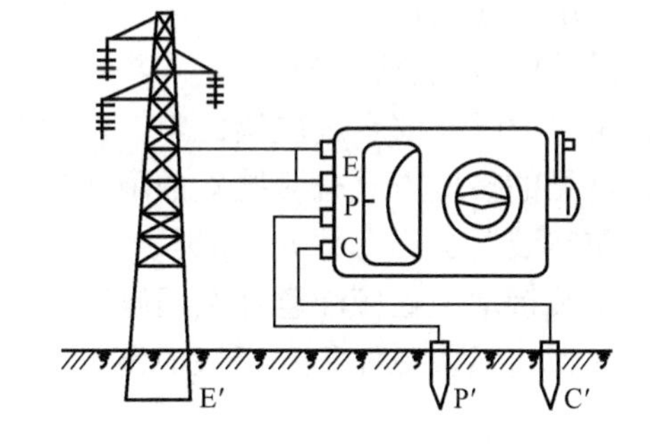

图 15-22　测量小于 1Ω的接地电阻的接线

4．实训要求

（1）指导老师可先做示范，然后由学生分组对不同的接地体进行测量。

（2）对测量结果进行记录。

（3）对测量数据进行分析。如不符合要求，应查找原因、采取措施。

（4）写出实训报告。

5．实训成绩考评

选择工具、材料	20 分
仪表接线	20 分
仪表使用	20 分
测量结果分析	20 分
实训报告	20 分

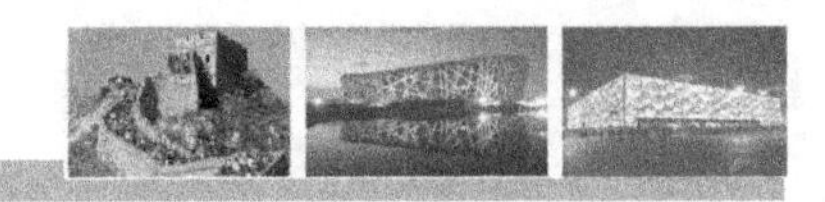

知识梳理与总结

本章主要介绍了安全用电常识、常用的接地方式、故障接地的危害及采取的保护措施、防雷装置的构成、防雷装置及电器设备的接地装置的安装工艺、接地装置的测试方法。

习题 15

1．雷电有哪些危害？
2．触电的方式有哪些？
3．常采取哪些安全用电措施？
4．常见的接地方式有哪些？故障接地有什么危害？
5．防雷装置由哪几部分构成？
6．安装接地装置应注意什么问题？
7．何谓自然接地体和人工接地体？

学习情境16 智能建筑系统

教学导航

教	知识重点	有线电视系统、计算机网络系统、电话通信系统、广播音响系统、电控门系统、火灾自动报警与消防联动控制系统的安装方法
	知识难点	安全防范系统及计算机管理系统的作用
	推荐教学方式	结合实物和图片进行讲解
	建议学时	4学时
学	推荐学习方法	结合工程实物对所学知识进行总结
	必须掌握的专业知识	配合土建进行电话系统及电控门系统预埋管、箱、盒的安装
	必须掌握的技能	能够配合土建进行有线电视系统及计算机网络系统预埋管、箱、盒的安装

智能建筑是计算机技术、通信技术、控制技术与建筑技术密切结合的产物。智能建筑的重点是利用先进的技术对楼宇进行控制、通信和管理，强调实现建筑物的自动化、通信系统的自动化和办公业务的自动化。智能建筑系统主要包括电话通信系统、火灾自动报警系统与消防联动控制系统、有线电视系统、广播音响系统、安全防范系统及计算机管理系统等。

任务 16.1　有线电视系统和计算机网络系统

16.1.1　有线电视系统

有线电视以有线闭路形式把节目送给千家万户，被人们称为 CATV（Cable Television）。有线电视系统由前端、干线传输和用户分配网络三部分组成。

1．前端设备的安装

安装前端设备前，应先仔细检查其外观是否有破损，内部有无短路等，并进行带电检查。每一频道的解调器和调制器、卫星接收机和调制器要尽可能排列在一起，避免互相干扰；各设备之间要有一定间距，以利于散热。各频道的输出、输入电缆要排列整齐，不互相缠绕，以便于识别。视频、音频电缆与电源线平行时，应间隔 30cm 以上或采取其他防干扰措施。要按照设备说明书连接，以使电缆与设备之间连接正确、可靠、不脱落。

2．线路敷设

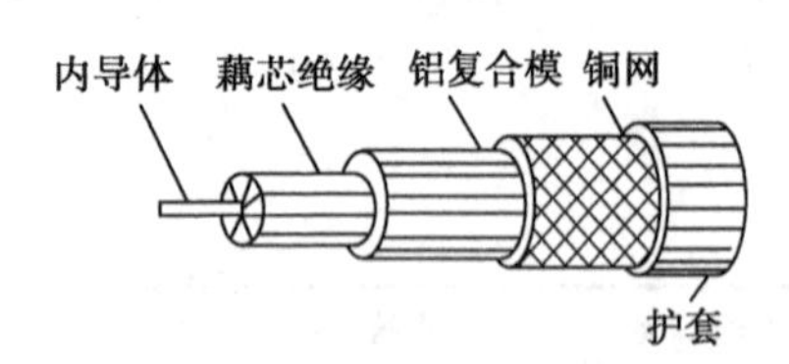

图 16-1　同轴电缆的结构

在 CATV 系统中常用的传输线是同轴电缆，同轴电缆的结构如图 16-1 所示。同轴电缆的敷设分为明敷设和暗敷设两种。其敷设方法可参照现行电气装置安装工程施工及验收规范，并应完全符合《有线电视系统工程技术规范》的要求。

用户线进入房屋内时可穿管暗敷，也可用卡子明敷在室内墙壁上，或布放在吊顶上。不论采用何种方式，都应做到牢固、安全、美观。走线应注意横平竖直。

3．用户盒的安装

用户盒的安装分内装和暗装。明装用户盒时可直接用塑料胀管和木螺钉将其固定在墙上。暗装用户盒时应在土建施工时就将盒及电缆保护管埋入墙内，盒口应与墙面保持平齐，待粉刷完墙壁后再穿电缆，给接线盒安装盒体面板，面板可略高出墙面。插座盒、开关盒的安装同电气照明工程。

4．系统供电

有线电视系统采用 50Hz、220V 电源做系统工作电源。工作电源宜从最近的照明配电箱直接分回路引入电视系统供电，但前端箱与交流配电箱的距离一般不应小于 1.5m。

5．防雷接地

电视天线防雷与建筑物防雷采用一组接地装置，接地装置应做成环状，接地引下线不少于 2 根。从户外进入建筑物的电缆和线路，其吊挂钢索、金属导体、金属保护管均应在建筑物引入口处就近与建筑物防雷引下线相接。在建筑物屋顶面上不得明敷设天线馈线或电缆，

也不能利用建筑的避雷带做支架敷设。

6. 系统的调试与验收

为了使 CATV 系统能够得到更好的接收效果，必须在安装完毕后，对全系统进行认真的调试。系统调试包括以下内容：天线系统的调整、前端设备的调试、干线系统的调试、分配系统的调试、验收。

16.1.2 计算机网络系统

计算机网络系统是智能大厦的重要基础设施之一，楼宇管理自动化系统就是通过计算机网络系统实现的。智能大厦的计算机网络系统是一个局域网系统，由三个部分组成：负责计算机中心机房与楼内各层子网间连接的主干网；楼层各层子网或楼宇子网；与外界的通信联网。

（1）户外系统。户外系统主要是用于连接楼群之间的通信设备，它将楼内和楼外系统连接为一体，是户外信息进入楼内的信息通道。户外系统可通过地下管道或架空方式进入大楼。户外系统进入大楼经过金属的分线盒后，应分别加装相应电气保护装置，以保持良好的接地状态，然后再通过线路接口连接到配线系统上。

（2）垂直竖井系统。垂直竖井系统是高层建筑中垂直安装各种电缆、光缆的组合。通过垂直竖井系统可以将布线系统的其他部分连接起来，满足各个部分之间的通信要求。在具体施工时，应将电缆固定于垂直竖井的钢铁支架上，以保证电缆的正常安装状态。

（3）平面楼层系统。平面楼层系统起着支线的作用，它一端连接用户端子区，另一端连接垂直竖井系统。平面楼层系统是平面铺设的，常见的平面楼层系统的安装方法有暗管预埋、墙面引线和地下管槽、地面引线两种。

（4）用户端子。用户端子用于将用户设备连接到布线系统中，主要包括与用户设备连接的各种信息插座及相关配件。用户端子的安装部位可以在墙上，也可以在用户的办公桌上，但是要避免安放在易被损坏的地方。

（5）机房子系统。机房指集中安装大型通信设备与主机、网络服务器的场所。机房子系统一般是安装在计算机机房内的布线系统。机房子系统集中有大量的通信干缆，同时也是户外系统与户内系统汇合连接处。它往往兼有布线配线系统的功能。

（6）布线配线系统。布线配线系统的位置一般位于平面楼层与垂直竖井系统之间。布线配线系统本身是由各种各样的跳线板与跳线组成的，它能方便地调整各个区域内的线路连接关系。

任务 16.2 电话通信系统和广播音响系统

16.2.1 电话通信系统

随着社会经济和科学技术的迅速发展，人们对信息的需求日趋迫切，电话通信系统已成为各类建筑物必须设置的弱电系统。

1. 电话通信系统的构成

电话通信系统有三个组成部分，即电话交换设备、传输系统和用户终端设备。

2．电话通信设备的安装

电话通信设备的安装要接受电信专业部门的监督指导。

（1）分线箱（盒）的安装。建筑物内的分线箱（盒）多在墙壁上安装。

分线箱（盒）在墙壁表面明装时，应将分线箱（盒）用木钉固定在墙壁上的木板上，木板四周应比分线箱（盒）各边大 2cm，装设应端正牢固，木板应至少用 3 个膨胀螺栓固定在墙上，分线箱（盒）底部距地面一般不低于 2.5m。

暗装电缆接头箱、分线箱和路过箱等统称壁龛。壁龛是埋置在墙内的长方体形的木质或铁质箱子，以供电话电缆在上升管路及楼层管路内分支、接续、安装分线段子板用。分线箱是内部仅有端子板的壁龛。壁龛一般是用木板或钢板制成的，木板应用较坚实的木材，木板的厚度为 2～2.5cm。壁龛内部和外面均应涂防腐漆，以防腐蚀。铁质壁龛在加工和安装时，要事先在预留壁龛中穿放电缆和导线的孔，铁质壁龛内还需要按照标准布置线路，并安装固定电缆、导线的卡子。壁龛的装设高度一般以有利于工作和引线短为原则，壁龛的底部一般离地 500～1 000mm。

（2）交接箱的安装。交接箱的安装可分为架空式和落地式两种，主要安装在建筑物外。

（3）电话机的安装。电话机不直接与线路接在一起，而是通过接线盒与电话线路连接起来。室内线路明敷时，可采用明装接线盒。明装接线盒很简单，有 4 个接头，即 2 根进线、2 根出线。电话机两条引线无极性区别，可以任意连接。

室内常采用线路暗敷，即将电话机接至墙壁式出线盒上。已有的接线盒需将电话机引线接入盒内的接线柱上，有的则用插座连接。墙壁出线盒的安装高度一般为距地 30cm，有时根据用户需要也可装于距地 1.3m 处。在这个位置上适合安装墙壁电话机。

16.2.2 广播音响系统

1．广播音响系统的基本组成

建筑物的广播音响系统可以分为三种类型：一是公共广播系统，如面向公众区、面向宾馆客房等的广播音响系统，它具有背景音乐和紧急广播功能；二是厅堂扩声系统，如礼堂、剧场、体育场馆、歌舞厅、宴会厅、卡拉 OK 厅等的音响系统；三是专用的会议系统，它虽然也属于扩声系统，但有其特殊要求，如同声传译系统等。不管哪类广播音响系统，其基本组成都可以用如图 16-2 所示的框图表示。

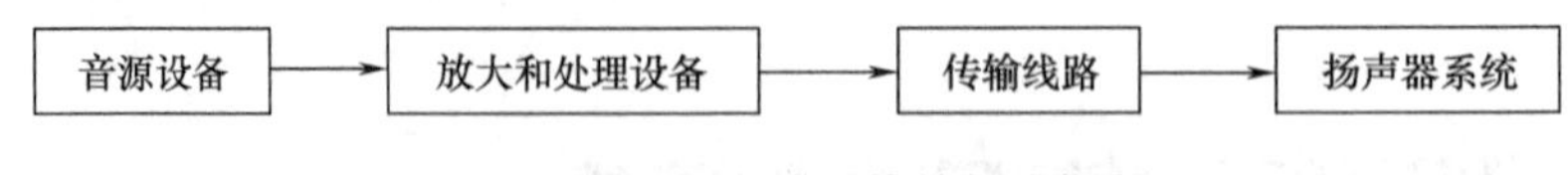

图 16-2　广播音响系统的组成框图

2．广播音响系统的安装

（1）系统连接器材的选择。为了减少噪声干扰，设备间的低电平线路都应采用屏蔽线。屏蔽线可选用单芯、双芯或四芯屏蔽电缆。

（2）设备的就位安装。广播室设备应进行开箱检查，完全符合图纸要求后方可进行安装就位。设备的安装应该平稳、端正，落地式安装的设备应用地脚螺栓加以固定。一般天、地线接板应装在高度为 1.8m 处，分路控制盘和配电盘应装在高度为 1.2m 处。

（3）广播室的导线敷设。广播室内的导线可采用地板线槽、暗管敷设或明敷设。

3. 天线与地线的装设

常用室外广播接收天线有倒“L”形天线、垂直天线、调频接收天线和带地网的防干扰天线。天线杆、拉线等均应做可靠的接地，其接地线可引至建筑物防雷接地线上或单独制作接地线，其接地电阻不应大于 4Ω。

4. 扬声设备的安装

一般纸盆扬声器装于室内的应带有助声木箱。其安装高度一般在办公室内距地面 2.5m 左右或距顶棚 200mm 左右；在宾馆客房、大厅内，扬声设备一般安装在顶棚上，吸顶式或嵌入式扬声设备应考虑音响效果。纸盆扬声器在墙壁内暗装时，预留孔位置应准确，大小适中。

任务 16.3　电控门系统

16.3.1　电控门系统的组成

电控防盗门是安装在住宅、楼宇及要求安全防卫场所的入口，能在一定时间内抵御一定条件下非正常开启或暴力侵袭，并能实施电控开锁、自动闭锁及具有选通、对讲功能的铁门。

楼宇电控防盗门一般由以下两个部分组成。

（1）对讲电控系统。对讲电控系统由主机、若干分机（视住户数而定）、电源箱、传输线等部分组成。

（2）防盗门体。防盗门体由门框、门扇、门铰链、电控锁、闭门器等部分组成。

楼宇电控防盗门具有选呼功能，用主机能正确选呼任一分机，并能听到回铃音。选呼后，应能实施双工通话，话音清晰，不应出现振鸣现象，在分机上还可以实施电控开锁。

16.3.2　对讲电控系统

对讲电控系统由主机、分机、电源箱、主呼通道和应答通道组成。主机是安装在楼宇电控防盗门入口处的选通、对讲控制装置。分机是安装在各住户的通话对讲及控制开锁的装置。电源箱是提供对讲电控门防盗门的主机、分机、电控锁等各部分电源的装置。主呼通道是指主机发话输入端至分机收话输出端的通道。应答通道是指分机发话输入端至主机收话输出端的通道。

16.3.3　防盗门体

防盗门体由电控锁、闭门器、门框和门扇等组成。

1. 电控锁

电控锁是具有电控开启功能的锁具。锁具一般安装在门的侧面，锁的其余部分不得外露，但应便于维修。电控锁除应有起锁闭作用的锁舌外，还应有防撬锁舌或其他防撬保险装置。

2. 闭门器

闭门器是可使对讲电控防盗门门体在开启后受到一定控制，能实现自动关闭的一种装

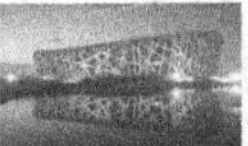

置。应按门扇的重量级别选择相应规格的闭门器。闭门器应有调节闭门速度的功能，在门扇关至15°～30°时，应能使闭门速度骤然减慢并发力关门，以使门锁能可靠锁门。

3．门框、门扇

楼宇使用的防盗门应采用平开式门，开门方向由内向外。支撑受力构件与门框的连接应牢固、可靠，在门外不能拆卸。

系统安装完毕之后，应对设备安装过程进行全面的常规性检查，并进行电气性能的测试。

任务16.4　火灾自动报警系统与消防联动控制系统

火灾自动报警系统与消防联动控制系统作为建筑设备管理自动化系统的子系统，是保障智能建筑防火安全的关键。消防联动控制系统既可与安防系统、建筑设备自动化系统联网通信，向上级管理系统传递信息，又能与城市消防调度指挥系统、城市消防管理系统及城市综合信息管理网络联网运行，提供火灾及消防系统状况的有效信息。

16.4.1　火灾自动报警系统

火灾自动报警系统通常由火灾探测器、区域报警控制器集、中报警控制器及联动与控制装置等组成。

1．集中自动报警系统

集中自动报警系统由集中火灾报警控制器、区域火灾报警控制器和火灾探测器等组成，如图16-3所示。

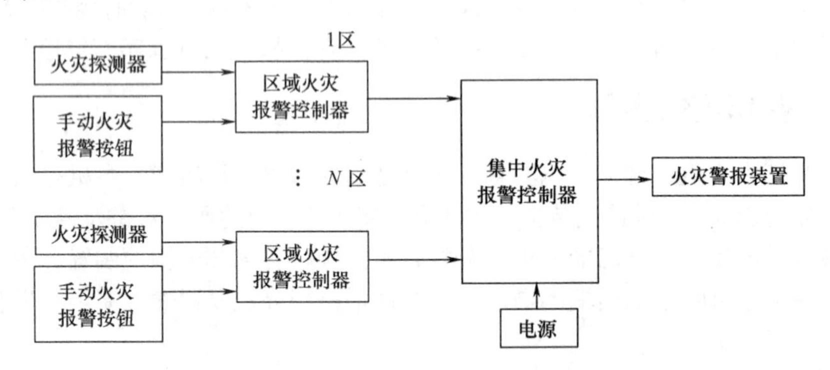

图16-3　集中自动报警系统原理框图

2．火灾自动报警系统的主要功能

当火灾发生时，在火灾的初期阶段，火灾探测器会根据现场探测到的情况首先将动作发送信号给所在区域的报警显示器及消防控制室的系统主机，当人员发现后，用手动报警器或消防专用电话报警给系统主机。消防系统主机在收到报警信号后，将迅速进行火情确认，等确定火情后，系统主机将根据火情及时做出一系列预定的动作指令。

3．火灾探测器

火灾探测器是按照火场的特点制作的，分成感温型、感烟型和感光型火灾探测器。当发

生火灾时，它会自动探测火灾信号，同时将信号发送给火灾报警控制器，启动自动喷水灭火系统实施灭火。火灾探测器一般设于顶棚上，其外形如图 16-4 所示。

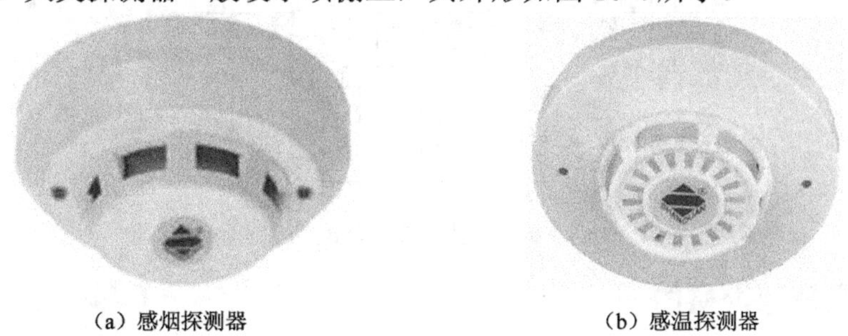

（a）感烟探测器　　（b）感温探测器

图 16-4　火灾探测器外形

16.4.2　消防联动控制系统

消防联动控制对象包括灭火设施、防排烟设施、电动防火卷帘、防火门、水幕、电梯、非消防电源的断电控制设施等。消防联动控制的功能包括：消火栓系统的控制，自动喷水灭火系统的控制，二氧化碳气体自动灭火系统的控制，消防控制设备对联动控制对象的控制，以及消防控制设备接通火灾报警装置的控制。

任务 16.5　安全防范系统

智能建筑的安全防范系统是智能建筑设备管理自动化的一个重要的子系统，是向大厦内工作和居住的人们提供安全、舒适及便利工作生活环境的可靠保证。

根据系统应具备的功能，智能建筑的公共安全防范系统通常由入侵报警系统、电视监控系统、出入口控制系统、巡更系统、汽车库（场）管理系统组成。

智能建筑的安全防范系统不是一个孤立的系统。图 16-5 描述了安全防范系统的基本框架。

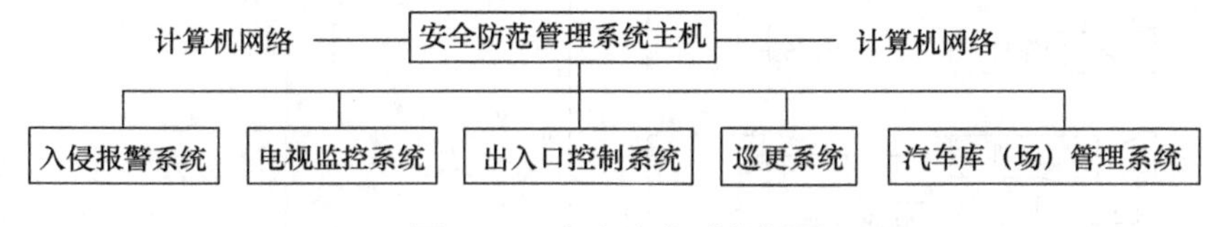

图 16-5　安全防范系统框图

16.5.1　入侵报警系统

智能建筑的入侵报警系统负责对建筑内外各个点、线、面和区域的侦测任务。它一般由探测器、区域控制器和报警控制中心三个部分组成。

入侵报警系统的结构如图 16-6 所示。最低层是探测器和执行设备，负责探测人员的非法入侵，有异常情况时会发出声光报警，同时向区域控制器发送信息。区域控制器负责下层设备的管理，同时向控制中心传送相关区域内的报警情况。一个区域控制器和一些探测器、声光报警设备就可以组成一个简单的报警系统，但在智能建筑中还必须设置监控中心。监控中心由微型计算机、打印机与 UPS 电源等部分组成，其主要任务是实施整个入侵报警系统的监控与管理。

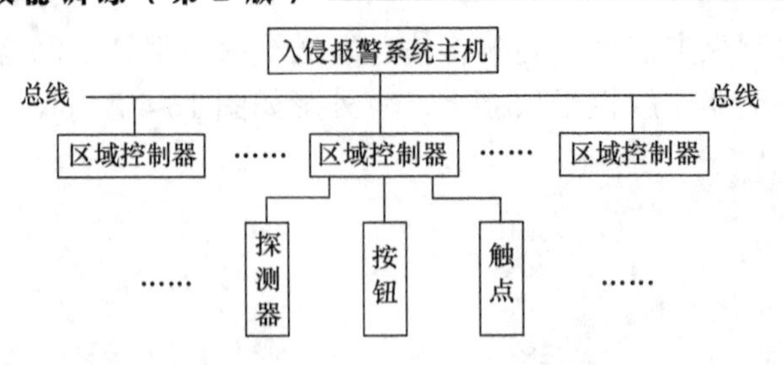

图 16-6　入侵报警系统的结构

16.5.2　电视监控系统

在智能建筑安全防范系统中，电视监控系统可使管理人员在控制室中观察到所有重要地点的人员活动状况，可为安全防范系统提供动态图像信息，为消防等系统的运行提供监视手段。

（1）摄像部分，包括安装在现场的摄像机、镜头、防护罩、支架和电动云台等设备，其任务是对物体进行摄像并将其转换成电信号。

（2）传输部分。传输部分包括视频信号的传输和控制信号的传输两大部分，由线缆、调制和解调设备、线路驱动设备等组成。

（3）显示与记录部分。显示与记录设备安装在控制室内，主要由监视器、长延时录像机和一些视频处理设备构成。

（4）控制设备。控制设备包括视频切换器、画面分割器、视频分配器、矩阵切换器等。

电视监控系统的系统图如图 16-7 所示。

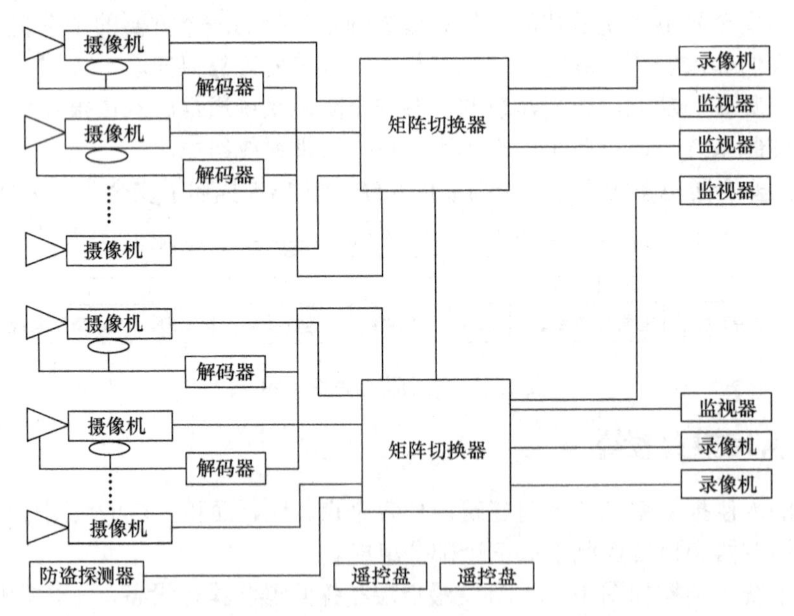

图 16-7　电视监控系统

任务 16.6　计算机管理系统

智能建筑中的计算机管理系统由多台分散的 PC 连接而成，并采用了分布式操作系统。

它具有以下特点。

（1）传输速度快。

（2）具有系统自行配置和容错能力。

（3）可以灵活地配置为星形、总线形及二者的结合。

（4）可以很好地适应大容量的动态数据存取。

（5）具有良好的兼容性、通用性，可以方便地与其他类型的网络连接起来。

（6）网络各终端之间的连线距离可达1 000m以上。

（7）网络成本低。

中央计算机系统采用两台计算机作为并行处理主机（一主一备）和一主一备（热备份）的通信与数据网关，可确保系统长期工作的稳定可靠。为了实现对火灾报警系统的二次监控和提供相应联动，需要通过一台智能通信接口建立起火灾报警系统与大厦设备自控系统的联系。该系统应具有很强的扩充能力，并预留与其他计算机网络联网的通信接口界面。

实训18 安保系统的运行与管理

1. 实训目的

通过小区安保系统的运行和管理的实训，能对小区安保系统设备进行真实的操作，并学习掌握工具设备的使用、系统运行和维护的方法。本次技能训练不仅能提高学生的实践动手能力，还可以使学生在安保系统设备操作方面达到一定的熟练程度。

2. 实训内容及步骤

1）防盗报警系统

（1）报警主机键盘的基本操作及键盘操作指令的使用方法。

（2）布防后延时的设置及电话报警的连接。

（3）线路故障的判断与处理。

（4）各种报警探头与报警主机的安装与连接。

2）电视监控系统

（1）硬盘录像机的基本操作。

（2）备份及报警联动的设置。

（3）线路故障的判断与处理。

3. 实训注意事项

（1）为了保证安保系统设备的正常运行，应掌握正确使用设备的方法。

（2）掌握小区安保系统中相关子系统的互联功能。

4. 实训成绩考评

防盗报警系统操作	20分
电视监控系统操作	20分
实训报告	60分

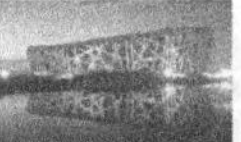

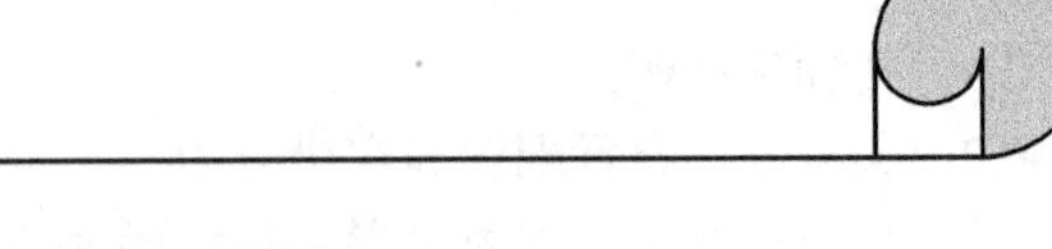

知识梳理与总结

有线电视系统的安装包括前端机房的布置、前端设备的安装、线路敷设、用户盒的安装、系统供电、防雷接地、系统的调试与验收。计算机网络系统由户外系统、垂直竖井系统、平面楼层系统、用户端子、机房子系统和布线配线系统组成。

电话通信系统的安装包括分线箱（盒）的装设、交接箱的安装和电话机的安装。广播音响系统的安装包括广播室设备的安装、天线与地线的装设、广播室电源的安装、扬声设备的安装、系统调试。

电控门系统主要由对讲电控系统和防盗门体组成。应掌握火灾自动报警系统与消防联动控制系统的组成和作用。安全防范系统主要包括入侵报警系统、电视监控系统等。

计算机管理系统由多台分散的 PC 连接而成，并采用了分布式操作系统。

习题 16

1．智能建筑系统包括哪些内容？
2．简述有线电视系统组成和系统安装的内容。
3．简述计算机网络系统的基本构成。
4．电话通信设备的安装包括哪些内容？
5．简述电控门系统的组成及基本功能。
6．简述火灾自动报警与消防联动控制系统线路敷设的要求。
7．简述智能建筑安全防范系统的组成。

学习情境17 建筑电气施工图

教学导航

教	知识重点	电气施工图的常规要求
	知识难点	电气施工图的组成和内容
	推荐教学方式	结合实物和图片进行讲解
	建议学时	8学时
学	推荐学习方法	结合工程实物对所学知识进行总结
	必须掌握的专业知识	电气施工图的识图方法和技能
	必须掌握的技能	1．能熟读电气施工图 2．能够发现并解决电气施工图中存在的问题

任务 17.1　电气施工图的一般规定

17.1.1　照明灯具的标注形式

照明灯具应按以下形式进行标注。

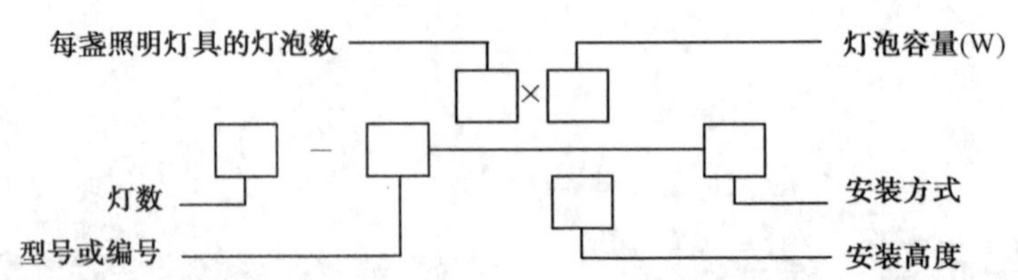

其中，型号常用拼音字母表示；灯数表明有 *n* 组这样的灯具；安装方式如表 17-1 所示；安装高度是指从地面到灯具的高度，单位为 m。若为吸顶式安装，安装高度及安装方式可简化为“—”。

表 17-1　灯具安装方式文字符号

名　称	新符号	旧符号	名　称	新符号	旧符号
线吊式自在器线吊式	SW		顶棚内安装	CR	DR
链 吊 式	CS	L	墙壁内安装	WR	BR
管 吊 式	DS	G	支架上安装	S	J
壁 装 式	W	B	柱上安装	CL	Z
吸 顶 式	C	D	座装	HM	ZH
嵌 入 式	R	R			

例 1：在电气照明平面图中的标注为

$$15-Y\frac{4\times40}{2.4}L$$

表明有 15 组荧光灯，每组由 4 根 40W 的灯管组成，采用链吊式安装形式，安装高度为 2.4m。

例 2：标注为

$$6-S\frac{6\times100}{-}D$$

表明有 6 盏搪瓷伞型罩灯，每盏灯中有 6 只 100W 的灯泡，采用吸顶式安装。

17.1.2　配电线路的标注形式

需标注引入线规格时的标注形式为

$$a\frac{b-c}{d(e\times f)-g}$$

其中，a 为设备编号；b 为型号；c 为容量；d 为导线型号；e 为导线根数；f 为导线截面积；g 为敷设方式。

线路敷设方式的文字符号及线路敷设部位的文字符号及含义分别如表 17-2 和表 17-3 所示。

表 17-2 线路敷设方式的文字符号

敷设方式	新符号	旧符号	敷设方式	新符号	旧符号
穿焊接钢管敷设	SG	G	电缆桥架敷设	CT	
穿电线管敷设	MT	DG	金属线槽敷设	MR	GC
穿硬塑料管敷设	PC	VG	塑料线槽敷设	PR	XC
穿阻燃半硬聚氯乙烯管敷设	FPC	ZYG	直埋敷设	DB	
穿聚氯乙烯塑料波纹管敷设	KPC		电缆沟敷设	TC	
穿金属软管敷设	CP		混凝土排管敷设	CE	
穿扣压式薄壁钢管敷设	KBG		钢索敷设	M	

表 17-3 线路敷设部位的文字符号及含义

敷设方式	新符号	旧符号	敷设方式	新符号	旧符号
沿或跨梁（屋架）敷设	AB	LM	暗敷设在墙内	WC	QA
暗敷设在梁内	BC	LA	沿顶棚或顶板面敷设	CE	PM
沿或跨柱敷设	AC	ZM	暗敷设在屋面或顶板内	CC	PA
暗敷设在柱内	CLC	ZA	吊顶内敷设	SCE	
沿墙面敷设	WS	QM	地板或地面下敷设	F	DA

线路的文字标注基本格式为

$$ab-c\,(d\times e+f\times g)\ i-jh$$

其中，a 为线缆编号；b 为型号；c 为线缆根数；d 为线缆线芯数；e 为线芯截面积（mm^2）；f 为 PE、N 线芯数；g 为线芯截面积（mm^2）；i 为线路敷设方式；j 为线路敷设部位；h 为线路敷设安装高度（m）。

上述字母无内容时则表示省略该部分。

例 3：BLV－3×10－SC40－FC 表示 3 根截面积为 $10mm^2$ 的铝芯聚氯乙烯绝缘导线，穿直径为 40mm 的焊接钢管，沿地暗敷设。

用电设备的文字标注格式为

$$\frac{a}{b}$$

其中，a 为设备编号；b 为额定功率（kW）。

动力和照明配电箱的文字标注格式为

$$a-b-c$$

其中，a 为设备编号；b 为设备型号；c 为设备功率（kW）。

例 4：$AL\frac{XL-2-6}{60}$ 表示配电箱的编号为 AL，其型号为 XL－2－6，配电箱的容量为 60kW。

照明灯具的文字标注格式为

$$a-b\frac{c\times d\times L}{e}f$$

其中，a 为同一个平面内，同种型号灯具的数量；b 为灯具的型号；c 为每盏照明灯具中光源的数量；d 为每个光源的容量（W）；e 为安装高度，当吸顶或嵌入安装时用“—”表示；

f 为安装方式；L 为光源种类（常省略不标）。

例 5：$12-B\frac{40}{2.8}W$ 表示灯具数量为 12 个，每个灯泡的容量为 40W，安装高度为 2.8m，在墙壁上安装。

17.1.3 常用电气图例及图线

常用电气图例符号为如表 17-4 所示。

表 17-4 常用电气图例符号

图 例	名 称	备 注	图 例	名 称	备 注
	双绕组	形式 1		电源自动切换箱（屏）	
	变压器	形式 2		隔离开关	
	三绕组	形式 1		接触器（在非动作位置触点断开）	
	变压器	形式 2		断路器	
	电流互感器	形式 1		熔断器一般符号	
	脉冲变压器	形式 2		熔断器式开关	
TV TV	电压互感器	形式 1 形式 2		熔断器式隔离开关	
				避雷器	
	屏、台、箱、柜一般符号		MDF	总配线架	
	动力或动力—照明配电箱		IDF	中间配线架	
	照明配电箱（屏）			壁龛交接箱	
	事故照明配电箱（屏）			分线盒的一般符号	
	室内分线盒			单级开关（暗装）	
	室外分线盒			双级开关	
	灯的一般符号			双级开关	
	球形灯			三极开关	

续表

图 例	名 称	备 注
	顶棚灯	
	花灯	
	弯灯	
	荧光灯	
	三管荧光灯	
	五管荧光灯	
	壁灯	
	广照型灯（配照型灯）	
	防水防尘灯	
	开关一般符号	
	单级开关	
	指示式电压表	
	功率因数表	
	有功电能表（瓦时计）	
	电信插座的一般符号可用以下的文字或符号区别不同插座： TP—电话 FX—传真 M—传声器 FM—调频 TV—电视	
	单级限时开关	
	调光器	
	钥匙开关	

图 例	名 称	备 注
	三极开关（暗装）	
	单相插座	
	暗装	
	密闭（防水）	
	防爆	
	带保护接点插座	
	带接地插孔的单相插座（暗装）	
	密闭（防水）	
	防爆	
	带接地插孔的三相插座	
	带接地插孔的三相插座（暗装）	
	插座箱（板）	
	指示式电流表	
	匹配终端	
	传声器一般符号	
	扬声器一般符号	
	感烟探测器	
	感光火灾探测器	
	气体火灾探测器	
	感温探测器	
	手动火灾报警按钮	

续表

图　例	名　称	备　注	图　例	名　称	备　注
	电铃			水流指示器	
	天线一般符号			火灾报警控制器	
	放大器一般符号			火灾报警电话机（对讲电话机）	
	两路分配器		EEL	应急疏散指示标志灯	
	三路分配器		EL	应急疏散照明灯	
	四路分配器			消火栓	
	三根导线和 n根导线 电线、电缆、母线、传输通路			有接地极接地装置 无接地极接地装置	
3 n			F V B	电话线路 视频线路 广播线路	

绘制电气图所用的各种线条统称图线，常用图线的形式及应用如表17-5所示。

表17-5　图线形式及应用

图线名称	图线形式	图线应用	图线名称	图线形式	图线应用
粗实线		电气线路，一次线路	点画线		控制线
细实线		二次线路，一般线路	双点画线		辅助围框线
虚线		屏蔽线路，机械线路			

任务17.2　建筑电气施工图的组成及内容

建筑电气施工图分为电气照明施工图、动力配电施工图和弱电系统施工图等几类，其施工图主要包括图纸目录、设计说明、材料设备表、图例、电气平面图、电气系统图和详图等。

1. 图纸目录

图纸目录包括图纸的编号、名称、分类及组成等，编制图纸目录的目的是便于查找和存档。

2. 设计说明

设计说明用于说明电气工程的概况和设计者的意图，并对图形、符号难以表达清楚的设计内容用必要的文字加以说明，要求语言简单明了，通俗易懂，用词准确。其主要内容包括供电方式、电压等级、主要线路敷设方式、防雷接地方式及各种电气安装高度、工程主要技

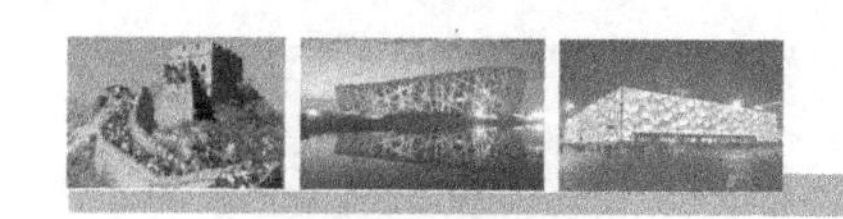

术数据、施工验收要求及有关注意事项等。

3．材料设备表

在材料设备表中会列出电气工程所需的主要设备、管材、导线、开关、插座等的名称、型号、规格、数量等。设备材料表上所列的主要材料的数量，由于与工程量的计算方法和要求不同，故不能作为工程量编制预算依据，只作为参考。

4．电气系统图

电气系统图是整个电气系统的原理图，一般不按比例绘制，可分为照明系统图、动力系统图和弱电系统图等，其主要内容包括：配电系统和设施在楼层的分布情况；整个配电系统的连接方式，从主干线至各分支的回路数；主要变、配电设备的名称、型号、规格及数量；主干线路及主要分支线路的敷设方式、导线型号、导线截面积及穿线管管径。

5．电气平面图

电气平面图分为变、配电平面图、动力平面图、照明平面图、弱电平面图、总平面图及防雷、接地平面图等，其主要内容包括以下几部分。

（1）各种变、配电设备的型号、名称，各种用电设备及灯具的名称、型号及在平面图上的位置。

（2）各种配电线路的起点、敷设方式、型号、规格、根数及在建筑物中的走向、平面和垂直位置。

（3）建筑物和电气设备的防雷、接地的安装方式及在平面图上的位置。

（4）控制原理图。

6．详图

电气工程详图是用来详细表示用电设备、设施及线路安装方法的图纸。它一般是在上述图表达不清，又没有标准图可供选用，并有特殊要求的情况下才绘制的图，如配电柜、盘的布置图和某些电气部件的安装大样图。在电气工程详图中对安装部件的各部位注有详细尺寸。

任务 17.3　电气施工图的识图方法

（1）熟悉图例符号和供配电的基本知识，搞清图例符号所代表的内容。

（2）首先应阅读设计说明，了解设计意图和施工要求等；然后阅读配电系统图，初步了解工程全貌；再阅读电气平面图，了解电气工程的全貌和局部细节。在阅读过程中应弄清每条线路的根数、导线截面积、敷设方式、各电气设备的安装位置及预埋件位置等。

（3）读图时，一般应按“进线→变、配电所→开关柜、配电屏→各配电线路→车间或住宅配电箱（盘）→室内干线→支线及各路用电设备”这个顺序来阅读。

案例 6　某住宅楼电气照明施工图识读

下面以某六层住宅楼电气照明施工图为例，说明电气施工图的识图方法。

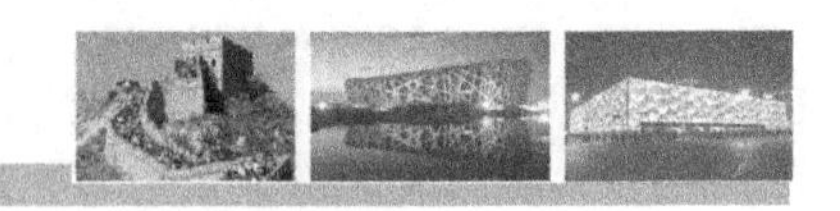

1. 电气设计说明

（1）电源。电源采用三相四线制 220/380V 电缆，埋地入户，其做法参见 D164 图。电缆进户应做重复接地，并做总等电位连接，总等电位连接的作法见 97SD567 图。接地采用共用接地，接地电阻不得大于 1Ω，供电接地形式为 TN-C-S 系统，计算负荷时应按每户 10kW 考虑，全楼计算负荷为 P_{jq}=173kW，I_{jq}=262A；单元计算负荷为 P_{jq}=78kW，I_{jq}=118A。

（2）室内配线。除图中注明外，由户箱配出的照明回路均为 BV－2.5mm^2；空调插座回路干线为 BV－6mm^2，支线为 BV－4mm^2（两个及以上用电端为干线，下同）；厨、卫插座回路干线为 BV－4mm^2，支线为 BV－2.5mm^2，其余插座回路为 BV－2.5mm^2，导线穿阻燃型 FEC 半硬塑料管沿墙或顶棚暗配，所有导线均为 BV－500 型，施工做法参见 87SD465 图。

（3）设备的安装。设备采用集中表箱暗装，底对地距离为 0.7m，户箱暗设，下沿对地距离为 2.0m，板式开关对地距离为 1.3m，厨房卫生间插座对地距离为 1.8m（图中注明者除外）。窗式空调插座对地距离为 2.0m，柜式空调插座（大厅为柜式空调）及其余插座对地距离为 0.3m，电缆埋地入户，室外部分埋深距离为 1.2m。

（4）接地。卫生间做局部等电位连接，做法见 97SD567。

（5）补充。未尽事宜按施工操作规程及验收规范执行。

2. 供电系统图

如图 17-1 所示为供电系统的原理图。它由供电系统图、AM 系统图和地下室照明系统图构成，图中标出了导线、穿线管的规格、开关和电表的型号，也体现了配电线路的走向和电能的分配。

3. 电气照明平面图

（1）地下室照明平面图，如图 17-2 所示。由 BM 箱向各仓房供电，每个单元设一个 BM 箱，每个仓房设一个一位板式开关和一盏 40W 的照明灯。走廊和楼梯间为公用电，设 25W 声控灯。乙和丙单元供电同甲单元，此图省略。

（2）一至六层照明、插座平面图，如图 17-3 所示。每户电源由 AM 箱供给，分 N1、N2、N3 和 N4 四个回路供电，N1 为照明回路，N2 为普通插座回路，N3 为厨、卫插座回路，N4 为空调插座回路。本图的甲单元只画了照明回路，乙单元只画了插座回路，其他省略。

（3）阁楼照明、插座平面图，如图 17-4 所示。因阁楼属于顶层（六层）住户，设有一个电表，所以由六楼 AM 箱向阁楼房间的照明灯具、普通插座和户内楼梯间照明灯具供电。

（4）电气照明干线及电子门平面图。如图 17-5 所示为一层干线、一至六层电子门平面图。每单元埋地电缆 VV_{22} 入户，先进入 DM 箱，然后进入 AM 箱，由 DM 箱引出接地线至室外接地体，同时由穿线立管向地下室和楼上供电。电子门系统由 DM 箱和 MX 箱和电子门 T1 供电，每户接一个对讲分机接线盒。

（5）屋面防雷平面图，如图 17-6 所示。屋顶避雷带采用了 ϕ10 镀锌圆钢，并用构造柱两根主筋分 8 处引下，与室外接地极相连接。

4. 电子门预埋箱、盒、管线系统图及平面图

如图 17-7 所示为电子门预埋箱、盒、管线系统图。它反映了电子门系统的整体情况、电源的供给情况、预埋箱、盒及暗装配线导管的相互关系。由电源向 XM 箱供电，每户接一个

对讲分机接线盒，并与电控门主机板相连。

如图 17-8 所示为单元对讲预埋管路平面图。它反映了分机接线盒、电源箱、电控门及预埋管线的平面位置。

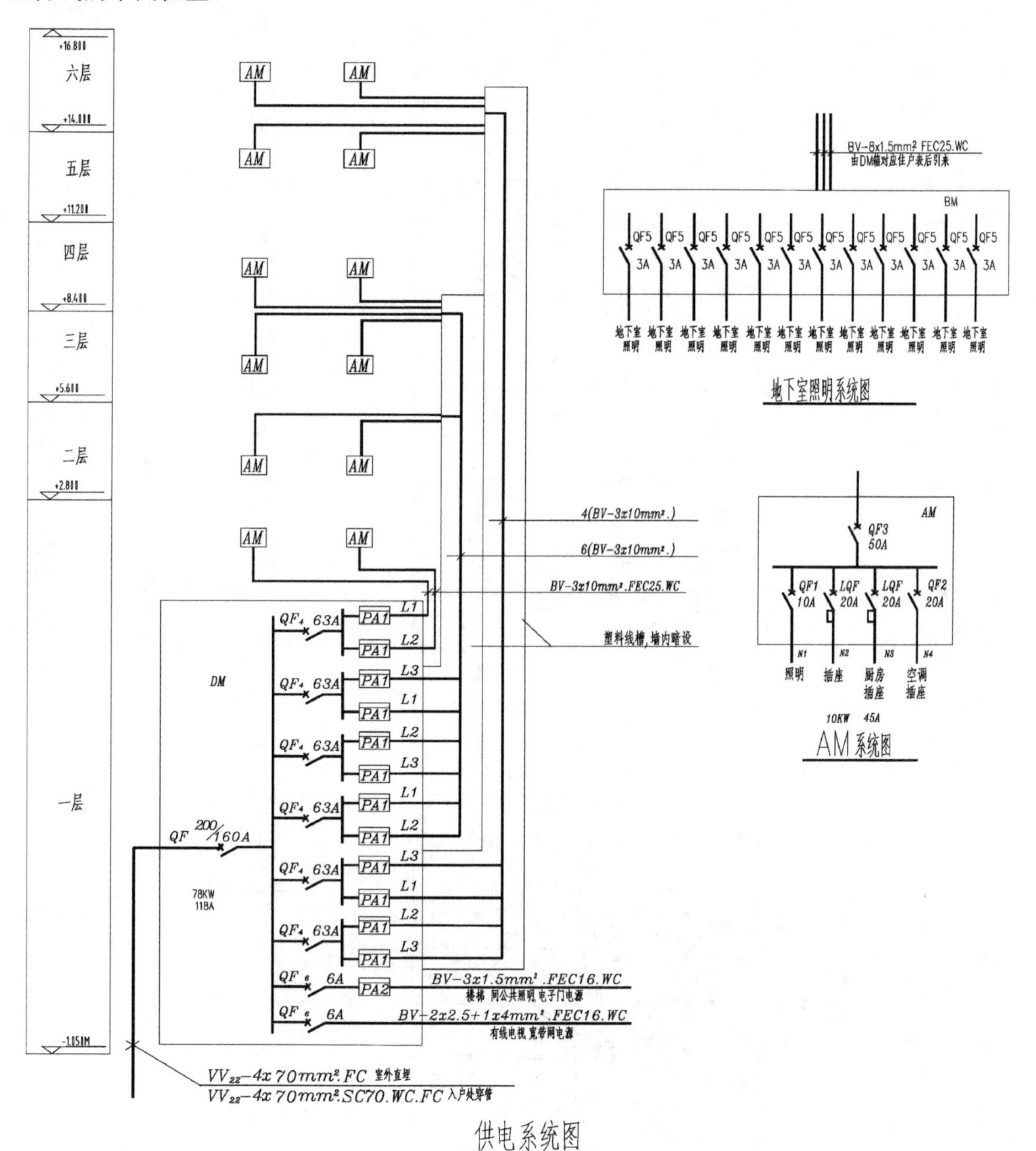

图 17-1 供电系统的原理图

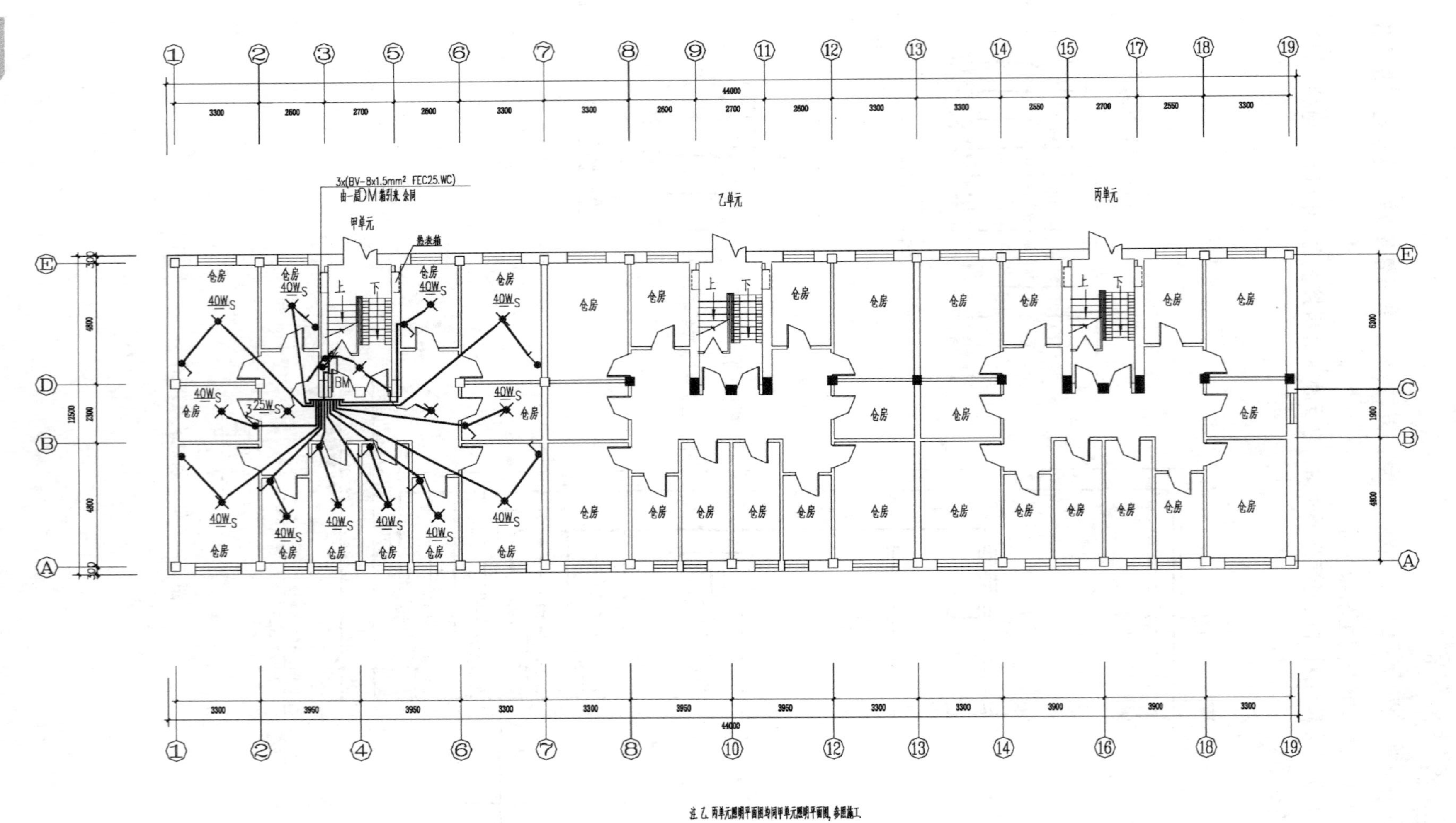

注 乙、丙单元照明平面图均同甲单元照明平面图，参照施工。

图 17-2　地下室照明平面图

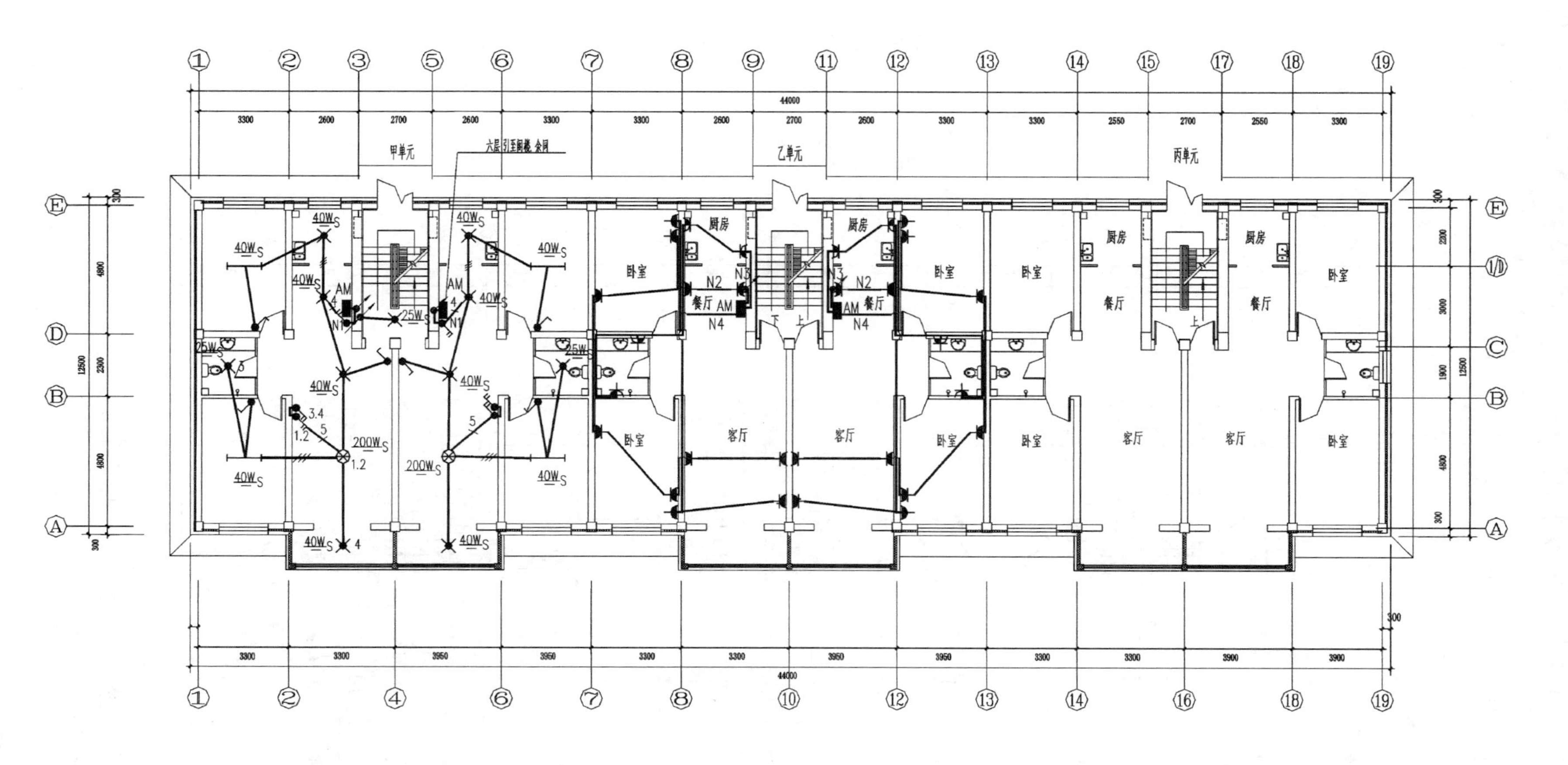

注 1. 甲、乙、丙单元照明、插座平面图均相同，参照施工。
2. 插座回路未标注的均为三根线。

图 17-3　一至六层照明、插座平面图

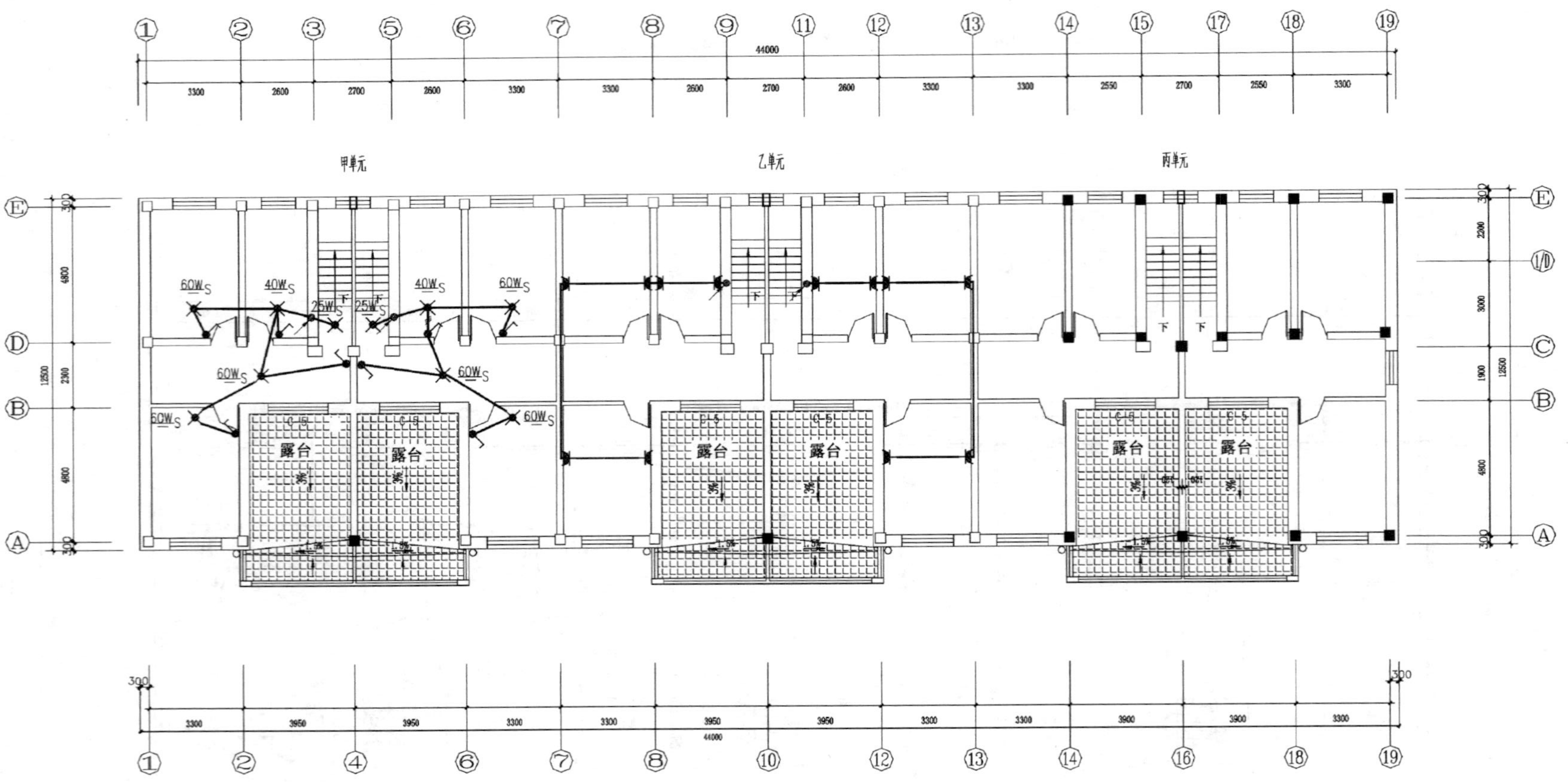

注 1. 甲. 乙. 丙单元照明. 插座平面图均相同，参照施工.
2. 插座回路未标注的均为三根线

图 17-4 阁楼照明、插座平面图

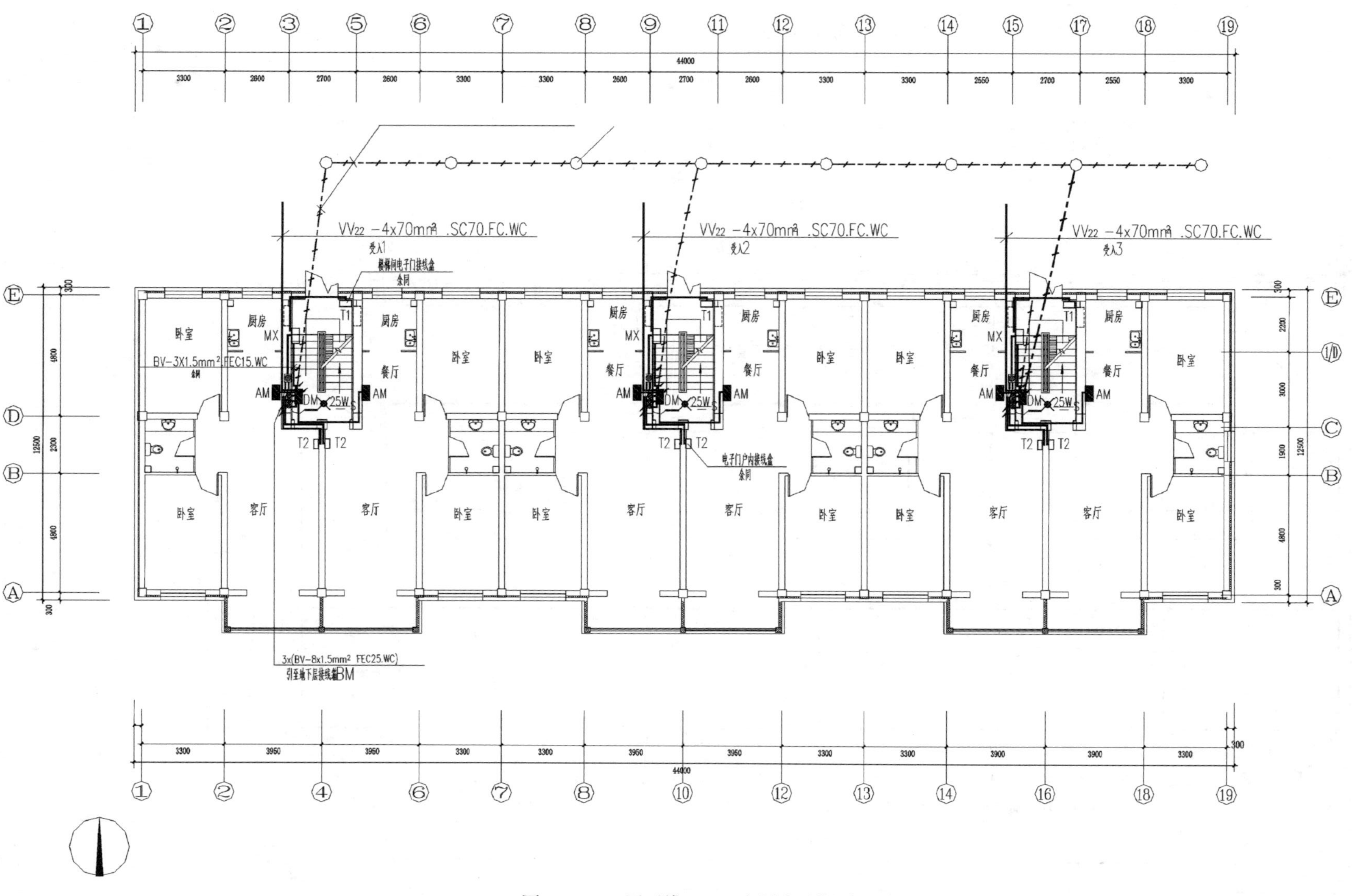

图 17-5　一层干线、一至六层电子门平面图

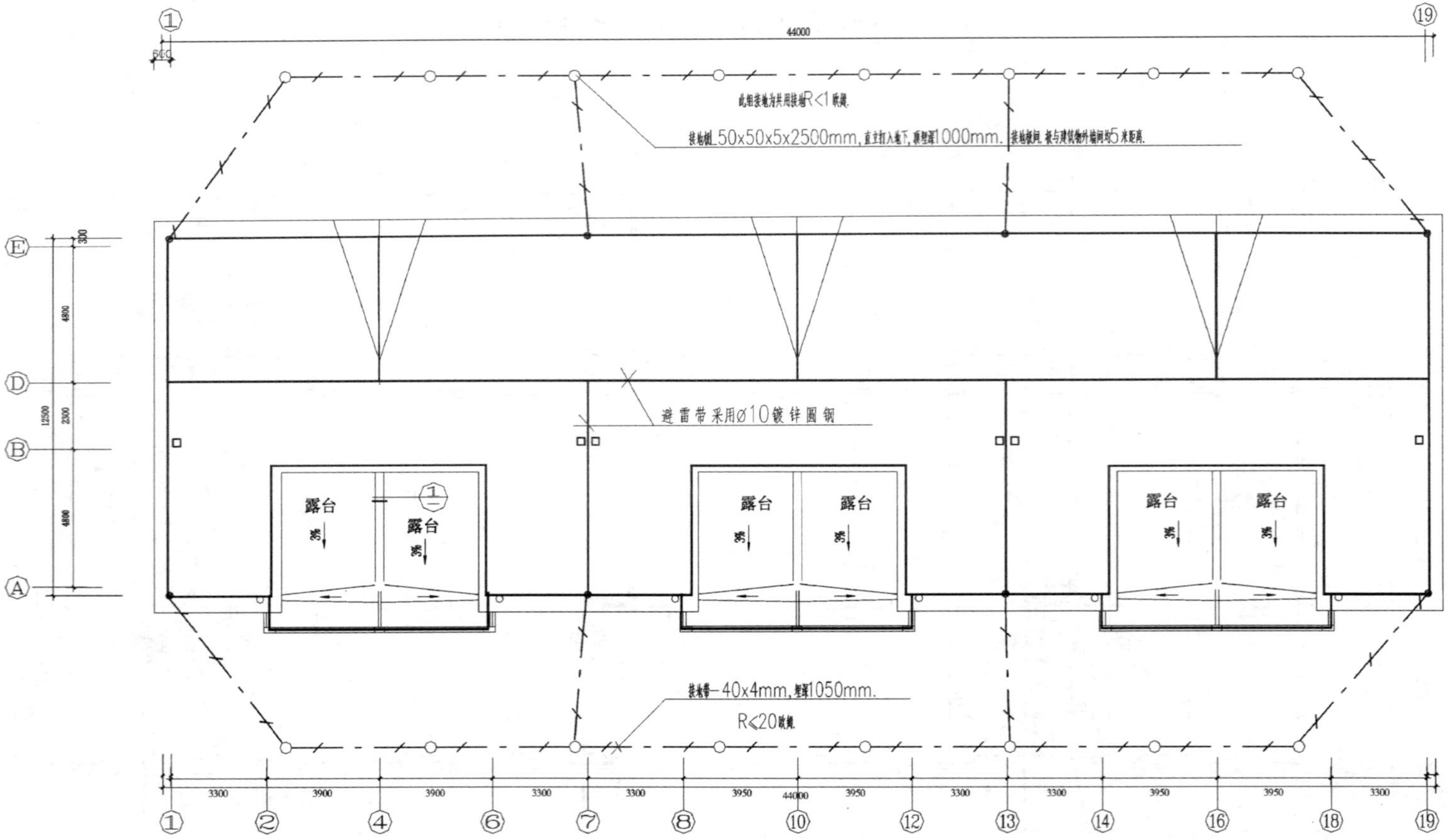

防雷设计说明

1. 本工程为三类防雷建筑物，采用避雷带做为接闪器，分8处接地引下。
2. 避雷带采用Ø10镀锌圆钢　沿屋面敷设 参见辽2002D501图施工。
3. 接地引下线利用构造柱内两根主筋作为。引下线1.8米处做断接卡子盒暗装，要求每组接地电阻≤20欧姆。
4. 凡出屋面金属构件均与避雷带牢固焊接。
5. 防雷工程安装具体做法参见辽2002D501图集。
6. 未尽事宜请按有关规范施工。

图 17-6　屋面防雷平面图

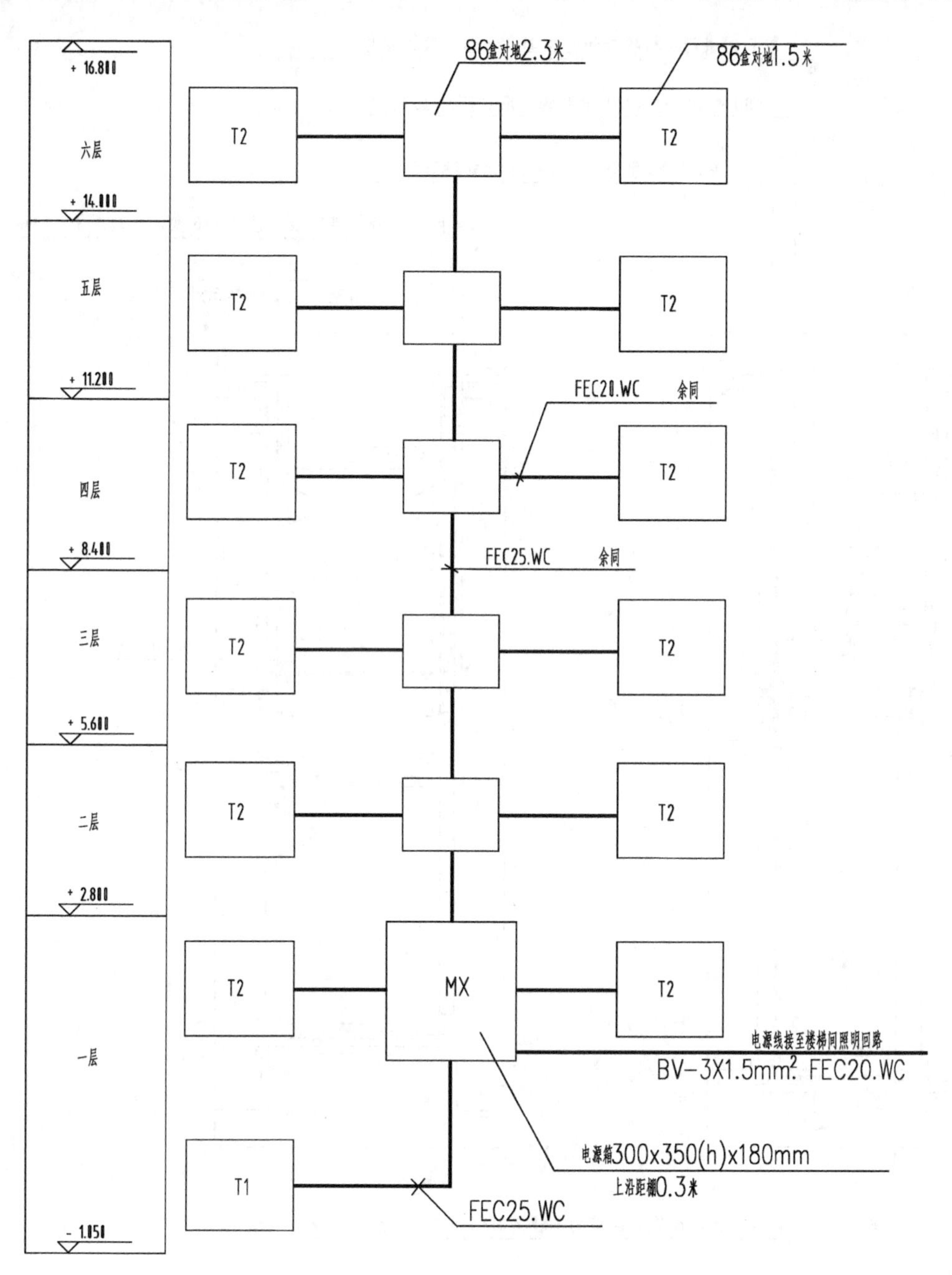

说明

1. 本图仅供预埋管路之用，具体安装由厂商负责。
2. 所有管路均为阻燃塑料管沿墙暗配线。
3. 电源箱为铁制，墙内暗设。

图 17-7　电子门预埋箱、盒、管线系统图

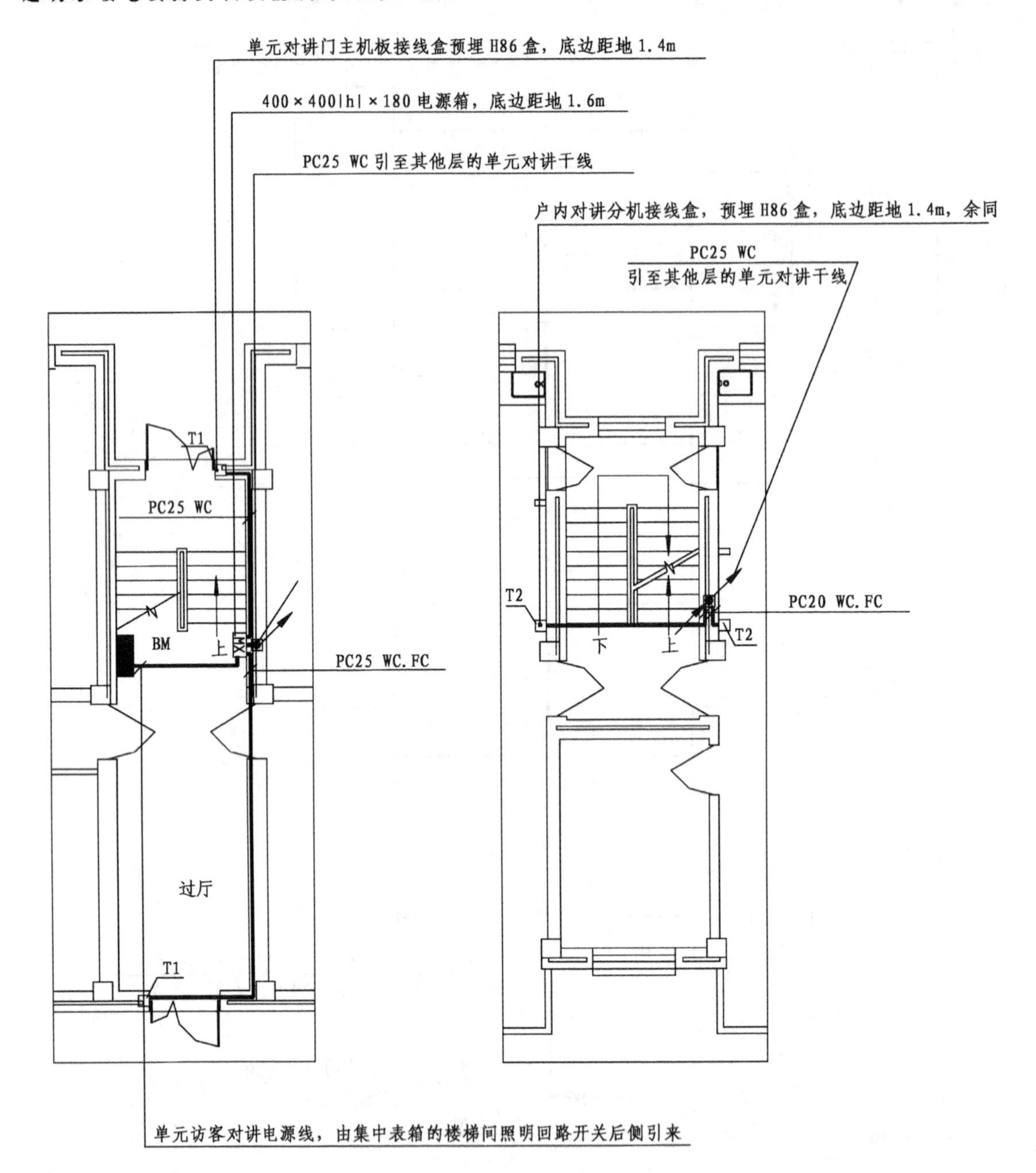

图 17-8　单元对讲预埋管路平面图

案例 7　某车间电气动力配电施工图识读

如图 17-9 所示为某车间电气动力平面图。车间里有 4 台动力配电箱，即 AL1～AL4。$AL3\frac{XL-20}{5.2}$表示配电箱的编号为 AL3、型号为 XL－20、容量为 5.2kW。由 AL1 箱引出 3 个

回路，回路代号为 BV－3×1.5＋PE1.5－SC20－FC，表示 3 根相线截面积为 1.5mm^2，PE 线截面积为 1.5mm^2，材料为铜芯塑料绝缘导线，穿直径为 20mm 的焊接钢管，沿地暗敷设。AL3 配电箱引出的 3 个回路分别给 3 台设备供电，其中 $\frac{10}{1.5}$ 表示设备编号为 10，设备容量为 1.5kW。

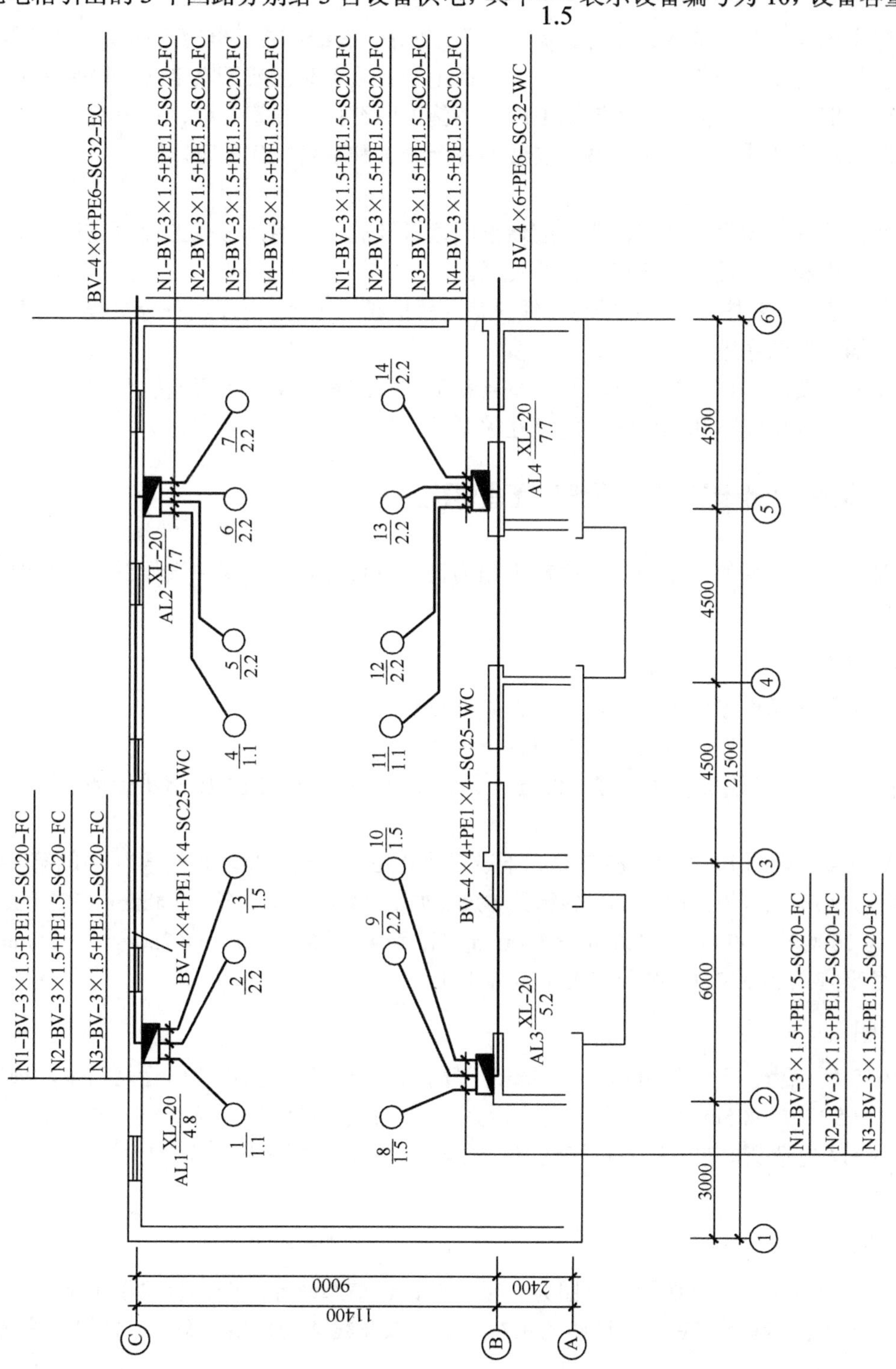

图17-9 某车间电气动力平面图

任务 17.4　弱电施工图的识图方法

建筑弱电系统包括有线电话、有线电视、计算机网络、有线广播、电控门和安保系统等，由于专业性较强，所以其安装、调试和验收一般都由专业施工队伍或厂家专业人员来完成。因此，土建施工部门只需读懂弱电系统施工图，按施工图纸预埋导管、箱、盒等设施，按指定位置预留洞口和预埋件，完成弱电系统安装的前期施工和准备工作即可。

识图时一般应遵循以下程序。

（1）按系统认真阅读设计施工说明。应通过阅读设计施工说明，了解工程概况和要求，同时注意弱电设施和强电设施及建筑结构的关系。

（2）读图顺序。一般按通信电缆的总进线→室内总接线箱（盒）→干线→分接线箱（盒）→支线→室内插座的顺序进行识读。

（3）熟悉施工要求。预埋箱、盒、管的型号和位置要准确无误，预留洞的尺寸和位置要正确，并注意各种弱电线路和照明线路的相互关系。

案例 8　某住宅楼电话通信系统施工图识读

下面以某五层住宅楼的电话通信系统施工图为例进行说明，它主要由设计说明、平面图和系统图构成。

1．设计说明

（1）电话采用市话电缆埋地入户，入户处做法参见辽 93D601 图。

（2）本住宅每户设一对电话线，两个电话出线盒。

（3）室内配线：电话线采用 RVB-2×0.5mm^2，穿硬质阻燃塑料管 PC16 保护沿墙或楼板暗配线。

（4）安装高度：电话出线盒为 86ZD 型，下沿距地 0.3m，电话交接箱是代号为 H 的箱（铁制），墙内暗设，所有箱下沿距地 1.5m，各箱具体尺寸如下：H1 为 50 对箱，300mm×350mm×120mm；H2 为 20 对箱，300mm×300mm×120mm；H3 为 10 对箱，250mm×250mm×120mm。

（5）未尽事宜按辽 93D601 图及有关规范施工。

2．平面图

如图 17-10 所示为一至五层电话及一层干线平面图。电话进户由市政电话网引来，埋地通信电缆 HYA-50×2×0.5mm^2 在乙单元进户后到二楼 H1 电话交接箱，再接出一条条干线到甲单元一楼的 H2 电话交接箱，然后再接到 H3 接线箱，最后接到每户客厅和卧室的 TP 电话插座上。

3．系统图

如图 17-11 所示为电话系统图。该图为全楼的电话通信系统原理图，反映了电话通信电缆从总进线、电话交接箱到 TP 电话插座的相对关系，以及线路的规格、型号、敷设方式等。

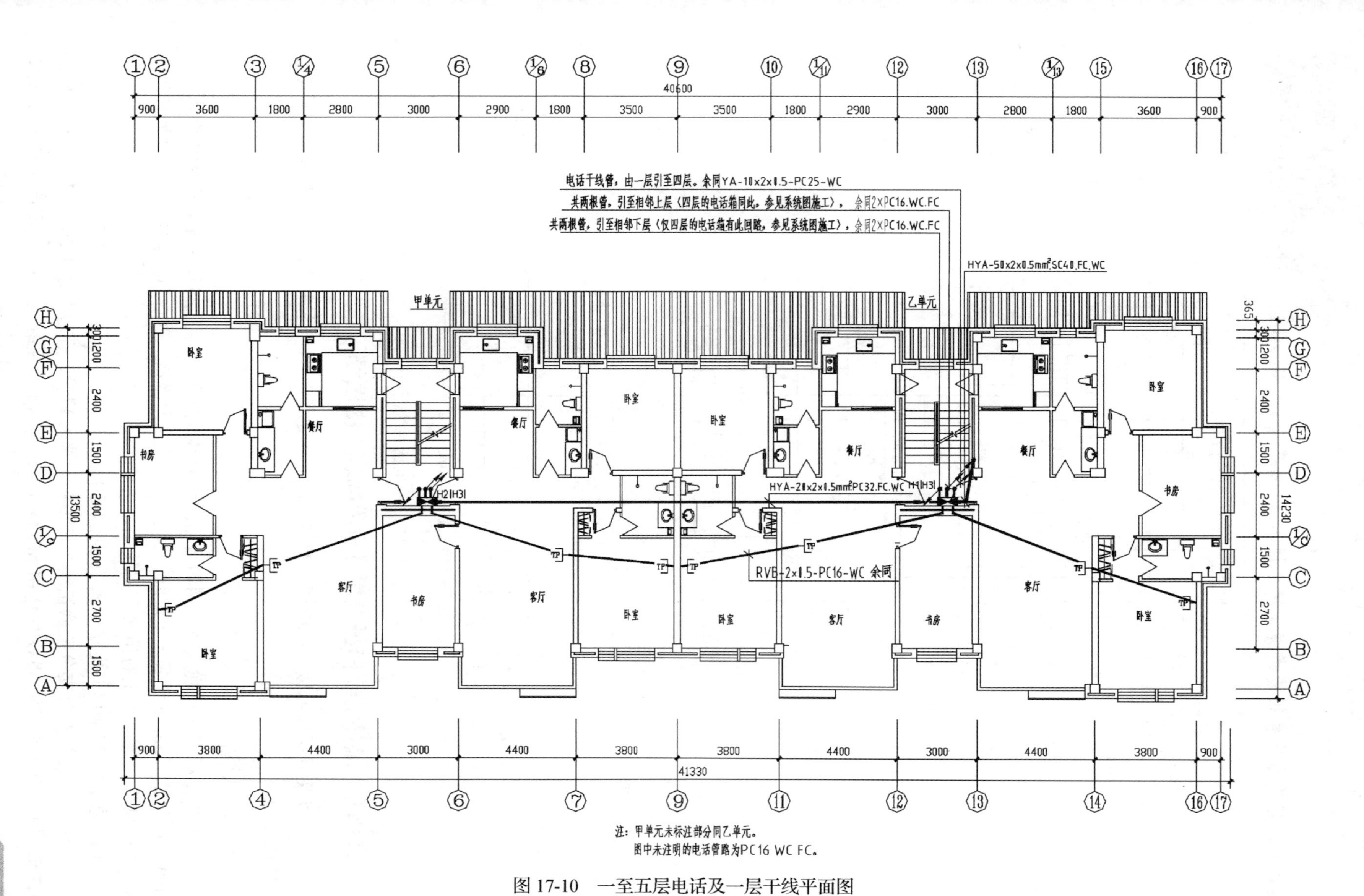

注：甲单元未标注部分同乙单元。
图中未注明的电话管路为PC16 WC FC。

图 17-10　一至五层电话及一层干线平面图

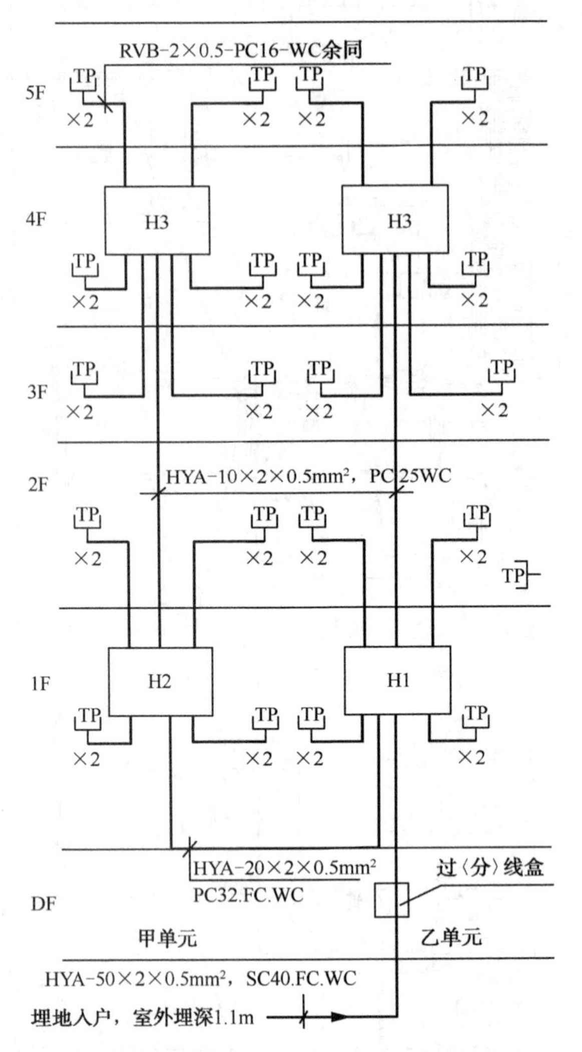

图 17-11　电话系统图

案例 9　某住宅楼有线电视及宽带网施工图识读

下面以某五层住宅楼有线电视、宽带网施工图进行说明，它主要由设计说明、平面图和系统图组成。

1．设计说明

（1）本工程有线电视及宽带网电缆由室外有线电视网的市政接口引来，采用电缆入户，在底层距地面 0.3m 处设置一个过线箱，引至三层放大器箱。（据广电局要求）进楼处预埋一根 SC50 镀锌钢管。施工时请参见系统图。

（2）要求用户端出口电平值满足 64±4dB。

（3）放大器箱及分支分配器箱均为定型箱，墙内暗设，底边距地 1.6m；TV3 箱下沿距地 1.7m；用户出线盒 TV、TO 均选用 86ZD 型，TV4 箱下沿距地 0.3m。箱体尺寸为 TV1：

500mm×700mm（h）×220mm；TV2：500mm×600mm（h）×200mm；TV3：200mm×200mm（h）×140mm；TV4：200mm×200mm（h）×100mm。

（4）横向干线位于二层底板，采用两根 PC32 管保护。一梯为两户时，单元纵向干线采用两根 PC32 管保护，由楼层箱到用户电视箱、有线电视及宽带网出线盒分别采用 PC20 管保护。所有管路均沿墙及楼板暗敷。

（5）每户在起居室及卧室各设一个有线电视出线盒；在书房设一个宽带网出线盒，用户出线盒均为暗装，底边距地 0.3m。

（6）有线电视、宽带网需要 220V 电源和接地线，均由各单元集中电表箱单独引进一组电源线及接地线，线径为 BV-2×2.5＋1×4mm^2，采用 PC20 导管，在墙、棚内暗设，接地装置与电气照明系统接地共用。

（7）施工单位按图预埋箱（或留洞），管路及盒、元件的选用、调试均由专业部门负责。未尽事宜按照 LY2003D01 图施工。

2．平面图

如图 17-12 所示为一至五层有线电视、网络及三层干线平面图。有线电视的同轴电缆和宽带的信号电缆在乙单元穿 SC50 镀锌钢管埋地进户，先进三楼 TV1 箱，再由 TV1 箱接干线到甲单元三楼的 TV2 箱，再从 TV1 箱和 TV2 箱接出支线到各楼层的 TV3 箱，最后由楼层的 TV 箱向每户的客厅、卧室和书房分别接出有线电视插座和宽带网插座。TV1 箱和 TV2 箱分别接入 220V 交流电源，向箱内的信号放大器供电，电源线由住宅楼的电源箱引来。

3．系统图

如图 17-13 所示为有线电视、宽带网系统图。该图为全楼的有线电视及宽带网系统原理图，反映了有线电视及宽带网系统通信电缆从总进线、电话交接箱到 TV 插座和 TO 插座的相对关系，以及线路的规格、型号、敷设方式等。

实训 19　电气施工图的识读

1．实训目的

通过电气施工图的识图实训，帮助学生积累实际工作经验，为搞好电气设备安装、工程预算和工程管理打下基础。为加强学生动手能力，要求学生能够掌握识读和绘制各类施工图的基本技能。通过本次实训，可使学生进一步提高其识图能力，并掌握识图方法和技能。

2．实训内容及步骤

1）资料准备

（1）电气专业相关设计规范、施工验收规范及相关行业标准。

（2）相关电气标准图集和相关专业资料。

（3）正规设计院最新设计的不同建筑类别、不同难易程度的电气施工图纸。

2）识图方法

先由教师对不同建筑类别、不同难易程度的电气施工图纸和工程概况进行介绍，同时要准备识读施工图所必需的标准图集和规范，然后按前述各类施工图的识读方法进行。

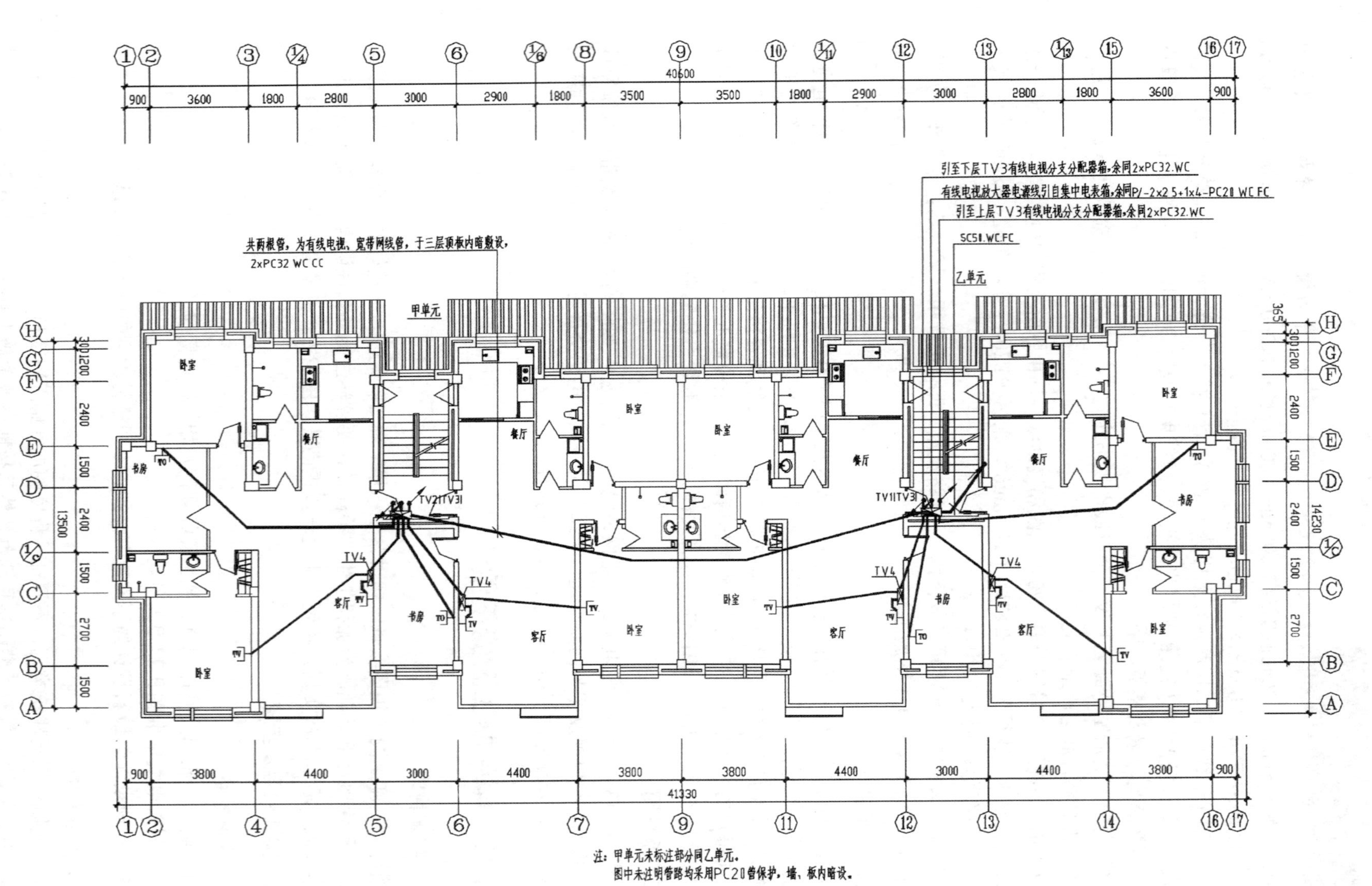

图 17-12　一至五层有线电视、网络及三层干线平面图

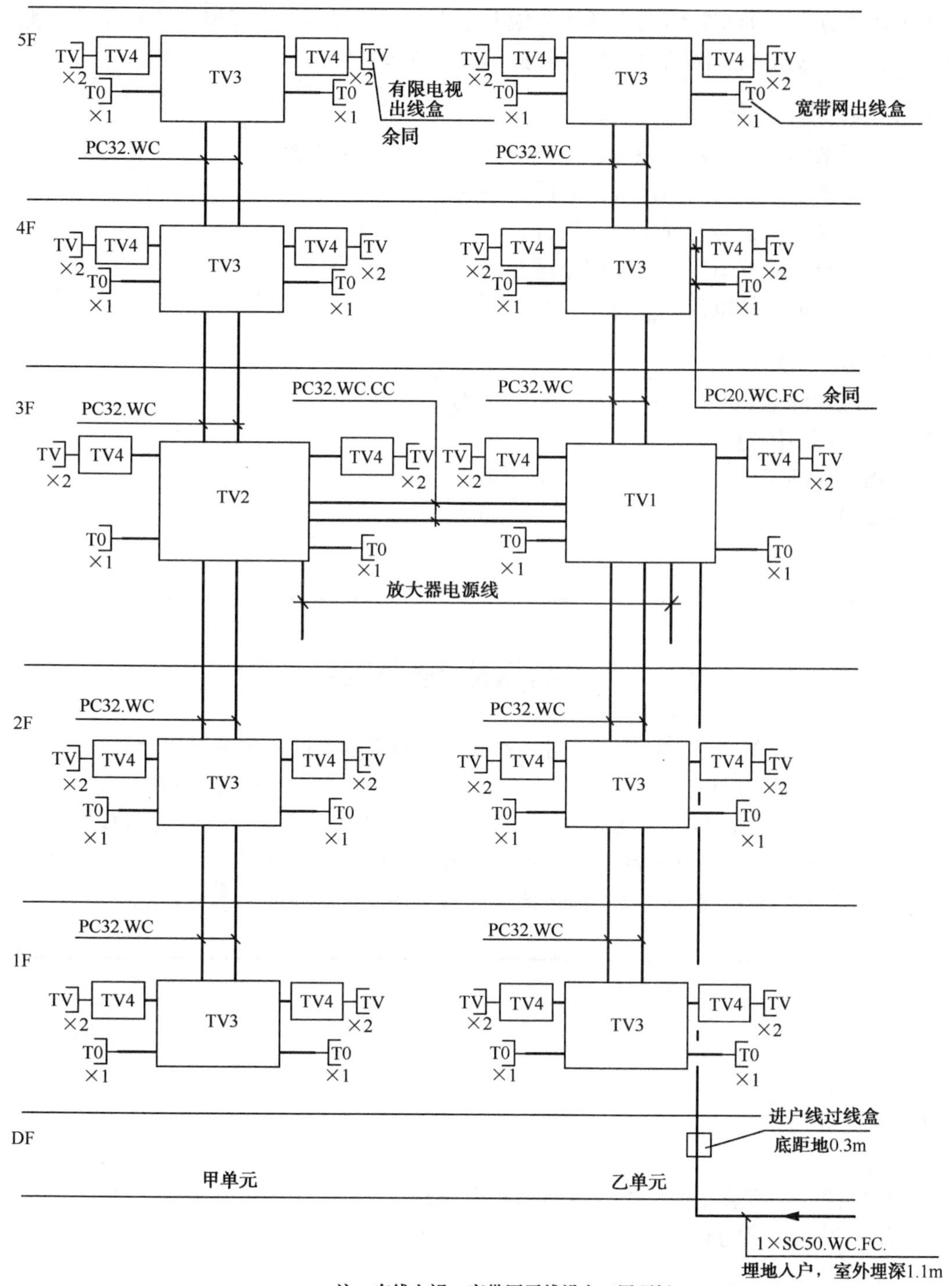

图 17-13 有线电视、宽带网系统图

3）识图练习

教师应根据学生的实际情况将学生分成若干组，对不同难易程度施工图纸分组由浅入深地进行识读，以使不同层次的学生都能掌握识图的基本技能。

3．实训要求

（1）按图纸类别、分系统识图，一类图要反复对照多看几遍。

（2）找出图纸存在的问题及解决问题的方法。

（3）注意专业知识与工程实际的结合。

（4）结合电气标准图集和有关规范进行识读。

（5）写出实训总结报告。

4．实训成绩考评

项目	分值
提出图纸中问题	20分
解决施工图中的问题	30分
回答指导老师问题	30分
实训报告	20分

本章讲述了电气施工图的组成、各组成部分的作用及识图方法。电气照明施工图包括图纸目录、设计说明、材料设备表、干线平面图、照明平面图、插座平面图、供电系统图和配电箱详图；弱电施工图包括图纸目录、设计说明、弱电系统图、弱电平面图及详图等。通过对不同难易程度电气施工图的识读，希望学生总结出识图方法，掌握识图的基本技能。

习题17

1．电气照明工程施工图的组成包括哪些内容？

2．举例说明线路的文字标注格式。

3．如何阅读电气施工图？

4．电气照明施工图和弱电施工图在识图上有何区别？